과학 윤리 특강

이상욱 · 조은희 엮음

과학 윤리 특강

과학자를 위한 윤리 가이드

사이언스북스
SCIENCE BOOKS

머리말: 끊임없이 결정하는 과학자들

알베르트 아인슈타인(Albert Einstein)은 아마도 일반인에게 가장 잘 알려진 과학자일 것이다. 아인슈타인은 과학자로서의 자신의 생애 전반에 걸쳐 수없이 많은 어려운 결정을 내려야 했다. 그 중에는, 대부분의 사람들로서는 '공간이 휘어졌다'는 알쏭달쏭하기만 한 말 이상으로 이해하기조차 어려운 일반 상대성 이론을 올바르게 기술할 수학적 형식화들에 대한 결정도 있었고, 히틀러 집권 이후 점증하는 유대인에 대한 탄압을 피해 최상의 연구 환경을 제공해 주던 베를린 대학교를 떠날지에 대한 결정도 있었다.

하지만 무엇보다 아인슈타인을 고심하게 만든 결정은, 자신이 제안한 에너지-물질 등가 관계를 바탕으로 독일이 제2차 세계 대전에서 승리하기 위해 추진하던 핵폭탄 계획을 전해 듣고 내려야 했던 결정이었다. 젊은 시절부터 반전주의자였던 아인슈타인으로서는 아무리 제3제국의 위협에 대처하기 위해서라고는 하지만 가공할 무기 생산을 적극적으로 지지한다는 것이 쉬운 일이 아니었다. 결국 아인슈타인은 자신의 평소 신념과 긴급한 국제 정세에 대한 고려 사이에서 어떤 선택이 최선인지가 아니라 어떤 선택이 차악(次惡)인지를 기준으로 결정을 내리게 된다. 하지만 이 선택이 핵폭탄에 대한 아인슈타인의 최종 결정은 아니었다. 제2차 세계 대전이 종식된 이후에도 핵폭탄이 체제 경쟁과 냉전의 도구로 활용되는 것을 목격한 아인슈타인은 평소의 신념에 충실하게 반핵 운동에 동참하게 된다.

중요한 점은 아인슈타인에게 이들 결정을 요구하는 상황은 모두 본질적으로 동일한 것이었다는 사실이다. 과학자로서 연구를 수행하는 과정에서 등장하는 여러 고려 사항에 대해 적절하고 책임 있는 결정을 내리는 것은 훌륭한 과학자로서 당연하게 취해야 할 행동이었다. 그 결정이 물리 이론의 참된 수학적 형식을 찾는 일과 관계되는지, 아니면 과학적 결과물이 어떻게 사회적으로 활용되었을 때 바람직한지에 대한 정책 제안에 관계되는지의 차이는 그다지 중요하지 않았다. 아인슈타인은 어떤 경우에도 자신의 전문적 능력에 기반하여 올바르게 결정하고 그 결정에 일관되게 연구를 수행하며 사회적으로 책임 있게 행동하는 것이 과학자의 본분이라 여겼기 때문이다.

올바르게 과학 연구를 수행하는 일과 전문가로서 사회적 책임 의식을 갖고 행동하는 일이 본질적으로 얽혀 있는 상황에서 내려진 또 다른 결정의 사례를 살펴보자. 2001년 학술 서적 출판으로 세계적 권위를 지닌 케임브리지 대학교 출판부에서 덴마크 정치학자가 쓴 『회의적 환경주의자(The Skeptical Environmentalist)』라는 책이 출간되었다. 이 책은 세계가 직면한 환경 위기와 기후 변화에 대한 기존의 주도적 담론이 왜곡되었으며 객관적 자료를 보다 정확하게 분석하면 실제로는 그렇게 심각하지 않다는 주장을 담고 있다. 이 책의 저자인 비외른 롬보르(Bjørn Lomborg)는 우리가 전 세계적 수준에서 보다 관심을 두어야 하는 사안은 경제 발전을 통한 부의 창출이며, 이를 위해 환경 위기를 막으려 동원된 자원들을 되돌려 경제 발전에 집중시켜 한다고 역설했다.

출간 직후부터 이 책은 수많은 국제적 논쟁을 불러일으켰다. 많은 환경 문제 전문가들은 이 책이 관련 자료를 편향적으로 활용하고 있으며 통계 분석을 잘못 적용하여 분석 결과를 원하는 결론에 꿰어 맞추고 있다고 비판했다. 예를 들어, 적절한 변인을 통제하지 않고 분석함으로써, 심각한 환경 문제를 막기 위해 국제적으로 상당한 노력을 기울였기에 파국적 상황을 피할 수 있었음에도 이를 마치 환경 위기 자체가 대수롭지 않았다는 증거로 왜곡되게 해석했다는 것이다. 결국 덴마크의 몇몇 시민은 롬보르의 책이 과학의 이름으로 대중을 오도했다고 2002년 초 덴마크 과학 부정직성 위원회(Danish Committees on Scientific Dishonesty, DCSD)에 제소했다. 사건의 사회적 파장을 고려하여 덴마크 과학 부정직성 위원회는 환경 분야 전문가들의 자문을 구하여 비교적 짧은 기간에 조사를 마쳤고, 제보자들의 손을 들어 주는 판결을 내렸다.

덴마크 과학 부정직성 위원회가 보기에 『회의적 환경주의자』는 '나쁜 과학'의 전형으로 볼 수 있는 책이었다. 자신에게 유리한 자료만 선별적으로 사용하거나 불리한 자료는 변조하는 등 과학 문헌이 갖추어야 할 기본적인 원칙이 지켜지지 않았다는 것이다. 그럼에도 불구하고 덴마크 과학 부정직성 위원회는 고심 끝에 롬보르가 『회의적 환경주의자』를 통해 과학 부정행위를 저지른 것은 아니라고 결론 내렸다. 그 이유는 『회의적 환경주의자』가 비전문가에 의해(롬보르의 주요 학술 연구 분야는 환경 과학이 아니었다.), 대중에게 특정 정치적 견해를 퍼뜨리기 위해서 혹은 설득하기 위해서 씌어진 대중 서적이라는 판단 때문이었다. 즉, 대부분 과학자로 구성된 덴마크 과학 부정직성 위원회 조사 위원회는 『회의적 환경주의자』의 비과학적 성격을 인정하고서도 전문 학술 서적으로 보기 어렵다는 점을 감안하여 이렇게 복잡한 결정을 내리게 된 것이다.

롬보르는 이에 대해 덴마크 과학 부정직성 위원회의 상급 기관인 덴마크 과학 기술 혁신부에 이의 신청을 함으로써 대응했다. 롬보르는 사회 운동가와 정치학자로 환경 문제에 상당 기간 관심을 가져온 자신이 비전문가 취급을 받고 있다는 사실을 받아들이기 어려웠을 것이다. 게다가 롬보르는 덴마크 과학 부정직성 위원회가 자문을 구한 환경 분야 전문가가 내린 판단에 대해 일부 '실수'를 인정한 것을 제외하고는 결코 동의하지 않았다. 과학 기술 혁신부의 행정 관료들은 덴마크 과학 부정직성 위원회가 내린 판결의 내적 긴장, 즉 『회의적 환경주의자』가 진정으로 대중 서적이라면 아예 연구 부정행위 조사 대상이 될 수 없다는 점에만 주목하여 덴마크 과학 부정직성 위원회의 판결을 무효화했다.

최종적으로 롬보르는 덴마크 과학 부정직성 위원회와의 분쟁에서 승리했다고 볼 수 있다. 하지만 롬보르의 사례는 과학자가 대중 매체를 통해 자신의 좁은 전문 분야를 넘어서는 민감한 주제에 대해 의견을 피력할 때 책임감 있게 행동하려면 어떻게 해야 하는지와 관련하여 많은 시사점을 던져 준다. 예를 들어, 시민 사회가 의사 결정 과정에서 과학자의 전문적 의견에 대체로 상당한 권위를 부여한다는 점을 고려할 때, 광우병 전문가가 아닌 일반 생물학자나 물리학자가 대중 매체를 통해 수입산 쇠고기의 안전성에 대해 자신 있게 의견을 내놓는 것이 과연 윤리적으로 옹호될 수 있을까?

롬보르는 최근 자신의 이전 주장을 뒤엎는 새로운 '결정'을 내린 것으로 보인다. 2010년 8월 영국 《가디언(*The Guardian*)》과의 인터뷰에서 그는 기후 변화는 의심할 수 없는 사실이며 우리는 이에 적극적으로 대처해야 한다고 말한 것으로 알려졌다. 과학자는 연구가 진행되면서 당연히 자신의 이전 결정을 번복할 수 있어야 한다. 만약 그것이 허용되지 않는다면 과거의 오류로부터 배움으로써 성장하는 과학 지식의 축적은 불가능할 것이다. 하지만 책임 있는 과학자가 공적으로 제시했던 자신의 주장을 철회할 때는 어느 정도의 공공성을 띠고 해명을 해야 하는 것일까? 이것 역시 바람직한 과학 연구를 위해 꼭 필요하지만 어려운 결정의 예다.

가장 최근에 미국에서 일어났던 한 사건도 과학 연구 과정 깊숙이 어려운 결정들이 내포되어 있음을 보여 준다. 2010년 8월 하버드 대학교는 전 세계 학계를 깜짝 놀라게 만든 발표를 했다. 이 대학 소속이자 《뉴욕 타임스(*The New York Times*)》 같은 언론 매체나 텔레비전 프로그램에도 자주 출연했던 스타급 과학자인 마크 하우저(Marc Hauser) 교수가 연구 부정행위를 저질렀다는 것이었다. 하우저 교수는 비교 영장류학과 인지 심리학의 세계적 권위자로 주로 인간과 가까운 영장류에서 인지 능력과 도덕 감정 등이 어떻게 발현되는지를 연구하여 관련 학계의 주목을 받아 온 중견 연구자이다. 특히, 그는 평소에도 동료 학자들이 미처 알아차리지 못한 특이 현상을 포착하는 능력이 탁월해서, '하우저 효과'라는 명칭까지 만들어 냈을 정도로 뛰어난 관찰자로 알려졌다. 그런 하우저 교수가 3년에 걸쳐 이루어진 하버드 대학교 자체 조사 결과 8건의 연구 부정행위를 저지른 것으로 발표된 것이다. 하버드 대학교는 현재 연방정부 차원의 조사가 진행 중이므로 하우저 교수가 저지른 연구 부정행위의 구체적 내용은 발표할 수 없다는 입장을 취하고 있다. 따라서 세간에는 여러 추측들이 난무하고 있으며, 하우저 교수 또한 하버드 대학교의 조사 결과에 대해 자신이 몇 가지 '실수'를 저질렀을 뿐이라는 해명을 내놓기만 하고 자발적으로 휴직을 신청, 1년간 하버드를 떠나 있는 상태이다.

하우저 교수의 연구 수행 과정이 과학적으로 적절했는지에 대해 이렇게 의견이 엇갈리고 있는 이유를 이해할 수 있는 단초는 하우저 교수의 연구가 지닌 특성에서 찾을 수 있다. 하우저 교수의 연구에서 핵심적인 부분은 원숭이의 행동을 장기간 '관찰'하여 인지적으로 특별하다고 판단되는 행위 패턴을 추출하는 일이다. 하지만 동료 학자 중 일부는 타마린원숭이의 일상을 기록한 비디오 원 자료를 검토하고도 하우저 교수가 '봤다고' 주장하는, 원숭이가 거울에 비친 자신을 '인식하는 행동'을 볼 수 없었다. 어디까지가 의미 있는 행동이고 어디서부터 의미 없는 몸짓에 불과한지를 '결정'하는 일이 발표된 논문에서와는 달리 실제 연구 현장에서는 대단히 어려웠던 것이다.

하우저 교수는 이 어려운 작업에서 자신이 생각하기에 '올바른' 결정을 지속적으로 내리면서 정직하게 과학 연구자로서의 경력을 쌓아 왔을 수도 있다. 아니면 몇몇 동료 연구자들이 의심하듯 자신에게 유리하도록 비디오 자료를 편집하고 학생들에게 자신의 결론을 받아들이라고 종용했을 수도 있다. 최종적인 판단은 앞으로 내려질 미국 연구 진실성 관리국(Office of Research Integrity, ORI)의 판결을 기다려야겠지만 지금 단계에서도 한 가지는 확실하다. 연구 수행 과정에서 통상적으로 이루어지는 '학술적' 결정조차 본질적으로 윤리적 차원을 갖는다는 사실이다.

과학자에게 윤리학이 필요할까? 과학자도 일반인과 마찬가지로 사회 공동체의 구성원인 이상 다른 사람을 존중하고 사회적 도덕규범을 준수하는 등의 기본적인 윤리 감각을 갖출 필요는 당연히 있다. 하지만 이를 위해서는 어린 시절 교육받는 '바른 생활' 감각만으로도 충분하지 않을까? 일상적인 도덕의식을 넘어서서 과학자가 특별히 윤리적이기를 요구하는 것은 지나친 것이 아닐까? 실제로 황우석 연구 팀의 연구 부정행위 사건이 알려진 이후 국내에서 연구 윤리에 대한 관심이 높아지면서 몇몇 연구자들이 가졌던 생각도 이와 다르지 않았다. 논문에 사용될 원 자료를 위조하거나 변조하지 말아야 한다는 규정은 결국 거짓말하지 말라는 도덕규범을 잘 지키면 되는 일이고, 표절하지 말라는 규정 역시 남의 것을 훔치지 말라는 규범의 적용 이상일 수 없다는 것이다. 결국 거짓말하지 않고 남의 것에 손대지 않는 한 과학자에게 윤리학이란 너무나 먼 '남의 나라 이야기'로 비춰질 수도 있다.

하지만 그렇게 생각한다면 거짓말과 훔치기에 대한 도덕규범은 '올바르게 행동해라'는 보다 일반적 규범의 특수한 경우로 여겨질 수도 있으며, 마찬가지로 과학자를 위한 윤리학은 '훌륭한 연구를 올바르게 해라' 혹은 좀 더 간단하게 '좋은 연구를 해라'는 규범으로 요약될 수 있을 것이다. 문제는 무엇이 '좋은 연구'인지, 연구를 올바르게 수행하는 것이 무엇인지를 결정하는 일이 앞의 예에서도 보았듯이, 구체적인 연구 상황에서는 종종 개별 연구자의 성찰과 과학자 공동체의 합의를 요구하는 사안이라는 데 있다. 결국 좋은 연구를 수행하기 위해서도 연구자들의 윤리적 성찰은 필수적이다.

아인슈타인이 핵폭탄 개발을 지지한 것을 두고 핵무기의 무서움을 보다 절실하게 느낀 전후 세대 평화주의자들은 그의 고심을 이해하면서도 여전히 잘못된 결정이었다고 생각한다. 아인슈타인이 반핵 운동에 동참했을 때 에드워드 텔러(Edward Teller)를 비롯한 동료 과학자 상당수는 보다 강력한 수소폭탄 개발에 매달렸다. 이 두 결정 중 어떤 것이 '올바른' 결정일까? 당연히 이에 대한 답은 과학 연구가 무엇인지, 과학 연구는 무엇을 목적으로 추구되어야 하는지, 과학자는 어떤 자세로 연구에 임해야 하는지, 타당한 과학 연구 방법은 무엇인지 등에 대한 진지한 고민을 통해서만 얻어질 수 있을 것이다.

그리고 이러한 고민 과정은 또 다른 현명한 결정을 요구한다. 『회의적 환경주의자』는 전문 과학자들에 의해 오류로 가득 찬 책이라는 평가를 받았음에도 불구하고 대중적으로 큰 반향을 불러일으키면서 정책 결정에 상당한 영향을 끼쳤다. 저자 스스로는 자신의 책이 학술적으로 충분한 가치를 지닌다고 판단했으나 이 판단에 공감하는 자연 과학자들은 적었다. 반면 상당수의 보수적 사회 과학자들은 적극적인 지지를 천명했다. 롬보르는 책임 있는 연구를 수행한 것인가? 남들이 보지 못하는 '행동'을 읽어 내는 재주를 지닌 하우저 교수의 경우는 어떤가? 그가 타마린원숭이가 거울 앞에 멍청하게 서 있는 것이 아니라 거울에 비친 자신의 모습을 알아본다는 '결정'을 내렸을 때, 그리고 그 결정에 모든 전문가 동료들이 동의할 수는 없었을 때 그는 과학적으로 타당한 연구를 하고 있던 것인가?

이 책은 이러한 의문들에 대한 답을 탐색하기 위해 준비되었다. 이 책의 두드러진 특징은 과학자가 '좋은' 연구를 수행하기 위해 필요한 윤리적 고려를 최대한 종합적으로 다루었다는 데 있다. 이 책에서 독자는 통상적으로 처벌이 요구되는 과학 연구 부정행위의 정의와 어떤 경우에 부정행위를 저지른 것으로 판단되는지, 그리고 그런 행위를 저지르지 않기 위해서는 어떤 방법으로 원 자료를 처리하고 연구 노트를 작성하며 논문을 써야 하는지에 대한 구체적인 제안과 생생한 사례를 만날 수 있다. 거기에 더해 연구가 기획되는 단계에서부터 미리 관련된 윤리적 고려 사항을 지키면서 연구 제안서를 작성하고, 연구에 사용되는 여러 자원을 윤리적으로 활용하며, 동료 연구자들과 생산적으로 의사소통하는 방식에 대해서도 배울 수 있다. 또한 이 책은 과학과 공학 연구를 포괄하여, 보다 넓은 의미에서 자신의 과학 연구가 지니는 사회적 함의를 이해하고 책임 있는 방식으로 연구를 수행하기 위해서는 어떤 점을 고려해야 하는지에 대해서도 다루고 있다.

논점은 가능한 분명하게 제시되었고 저자들도 자신의 생각을 얼버무리지 않고 명확하게 밝히고 있지만, 책을 꼼꼼하게 읽고 나서도 독자에 따라 책에서 제시하는 사례의 상황에서 어떤 '결정'을 내려야 할지를 놓고는 의견이 다소 다를 수 있다. 하지만 과학을 위한 윤리적 고려에서 진정으로 중요한 것은 모든 사람이 기계적으로 똑같이 결정하고 행동하는 것이 아니다. 그보다는 모든 연구자가 윤리적으로 합당한 이유를 갖고 구체적인 상황에 관련된 윤리적 고려 사항을 분명히 염두에 두면서 자신이 생각하기에 가장 바람직한 '결정'을 내리는 것, 그럼으로써 좋은 연구를 추구하는 것이 중요하다. 저자들은 이 책이 일선에 있는 과학자들이 나름대로 바람직한 방식으로 연구를 수행하는 과정에서 도움이 될 수 있기를 희망한다. 또한 장차 과학 연구자가 되기를 희망하는 학생들이나, 현대 사회에서 점점 중요성이 커져 가고 있는 과학 기술 연구와 관련된 다양한 윤리적 쟁점을 이해하고 싶은 일반 독자들에게도 흥미롭게 읽히고 생각거리를 제공해 줄 수 있기를 희망한다.

책이 나오기까지 애써 주신 분들께 감사를 드리는 것은 책을 쓰는 일보다 언제나 더 즐겁다. 우선 좋은 글을 써 주신 필자 분들께 깊이 감사드린다. 편집을 맡은 본인의 게으름으로 책 출간이 한없이 지체되었음에도 불구하고 너그럽게 참아 주시고 마지막 교정까지 꼼꼼하게 보아 주신 필자 선생님들의 노고가 없었다면 책은 나오지 못했을 것이다. 이 책을 위한 기초 연구는 2004년 한국 과학 재단(현 한국 연구 재단) 특정 기초 연구 지원을 받아 이루어졌다. 당시 연구 책임자로서 이 책을 기획하셨고 초고의 내용을 알차게 다듬기 위해 노력하셨던 조은희 선생님께 특별한 감사를 드린다. 아마도 조은희 선생님께서 책 편집을 끝까지 맡으셨다면 이 책이 더 좋은 모습으로 나오지 않았을까 생각해 본다. 그리고 함께 편집을 하기로 한 약속을 지키려 마지막 순간에 나선 본인이 오히려 의도하지 않은 사소한 잘못을 저지르지는 않았을까 걱정이 된다. 마지막으로 오랜 기간 보다 좋은 책을 만들기 위해 애써 주신 사이언스북스 편집부에도 감사드린다. 이 모든 분들의 노력이 결실을 맺기 위해서는 보다 많은 분들이 이 책을 매개로 '좋은 연구'에 공감하고 실천해 주시는 일이 핵심일 듯하다. 그런 의미에서 앞으로 좋은 연구를 공유하고 실천하기 위해 애쓰실 연구자들에게도 미리 감사를 드린다.

차 례

1강 과학 연구와 과학 연구 윤리[1)]

:이상욱

I. 과학 연구란 무엇인가?

과학 연구란 과학 지식을 생산하는 작업이다. 과학 지식은 아직까지 관련 연구자들 사이에서 전혀 알려지지 않은 신물질의 성질처럼 새로운 것일 수도 있고, 찰스 다윈(Charles R. Darwin)의 진화론 연구처럼 이미 알려져 있던 여러 조각난 과학 지식 사이의 연결점을 찾아 통합적으로 이해 가능하게 만드는 것일 수도 있다. 얼핏 생각하면 과학 연구에서 실험 연구는 새로운 사실을 발견하는 작업이고 이론 연구는 실험을 통해 얻어진 사실을 설명하는 작업이라고 간단하게 분류할 수 있을 것 같다. 하지만 과학 연구의 실상은 그보다 훨씬 복잡하다. 마이클 패러데이(Michael Faraday)의 전기 및 자기 연구처럼 실험을 통해서 기존에 알려져 있던 사실 사이의 숨은 연관성이 드러나기도 하고, 볼프강 파울리(Wolfgang E. Pauli)가 중성 미자를 예측했던 것처럼 이론을 통해서 새로운 사실이 규명되기도 한다.

핵심은 과학 연구가 실험 및 이론 작업을 통해 새로운 사실을 발견하고 이를 검증, 설명하는 작업이라는 점이다. 세상의 다른 모든 일이 그렇듯이 과학 연구에서는 성실하게 실험 기기를 조작하거나 꾸준히 복잡한 계산을 수행하고 그 결과를 재확인하여 이로부터 올바른 결론을 이끌어 내는 일이 중요하다. 하지만 이렇게 성실하게 연구를 수행하여 그 결과로 세계에 대한 객관적인 지식을 얻는다는 점만이 강조되다 보면 과학 연구에서 중요한 2가지 측면을 미처 인식하지 못하기 쉽다. 그것은 과학의 예술적 성격과 사회적 성격이다.

과학의 예술적 성격이라고 하면 좀 의외라고 생각될 수 있다. 과학과 예술은 극과 극을 달리는 것처럼 보인다. 엄밀한 논리적 추론이 강조되는 과학 연구와 번뜩이는 즉흥적 직관이 돋보이는 예술 활동 사이에는 공통점을 거의 찾을 수 없는 듯이 보이기 때문이다. 물론 최근 과학 기술을 활용한 예술 활동이 중요한 흐름으로 부상하고 있음은 잘 알려져 있다. 빛 엑스포 같은 과학 행사들 역시 과학과 예술의 만남이라는 주제로 과학 연구 결과의 미적 가치를 대중들이 생생하게 체험할 수 있도록 기회를 제공하고 있다. 하지만 우리의 관심사는 과학 지식이나 연구의 결과물을 이용한 예술적 활동이 아니라, 과학 자체가 예술적 성격을 갖는다는 점이다.

자신을 실험실에서 열심히 연구에 몰두하고 있는 연구자라고 상상해 보자. 몇 달 동안 공을 들여 얻은 실험 결과를 분석해 보니 관련 학계에서 널리 알려진 이론과 어긋난다는 결론에 이르렀다. 어떻게 할 것인가? 과학 연구에 대해 단순한 실증주의(positivism)적 이해만을 가진 사람이라면 경험에 어긋나는 이론은 반증하는 것이 당연하다고 생각할 것이다.

하지만 매우 정교하게 수행된 실험이라도 연구자가 미처 예상하지 못했던 이유로 틀릴 가능성은 항상 존재한다. 게다가 실험 결과와 관련 이론의 불일치는 '겉보기'만 그런 것일 수도 있다. 이론이란 일반적으로 현상의 모든 면을 담아내기보다는 '중요한' 특징만을 모형화하기 마련이다. 그러므로 실험이 올바르게 이루어졌어도 마침 관련 이론이 담지 못한 특정 인과 작용이 두드러지게 나타났기에 이론과 어긋나는 결과를 산출했을 가능성도 있다. 이 경우 올바른 선택은 이론과 실험 모두를 신뢰한 상태에서, 그럼에도 왜 둘 사이에 불일치가 일어날 수밖에 없었는지를 논문의 '분석' 부분에 설득력 있게 제시하는 것이다.

이처럼 연구 과정에서 이론적 설명과 경험적 증거 사이에 불일치가 있을 때 연구자는 '선택'에 직면하게 된다. 실험 과정에서 오류가 있었을 가능성을 다시 한번 찾아볼까? 그러자면 시간이 훨씬 많이 필요할 텐데 그때까지 연구비를 감당할 수 있을까? 아니면 이 기회에 과감하게 학계의 영향력 있는 이론에 반기를 들어 볼까? 증거를 보강해서 충분히 설득력 있게 논문을 쓴다면 일약 학계의 주목받는 연구자로 자리매김할 수 있는 기회다. 하지만 만약 내가 실수를 한 것이라면? 좀 더 꼼꼼하게 실험 자료를 분석해서 관련 이론에 들어맞게 그럴듯한 설명을 할 수는 없을까? 하지만 그러면 그다지 인상적인 논문이라는 평가는 얻지 못할 텐데…….

지금 이 순간에도 전 세계의 과학 연구실에서 수많은 연구자들이 이와 유사한 상황에 직면하여 어려운 선택을 하고 있다.[2] 선택이 어려운 이유는 미지의 세계를 탐험하는 과학 연구의 특성상, 무엇이 '올바른' 선택이었는지는 시간이 흘러 관련 연구가 훨씬 더 많이 이루어진 후라야 판명될 수 있기 때문이다. 관련 주제에 대해 풍부한 경험을 지닌, 충분히 사려 깊은 연구자들 사이에서도 문제가 되는 연구 단계에서 어떤 결정이 더 적절한지에 대해 의견 차이가 날 수 있다. 게다가 결정을 내리는 방식에 대해 딱히 정해진 규칙도 없다. 관련 연구 주제에 대해 고려해야 할 여러 사항을 세심하게 검토한 후 연구자의 직관과 축적된 연구 경험에 바탕하여 '현명한' 선택을 해야 하는 것이다. 일단 선택이 내려지면 후속 연구는 그 선택에 따라 이루어지게 되고, 연구가 진행되면 또 다른 선택에 직면하게 된다. 이런 식으로 과학 연구는 계속된다.

과학 연구의 예술성은 이처럼 연구의 매 단계에서 후속 연구에 영향을 미치는 수많은 선택을 끊임없이 내려야 하는 과학 연구의 지극히 현실적인 일상에서 확인된다. 바람직한 과학 연구자라면 당연히 성실하고 공정하게 연구를 수행해야 하겠지만, 그에 더해 이러한 선택을 두려워하지 않고 창조적인 방식으로 동료 연구자들을 납득시킬 수 있는 선택지를 찾아가며 연구를 수행해야 할 것이다. 매 선택은 서로 다른 방향으로 연구자를 이끌 것이고 그 곳에서 연구자는 새로운 도전과 선택에 직면하게 될 것이다. 훌륭한 과학 연구는 예술적 식견과 마찬가지로 연구 수행 과정에서 얻게 되는 판단력과 경험의 도움을 받아 이루어지는, 미리 정해지지 않은 수많은 결단적 선택이 낳은 결과이다.

일반인들의 상상 속에서 과학자는 대개 실험실에서 홀로 비커를 바라보는 고독한 연구자로 그려진다. 수많은 난관을 헤치고 진리에 접근하는 영웅적 연구자의 모습은 분명 장래 과학자를 꿈꾸는 후속 세대에게 희망을 주기에 충분할 만큼 감동적이다. 하지만 실제 과학 연구는 이런 대중적 이미지와 상당히 다르다. 이렇듯 차이가 생기는 것은 과학자가 진리를 추구하지 않아서도 아니고 그 과정에서 수많은 역경을 겪지 않아서도 아니며, 과학사에서 동료 및 후대 연구자들의 귀감이 될 만한 영웅 과학자들이 없어서도 아니다. 문제는 과학 연구, 특히 현대 과학 연구가 거의 대부분 크고 작은 사회적 맥락에서 이루어진다는 점이 간과되고 있다는 사실이다.

현대 과학 연구는 중층적인 의미에서 사회적이다. 가장 작은 수준에서 연구자들은 대개 실험실에서 특정 과제를 함께 탐구하는 팀의 일원으로 활동한다. 또한 비슷한 주제를 연구하는 다른 팀원들과, 예를 들면 '발생 유전학 실험실'이라는 단위로 묶여 연구 자원을 공유하고 서로 도움을 주고받는다. 실험실 바깥으로 나가면 과학자 사회(scientific community)는 보다 복잡하게 분화된다. 해당 분야에서 국제적으로 경쟁 혹은 협력 관계에 있는, 전 세계적으로 분포한 연구 팀들은 결과물의 평가 및 다음 단계 연구를 결정하는 과정에서 매우 중요한 역할을 한다. 예를 들어 국내 및 국제 학회와 같은 더 큰 규모의 과학자 사회는 최근 이목이 집중되고 있는 연구 동향이나 연구자로서의 경력을 쌓기 위한 경로들을 탐색하는 데 유용하다.

여기까지는 비교적 과학자가 쉽게 이해할 수 있는 과학 연구의 사회적 성격이다. 연구 계획서 및 논문을 동료 평가(peer review)를 통해 선별하면서 과학자 사회는 어떤 연구가 한정된 자원을 배분하여 추구할 만한 것인지와 어

떤 연구 결과가 후속 연구에 참고가 될 만한 것인지를 결정함으로써 원칙적
으로 무한한 수의 연구 가능 주제 중 일부를 '연구할 가치가 있는' 주제로 규
정한다. 물론 논리적으로는 동료 연구자와 전혀 소통하지 않고 홀로 아무도
모르는 곳에 숨어서 자신의 자원으로 독창적인 연구를 수행하는 일도 가능
하다. 하지만 그렇게 얻어진 결과가 과학 연구에 영향을 미치기 위해서는 반
드시 동료 연구자들에게서 평가와 인정을 받아야 하고 다른 연구자들에 의
해 관련 연구가 수행되어야 한다. 이처럼 과학 연구는 근본적인 수준에서 철
저하게 과학자 사회에 근거한 사회적 활동이다.

그럼, 과학 연구의 사회적 성격은 과학자 사회에 한정될까? 조금 더 생각
해 보자. 과학자 사회는 연구자들의 평가를 최대한 반영해서 어떤 주제가 연
구할 가치가 있는지 결정한다. 그런데 이 결정 과정에는 어떤 요인이 고려되
어야 할까? 얼핏 생각하기에는 '순수한' 과학적 가치만이 고려 대상이 될 것
같다. 즉, 과학 지식의 성장에 가장 도움이 되는 연구 주제를 우선적으로 선
택하는 것이 마땅하다는 것이다.

하지만 이 대답에는 2가지 문제가 있다. 먼저, 우리가 탐구할 수 있는 과학
지식의 영역 자체가 엄청나게 방대하기에 결국 어떤 지식이 더 '의미 있는'지
를 판단해야 한다는 것이다. 예를 들어 동일한 바이러스에 대한 연구라 할지
라도 인류에게 치명적인 위협이 되는 바이러스에 대한 연구가, 매우 희귀하
고 별다른 특이 사항이 없는 바이러스에 대한 연구보다 연구 자원에 대한 우
선권을 가져야 하는 것처럼 보인다. 그러므로 의미 있는 과학 연구 주제를 판
단하기 위해서는 종종 과학자 사회를 넘어서는 보다 넓은 사회적 맥락이 고
려될 필요가 있다.

더 어려운 문제는 서로 다른 과학 분야에 속한 연구 주제 사이의 중요도
비교 과정에서 대두된다. 예를 들어, 인류에게 치명적인 바이러스에 대한 연
구와 인류에게 큰 도움을 줄 재생 에너지에 대한 연구 중 어느 것이 더 의미
있는 과학 지식을 산출할까? 이럴 경우 과학자들은 자신들이 연구하는 주제
가 더욱 중요하다고 느끼기 쉽지 않을까? 현실적으로 발생하고 있는 연구 자

원의 학문 분야별 배분을 둘러싼 논의를 살펴보면, 이처럼 '탐구할 만한 가치가 있는' 연구 주제를 결정하는 일이 과학 내적인 논리로만 수행되기는 어렵다는 점을 쉽게 이해할 수 있다. 과학 연구가 이루어지는 더 넓은 사회적 맥락에서 그것의 가치와 지향점에 대한 연구자의 인식과 사회적 공감대를 확보하도록 노력해야 하는 이유가 여기에 있다.

여기서 하나 분명하게 짚고 넘어가야 할 점은, 과학 연구와 과학 지식의 객관성을 확보하기 위해서는 연구 주제 선정에서 분명하게 드러나는 과학 연구의 사회적 성격이 과학자 사회의 연구 결과 평가 과정으로까지 확대되어서는 안 된다는 것이다. 과학자 사회에 속한 과학자는 자신의 연구가 사회적으로 지지되고 있으며 다른 곳에 쓰일 수도 있었던 자원을 활용하고 있다는 점을 인식하고, 과학 내재적 가치와 보다 넓은 맥락의 사회적 가치를 동시에 고려해 연구 주제를 선정해야 한다. 하지만 연구 결과의 평가 과정에 특정 사회적 가치가 적극적으로 개입된다면 연구의 객관성을 담보할 수 없는 데다 장기적으로는 연구자 개인의 의도와 무관하게 사회적으로 바람직하지 않은 결과를 낳게 될 것이다.

2. 본질적이고 생산적인 과학 연구 윤리

우리나라에서 과학 연구 윤리에 대한 논의가 본격적으로 시작된 것은 2005년 말부터였다. 그 배경에는 황우석 연구 팀의 논문 부정행위 사건이 있다. 이 점이 다소 꺼림칙하긴 하겠지만, 북유럽의 몇 나라를 제외하고 대부분의 과학 선진국들도 우리처럼 자국에서 대형 부정행위 사건이 터진 이후에야 연구 윤리에 대한 관심이 과학자들 사이에서 널리 퍼지고 부정행위에 대처하기 위한 각종 제도적 장치를 마련했다는 사실을 기억할 필요가 있다. 북유럽 국가들 역시 볼티모어 사건(Baltimore Case)[3]처럼 전 세계적으로 널리 보도된 다른 나라의 대형 연구 부정행위 사건을 계기로 '예방적' 차원에서 자국의 연구 윤리 제도를 시작했다.

결국 중요한 것은 이 기회에 우리나라의 연구 수준을 그 결과물뿐만 아니라 과정이나 연구자의 의식 면에서도 세계적 수준으로 끌어올리는 일이다. 이를 위해서는 단순히 극단적인 과학 연구 부정행위만이 아니라 그 정도로 심각하지는 않더라도 잘못된 연구 관행이나 문제의 소지가 있는 연구 수행까지도 점차적으로 바람직한 방향으로 개선해 나가려는 노력이 필요하다. 우리나라 과학계도 이런 점을 깨닫고 적어도 제도적 수준에서는 발 빠르게 대응했다.

2007년 과학 기술부[4]는 여러 차례의 의견 수렴과 공청회를 통해 연구 윤리 가이드라인을 제정, 공표하고 이를 과학 기술부로부터 연구비를 받는 모든 기관이 따르도록 요구했다. 한편 교육 인적 자원부는 연구 윤리가 연구자들 사이에서 뿌리내리기 위해서는 미래의 연구자에 대한 교육이 중요하다는 점을 인식하고 각급 학교에서의 연구 윤리 교육 내용을 개발하고 이를 시행하는 작업에 노력을 쏟고 있다. 그 후 대부분의 연구 기관에서는 연구 부정행위나 연구 부적절 행위를 조사하는 연구 진실성 위원회(Research Integrity Commitee)가 설립되었다. 또한 연구의 초기 단계에서 연구 계획의 윤리적 적절성을 심사하는 기관 윤리 심의 위원회(Institutional Review Board, IRB)도 의생명 과학에서 과학 연구 전반과 인간 및 동물을 대상으로 하는 연구 분야로 확대 적용되고 있다. 2010년에는 연구원들이 다양한 통로로 과학 연구 수행에서 발생할 수 있는 갈등이나 고민을 해소할 수 있는 옴부즈먼(ombudsman) 제도가 생명 공학 연구원에서 시범 운영되었고 2011년부터 본격적으로 운영될 예정이다.

이처럼 연구 윤리를 제도화하려는 노력이 바람직함은 물론이다. 그러나 이 장에서 우리는 보다 근본적인 물음에 답해 보려 한다. 즉, 연구 윤리가 통상적인 연구 수행과 어떤 관련을 맺는지를 밝히고자 하는 것이다. 연구 윤리의 문제는 연구 결과를 멋대로 지어내고 태연하게 거짓말을 하는 극소수의 '나쁜' 과학자에게만 해당되는 것일까? 만약 그렇다면 연구 윤리에 대한 고민은 대부분의 과학 연구 활동과는 무관해서 대다수의 과학자들은 신경 쓰지 않아도 되는, 아주 비정상적인 연구에만 관련되는 것이 아닐까? 조금 더 어려운 말로 하자면, 연구 윤리는 연구 활동에 '외재적인' 것이 아닐까?

우리는 연구 윤리에 대해 품기 쉬운 위와 같은 생각이 왜 잘못되었는지를 구체적인 예를 들어 알아볼 예정이다. 이 과정에서 앞 절에서 지적되었던 과학 연구의 예술적, 사회적 성격이 보다 생생하게 드러날 것이다. 결론적으로 이후의 논의는 연구 윤리의 문제가 실은 통상적으로 이루어지는 연구 활동 거의 대부분에 직결되어 있으며, 윤리적으로 연구하는 것이 성공적인 연구를 수행하는 데 결정적인 도움이 된다는 점을 보여 준다. 즉, 연구 윤리는 연구 수행 과정에 외재적이기보다는 본질적이고 생산적이다.

이를 위해 연구 윤리를 과학 철학적 관점에서 살펴볼 필요가 있다. 연구 윤리에 대한 과학 철학적 분석은 연구 윤리가 왜 과학 연구에서 본질적이고 생산적인지를 드러내 준다. 이를 보여 주기 위한 논의 과정에서 필자는 '경계 짓기'와 '관점 바꾸기'라는 개념을 사용할 것이다.

우선 최근 과학 철학의 연구 경향이 구체적인 과학사와 현재 이루어지고 있는 과학자들의 실천 작업을 보다 강조하고 있음에 주목하자. 그렇지만 이는 과학 철학이 과학이 실제로 어떠한지에 대한 기술적인(descriptive) 논의에만 집중한 나머지, 과학 연구가 어떻게 이루어져야 바람직한지에 대한 규범적(normative) 논의를 더 이상 할 수 없게 되었음을 의미하지는 않는다. 그보다는 과학에 대한 규범적 논의도 과학 연구의 역사성과 우연성(contingency)을 수용할 수 있을 정도로 충분히 유연해야 함을 의미할 뿐이다.

과학사를 살펴볼 때, 현재 우리가 믿고 있는 이론이 역사적 논쟁의 상황에서 항상 경험적 증거에서 분명한 우위를 점했기에 선택된 것은 아니었다. 대부분의 이론 선택은 경험적 증거를 비롯한 인식적 고려와 과학자 사회의 사회 문화적 고려, 그리고 드물게는 과학자 사회를 넘어선 거시적인 사회 문화적 고려까지 작용해서 이루어졌다. 이렇게 내려진 선택이 비합리적이라고 생각할 이유는 없다. 왜냐하면 일찍이 토머스 쿤(Thomas S. Kuhn)이 『과학 혁명의 구조(*The Structure of Scientific Revolutions*)』(1962년)에서 잘 보여 주었듯이 인식적 가치 판단과 같이 순수하게 과학적인 판단조차 유일한 이론 선택을 보장해 줄 수는 없기 때문이다.

결국 과학 지식은 진리 대응설(correspondence theory of truth, 지식, 주장과 외부 세계의 일치에 진리의 핵심이 있다는 학설)과 같은 외부적이고 초월적인 기준에 의해서라기보다는 개별 과학자의 구체적 실천과 과학자 집단의 사회적 선택을 통해 인과적으로 형성된다고 보아야 한다. 여기서 중요한 점은 과학 연구가 개별 과학자의 구체적인 연구 활동에 의해 일의적이 아닌 방식으로 이루어지며, 이들 과정 전체를 합리적으로 이해할 수 있는 방식이 존재한다는 점이다.

이러한 최근 과학 철학의 관점에서 과학 연구 윤리의 문제를 살펴보면, 바람직하지 않은 연구 행위와 바람직한 연구 행위 사이의 경계가 역사적으로 조금씩 변해 왔다는 사실을 발견하게 된다. 특정 시기에조차 이 둘 사이의 경계는 연구자들 모두가 쉽게 인식할 수 있는 방식으로 미리 존재한다기보다는 관련 과학자 사회의 지속적인 재규정을 통해서만 확정될 수 있었다. 정상적 과학 연구와 비정상적 과학 연구(부정행위로 대표되는)의 경계가 생각만큼 시대를 초월해서 자명하지는 않은 것이다. 경쟁하는 과학 이론 사이의 선택이 개별 과학자마다 합리적인 방식으로 달라질 수 있는 것과 마찬가지로, 바람직하지 못한 연구 행위의 경계 짓기도 추상적 윤리 규범 수준에서 동의하는 여러 과학자 사이에 조금씩 다른 방식으로 이루어질 수 있다.

물론 어느 시대의 어느 과학 연구 분야에서도 자료를 조작하거나 다른 저자의 글을 인용 표기 없이 자기 것처럼 마구 가져다 쓰는 일이 바람직하다고 간주된 적은 없었다. 하지만 이런 극단적인 경우가 아니라 소위 '회색 지대'에 속한 과학 연구 수행으로 들어가 보면, 특정 행위가 얼마나 문제의 소지를 안고 있는지에 대해 시대나 개별 연구자에 따라 상당한 의견 차이를 나타낸다. 그렇다면 혹시 회색 지대에서 경계 짓기의 어려움이 과학 연구 부정행위를 규정하는 일의 무의미함으로 확대될 가능성은 없을까?

이와 같은 문제 제기는 바람직한 행위의 경계가 자명하고 고정불변할 때만 윤리적 당위가 정당화될 수 있다고 보는 관점에 입각해 있다. 만약 경계 짓기가 시대에 따라 혹은 나라에 따라 조금씩 다르게 나타난다면 경계 짓는 행위 자체가 무의미해진다는 것이다. 실제로 이런 생각은 '사소한' 데이터의 부풀리기나 명예 저자(honorary author) 끼워 넣기 같은 연구 관행에 대해 너그럽게 생각해야 한다는 일부 과학자들의 견해와도 일맥상통한다.

흥미로운 점은 이와 비슷한 상황이 과학 철학의 역사에서도 발생했다는 사실이다. 1960년대 이후 쿤을 위시한 '역사적 과학 철학자'들은 합리적 이론 선택과 비합리적 이론 선택이 소박한 반증주의(naive falsificationism)와 같은 간단한 규칙들로 단순하게 구별되기 어렵다는 점을 지적했다. 이에 대해 다른 많은 학자들은 이러한 지적이 과학 연구를 비합리적으로 만들고 과학 지식을 상대화시켰다고 비판을 쏟아 내었다. 예를 들어, 쿤이 옳다면 달이 치즈로 만들어져 있다는 주장과 암석 덩어리라는 주장 사이에는 어떠한 인식론적 차이도 존재하지 않게 된다는 식이었다.

그러나 물론 과학 철학이 과학의 실제 연구 과정을 보다 충실하게 논의해야 한다고 주장했던 철학자들 대다수는 이와 같은 극단적인 인식론적 상대주의를 옹호하지 않았다. 학자마다 조금씩 차이는 있지만 이들의 주장은, 예를 들어 코페르니쿠스 혁명(Copernican Revolution)이 일어날 당시 천문학자들이 니콜라우스 코페르니쿠스(Nicolaus Copernicus)의 이론과 클라우디오스 프톨레마이오스(Claudios Ptolemaeos)의 이론을 비교, 평가하던 '과학적' 기준들은 현재의 기준과 상당히 달랐으며, '단순성'과 같이 동일한 인식적 가치 기준을 적용할 때조차 오늘날의 우리와는 다른 의견을 여전히 합리적인 근거에서 제시할 수 있었다는 것이다. 그렇지만 그 당시든 오늘날이든 각각의 시기에는 관련 과학자 사회에 일반적으로 받아들여지는 이론 평가의 기준이 존재하며, 이러한 기준을 적용하는 방식에도 대체적인 합의가 존재한다. 중요한 점은 이들 기준이 역사적으로 변해 왔다는 사실에서 이들 기준 자체가 아무런 의미가 없다는 상대주의적 결론이 도출되지는 않는다는 것이다. 이론 선택의 기준들은 누군가에 의해 순식간에 발명되지 않았으며, 과학 자들은 수많은 연구 활동을 통해 기준을 가다듬고 그 구체적인 내용을 규정 해 왔다. 어떤 의미로는 이렇게 집단적인 노력의 산물이기에 이론 선택 기준 으로서의 규범성이 획득된다고 생각해 볼 수도 있다.

마찬가지로, 과학 연구 윤리의 문제에서 경계 짓기의 어려움이 곧바로 경 계 자체의 무의미함을 함축하지는 않는다. 우리 논의의 핵심은 결코 과학 부 정행위의 경계가 역사적으로 크게 변화했기에 경계 짓는 행위 자체가 별다 른 의미가 없다는 상대주의적 결론은 아니다. 오히려 바람직한 과학 연구와 그렇지 못한 과학 연구 사이에 대체로 동의될 수 있는 기준이 늘 존재해 왔고 그 기준이 거의 일정하게 유지되어 왔다는 사실을 통해 과학 연구의 정체성 을 어느 정도 객관적으로 확보하는 근거를 마련할 수 있다.

그럼에도 과학 부정행위의 구체적인 경계는 매 시기마다 조금씩 다르게 규정되어 왔는데, 이런 규정은 당시 과학자들의 적극적인 참여를 통해서만 만들어질 수 있었다. 예를 들어 데이터 조작이 부정행위가 아니었던 적은 한 번도 없었지만, 어떤 과학 연구 행위가 데이터 조작에 해당되는지 그리고 어 느 정도의 데이터 조작이 공개적인 처벌을 요구할 정도의 심각한 과학 부정 행위인지에 대한 해석은 늘 역동적으로 새롭게 마련되어 왔다.

그러므로 다소 역설적이지만, 과학 부정행위의 경계가 추상적 도덕 원리 에 의해 간단하게 주어지는 것이 아니라 개별 과학자들의 구체적인 연구 실 천을 통해 차츰차츰 미세하게 조정되고 합의되어 만들어진 것이기에 과학자 들이 마땅히 지켜야 할 규범성을 갖는다고 할 수 있다. 이는 연구 윤리를 자유로운 연구 행위를 '규제'하는 외부적인 것이 아니라, 생산적인 연구 행 위의 과정에서 자연스럽게 파생되는 필수 불가결한 측면으로 인식해야 함을 의미한다.

연구 윤리와 관련된 구체적 활동, 특히 자신의 연구 분야에서 '경계 짓기' 에 적극적으로 참여하는 일의 당위성은 1절에서 지적한 과학 연구의 예술적 성격이나 사회적 성격에 비추어 볼 때 자연스럽게 이해될 수 있다. 이는 또한 사회적 자원을 상당한 규모로 사용하는 현대의 과학 연구가 불필요한 사회적 비용의 낭비 없이 보다 생산적으로 이루어지기 위해서는, 연구자 스스로가 연구 윤리의 세부적 내용을 적극적으로 규정하고 후속 세대에게 충실히 교육하는 일이 반드시 필요함을 의미한다. 이처럼 과학 연구에 대한 올바른 철학적 이해는 과학 연구 윤리에서의 '관점 바꾸기'를 요구한다.

연구 윤리에 대한 관점을 바꾸게 되면, 우리는 현재의 연구 환경이 이전 과학자들이 직면했던 어떤 연구 환경과도 달리 독특하다는 점에 주목할 수 있게 된다. 예를 들어, 세상에 존재했던 모든 과학자의 80퍼센트가 현재 살아 있다고 할 수 있을 정도로 20세기 이후 과학 연구자의 수가 폭발적으로 증가했다는 사실과 이로 인해 과학 연구에서 경쟁이 점점 더 극심해지고 있다는 사실 등이 그것이다.

또한 연구 윤리에 대한 새로운 관점을 취하면, 연구자들이 연구 부정행위에 대해 보다 적극적인 방식으로 사고하고 개입할 수 있는 여지가 생긴다. 연구 부정행위가 몇몇 성격 이상자에 의해 저질러지는 사회적 일탈 행위가 아니라 보다 구조적인 문제임을 이해하게 되기 때문이다.

이후에는 연구 윤리를 제도화하기가 왜 어려운지, 또 그로 인해 우리가 연구 윤리에 대한 관점을 어떻게 바꿔야 하는지를 구체적인 사례를 통해 살펴볼 것이다. 그리고 나서 우리나라에서 바람직한 연구 윤리가 뿌리내릴 수 있는 방안을 모색해 본다.

3. 뉴턴의 계산과 밀리컨의 기름방울

이론과 관찰 및 실험 사이의 관계에 대한 과학자들의 일반적인 생각에 따르면, 이론은 관련된 관찰이나 실험 결과에 의해 반증되어 폐기되거나 입증되어 수용된다. 명백한 경험적 반대 증거에도 불구하고 자신의 이론을 고수하는 것은 바람직한 연구자의 태도가 아니다. 더 나아가 만약 이론에 일치하는 실험 결과만을 선택적으로 제시한다거나 이론과 데이터의 정합성을 높이기 위해 실험 결과를 고친다면 이는 논란의 여지가 없는 부정행위이다.

세계의 모든 물체에 적용되는 보편적 힘의 수학적 형태를 제안했던 아이작 뉴턴(Isaac Newton)은 만유인력 법칙에 보다 잘 들어맞도록 춘분, 추분점과 음파의 속도에 대한 자신의 계산값을 고쳤다. 달의 궤도에 대해 이전에 계산해 두었던 결과도 이 과정에서 '교정'되었다. 현재 기준으로 볼 때 명백한 자료 조작에 해당되는 뉴턴의 이러한 행위는, 만약 알려졌다면 그 당시에도 당연히 문제시될 사안이었다.

그런데 뉴턴의 이런 명백한 '조작'에는 이해되지 않는 부분이 있다. 구태여 계산 결과를 고치지 않더라도 뉴턴의 이론과 당시 관측 자료는 대체로 일치했기 때문이다. 물론 계산값을 고치고 나니 만유인력 법칙과 관찰 결과는 극적으로 들어맞았다. 요즘처럼 경쟁이 극심한 시대의 연구자라면 '있어 보이는' 논문을 출판하기 위해 평균값에서 벗어나는 실험 결과를 제외하고픈 유혹에 굴복하기도 한다. 하지만 과학자라고 할 수 있는 사람 자체가 거의 없었던 시기에 뉴턴은 왜 구태여 조작까지 해 가면서 자신의 이론과 경험적 사실을 절대적으로 일치시키려 한 것일까?

실은 뉴턴에게는 이런 비밀스러운 작업을 수행해야 할 강력한 동기가 있었다. 뉴턴은 당시 자연에 대한 설명이 입자 간의 충돌과 같은 기계적인 방식으로만 이루어져야 한다는 데카르트주의자들과 논쟁 중이었다. 데카르트주의자들은 과학 이론이 만족시켜야 할 이런 인식론적 기준에 부합하게 만유인력을 인과적으로 설명해야 한다고 뉴턴에게 끊임없이 도전했다. 도대체 어떻게 태양이 텅 빈 공간을 지나 지구를 끌어당길 수 있단 말인가? 만유인력은 근대 과학이 그토록 멀리하려던 신비주의적 힘과 너무 닮아 있었다.

스스로도 데카르트주의자로 출발한 뉴턴이 이 도전에 대해 내놓을 수 있는 답은 궁할 수밖에 없었다. 결국 뉴턴이 찾아낸 대응은, 자신은 현상들 사이의 연관 관계(correlation)를 수학적으로 정확하게 기술하는 데만 관심이 있지 현상 너머의 궁극적인 원인을 찾는 미시적 '가설'은 만들지 않는다는 것이었다. 이는 과학 이론이 갖추어야 할 최고의 덕목으로 현상과의 일치를 주장한 것이나 다름없었다. 결국 뉴턴으로서는 경험적 증거가 자신의 이론을 완벽하게 지지해 주어야 했다. 현상과 이론이 '대강 일치함'으로는 데카르트주의자에게 자신의 이론을 정당화할 수 없었고 따라서 계산 결과를 수정해 가면서까지 '인상적인 일치'를 얻어 내야만 했던 것이다. 뉴턴의 연구 노트를 꼼꼼하게 분석한 과학사학자 리처드 웨스트폴(Richard Westfall)의 지적처럼, 다른 사람이 쉽게 이해하기도 어려운 책을 쓴 위대한 수학자 뉴턴 스스로가 자료를 조작했기에 그것을 알아챌 수 있는 사람은 많지 않았다.

뉴턴의 예는 과학자가 자신이 확신을 가지고 있거나 깊은 애착을 갖고 있는 이론과 경험적 증거가 일치하는 정도를 다른 사람들에게 인상적으로 보이기 위해 왜곡해서 높이는 것에 대한 연구 윤리적 판단을 요구한다. 없는 데이터를 지어내는 일보다는 훨씬 정도가 낮지만 이런 행위 역시 바람직하지 않음은 분명하다. 다른 연구자가 이론과 데이터 사이의 불일치를 다른 원인으로 설명할 수 있는 여지를 사전에 제거해 버리는 셈이기 때문이다. 실제로 과학사에서는 한 연구자가 이상치(동떨어진 값, outlier)라고 논문에서 무시한 현상이 중요한 발견으로 이어지는 경우가 상당히 많다. 예를 들어, 펄서(pulsar, 자기장이 강하며 주기적으로 엑스선 혹은 전파를 방출하는 천체)의 발견은 다른 연구자가 배경 잡음이라고 무시했던 자료 더미에서 유의미한 결론을 도출하려고 노력했던 한 대학원생에 의해 이루어졌다.

뉴턴의 예가 연구 윤리에 시사하는 바가 많은 또 다른 이유는, 뉴턴이 고민했던 이론과 현상의 부분적 불일치가 실은 당시 경험적 자료가 부정확했다는 점과 뉴턴의 계산 과정 자체에 개선의 여지가 많았다는 점 등이 결합된 복합적 원인에서 발생했기 때문이다. 결국 뉴턴의 이론은 지속적으로 개선되어 20세기 초까지 자연 과학의 대표적인 이론으로 간주되었다. 이 사실로부터 우리는 '나중에 참으로 판명되기만 한다면' 지금 약간 데이터를 조작해도 별 문제될 것이 없다는 식의 사고방식이 얼마나 잘못되었는지 알 수 있다. 설사 후속 연구를 통해 궁극적으로는 올바른 것으로 판명될 이론이라고 해도 그것을 위해 데이터를 조작하거나 선별하면 이후 그 이론이 보다 개선될 여지를 차단하여 과학의 발전을 가로막게 된다.

그렇다면 연구자가 딱히 그 근거를 분명하게 구체화할 수는 없지만, 나름대로 이유를 가지고 특정 데이터를 계산 과정에서 누락시키는 행위는 어떨까? 로버트 밀리컨(Robert A. Millikan)은 전자의 전하량을 처음으로 정밀하게 측정하여 세상에 존재하는 모든 전하는 전자 전하량의 정수 배로만 존재한다는 결과를 얻었고 그 공로를 인정받아 1923년 노벨상을 수상했다. 밀리컨은 1910년 출판한 기름방울 실험에 대한 첫 논문에서 자신이 실험한 모든 데이터를 근거로 전자의 전하량을 계산한 것이 아니라 실험이 제대로 이루어졌다고 판단된 일부의 데이터만을 사용했다고 밝혔다. 그러나 당시 밀리컨보다 훨씬 더 유명한 실험 물리학자였던 독일의 펠릭스 에렌하프트(Felix Ehrenhaft)는 밀리컨의 실험과 어긋나는 결과, 즉 전자 전하량보다 작은 전하량을 계속 측정해 내고 있었다. 이런 전형적인 과학 논쟁 상황에서 에렌하프트는 밀리컨이 1910년 논문에서 제외한 실험 결과를 분석하면 자신의 결론과 동일한 분수 배 전자 전하를 얻을 수 있을 것이라고 밀리컨을 공격했다. 밀리컨은 자기 주장의 신빙성을 높이기 위해 보다 정밀한 실험을 수행해야만 했다.

그 결과 밀리컨은 실험 장치를 개선하여 1913년에 기름방울 실험의 결정적 논문을 발표한다. 이 논문에서 밀리컨은 에렌하프트의 공격을 의식한 듯, 자신은 이번 실험에서 얻은 모든 데이터를 사용하여 전자의 전하량을 계산했으며 그 결과는 여전히 자신의 원래 주장을 입증한다고 공언했다. 이 둘째 논문 이후 밀리컨은 에렌하프트와의 논쟁에서 승리를 거두었고 현재 우리가 아는 것처럼 원자 수준에서는 오직 전자 전하량 정수 배의 전하만이 존재한다는 사실이 정설로 자리 잡게 되었다.

하지만 1970년대에 밀리컨의 실험 노트를 조사한 과학사학자 제럴드 홀튼(Gerald Holton)은 밀리컨이 둘째 논문에서 거짓말을 했다는 사실을 발견했다. 밀리컨은 자신의 원래 실험 결과의 상당 부분을 제외하고 전자의 전하량을 계산했던 것이다. 제외된 실험 결과를 포함시켜 계산하면 밀리컨의 주장은 설득력이 많이 떨어졌다. 여기까지만 보면 밀리컨이 자신의 논문을 보다 인상적으로 만들기 위해 데이터를 선택적으로 사용한 것처럼 보이며, 만약 이것이 사실이라면 이는 논란의 여지없이 바람직하지 않은 연구 행위일 것이다.

그렇지만 상황은 이보다 조금 더 복잡하다. 밀리컨은 자신이 제외한 실험값 옆에 간단한 주석을 달아 두었다. 그렇다고 이 주석이 "이 실험은 기름방울의 점성도가 충분히 확인되지 않은 상태에서 이루어졌으므로 유효하지 않다."는 식으로 동료 과학자에 의해 객관적으로 평가될 수 있게끔 적혀 있었던 것은 아니다. 만약 그랬다면 밀리컨은 데이터를 선택적으로 사용하여 부당하게 연구 결과를 부풀렸다는 비난에서 자유로울 수 있을 것이다. 하지만 밀리컨이 적어 놓은 평은 "음, 아주 좋아! 이건 꼭 사용해야지."거나 "형편없군! 이건 사용할 수 없겠어." 식의 직관적 평가였다. 좋게 봐준다면 밀리컨은 실험 장치가 제대로 작동하지 않는 상황에서 얻어졌다고 판단한 실험값을 최종 계산에서 제외한 것일 수 있다. 다만 자신이 제외한 실험 상황에서 무엇이 문제인지를 분명하게 기록하지 않았던 것이다. 여러 정황을 고려할 때 밀리컨 스스로도 실험에서 정확히 무엇이 문제였는지를 구체적으로 지적할 수 있었는지 확실하지 않다.

그런데 실험을 하다 보면 밀리컨이 처한 상황과 비슷한 상황이 자주 발생한다. 실험이 잘못되었을 때 무엇이 잘못되었는지 구체적으로 지적할 수 있는 '행복한' 경우는 그리 흔하지 않다. 많은 경우 대강 어디에서 문제가 있는지는 짐작할 수 있지만 결국에는 수많은 시행착오를 거쳐 실험이 제대로 이루어지도록 노력해 보는 수밖에 없는 경우도 많다. 그리고 뛰어난 연구자일수록 이렇게 불분명한 상황에서 경험에 바탕한 뛰어난 직감으로 실험을 어떻게 개선해야 하는지를 남보다 먼저 알아내곤 한다. 그러므로 앞의 상황에서 밀리컨이 훌륭한 과학자만이 발휘할 수 있는 놀라운 수준의 분별력을 발휘한 것인지, 아니면 실험 결과를 보다 인상적으로 보이게 하기 위해 무의식적으로 깎아 내기(trimming)를 한 것인지를 판단하기란 쉽지 않다.

하지만 중요한 것은 밀리컨이 진정으로 과학 부정행위에 해당하는 데이터 조작을 했는지의 여부가 아니다. 정말 중요한 것은 통상적인 실험 상황에서 밀리컨이 겪었을지도 모를 곤경, 즉 실험이 잘못된 것 같아서 이 실험에서 얻은 값은 제외하고 싶지만 객관적인 근거를 상세하게 밝히기 어려울 때가 종종 발생한다는 것이다. 이런 상황에서 개별 연구자는 자신의 양심에 비추어 부끄럽지 않은 방식으로 행동할 수 있어야 한다. 즉, 스스로에게 이 실험 값을 제외하는 것이 진정으로 그 근거를 구체화시키기는 어렵지만 상당한 과학적 근거를 갖는 결정인지, 아니면 그저 논문을 좀 더 매력적으로 보이기 위해 이상치를 슬쩍 제거하는 것인지를 묻고 과학자다운 공정한 결정을 내려야 한다. 이러한 결정은 결코 외부에서 주어지지 않으므로 연구자 스스로가 구체적인 개별 상황에서 결행해야 한다. 참고로 이런 상황에서 국제적인 권고안은 설명할 수 없는 이상치도 논문에서 정직하게 밝히고 연구자 스스로가 그 값이 무의미하다고 판단하는 이유를 제시하여 논문을 읽는 동료 연구자가 거기에 대해 객관적인 판단을 내리게 하는 것이다.

4. 멘델의 완두콩과 다윈의 사진

무의식적인 깎아 내기를 수행했다고 의심받는 과학자 중에는 유전학의 아버지로 불리는 그레고어 멘델(Gregor J. Mendel)도 있다. 현대 통계학의 거장이자 집단 유전학의 창시자 중 한 사람인 로널드 피셔(Ronald A. Fischer)는 1936년에 멘델의 완두콩 실험 데이터를 통계학적으로 분석해서, 데이터와 멘델의 이론이 지나칠 정도로 완벽하게 일치한다는 결론에 도달했다. 이는 그런 완벽한 실험 결과를 얻을 수 있는 확률이 통계적으로 매우 낮다는 의미이다. 실제로 멘델은 현대적 실험처럼 여러 변인들이 통제된 실험을 수행한 것도 아니었고, 우성과 열성이 극단적으로 갈라지는 특별한 완두콩 종자를 사용한 것도 아니었다.

현대의 최신 실험 기법을 사용해도 멘델의 실험 결과를 재현하기는 쉽지 않다. 그런데 멘델의 실험실은 다양한 환경에 노출된 수도원의 밭이었고, 멘델의 완두콩은 깍지가 주름진 것과 매끈한 것 두 종류만 나온 것이 아니라 반쯤 주름지고 반쯤은 매끈한 것도 나왔다. 그럼 이런 콩깍지는 매끈하다고 분류해야 할까? 아니면 주름졌다고 분류해야 할까?

이런 여러 의혹에도 불구하고 피셔는 연구자로서 멘델의 '진실성(integrity)'을 의심하지는 않았다. 피셔는 멘델이 어쩌면 다양한 이유에서 의심스러운 콩 줄기를 자신의 실험 밭에서 뽑아내어 어느 한 구석에 모아 두었을 것이라고 짐작했다. 그래서 자신도 모르게 실험 결과가 보다 분명한 방식으로 나왔다는 것이다. 혹은 멘델을 오명에서 구하기 위해 피셔는 자신이 제기한 문제점을 해결해 줄 희생양까지 가정하기도 했다. 알려지지 않은 멘델의 조수가 존경하던 스승의 법칙과 일치하도록 은밀하게 완두콩 줄기들을 선택했다는 것이다.

멘델에 대한 과학사 연구들은 멘델이 완두콩 실험 후가 아니라 그 전에 이미 유전 법칙에 대한 대강의 이론을 가지고 있었음을 보여 준다. 이런 상황에서 멘델은 완두콩을 나누는 과정에서 경계에 있는 콩들을 유전 법칙에 일치하는 방식으로 무의식적으로 분류했을 수도 있다. 이런 일이 무의식적으로 일어날 수도 있다는 사실에 유의해야 한다.

심리학에서는 실험자의 믿음이 실험 결과에 영향을 끼치는 상황을 피그말리온 효과(Pygmalion effect)라고 부른다. 동일한 형질을 가진 쥐 집단을 둘로 나누어 각각을 다른 실험 팀에 주고, 한 팀에게는 이 쥐들이 미로 찾기에 비범한 능력을 가진 천재 쥐 집단이라고 하고 다른 팀에게는 평균 이하의 능력을 보이는 둔재 쥐 집단이라고 일러 준다. 놀랍게도 이와 같은 실험에서 연구자들 거의 대부분은 자신들이 들은 내용과 일치하는 결과를 얻는다. 즉, 천재 쥐 집단을 가지고 실험한다고 믿는 연구 팀이 둔재 쥐 집단을 배당받았다고 믿는 집단에 비해 자신들의 쥐로부터 훨씬 더 좋은 성적을 얻는 것이다.

　도대체 왜 이런 일이 일어날까? 정확한 원인은 매 경우마다 모두 달라서 일반화하기 어렵다. 어떤 경우에는 실험자가 자신도 모르게 '천재 쥐'를 규정보다 조금 일찍 놓아 주었을 수 있다. 마찬가지로 다른 실험자는 무의식중에 '둔재 쥐'가 미로 끝에 다다른 다음 조금 늦게 초시계를 눌렀을 수도 있다. 중요한 점은 우리는 무의식적으로 기대했던 실험 결과를 얻어 내려는 경향을 보인다는 사실이다. 과학 연구자들이 기대감의 덫에 빠지는 잘못을 저지르지 않도록 실험 과정에서 지속적으로 자기 검증을 수행해야 하는 이유가 여기 있다.

　멘델이 피그말리온 효과의 희생자였는지 아니면 '드러나지 않은 조수'를 두었는지는 결코 알 수 없을 것이다. 하지만 이 위대한 유전학자의 '너무 좋은' 실험 결과는 우리가 실험 중에 자기기만에 빠져 의도하지 않게 실험 결과를 왜곡하거나 심할 경우 연구 부정행위를 저지를 수도 있다는 사실과, 지나치게 말끔한 실험 결과는 의심받을 수도 있다는 사실을 알려 준다.

　현대 생물학의 중심 이론인 진화론을 체계화한 다윈은 과학 부정행위와 표준적 연구 수행의 미묘한 경계를 보여 주는 또 다른 과학자이다. 『종의 기원(Origin of Species)』(1859년)을 발표한 지 13년이 지난 후, 다윈은 1872년에 『인간과 동물의 감정 표현(The Expression of the Emotions in Man and Animals)』을 출판한다. 이 책은 인간 행태를 형질로 간주하여 이의 진화적 기원을 다룬 책으로, 현재 사회적 논란의 중심에 있는 진화 심리학(evolutionary psychology)의 선조 격이다. 당시에 이 책은 첨단 기술인 사진을 과학적 논의에 폭넓게 사용한 것으로도 유명했다. 이 사진들은 다윈이 인류의 다양한 문화에 보편적으로 나타난다고 본 기쁨, 슬픔, 놀람, 혐오, 분노, 수치 등의 감정이 표현된 얼굴 사진들이었다.

　1998년 이 책의 3판 출간이 준비되면서 몇몇 학자들은 이 사진 중 일부가 '도에 지나치게' 수정되었다는 사실을 발견했다. 다윈은 당시 사진 촬영 과정이 순간적인 감정 변화를 포착하기에는 너무 느리다는 점을 늘 안타까워했다. 노출 문제 때문에 책에 사용된 사진 대부분이 즉흥적인 감정의 순간을 포착한 것이 아니라 의도적으로 자세를 취하게 한 후 촬영된 것일 수밖에 없었다. '이해를 돕기 위해' 보정되어야 했던 것도 일부 있었지만, 다윈은 이 사실을 책에서 분명히 언급했다.

그러나 새롭게 발견된 사실은 그런 언급을 넘어선 수준이었다. 19세기 당시에는 얼굴에 전극을 부착한 후 전류를 통하게 하여 얼굴 근육을 자극하는 방법이 개발되어 있었는데, 다윈은 이 방식으로 '만들어진' 얼굴 표정 사진을 자신의 책에서 사용했던 것이다. 물론 그 과정에서 얼굴에 붙은 전극은 수정을 통해 제거했다. 매우 유명한 울고 있는 아기 사진 또한 실제로는 사진이 아니라 사진처럼 꾸며진 그림으로 판명되었다.

다윈이 수행한 일련의 사진 조작은 현재 과학 연구 관행에 비추어 볼 때는 논란의 여지없이 위조 및 변조이다. 그러나 뉴턴과 마찬가지로 다윈에게도 고려할 만한 정황이 존재했다. 현재는 너무도 중요한 과학적 자료로 여겨지는 사진이지만, 다윈 당시에는 아직 과학 연구의 경험적 증거로서 확고한 지위를 확보하지 못했다. 사진을 찍고 나서 윤곽을 보다 분명히 하고 전체적으로 선명하게 보이도록 보정하는 일은 통상적으로 수행되었다. 다윈의 사진에 대한 태도도 이런 맥락에서 이해해 볼 수 있다.

즉, 다윈이 조작된 사진을 자신의 이론을 위한 증거(evidence)가 아닌 예시(illustration)로 의도했다고 생각해 볼 수 있는 것이다. 현재 과학계에서 사진은 대부분 증거로서 사용된다. 그렇기에 연구자들은 종종 자신의 주장을 입증해 줄 선명한 사진 한 장을 얻기 위해 엄청난 노력을 기울이곤 한다. 하지만 현재도 사진이 예시로 사용되는 맥락이 있는데 교과서에서 특정 메커니즘이나 확립된 사실을 설명하기 위해 등장하는 사진들이 그것이다. 이 경우 사진의 내용이 설명의 편의를 위해 일부 변형되었다고 해서 크게 윤리적으로 문제가 되지는 않는다. 아무래도 예시를 위한 사진의 목적은 이해의 편의이지, 특정 과학적 주장이 얼마나 경험적 근거를 갖는지에 대한 객관적인 평가가 아니기 때문이다.

현대 과학에서 사진이 증거로 사용되는 맥락과 예시로 사용되는 맥락은 비교적 분명하게 구별된다. 하지만 다윈이 책을 출간하던 시기에 사진은 제시된 이론을 설명하는 예시적 도구에서 이론을 입증하는 경험적 증거의 지위로 막 넘어가려던 참이었다. 이 이행 과정이 끝나고야 비로소 사진이 경험적 증거가 되기 위해 허용 가능한 수정(예를 들어 전체 밝기를 일률적으로 높이는 행위)과 허용 가능하지 않은 수정(사진 일부를 확대하거나 합성하는 행위)의 범위와 정도에 대한 자세한 규정이 마련되었다. 그러므로 사진의 정당한 변형에 대한 구체적인 기준이 마련되기 전에 연구를 하고 출판을 한 다윈을 현재 과학의 잣대로 재단해서는 곤란하다는 지적이 있을 수 있다.

현재의 기준을 과거에 적용하는 것은 과거 과학을 제대로 이해하기 위해서는 반드시 피해야 할 태도이다. 그럼에도, 다윈이 사진을 자신의 이론을 지지해 주는 경험적 증거가 아니라 인간의 감정 표현의 보편성이 어떤 것인지를 예시하는 도구로 의도했다는 주장을 뒷받침할 분명한 증거는 없다. 오히려 다윈은 자신의 사진 자료가 여러 문화를 가로지르는 인간 얼굴 표정의 보편성을 객관적으로 보여 주며, 이는 인간 감정의 표현이 보편적인 진화의 산물임을 시사한다고 생각했을 가능성이 높다. 그러므로 다윈에게 완전한 면죄부를 주기는 어렵다. 아마도 다윈이 허용 가능하다고 생각했던 사진의 위조와 변조가 현재에 이르러서는 허용 가능하지 않게 되었다는 것이 균형 잡힌 해석일 것이다.

이 지점에서 우리는 과학 부정행위와 허용 가능한 연구 수행의 경계가 역사적으로 유동적이었음을 알게 된다. 그리고 아마도 이러한 유동성은 같은 시대라 할지라도 연구 분야가 달라지면 또다시 나타날 것이다. 정확한 연구 노트 작성에 부여하는 중요도 면에서 특허권이나 우선권 경쟁이 극심한 연구 분야와 그렇지 않은 분야 사이에는 현재에도 상당한 차이가 있다. 그러므로 과학 부정행위의 경계가 시대와 연구 분야에 따라 변할 수 있다는 점은 분명하다.

그럼에도 불구하고 과학 부정행위라는 개념 자체가 무의미하다는 극단적으로 상대주의적인 태도를 견지할 근거는 없다. 시대와 연구 분야를 충분히 좁게 잡으면 허용 가능하지 않은 연구 부정행위와 허용 가능한 연구 관행의 범위가 비교적 분명하게 구별되기 때문이다. 게다가 중요한 점은 각 시대별로 과학 부정행위와 허용 가능한 연구 수행의 경계가 하늘에서 뚝 떨어진 것이 아니라는 사실이다. 사진의 경우에도 사진 변형 기술의 발전에 따라 관련 연구자들이 끊임없는 논의를 통해 허용 가능한 사진 변형의 기준을 늘 새롭게 마련해 왔을 것이다. 이처럼 과학 연구 윤리에서 '경계 짓기'는 통상적인 연구 수행 작업과 불가분의 관계를 맺으면서 함께 역동적으로 변화할 수밖에 없는 성격을 가진다. 그런데 이 '경계 짓기'는 과학 연구의 사회적 성격과 판단의 전문성을 고려할 때 결국 관련 연구자들이 공동체 수준에서 수행할 수밖에 없다. 과학 연구자가 보다 적극적으로 연구 윤리를 자신의 연구 안으로 끌어안아야 하는 이유가 여기에 있다.

5. 재현의 어려움과 경쟁적 연구 환경

과학 부정행위를 심각하게 다루어야 하는 이유는 다소 역설적이지만 과학 연구에서 다른 과학자의 연구 결과를 평가하는 데 상당한 인식론적 한계가 존재하기 때문이기도 하다. 과학 연구, 특히 첨단의 과학 연구는 전 우주를 설명하는 수학 방정식으로 상징되는 상식적 과학관이 시사하는 것보다 훨씬 더 장인(匠人)적 성격이 강하다. 한 실험실에서 오랫동안 발전시켜 온 실험 기법이나 연구 결과를 다른 실험실에서 그대로 재현(replication)해 내거나 검증하는 일은 그리 쉽지 않다.

특히 이미 실험이 성공적으로 이루어졌는지의 여부를 판단하는 기준이 잘 확립된 연구와, 이러한 기준 자체를 연구 과정에서 합의하여 만들어 나가야 하는 첨단 연구의 인식론적 상황은 매우 다르다. 후자는 다른 사람의 연구 결과를 재현할 수 있는지 여부와 실험가의 인식론적 판단이 연관되는 경우가 많다. 이런 상황에서는 과학 사회학자 해리 콜린스(Harry Collins)가 말한 실험자의 회귀(experimenter's regress)가 일어날 수 있다. 즉, 실험 결과로부터 이끌어 낼 수 있는 결론이 무엇인지만이 아니라 실험 결과 자체가 신뢰할 만한 것인지의 여부 또한 논쟁의 대상이 되며, 이 두 논점이 서로 뒤엉켜서 인식론적으로 풀기 힘든 실타래가 된다. 상온 핵융합의 사례에서와 같이 동일한 실험 결과에 대한 서로 경쟁하는 해석 간의 논쟁으로 봐야 할지, 아니면 연구 부정행위의 사례로 보아야 할지를 명확하게 판단하기는 쉽지 않다.

게다가 현대의 과학 연구 환경은 연구 결과의 우선권을 놓고 과학자 사이의 경쟁이 매우 치열하다. 이런 극한적 경쟁 하에서는 다른 사람의 연구를 그대로 재현하거나 그 연구에서 무엇이 잘못되었는지를 밝혀내는 것만으로는 좋은 연구 업적으로 평가받기 힘들다. 그래서 연구자들은 다른 연구자가 새로운 연구 결과를 발표하면 그 사실을 확인하려고 드는 경우가 많지 않다. 그보다는 '왜 내가 먼저 그런 방식으로 실험을 해서 결과를 낼 생각을 못했을까.' 하고 안타까워하면서 그 연구 결과에 기초하여 관련된 새로운 연구를 수행하려고 시도한다. 그래야만 치열한 연구 경쟁에서 살아남을 수 있는 것이다.

이와 같은 경쟁적 연구 환경이 나쁜 것만은 아니다. 오히려 다른 연구자의 연구 결과에 기반하여 지속적으로 새로운 성과를 쌓아 갈 수 있다는 점에서 과학적 생산성을 높이는 데 기여할 수도 있다. 하지만 경쟁적 환경이 생산적이기 위해서는 연구자들이 다른 연구자의 연구 결과를 보편적으로 신뢰할 수 있어야만 한다.

불행히도 생산적 연구 환경에 필수적인 이런 보편적 신뢰가 동료 평가 제도를 통해 확고하게 지켜지리라 기대하는 것은 비현실적이다. 동료 평가 과정의 엄정함이 아니라 자신의 연구 결과로 평가받고 보상받는 현 연구 환경 하에서 동료 평가 제도의 정비를 통해 과학 부정행위가 근절되리라 믿는 것은 순진한 발상이라고까지 말할 수 있다.

이런 상황에서 포괄적으로 이해된 과학 연구 윤리는 단순히 부정행위를 적발하는 소극적인 의미에서가 아니라 경쟁적인 연구 환경에서 생산적인 과학 연구를 가능하게 하는 연구자들 사이의 보편적 신뢰를 유지해 주는 중요한 버팀목이 될 수 있다. 과학자로서 훌륭한 업적을 내는 것만큼이나 다른 연구자들에게 정확한 정보를 제공하고 책임 있는 방식으로 연구를 수행하는 것이 중요하다는 사실을 인식하는 것이 생산적인 과학 연구에 결정적으로 중요하다.

6. 연구의 자율성 확보와 바람직한 과학 연구

일반적으로 구체적인 처벌의 대상이 되는 과학 연구 부정행위는 '위조, 변조, 표절' 혹은 FFP(Fabrication, Falsification, Plagiarism)로 지칭된다. 이와 같은 방식으로 연구 부정행위를 좁게 이해하는 것은 주로 미국의 경향이다. 연구 부정행위를 이렇게 규정하게 된 데에는 미국 사회에도 나름대로의 이유가 있다. 미국적으로 이해된 FFP의 내용을 살펴보면 데이터의 위조, 변조를 통해 데이터와 그 데이터로부터 도출되는 결론 사이의 증거 관계를 오도할 수 있는 가능성과 다른 사람의 아이디어나 연구 결과를 무단으로 도용할 수 있는 가능성에 대한 염려가 담겨 있다.

이렇게 보면 이 세 범주의 부정행위는 모두 어떤 과학자가 잘못된 정보를 제공하거나 연구 결과를 부당하게 사용하여 동료 과학자의 연구를 방해하거나 훼손하는 '무책임한(irresponsible)' 행위로 이해되고 있다. 미국의 연구 윤리에 대한 입장은 한 과학자가 다른 과학자에게 비난받을 만한 일을 하지 않고 책임 있는 방식으로 연구를 수행하는 것을 중요시한다.

그에 비해 유럽의 입장은 출발점부터가 상당히 다르다. 유럽은 미국보다 연구 부정행위에 대한 규정이나 연구 윤리가 다루어야 할 주제가 훨씬 포괄적인데 연구 윤리 논의의 목표를 '바람직한' 과학 연구 관행을 진작시키는 데 두고 있기 때문이다.

예를 들어, 저자의 권리를 연구에 기여한 정도에 알맞게 배분하고 명예 저자를 포함시키는 일을 소홀했다고 해서 데이터를 날조한 것과 동일한 수준의 연구 부정행위로 간주될 정도는 아니다. 논문에 기여한 바 없이 이름을 올리는 명예 저자 부여가 다른 과학자의 연구를 방해하거나 훼손하는 경우는 많지 않을 것이기 때문이다. 더 나아가 독일에서는 최근까지도 명예 저자가 상당히 일반적이었다고 하는데 이 경우 명예 저자를 부여하는 행위는 과학자들의 연구 관행에도 적합하다고 할 수 있다. 하지만 그렇더라도 명예 저자 부여가 널리 받아들여질 만한, 모범적인 연구 관행이라고 생각하는 사람은 없을 것이다. 이와 같이 바람직한 연구 실천(good research practice)을 진작시키고 그렇지 못한 연구 관행을 개선하려는 일은, 연구 부정행위를 적발하고 처벌함으로써 얻어질 수 있는 책임 있는 연구 수행(responsible conduct of research)을 넘어서 과학 연구 전반을 더 나은 방향으로 향상시키는 데 도움을 준다.

이런 차이점을 고려할 때 한국에서의 연구 윤리 문제는 엄격한 처벌 기준이 필요한 좁은 의미의 '연구 부정행위'와, 연구 실천이 보다 훌륭히 이뤄지도록 해 줄 넓은 의미의 '바람직하지 못한 연구 행위'를 모두 포괄적으로 다루면서 논의되어야 한다. 이렇게 연구 윤리의 문제를 보다 넓은 맥락에서 이해하면, 개별 과학자가 과학 연구 과정을 본질적으로 가치 적재적(value-laden, 가치 판단적)인 활동으로 보다 적극적으로 파악하면서 과학 연구를 바람직하고 생산적으로 실천해 나갈 수 있는 발판이 제공될 것이다. 또한 과학 기술 연구자로 하여금 연구 부정행위는 개별 과학자의 '양심적 연구 수행'으로 제거될 수 있는 비이성적 행위가 아니며, 과학 지식을 집단적으로 만들어 가는 과학 연구의 속성상 과학자 사회의 공감대에 호소하여 그 경계를 규정할 수밖에 없다는 점을 인식하게 해 줄 것이다.

정리하자면 연구 부정행위의 모호한 철학적 경계에 대한 인식은 연구 부정행위 개념을 소용없게 만드는 것이 아니며, 오히려 '연구의 자율성'과 '부정행위에 대한 규제'가 상충되는 것이 아니라 동전의 양면처럼 긴밀하게 연결되어 있음을 깨닫게 해 준다. 연구의 자율성은 상대적으로 개별 연구자가 보다 넓은 사회 문화적 맥락과 적극적으로 상호 작용하는, 건전한 공감대를 갖는 과학자 사회에 주어지게 마련인데, 이러한 공감대는 원칙적으로 바람직하고 권장할 만한 연구 수행과 그렇지 못한 연구 수행에 대한 역사적이고 맥락 의존적인 기준을 포함할 수밖에 없기 때문이다. 이처럼 연구의 자율성과 부정행위를 포함한 과학 기술자들의 연구 행위에 대한 과학자 사회 내부 및 외부의 규제를 본질적으로 연결시킨다면 과학 기술 윤리 강령에 대한 과학 기술자들의 보다 적극적인 태도를 이끌어 낼 수 있다. 연구의 자율은 연구자들의 바람직한 연구 실천을 통해 확보되는 것이지 공짜로 주어지거나 외부적 규제에 의해 만들어지는 것이 아니기 때문이다.

2강 과학 연구 윤리의 원칙: 나노 과학 연구의 사례를 중심으로[1)]

:이상욱

I. 과학 연구 윤리와 과학 윤리

  과학 연구는 세계에 대한 믿을 만한 지식을 제공하여, 우리가 주변 세계를 끊임없이 재창조해서 삶의 질을 적절한 수준에서 유지 혹은 개선시키는 데 결정적인 역할을 하는 경우가 많다. 이 과정에서 과학자들은 1장에서 살펴본 것처럼 무엇이 연구할 만한 가치가 있는지에 대해 과학자 사회의 기준만이 아닌 보다 넓은 사회적 맥락을 고려하게 된다. 원칙적으로 모든 과학 연구에 이 점이 적용되지만 개별 연구 주제에 따라 구체적인 고려 사항은 달라진다. 우주의 시작 단계에서 작용하는 물리력들의 관계를 연구하는 것처럼 관련 과학자 사회를 넘어선 파급 효과를 찾기 어려운 연구 주제도 있고, 널리 퍼져 있는 전염병의 백신을 만드는 연구처럼 사회적 파급 효과에 초점이 맞추어진 연구 주제도 있다.

  하지만 이 두 극단적인 예조차 그 연구 과정에서 과학자 사회의 판단 기준과 보다 넓은 사회적 맥락의 판단 기준은 서로 맞물려 있다. 소립자 물리학의 극한 영역에 대한 탐구는 우주의 '궁극적' 비밀을 누가 먼저 밝혀내는지를 놓고 국가 간에 벌어지는 경쟁의 대상이다. 이 경우 국가의 위상을 높이는 사회적 목표와 난해한 이론 물리학의 연구 활동은 서로 맞물린다. 전염병의 백신 연구에서도 연구의 최종 결과물은 단순히 사회적 효용성을 가진 백신 하나가 아니다. 연구 과정에서 전염병에 대한 전반적인 과학적 이해가 깊어지고 후속 세대를 교육시킬 수 있으며 관련 생물학 지식도 성장하기 때문이다.

이처럼 과학 연구에 대한 바람직한 태도는, '순수' 과학과 '응용' 과학을 편집증적으로 구분하는 데 있지 않다. 연구 과정에서 과학자 사회 내적인 가치 판단과 연구 주제 결정이 보다 넓은 사회적 맥락과 건강하게 상호작용해야 과학 지식의 성장과 유용한 사회적 파급 효과의 생산에 도움이 된다.

이렇게 생각해 보면 과학 연구 윤리와 보다 넓은 의미의 윤리가 서로 밀접한 관련을 맺고 있음을 알 수 있다. 과학 연구 윤리는 연구 수행 과정에서 진실성과 객관성을 지키고 동료 연구자들에 대해 책임 있게 행동하는 것에서 시작된다. 이에 더해 과학자 사회의 규범을 준수하고 과학자 사회의 일원으로서 과학 지식의 성장과 긍정적인 사회적 파급 효과를 목표로 연구를 수행하는 일도 포함된다.

하지만 무엇이 '긍정적인' 사회적 파급 효과인지를 순수한 과학자의 시각에서만 결정하는 것이 바람직하지 않을 경우도 있다. 전염 매개체인 모기를 분자 유전학적으로 불임 처리해서 무서운 질병인 말라리아를 퇴치하려는 연구는, 관련 분야 연구자들에게는 매력적인 연구 주제인 동시에 인류 복지라는 고귀한 사회적 가치를 지향하는 것으로 여겨진다. 하지만 정작 말라리아로 인한 사람들의 피해는 이처럼 다소 요란한 첨단 기술을 사용하기보다는 모기약이 발라진 모기장을 보다 많이 보급하거나 거주지 주변 환경을 정비함으로써 극적으로 감소될 수 있다.

매력적인 첨단 과학에 종사하는 연구자일수록, 자신의 연구가 지니는 잠재적 공익은 쉽게 상상하지만 예기치 않은 부작용이나 다른 방식으로 당면한 문제를 해결할 가능성에 대해서는 잘 모르거나 무관심하기 쉽다. 과학자의 사회적 책임은 인류의 복지에 기여한다는 거창한 목표보다는 이와 같이 자신의 연구가 지니는 과학 내적, 외적 파급 효과에 대해 보다 넓은 맥락에서 생각해 보고 그로부터 얻은 깨달음을 자신의 연구 수행에 통합하려 시도하는 것에서 출발한다. 이 장에서는 과학 연구 과정에서 윤리적 고려가 과학자 사회와 그것을 넘어선 맥락에서 어떤 원칙에 따라 이루어지는 것이 바람직한지를 논의한 후, 그 원칙이 활용되는 사례로 나노 과학 연구를 살펴본다.

2. 과학 연구에 대한 윤리적 논의의 원칙

윤리학은 당위의 문제를 다루는 규범 윤리학(normative ethics)과 개별 사회의 윤리적 관행을 경험적, 비판적으로 분석하는 기술 윤리학(descriptive ethics)으로 나뉜다. 하지만 현재 진행되고 있는 과학 연구에 대한 윤리적 논의는 우리 사회의 기존 윤리적 관행을 존중해야 하는 동시에, 순수하게 기술적 분석에만 머물 수도 없는 성격을 가진다. 특정 과학에 대한 윤리적 평가는 사회를 운영하는 정책과 필연적으로 연결될 수밖에 없는데다가, 궁극적으로는 어떤 사회가 바람직한지에 대한 규범적 판단을 동반하기 때문이다. 그러므로 과학과 관련하여 윤리적 고찰을 할 때는 과학의 미래에 대한 경험적 근거와 규범 윤리적 판단을 적절히 결합해야 한다.

이러한 결합이 정확히 어떤 형태가 되어야 하는지에 대해 섣불리 일반적인 결론을 내릴 수는 없다. 하지만 분명한 사실 하나는 현대 과학처럼 전문적인 내용이 복잡한 윤리적 고려 사항과 연관되어 있는 경우에는 기존 규범 윤리의 전통적 논의를 새롭게 수행하는, 일종의 연습 문제 풀이(puzzle-solving, 특정 패러다임에 맞추어 문제를 해결하는 활동) 방식은 바람직하지 않다는 것이다. 그보다는 새로운 과학이 등장하고 발전하며 사회에 영향을 끼치는 과정에 대한 역사적, 철학적 분석에 기초한 윤리적 분석 틀이 더 유용하다. 다음 4가지 원칙은 그러한 분석 틀을 제시하려는 하나의 시도이다.

첫째 원칙: 여러 가치를 종합적으로 고려한다

규범 윤리학은 모든 윤리적 상황에 보편적으로 적용할 수 있는 일반 원리를 찾는 것을 가장 큰 목표로 삼는다. 이러한 노력의 결과로 도달한 일반 원리는 종종 우리가 최종적으로 존중해야 할 궁극적 가치와 연결되고는 한다. 의무론이 호소하는 인간의 존엄성 등의 내재적 가치와 공리주의가 호소하는 효용(utility), 쾌락(pleasure) 등의 외재적 가치가 그것이다. 규범 윤리학적 논쟁은 대개 직관적으로는 모두 바람직하다고 여겨질 법한 이러한 가치들이 특정 상황에서는 보편성을 상실하여 그것을 지키는 것이 우리의 윤리적 직관에 어긋날 수 있음을 보이고, 이를 극복하기 위해서는 일반 원리에 어떤 미세 조정이 필요한지를 밝히는 방식으로 진행된다.

하지만 현대 과학 연구의 윤리적 측면에 대한 논의가 이런 방식으로 진행되는 것은 바람직하지 않다. 신기술이 미래에 미칠 영향을 평가하는 과정에서의 윤리적 고려는 현재의 우리 사회가 하나 이상의 가치를 존중하는 다가치 사회임을 인정하는 데서 출발해야 한다. 우리는 국민의 복지와 환경 보전, 그리고 개인의 사생활 보호 등 다양한 가치들을 인정한다. 물론 개별 이해 집단이나 개인에 따라 각각의 가치에 부여하는 가중치는 다를 것이다. 이러한 다양한 가치들이 가까운 미래에 하나의 특정 가치로 모두 환원될 수 있으리라 기대하는 것은 비현실적이다. 현재 한국 사회의 다가치적 현실을 일종의 '주어진 것'으로 인정하고 논의를 시작하는 것이 민주주의 원칙에 따라 정치적으로도 바람직하다.

특정 과학 연구의 긍정적, 부정적 효과에 대한 논쟁은 종종 논쟁 양 당사자가 지지하는 가치가 상이하기 때문에 발생한다. 삶의 질 향상이 가장 중요하다고 생각하는 이들은 대개 첨단 과학 연구가 가져올 혜택, 예를 들어 나노 과학을 이용한 신제품이 가질 놀라운 물리·화학적 성질을 강조하기 쉽다. 그에 비해 개인의 자율적 권리 면에서 나노 과학이 가져올 수 있는 시민권의 침해를 걱정하는 사람들은 상대적으로 첨단 과학 연구의 복지적 측면을 평가 절하하게 된다.

우리가 주목해야 할 중요한 사실은 자주 상충하는, 그리고 본질적으로 서로 비교 불가능한 가치들이 사회적 수준에서 판단되려면 서로 비교 가능하도록 만들어져야 한다는 사실이다. 가치들 자체가 본질적으로 공약 불가능(incommensurable)하다는 점을 인정하더라도 사회적 수준에서 구체적인 대응책이 나오기 위해서는 공약 불가능한 것을 공약 가능하게 만드는 작업이 필수적이다. 따라서 현대 과학 연구를 대하는 데 적합한 윤리적 태도는, 우리가 이렇게 다양한 가치를 인정하는 사회에서 살고 있다는 사실로부터 출발하여 잠재적으로 상충하는 가치들을 조정해 나가는 방법을 발견하려고 노력하는 것이다.

둘째 원칙: 윤리적 고려는 사실에 근거해야 한다

현대 과학 연구에 대한 윤리적 고려는 과학적 사실과 사회 문화적 사실 모두에 근거해야 한다. 과학적 사실만이 아니라 사회 문화적 사실도 포함되고 있음에 주목하자. 하지만 윤리적 판단에서 사실의 중요성을 강조한다고 해서 과학적 혹은 사회 문화적 사실이 결정되면 그에 따라 윤리적 판단이 자동적으로 나온다고 주장하는 것은 아니다. 실제로 이는 윤리학에서 잘 알려진 '자연주의적 오류(naturalistic fallacy, 사실로부터 도덕적 당위를 이끌어 내는 오류)'이다.

이 원칙은 과학적 사실과 사회 문화적 사실 모두가 현대 과학에 대한 윤리적 판단에서 일종의 경험적 제한 조건으로 기능해야 함을 요구한다. 현재까지 합의된, 오류가 있을 수 있고 미래에 수정이 가능한 과학적 증거에 분명하게 반하는 추상적 가능성을 염두에 둔 윤리적 논쟁이나, 비교적 명백한 사회 문화적 사실을 무시한 채 특정 과학 연구에 대해 정치적 결정을 내리는 것, 그 어느 것도 윤리적으로는 바람직하지 않다.

이 점은 유전자 변형 식품과 관련되어 다소 소모적인 논쟁을 치른 유럽 사회에서 이미 널리 인식된 사실이다. 논쟁 중에 시민 단체는 논란의 여지가 큰

46

特

정 이슈에 대해 분명한 과학적 합의가 이루어지지 않았다는 점을 근거로 실제로는 비교적 넓은 공감대가 이루어진 측면까지 과장해서 대중의 심리를 한쪽으로 몰고 간 측면이 있다. 그에 비해 관련 연구자와 정부 관계자는 유전자 변형에 대한 사회적 염려를 '무지한 비전문가'의 쓸데없는 고민으로 치부하고 밀어붙이기 식으로 연구와 교육을 진행시키려 했다. 이 두 관련 집단 모두 윤리적 고려가 다양한 종류의 사실에 근거해야 한다는 점을 무시한 셈이다.

셋째 원칙: 과거로부터 배운다

실천 윤리학적 고려에서, 지금 문제가 되고 있는 과학 연구와 유사한 경우에 대한 과거의 사회적 경험으로부터 현재의 윤리적 판단에 도움을 얻는 것은 매우 중요하다. 한 예를 들면, 필자가 참여한 2005년 나노 기술 영향 평가 사회 문화 분과 회의에서 플라스틱이 논의된 적이 있었다. 플라스틱이 처음 등장했을 때 일반인과 전문가들이 보였던 열광은 지금에 와서 보면 우스꽝스럽기까지 하다. 물론 플라스틱은 지금도 매우 중요하며 우리 생활에 유용하게 널리 사용되고 있다. 그러나 플라스틱이 갖는 소재로서의 분명한 장점(예를 들어, 내구성이 강하다는 점)은 또한 여러 문제점(폐기물 처리의 문제 등)과 필연적으로 연결되어 있기 때문에, 우리는 이제 플라스틱에 대해 지나친 환상이나 극도의 혐오를 모두 넘어서서 비교적 객관적인 평가를 내릴 수 있게 되었다. 즉, 우리는 현재 플라스틱은 매우 유용한 기술이지만 부가적으로 발생되는 환경 오염과 폐기물 처리 문제를 해결할 필요가 있음을 이해한다.

중요한 점은 플라스틱이 처음 등장했을 때 열광한 대중들과 전문가들이 이러한 부작용의 가능성을 생각해 보지 않았고, 설사 생각했다 하더라도 우리가 지금 직면하고 있는 정도로 심각하리라고 여기지 않았다는 사실이다. 영화 「졸업(The Graduate)」(1967년)에서 주인공에게 아버지의 친구가 속삭였듯, 그 시대에 플라스틱은 모든 문을 열어 주는 만능 열쇠 같은 것이었다. 이러한 첨단 과학 기술에 대한 열광은 무조건적인 혐오만큼이나 피해야 할 함정이다. 이 점에 대해서 우리는 과학 기술의 전 역사를 걸쳐 많은 예를 가지고 있다. 증기 기관의 등장과 19세기 런던의 대기 오염, 내연 기관의 등장과 20세기 미국 대도시의 스모그 현상 등은 모두 첨단 과학 기술에 대한 근거 없는 낙관주의가 충분히 방지할 수도 있었던 끔찍한 피해로 연결되는 경우가 얼마나 잦은지를 보여 준다.

현재 다소 우려스러운 점은 나노 과학을 비롯한 첨단 과학 연구가 국내외적으로 과거의 플라스틱과 같은 취급을 받고 있다는 사실이다. 다행히 미국에 비하면 우리나라는 그러한 열광이 상대적으로 덜한 편이라지만, 정부나 첨단 과학 연구를 강조하는 연구자들은 어떻게든 이러한 열광을 대중으로부터 이끌어 내려고 노력하고 있다는 인상을 준다. 하지만 과학 기술 개발의 역사적 경험을 살펴볼 때 단지 플라스틱만이 아니라 거의 모든 새로운 과학 기술은, 그것이 사회를 변화시키고 생활에 혜택을 주는 정도가 크면 클수록 예기치 못했던 부작용과 문제점을 함께 가져온 경우가 많았다. 그래서 우리는 더더욱 조심스럽게 첨단 과학 기술 연구의 예상 가능한 혜택만큼이나 예상 가능하지 않은 부작용에 대해서도 미리 대비하려는 태도를 취해야 하는 것이다.

넷째 원칙: 사회적 수준에서 충분한 설명에 근거한 동의를 얻어야 한다

지금 한창 첨단 과학 연구에 몰두하고 있는 연구자나 이를 지원하는 정부 관계자들은 이 연구에 대해 사회적 수준의 합의나 공감대 형성이 필요하다는 견해에 일단 거부감이 들 수 있다. 어쩌면 비전문가가 전문적 영역에 함부로 끼어드는 일종의 '월권행위'로 생각할 수도 있을 것이다.

하지만 상당한 사회적 자원이 동원되는 첨단 과학 연구는 그것을 열광적으로 지지하는 사람들이 강조하듯 개개인의 삶과 사회 전체에 광범위한 영향을 미칠 가능성이 높으므로 사회적 수준에서 정보를 충분히 제공하고 이에 대한 대중의 성찰적 활동을 지원한 후 자발적 동의를 얻어야 할 윤리적 근거가 있다. 이는 개인의 복지에 심각한 영향을 끼칠 수 있는 결정 과정에는 개인 수준에서 이뤄지는 '충분한 설명에 근거한 동의(informed consent)'가 필수적이라는 점을 생각해 보면 쉽게 이해가 된다. 게다가 국가 주도로 과학 기술 발전이 이루어지는 우리나라 상황에서는, 국가 예산을 특정 연구에 사용하는 것이 정당한지를 반드시 따져 보아야 한다. 충분한 설명에 근거한 동의는 국가 예산 사용이 국민 복지를 진정으로 증진하는지를 꼼꼼하게 따지는 과정에서 중요한 역할을 수행한다.

이 지점에서 사회적 합의라는 말이 국민 투표와 같은 공식적 정치 행위만을 의미하지 않는다는 사실을 분명히 해 둘 필요가 있다. 중요한 점은 첨단 과학 연구에 대해 일반 시민들이 객관적이고 공정한 정보를 얻을 수 있는 다양한 통로가 마련되어야 한다는 것이다. 일방적인 홍보나 정확하지 않은 경험적 증거에 기반한 과장된 걱정 모두 지양되어야 한다. 또한 전문가 집단이나 시민 단체처럼 자신의 견해를 비교적 효과적으로 제시할 수 있는 이해 집단만이 아니라 상대적으로 소외된 시민들이 의견 수렴이나 여론 형성 과정에 개입하여 과학 연구의 방향이나 과정에 영향을 끼칠 수 있도록 절차를 마련해야 한다. 이는 일반인들이 쟁점이 되는 연구와 관련한 전문 지식을 지녀서가 아니라, 민주주의 원칙에 입각하여 그들의 참여권이 보장되어야 하기 때문이다. 따라서 첨단 과학 연구에 대한 일방적 홍보나 대국민 교육이라는 형식으로 문제에 접근하기보다는 웹 사이트 등을 통한 상호 작용적 방식으로 이 원칙을 구체화시킬 필요가 있다. 이 때문에 중립적 평가 전문가 집단을 양성할 필요성 또한 제기된다.

이제부터는 최근 집중적으로 대중적, 정책적 관심을 얻고 있는 나노 과학을 분석 사례로 삼아 현대 과학 연구에 대한 윤리적 성찰이 이루어지는 방식을 예시하겠다.

3. 첨단 과학 연구로서의 나노 과학 연구

나노(nano)라는 단어는 난쟁이를 뜻하는 그리스어 나노스(nanos)에서 기원했다. 1나노미터는 10억분의 1미터에 해당되는 극히 작은 단위이다. 일반적으로 머리카락 굵기가 50~100마이크로미터이고 1마이크로미터는 1,000 나노미터이므로, 나노의 세계는 우리 눈으로 식별 가능한 극한에 해당되는 머리카락 굵기의 10만분의 1에서 5만분의 1 크기에 해당된다. 1나노미터는 상당히 오랫동안 물질의 궁극적 최소 단위로 알려졌던 원자 몇 개의 지름에 해당될 정도로 작은 단위이다.

현재 대부분의 산업 선진국에서는 인류에게 아직 낯선 영역인 이토록 작은 규모의 대상들과, 그 수준에서의 물리, 화학, 생물학적 과정을 이해하고 활용하기 위해 나노 과학을 연구하고 있다. 나노 과학은 이들 나라에서 미래 산업을 선도할 분야로 지목되고 있고, 상당한 자원이 투입되어 연구 개발이 이루어지고 있다.

나라마다 조금씩 차이가 있기는 하지만 나노 과학은 0.1~100나노미터의 크기를 갖는 물질을 대상으로 한다. 2002년 12월 공포된 우리나라의 「나노 기술 개발 촉진법」에 따르면 나노 기술은 "가. 물질을 나노미터 크기의 범주에서 조작·분석하고 이를 제어함으로써 새롭거나 개선된 물리적·화학적· 생물학적 특성을 나타내는 소재·소자 또는 시스템(이하 소재 등이라고 한다.)을 만들어 내는 과학, 나. 소재 등을 나노미터 크기의 범주에서 미세하게 가공하는 기술"로 정의된다.

나노 과학이 주목을 받는 이유는 나노 수준의 물질이 갖는 몇 가지 유용한 특성 때문이다. 우선 나노 수준에서 물질을 제어하고 조합할 수 있게 되면, 현재 마이크로 공정 기술로는 한계에 다다른 것이 분명한 반도체 제작을 비롯한 여러 초정밀 가공 산업 분야에 큰 도움을 줄 수 있다. 다음으로 아직 검증된 사실은 아니지만 원리적으로 생각해 볼 때, 나노 기술을 응용하면 전통적인 방식에 비해 훨씬 적은 에너지로 제작 과정에서 발생하는 재료의 손실을 최소화하면서 최종 산물을 얻을 수 있다. 이런 이유로 나노 과학을 지지하는 사람들은 나노 과학이 발전되면 지금보다 훨씬 더 환경 친화적인 방식으로 우리가 필요로 하는 물질을 생산할 수 있다고 주장한다.

게다가 나노 수준에서는 일상적인 물질들도 전혀 다른 광학적, 화학적, 전자기적 특성을 가지게 된다. 예를 들어 금은 일반적으로 노란색이지만, 20나노미터 이하에서는 빨간색이 된다. 또한 티타니아(titania, 합성 보석의 하나)는 20나노미터 이하에서는 형광등이나 백열등 등 약한 빛의 환경에서도 살균력, 자가 세척력, 서리 방지 효과 등의 특성을 나타내어 다양한 용도로 사용될 수 있다. 이렇듯 동일한 물질도 나노 수준의 미세한 입자 형태가 되면 물리·화학적 성질이 매우 달라지므로, 그러한 특성 변화를 이용하여 다양한 신물질이나 유용한 소자 개발이 가능하다. 나노 수준의 대상과 과정이 지닌 새롭고 특이한 성질을 생각하면 나노 과학 연구가 성공적으로 이루어졌을 때 다양한 방식으로(특히, 의료 기술 면에서) 인류 복지에 기여할 가능성이 있음은 분명해 보인다. 그러므로 사회 문화적 의미를 고려해도 나노 과학의 과학적, 기술적 연구는 매우 중요하다.

한편 우리는 새롭고 혁명적인 과학 기술이 항상 우리의 삶에 긍정적인 영향을 끼친 것만은 아니었음을 역사적 경험을 통해 잘 알고 있다. 일찍이 정보 혁명은 개인 간의 의사소통을 진작시키고 정보 처리 비용을 획기적으로 줄여, 전 세계에 걸쳐 민주주의 실현에 이바지하고 삶의 질을 향상시키는 등 밝은 미래를 가져다줄 것으로 선전되었다. 하지만, 정보화 고속도로를 비롯한 정보 신기술들은 개인 사생활의 침해와 각종 권력에 의한 통제 강화 같은 수많은 문제 또한 가져다주었다. 게다가 정보와 의사소통 비용의 절감이 곧바로 민주주의 발전으로 이어진다는 생각은 개념적으로는 그럴듯하게 들리지만 실제로 각 나라마다 복잡한 사회 문화적 배경을 고려하게 되면 현실성이 없는 주장이었다. 좀 더 거슬러 올라가면 새롭고 강력한 동력원을 제공하여 산업 혁명 시기에 생산력을 획기적으로 늘렸던 화석 연료가 환경 오염의 주범이자 인류의 건강을 위협하는 주요 원인으로 등장하게 될 것을 예상한 사람은 당시 거의 없었다.

첨단 과학 연구에 종사하는 연구자들이 흔히 이러한 점을 간과하거나 과소평가하기 쉬운 주된 이유는 새로운 과학이 가져올 이점은 대개 연구 목표와 쉽게 연결될 수 있는 것들이어서 예상하기 쉬운 반면, 그 부작용은 추론하기 어렵기 때문이다. 설사 연구를 계획하는 단계에서 연구 결과물의 잠재적인 부작용을 따져 보았다 하더라도, 연구 지원을 목표로 작성되는 연구 계획서에서 이러한 측면을 솔직하게 기술하는 경우는 매우 드물다. 게다가 잠재적인 부작용이란 과학 연구 전개 과정의 불확실성을 고려할 때 대개 예상하기 어렵거나 예상할 수 있더라도 정확한 피해의 규모를 짐작하기가 거의 불가능하다. 또한 자신의 연구가 새로운 기술 개발로 연결될 수 있음을 적극적으로 홍보해야 할 동기가 확실한 연구자들에게는, 설사 다른 사람이 잠재적인 부작용을 지적해 주더라도 그게 본인의 눈에는 잘 띄지 않거나 대수롭지 않은 것으로 비쳐질 가능성이 높다.

이러한 점을 고려할 때 미래 사회에 지대한 영향을 끼칠 가능성이 높은 나노 과학의 잠재적 파급 효과를 차분하게 논의해 보는 일은 매우 중요하다. 우리나라에서도 이 점을 고려하여 2003년에는 나노-바이오 융합 기술에 대해, 2005년에는 나노 소자 기술에 대해, 그리고 2006년에는 나노 기술이 인체에 미치는 영향을 중심으로 과학 기술부 주도 하에 기술 영향 평가(technology assessment)가 시행되었다. 이제부터는 나노 과학이 제기하는 여러 수준의 위험을 알아보고, 이에 대해 사회적, 윤리적으로 올바른 대처 방안을 모색하는 과정에서 앞서 제시된 실천적 윤리 원칙을 적용해 보도록 하겠다. 그리고 그러한 원칙에 입각하여 나노 과학의 지속 가능한 발전을 위해 염두에 두어야 할 사항들을 간단히 살펴본다.

4. 나노 과학의 현실적 및 잠재적 위험과 그 대응책

나노 과학은 인류가 이제까지 접해 본 적 없는 극미세 수준의 물질을 대량으로 생산하게 만들 것이다. 인류의 면역 체계나 이물질 방어 체계가 마이크로 입자 수준의 미세 물질에 대응해 발달되어 왔다는 점을 고려하면, 나노 물질의 대량 생산은 인류가 이전까지 경험한 적도 없고 그 피해를 제대로 예상하기도 어려운, 환경 오염과 인체에 대한 위협을 발생시킬 가능성이 있다.

이러한 위험 중 일부는 이미 현실적인 문제로 다가왔다. 물리·화학적 성질이 우수한 나노 물질은 이미 화장품이나 의약품에 쓰이는 원료로 사용되기 위해 대량 생산되고 있는데, 몇몇 동물 실험을 통해 대량으로 만들어진 나노 물질이 인체에 미칠 수 있는 위험성이 확인된 것이다. 물론 나노 물질이 인체에 해를 끼친다는 증거가 확립된 것은 아니다.

이런 상황에서 필요한 것은 나노 물질 관리 체제와 그러한 체제를 성공적으로 운영하기 위한 나노 물질의 독성 등에 대한 기초 연구이다. 즉, 다른 복합 물질의 일차 원료로 사용되는 나노 물질의 대량 제조 시설 기준 및 관리 기준이 시급하게 마련되어야 하고 이를 위해 나노 물질이 인체에 미치는 영향에 대한 기초 연구가 체계적으로 이루어져야 한다. 여기에 더해 나노 물질의 대량 제조가 가져올 수 있는 위험성을 연구자들이 분명하게 인식하여 그 잠재적 위험을 예방할 수 있는 조치들을 마련해 가면서 연구를 수행해야 한다.

나노 물질이 제기하는 위험은 아직 본격적으로 닥치지는 않았지만 우리가 예상할 수 없을 만큼 낯선 종류의 것은 아니다. 19세기 화학 공업이 급부상하면서 그전까지 자연적으로 생성되지 않던 다양한 화학 물질들이 대량 생산되어 인류에게 각종 알레르기성 질병과 환경 오염에서 유래한 질병을 가져다준 바 있다. 이때에도 화학 공업의 성장이 주는 여러 혜택, 예를 들어 다양한 색상의 옷감을 값싸게 얻을 수 있다는 점 등에 비해 잠재적 위험은 알아차리기 어려웠고 설사 누군가 지적했다 하더라도 그 위험성에 대한 대책을 강구해야 한다는 사회적 공감대가 형성되기까지는 상당한 시간이 걸렸다. 이러한 과거의 실수를 나노 과학에서 되풀이하지 말아야 한다는 점을 깨닫는 것이 중요하다.

또한 아직 실용화 단계는 아니지만 나노 과학이 보다 본격적으로 응용된 극소 나노 소자의 경우 그것의 개발과 이용 과정에 어떤 규제 원리를 적용해야 할 것인가의 문제가 곧 불거질 것이다. 나노 바이오센서나 바이오 소자가 인류의 건강을 증진시키는 데 큰 역할을 할 개연성이 높은 것은 사실이지만, 다른 한편으로는 극소형 추적 장치나 저장 장치를 만들 수 있다는 사실 때문에 개인 사생활 침해나 권력에 의한 개인 감시 등의 문제를 일으킬 소지가 많기 때문이다. 그러므로 나노 소자의 경우에도 잠재적 혜택에만 관심을 집중할 것이 아니라 연구 계획 수립 단계부터 예상되는 사회적 비용을 되도록 정확히 고려하여 그 관리와 사용에 대한 규제 방법을 모색해야 한다.

여기에 더해 나노 과학 발전에 따라 빈부 격차가 확대될 가능성도 지적될 수 있다. 나노 과학은 일반적으로 초기 투자 비용이 엄청나기에 그 기술을 이용한 혁신적인 제품(예를 들어, 나노 소재로 만든 인공 감각기)이 시장에 등장했을 때 오직 극소수의 부유한 사람들만이 그 혜택을 누리게 될 가능성이 높다. 꼭 나노 과학이 아니더라도 이러한 이유로 혁신적인 신기술은 인류 전체의 복지에 기여하기보다는 이미 존재하는 빈부 격차를 더욱 확대, 심화시키는 결과를 가져오기 쉽다.

하지만 현재 국내외적으로 나노 과학에 투자되는 자원의 상당 부분은 공공 자금이라는 사실에 주목해야 한다. 연구 자원이 개인 투자자에서 나오는 경우에도 나노 과학이 성공적으로 개발되기 위해서는 여전히 상당한 정도의 사회적 지원이 필요하다. 이런 점을 감안하면 나노 과학 연구에서 비롯된 신기술이 빈부 격차 확대에 기여할 가능성은 결코 도덕적으로 정당화될 수 없으며 따라서 정부를 비롯한 연구 개발의 주체는 이러한 가능성을 미리 방지할 수 있는 대책을 강구해야 한다. 예를 들어, 신기술을 사용한 시제품이 처음 등장했을 때 혜택이 전 계층에 골고루 분산될 수 있도록 보조금과 같은 제도적 장치를 마련할 수도 있을 것이다.

　이러한 가능성을 고려하고 그에 대한 대책을 세우는 것을 신기술에 대한 지나친 비관주의나 쓸데없는 걱정으로 생각하지 말아야 한다. 컴퓨터와 인터넷의 보급은 이 점을 보여 주는 좋은 예이다. 대부분의 사람들이 정보 기술 초기 발전 단계에는 이 기술이 가지는 긍정적 효과에 열광하다가 점차 단순히 정보량이 많아지는 것으로 모든 문제가 해결되지는 않는다는 사실을 이해하게 되었다. 그리고 더 나아가 정보량의 증가가 어떤 경우에는 기존의 문제를 더욱 풀기 힘들게 만든다는 점도 분명해졌다. 많은 사람들이 높은 성능의 컴퓨터와 빠른 속도의 인터넷이 정보 공유와 의견 교환을 진작시켜 보다 평등한 사회를 불러오는 데 큰 역할을 하리라고 기대했다. 이러한 긍정적인 효과가 일부 실현된 것은 사실이지만, 그럼에도 불구하고 정보 접근권의 문제는 정보화가 자연스럽게 평등 사회로 연결되리라는 생각이 얼마나 단순한지를 보여 주었다.

　정보 접근권의 문제는 특히 정보 기술의 개발 초기에 더 두드러지게 나타났다. 이 시기에는 양질의 정보에 신속하게 접근할 수 있는 시설을 이용할 기회가 사회적 부를 소유한 계층에 집중되었다. 이 경우 정보에 접근할 수 있는 능력은 곧 기존 사회의 빈부 구조를 그대로 반영했고, 양질의 정보는 정보 소유자가 사회적 경쟁에서 유리한 위치를 점유하게 도와주었다. 결국 정보 기술의 발전은 사회 구성원들 사이의 정보 접근 능력의 차이를 극대화함으로써 오히려 기존의 불평등 구조를 심화시키는 역할을 할 가능성이 높았다. 이런 암울한 가능성은 '디지털 격차(digital divide)'라고 명명되기도 했다.

　다행히 이러한 가능성이 가져올 심각한 부작용을 인식하고 그에 기반한 대책을 마련했기에 디지털 격차는 생각만큼 심하게 나타나지 않았다. 유럽의 여러 나라에서는 단순히 컴퓨터와 인터넷 보급률을 높이는 데 그치지 않고 빈민층이 이들 기술에 접근할 수 있도록 다양한 통로와 기회를 보장하는 정책들(가난한 지역에 컴퓨터를 보급하거나 고속 인터넷을 무료로 이용하게 하는 정책)을 실시했다. 이와 마찬가지로 나노 과학의 경우에도 기존의 빈부 구조를 심화하지 않으면서 인류 전체에 혜택이 골고루 퍼질 수 있는 방안이 모색되어야만 '나노 격차'를 미리 방지할 수 있을 것이다.

마지막으로 나노 과학이 우리 사회에 가져올 영향을 보다 장기적인 안목에서 생각해 보면, 인간의 정의, 그리고 사이보그와 인간의 관계 등과 관련된 복잡한 철학적 고찰이 장차 필요하게 되리라고 예상할 수 있다. 현재 그 가능성 자체가 논란이 되고 있기는 하지만 나노 수준에서 자기 복제 능력을 지닌 물질이 등장한다면, 기존의 인공 지능이나 사이보그 연구와 결합하여 궁극적으로는 인간과 지적, 감성적 능력에서 차이가 없는 새로운 나노 복합체를 탄생시킬 가능성이 있다. 혹은 이 정도는 아니더라도 나노 수준에서 매우 적은 에너지로 작동하는 기계를 사용하여 두뇌의 배선을 바꾸어 인간의 지적 능력을 향상시키거나 변화시킬 가능성도 고려해 볼 수 있다. 이러한 가능성은 인간과 기계가 간단히 양분되던 지난 세기와는 달리 앞으로 우리 앞에 펼쳐질 세계에서는 인간과 기계 각각에 대한 보다 정확한 이해와 양자 간의 관계에 대한 엄밀한 고찰이 필요함을 시사한다.

이제까지 살펴본 다양한 고려 사항에서 중요한 점은 '공짜 점심은 없다.'는 원칙일 것이다. 나노 과학으로부터 많은 긍정적인 효과가 기대되는 것은 분명한 사실이지만 부작용이 전혀 없거나 무시할 만하다고 낙관하는 것은, 인류가 여태까지 경험해 온 수많은 과학 연구와 연계된 신기술의 개발 과정을 살펴볼 때 매우 순진한 생각이다.

수많은 역사적인 예들은 새롭고 혁신적인 과학이 우리에게 상당한 혜택과 더불어, 거의 예외 없이 대규모의 예기치 못했던 부작용을 가져다주었음을 보여 준다. 그러므로 첨단 과학 연구에 무조건적으로 열광하는 일은 우선 경험적인 증거에만 입각해서도 옹호되기 어렵다. 게다가 이러한 부작용을 나중에 고치려고 들 때 드는 비용은 대부분 초기 대응 비용에 비해 상상할 수 없을 정도로 막대하다. 이에 더해 새로운 신기술이 보편적으로 사용될 미래 사회에서도 우리가 일반적으로 바람직하다고 여기는 사회 윤리적 가치는 여전히 구현되어야 할 것이다.

그러므로 나노 과학을 포함한 신기술에 대한 조심스러운 사회 윤리적 고려는 경험적으로나 가치론(axiology)적으로 모두 타당하다. 우리는 이렇듯 조심스러운 태도를 견지하자는 제안이 새로운 과학에 대한 근거 없는 불안감에서 비롯된 것일 뿐이라는 극단적 형태의 계몽주의를 경계해야 한다. 그보다는 나노 과학 초기 개발 단계에서 그 사회적, 윤리적 함의를 심각하게 고려하고 대응책을 모색하는 태도를 취하는 것이 현명하다.

다음 절에서는 나노 과학이 제기하는 직접적 위험에 대한 논의를 넘어서서 보다 다양한 측면에서 나노 과학의 윤리적 쟁점을 살펴보겠다.

5. 나노 과학 연구에 대한 보다 깊은 성찰

현재까지 추세로 볼 때 나노 과학은 혁명적이기보다는 진화적인 방식으로 우리 사회에 영향을 끼칠 가능성이 높다. 여기서 진화적인 방식이란 나노 과학으로 인한 사회적 변화가 지역이나 연령대에 따라 다른 속도로 서서히 일어날 것이라는 의미이다. 이 점에 대해서는 나노 과학의 사회 문화적 영향을 다룬 최근까지 발간된 대부분의 보고서들이 동의하고 있다. 이러한 과학적, 사회적 사실을 고려할 때 우리가 얻을 수 있는 윤리적 시사점은 기술 영향 평가를 비롯한 여러 사전 예방적인(precautionary) 조치들이 필요하고 유용하다는 것이다. 만약 나노 과학으로 인한 사회 변화가 혁명적이고 너무도 급진적이어서 예측하기조차 힘들다면, 비교적 불확실하지만 여전히 예상 가능한 미래 시나리오에 기반하여 이루어지는 사전 예방적 정책은 효과를 내기 힘들 것이다. 그러나 그렇지 않다면, 다양한 정책을 동원하여 이러한 변화를 우리가 바람직하게 여기는 방향으로 이끌어 나갈 수 있는 여지가 있다.

1990년대까지만 해도 자기 복제 나노봇(nanobot)에 의해 세계의 모든 물질이 소비되어 버리는 소위 '회색 죽(Grey Goo)' 시나리오에 대한 논의가 나노 과학에 대한 윤리적 고려에서 빠지지 않고 등장했다. 이는 또한 몇몇 시민단체가 나노 과학에 대해 좀 더 확실하게 알게 되기 전까지 나노 관련 제품들의 생산을 잠정적으로 중단하자고 제안하는 근거가 되기도 했다. 그러나 2000년 이후 현재로서는 이러한 시나리오에 충분히 신뢰할 만한 과학적 근거가 없다는 것이 대체적으로 합의되고 있다.

물론 언제든 원칙적으로 번복될 수 있는 것이지만, 이러한 합의는 나노 과학과 관련된 사회 문화적 영향을 평가할 때 이 특정 시나리오에 대한 구체적인 논의나 대응책을 포함시키지 않아도 될 충분한 근거를 제공한다. 이 점에 있어서도 나노 과학에 대한 윤리적 고려에서 여러 종류의 사실들이 영향을 끼치는 방식을 엿볼 수 있다. 자기 복제 나노봇은 적어도 나노 과학의 초기 개발 단계에서는 이론적으로 가능성이 있는 것으로 여겨졌으므로 당연히 윤리적 고려의 대상이 되어야 했다. 그러나 우리가 사실로 간주하는 과학적, 사회 문화적 내용이 변화함에 따라 이제는 구체적인 대응책을 마련해야 할 당위가 부족해졌다.

또한 자기 복제 나노봇이 나노 과학에 대한 초기 논의에서 그 개발을 잠정적으로 중지해야 할 윤리적 근거를 제공해 주었음을 기억하면 보다 일반적인 결론에 이를 수 있다. 즉, 현재로는 나노 과학을 중단해야 할 확실한 윤리적 근거를 찾기는 어려우며 일단 개발을 진행해 나가면서 부정적 영향을 최소화할 수 있는 방안을 모색해야 한다는 점이다.

자유롭게 돌아다니는 극소의 나노 입자가 인체에 미치는 영향이 잠재적으로 치명적이라는 점은 분명하다. 이에 대해 아직까지 축적된 연구 결과가 많지 않아 명확하게 결론 내리기는 어렵지만, 우리 몸이 이물질을 걸러 내는 수준은 인류 역사에서 상당 기간을 함께 했던 마이크로미터 크기의 미세 먼지 정도라는 사실을 인지하면 나노 입자가 다양한 성분과 방식으로 대량 생산될 때 인체에 어떤 형태로든 새로운 도전을 제공하리라는 점은 분명하다.

그러므로 나노 입자를 생산하는 작업장 근로자를 비롯해 나노 입자에 장기간 노출될 가능성이 높은 사람들의 건강을 고려하여 생산과 유통이 이루어져야 한다. 이에 대해서는 이미 마련되어 있는 인체에 유해한 입자를 다루는 규정에 나노 입자의 특수성을 부가하여 구체적인 시행 지침을 조속히 만들 필요가 있다. 이 부분이야말로 확실한 과학적 근거가 없어도 미리 대응책을 강구해야 하는 예방 원리적 접근이 꼭 필요한 분야이다.

또한 나노 과학은 기존의 감시 통제 장치를 매우 작게 만들 수 있기에 사생활 침해나 노동자의 자결권 침해 등 다양한 문제의 소지를 안고 있다. 이러한 우려가 보다 즉각적으로 구체화될 수 있는 분야가 무선 주파수 인식(Radio Frequency Identification, RFID) 기술에 들어가는 나노 과학이다. 이런 상황에서는 명백하게 개인의 사생활을 비롯한 우리가 소중히 여기는 가치들이 침해될 가능성이 있음을 인정하고서 시작해야 한다. 여기서 첫째 원칙에서 지적했듯 나노 과학이 갖는 혜택과 사생활 침해 방지, 양자 사이의 택일이 아니라 두 가치를 절충, 조정하는 것이 무엇보다 중요하다.

우리는 신용 카드를 사용할 때마다 신용 정보를 비롯한 개인 정보가 오용될 가능성이 있음을 암묵적으로 인정하고 있으며 실제로 이런 일은 종종 발생한다. 즉, 순전히 이론적인 위험만은 아닌 것이다. 하지만 그렇다고 해서 우리가 신용 카드 사용을 금지하거나 사용자가 조심하면 된다고 몰아붙이는 식으로 대응하지는 않는다. 그보다는 신용 정보 오용을 막을 수 있는 제도적 장치를 최대한 마련하고 그것이 위반될 때 엄중하게 처벌한다. 이와 같은 조정과 절충을 통해서만 신용 카드가 주는 혜택과 위험성 모두에 주의를 기울일 수 있을 것이다. 나노 과학의 경우에도 그것을 이용한 감시 통제 기술로부터 얻을 수 있는 이점과 사생활 침해 가능성이라는 단점 사이의 조정이 필요하고 이 조정의 결과를 구체적인 제도와 정책으로 실현시켜 시행하는 것이 중요하다.

모든 첨단 과학이 그렇지만 나노 과학에서도 잠재적으로 막대한 시장과 이윤이 예상된다. 그러므로 이와 관련된 지적 재산권의 문제도 복잡하게 나타날 수 있다. 특히 우리나라처럼 사회적 재원을 들여 나노 과학을 개발하고 있는 상황에서는 그러한 지원을 받아 기술을 개발한 개인이나 기업이 사회 전체에 대해 일종의 '되갚음의 의무'를 지닌다고 생각해 볼 수 있다. 이는 법적으로 요구되는 수준을 넘어서기도 한다. 예를 들어, 공적 지원을 받은 기업이 미래에 얻을 이윤의 일부를 다양한 방식으로 사회에 환원하는 방법을 모색해 볼 수 있다.

이미 우리 정부는 「나노 기술 개발 촉진법」을 근간으로 나노 과학에 대한 대규모 투자와 연구 장려를 공개적으로 천명한 바가 있다. 따라서 현 시점에서는 나노 과학 연구가 정부 주도로 이루어질 가능성이 매우 높다. 그러나 정부 주도로 이루어지는 연구라 하더라도 연구 진행 방식과 주체가 누구인가에 따라 세부적인 윤리적 문제들이 달라진다. 예를 들어, 정부는 연구 자금을 지원하고 대학 연구소와 정부 산하 연구소, 그리고 기업체 연구소 모두가 이 자금을 놓고 경쟁하는 방식이 있을 수 있고, 기업체 연구소가 이 과정에서 제외되어 나노 과학 연구가 정부 주도와 민간 주도로 이원화될 가능성도 있다.

두 경우 모두 연구 주제 선정과 연구비 집행, 그리고 연구 성과의 기대 효과와 예상되는 부작용 등 정보 공개 면에서 투명성이 요구되지만 민간 주도 사업의 경우 현실적으로 이러한 투명성을 정부 주도 사업의 수준으로 요구하기에는 어려운 점이 있다. 그러나 법적, 제도적으로 가능한 범위 내에서 연구의 여러 측면과 관련된 투명성을 보장하려는 노력이 반드시 필요하다.

정부 주도 사업의 경우에는 정부가 사용하는 연구비가 궁극적으로는 국민의 세금에서 나온다는 사실로부터 이러한 투명성의 요구가 정당화된다. 즉, 정부 예산의 집행과 관련한 '책임성(accountability, 성과나 임무에 관해 책임을 지는 것)'은 연구비 집행과 관련해서도 당연히 요구되어야 한다. 그러나 나노 과학 연구는 지금껏 자연에 존재하지 않았던 특징을 갖는 새로운 물질을 만들어 낸다는 연구 주제의 특수성을 고려할 때 더욱더 높은 수준의 투명성이 필요하다. 우선 정부의 한정된 연구 지원 예산을 특정 연구 주제에 집중하는 일을 정당화하려면 그러한 집중이 예산 사용의 효율성과 기대 효과의 극대화 관점에서 옹호될 수 있음을 분명히 보여야 한다.

이 점의 중요성은 미국에서 최근 논란이 되었고 결국은 포기된 초전도 초고속 가속기(Superconducting Super Collider, SSC) 건설과 관련하여 미국 물리학계 내에서의 벌어진 논쟁과, 이와는 달리 결국은 채택되어 최근 성공적으로 완료된 인간 유전체 계획(Human Genome Project, HGP)과 관련한 미국 생물학계 내의 논쟁에서 잘 나타난다. 두 경우 모두 한정된 연구 예산을 특정 분야(가속기의 경우에는 입자 물리학 분야, 인간 유전체 계획의 경우에는 유전학과 분자 생물학 분야)에 집중하려는 시도에 대해 다른 분야를 연구하는 물리학자와 생물학자들이 그 정당성에 의문을 제기했다.

결론적으로 전자는 입자 물리학자들이 가속기 건설을 통해 다른 분야 물리학자들의 연구 주제를 충분히 수용할 수 있다는 확신을 불러일으키지 못했기 때문에 실패로 돌아갔고, 후자는 생태학이나 진화 생물학, 그리고 인간 유전체 연구가 지닌 윤리적, 법적, 사회적 함의에 대한 연구들에 상당한 예산을 배정하여 어느 정도 반대파를 설득시키고 난 후에야 채택되어 결국 성공적으로 연구를 마칠 수 있었다. 두 거대 프로젝트의 이처럼 다른 운명은 나노 과학 연구의 미래와 관련하여 시사하는 바가 많다. 나노 과학 개발 자체만큼이나 그 위험성에 대한 연구와 사회적 영향을 고려한 정책이 동시에 시행되어야만 개발이 성공적으로 이루어질 가능성이 높다는 것이다. 비슷한 이유에서 예산 집행 과정에서도 그 과정이 연구의 경쟁력을 손상시키지 않는 범위 내에서 투명성이 보장되어야 하고, 연구 결과의 심사 또한 장기적 연구의 가능성을 인식하는 범위 내에서 투명성이 보장되어야 한다.

또한, 나노 과학의 여러 산물들이 사회적, 환경적으로 끼칠 잠재적이고 광범위한 위험성을 인식하여 연구의 전문적 타당성 판단과는 별도로 비전문가들이 참여하는 사회적 수준에서의 평가와 합의도 필요하다. 이 과정에서 과학자들은 사회적 수준의 평가가 과학의 내용적 평가와는 성격과 의의 면에서 독립적이라는 점을 인식해야 하고, 사회적 수준의 평가에 참여하는 사람들은 환경이나 정치·사회적 고려가 과학적 고려보다 항상 앞서야 한다는 생각을 버릴 필요가 있다. 이는 앞서 살핀 둘째 원칙에 의해서도 요구되는 바이다. 대부분의 거시 사회적 결정이 그렇듯이 나노 과학 연구에 대한 국가적 수준의 결정은 이 2가지 요인들 사이의 상호 이해와 타협에 기초하여 이루어져야 한다. 이 과정에서 최종 결론이 어느 쪽으로 나든, 결정자는 그 결론에 대한 반론이 가지는 도덕적, 실질적 내용을 연구 과정을 통해 충분히 인식하고 있어야 한다.

미국에서 1980년에 「베이-돌 법안(Bayh-Dole Act)」이 제정된 이후로, 전 세계적으로 대학이 지적 소유권을 통해 직접적으로 상업적 이익을 추구하게 되면서 대학과 산업체 간의 공동 연구가 가속화되고 있다. 이 과정에서 대학에 소속된 연구자가 기업체의 상업적 이익과 직결된 연구를 할 때 대학과 기업체 문화의 가치 차이로 말미암아 여러 윤리적 문제가 발생한다.

우선 기업체 연구비를 받고 대학에서 연구된 결과에 대한 지적 소유권의 문제를 어떻게 해결할 것인가의 문제가 있다. 이런 상황에서는 나노 과학의 혜택이 사회 전반에 확산되어야 한다는 점과 기업의 연구 투자 의욕을 유지시킬 수 있어야 한다는 점을 모두 고려한 선택이 요구된다. 생명 공학과 관련한 미국의 사례는 지나치게 기업 이윤 추구의 손을 들어준 예로 좋은 참조의 대상이 된다.

또한, 대학의 연구자가 자기 연구의 잠재적 위험성을 사회적으로 알려야 한다고 믿을 만한 근거가 충분한 상황에서 이러한 공표가 연구 자금을 지원한 기업의 상업적 이익과 상충할 때 연구자가 사리에 맞는 판단을 할 수 있는 제도적 장치가 마련되어야 한다. 이를 위해서는 '내부 고발자(whistle-blower)'의 보호 장치와 내부 고발의 대상에 대한 명확한 기준이 필요하다.

인류의 복지에 기여해야 할 나노 과학이 파괴적인 군사 기술에 사용된다는 것은 윤리적으로 결코 정당화될 수 없다. 나노 기술이 가져올 수 있는 인간의 건강에 대한 잠재적 위험을 고려한다면 군사 기술로의 이용은 더더욱 옹호될 수 없다. 하지만 역사적으로 첨단 과학 기술은 거의 예외 없이 군사 무기 개발과 연계되어 왔음을 떠올려 보면, 놀라운 잠재력을 지닌 나노 과학이 군사 기술로 전용되지 않으리라고 믿는 것은 그다지 현실성이 없어 보인다. 그렇다면 우리는 나노 관련 군사 기술 개발을 최대한 억제하는 동시에 그것이 현실화될 경우 인류와 환경에 미칠 피해를 극소화시킬 수 있는 방안을 모색해야 한다.

구체적으로는 대인 지뢰 금지의 예에서 볼 수 있듯 나노 과학을 응용한 군사 기술 중 그것의 피해가 지나치게 비인도적이거나 통제 불가능하다고 판단되는 것들은 개발과 이용을 전면적으로 금지해야 한다. 그리고 나노 과학을 이용한 소자와 같이 비교적 기존의 전기 전자 기술과 연속성을 갖는 경우에는 개발 과정에 그러한 군사 기술이 인류와 환경에 가져올 수 있는 잠재적 위험성에 대한 연구가 반드시 병행되어야 한다. 특별히 개인의 사생활을 침해하거나 나노 물질의 대량 생산에 기초하여 환경을 교란시킬 수 있는 군사 기술은 개발을 면밀하게 통제해야 하며 어떤 경우에도 단순히 전략적으로 유용할 수 있다는 점에서 무조건 정당화되어서는 안 된다.

나노 과학과 관련되는 여러 사안의 윤리적 민감성을 고려할 때, 나노 과학 연구자들은 자신들이 수행하는 연구의 사회적, 윤리적 함축에 대해 충분히 이해해야 한다. 특히, 어떤 조건에서 자신이 속한 연구 팀과는 독자적으로 판단을 내릴 수 있는지, 그리고 어떤 경우에 그러한 판단에 따라 도덕적으로 옹호 가능한 방식으로 행동하는 것이 정당화될 수 있는지, 그리고 그러한 행동에 대해 어떤 제도적 보호 장치가 존재하는지에 대해 알고 있어야 한다.

이를 위해서는 나노 과학 관련 연구 윤리를 포함한 넓은 의미의 과학 윤리 교육이 필요하다. 여기에는 과학과 기술이 인류 전체의 복지를 위해 기여해야 한다는 일반적 도덕 원칙에서부터 연구자들의 지적 공정성과 정보 공개의 투명성에 대한 강조, 그리고 자신들이 수행할 연구가 지닐 윤리적, 사회적 함축에 대해 독자적인 평가와 판단을 내릴 수 있는 능력을 키워 주는 내용이 포함되어야 한다. 나노 과학 연구자들은 연구 윤리의 기본적인 의무를 준수해야 함은 물론이고 이에 더해 특별히 나노 과학이 갖는 중요한 사회적, 윤리적 쟁점들을 이해하고 있어야 하므로 연구자들에게 다양한 사회적, 윤리적 쟁점들에 대해 교육받고 토론할 수 있는 기회를 제공하는 것도 반드시 필요하다.

6. 생산적 과학 연구를 위한 윤리적 고찰

이 장은 과학 연구에서 연구 윤리가 보다 넓은 사회적 맥락을 고려하는 과학 윤리와 만나는 접점을 살펴보고 그에 대한 윤리적 고려를 수행하는 과정에서 유념해야 할 원칙들을 밝히는 것으로 시작했다. 장의 후반부에서는 나노 과학이라는 구체적인 연구 분야에 대해 과학 윤리적 분석을 시도해 보았다. 이 과정에서 분명해진 점은 과학 연구의 구체적인 내용과 관련된 윤리적 주제들을 검토할 때는 도덕적 원리에 대한 논의에만 머물러서는 안 된다는 것이었다.

결코 일반적 도덕 원리에 대한 논의가 결론이 나지 않을 공론에 불과하다거나 과학 연구의 윤리적 측면을 검토하는 과정에서 일반적 도덕 원리의 내용과 함의를 정확히 이해하는 것이 별 도움이 안 된다는 부정적 주장이 아니다. 그보다는 과학 연구와 관련된 윤리적 논의는 우선적으로 문제가 되고 있는 과학의 구체적인 내용과 과학자 사회, 연구 단체, 자금 지원 단체 등 관련 행위자들의 실제적인 활동에 집중해서 이루어져야 한다는 점을 강조하는 긍정적 주장이다.

이 점은 과학 연구와 관련된 윤리적 논의가 연구의 효율성을 떨어뜨리는 '훼방 놓기'라고 생각하는 일부 과학 연구자들이 특히 명심해야 할 사실이다. 과학 연구는 사회와 분리된 진공 속에서가 아니라, 사회 제도의 틀 안에서 이루어진다. 다른 데 쓰일 수도 있었던 사회 속의 자원과 인력이 그 과학 연구에 쓰이는 식이다. 이런 맥락을 고려할 때, 과학 연구와 관련된 윤리적 논의의 중요성을 충분히 이해하고 일반 시민들과 적극적으로 의견을 교환하면서 연구의 필요성에 대한 사회적 공감대를 민주적인 방식으로 확보해 나가려는 노력은 연구의 생산적 수행을 위해 필수적이다.

우리나라 과학 연구에서 당분간 큰 비중을 차지하게 될 나노 과학에 대해 윤리적 고찰이 중요한 이유 역시 나노 과학의 생산적 연구를 위해서는 사회적 공감대 확보가 필수적이라는 사실에 근거한다. 나노 과학이 약속하는 장

밋빛 청사진을 대중에게 널리 유포하거나 나노 과학 개발에 국가 간 경쟁이 치열하다는 점을 강조하여 대중의 애국심에 호소하는 방식으로는 이러한 공감대가 확보될 수 없다. 일단 이런 행위는 민주주의 사회에서 도덕적으로 정당화될 수 없고, 게다가 여러 역사적 경험을 통해 볼 때 이와 같은 전략은 우리나라에서도 방사능 폐기물 처리장 부지 선정 등의 예처럼 무수히 실패를 거듭해 왔기 때문이다. 그러므로 나노 과학 연구를 위한 윤리적 고려를 제도적으로 실현하는 과정에서도 나노 과학에 대한 연구자와 일반 시민의 인식 차이를 차근차근 좁히고, 서로가 주목하는 쟁점에 대해 마음을 열고 논의해 보려는 자세가 필요하다.

3강 연구 윤리의 사회적 맥락

:홍성욱

I. 과학자가 살아가는 3가지 세상

오전 7시: 기상

오전 8시: 아이들을 학교에 데려다 줌

오전 9시: 연구실 출근, 전자 우편 확인

오전 9시 30분~10시 30분: 랩(lab) 미팅, 박사 과정 학생들과 면담

오전 10시 30분~1시: 교수 회의, 점심 겸 학과 세미나

오후 1시~2시: 학회지 투고 논문 심사

오후 3시~4시: 생명 과학회 모임(서울에서 개최되는 국제 학회 건)

오후 5시 30분~6시: 아들 고등학교에서의 초청 강연

오후 7시: 과학 기자 간담회(최근 생명 과학 연구 보도에 대한 논의)

오후 10시: 귀가

위는 생명 과학을 전공하는 어떤 중견 대학 교수의 하루를 가상으로 구성해 본 것이다. 이 하루 일과에서 보듯 과학자는 3가지의 서로 다르지만 중첩된 세상에서 살아간다.

과학자가 속한 첫 번째 세상은 실험실이다. 여기에는 대학원 학생, 박사급 연구원, 기술자, 그리고 약간의 학부 고학년 학생들이 속해 있다. 실험실은 창의적인 과학적 발견이 이루어지는 장소일 뿐만 아니라, 나름대로의 질서와 권력, 그리고 독특한 문화가 존재하는 작은 사회이다. 두 번째로, 과학자는 과학자 사회에 속해 있다. 앞선 예시의 경우 학과나 생명 과학회가 과학자 사회의 일부이다. 학회지 논문 심사나 국제 학회 개최 같은 업무는 과학자 사회의 건강성과 활력을 유지하는 데 중요한 역할을 한다. 마지막으로 과학자는 더 넓은 시민 사회의 구성원이기도 하다. 그는 개인으로, 가족의 일원으로, 학교의 구성원으로, 그리고 전문 지식을 가진 과학자로 시민 사회와 만난다. 아들이 다니는 학교에서의 강연과 과학 기자와의 간담회는 그가 과학자로서 시민 사회와 접점을 만드는 활동이다.

과학자가 갖추어야 할 윤리적 태도와 심성은 실험실, 과학자 사회, 시민 사회의 3개 층을 관통해서 중층적으로 존재한다. 실험실에서는 연구와 관련된 윤리와 실험실 운영에 대한 윤리가 특히 문제가 된다. 이 책의 다른 장들에서 다루겠지만 정확한 통계의 사용, 문헌의 엄정한 인용, 위조와 변조가 없는 데이터의 정직한 사용, 인간과 동물 피실험자에 대한 생명 윤리, 윤리적인 논문 작성 등이 실험실 내의 연구 윤리에 속한다. 뿐만 아니라 과학자는 실험실 위계 구조의 정점에 있는 사람으로 실험실을 민주적이고 투명하게 운영해야 할 책임이 있으며, 학생들이나 연구원들에게 정직한 과학 연구의 모범을 보이고 연구하기에 편안한 환경을 만들어 주어야 한다.[1]

실험실과 과학자 사회를 이어 주는 것이 논문의 출판이다. 여기에서는 논문 발표와 출판 윤리, 논문 심사의 윤리, 학회지 편집의 윤리 등이 문제가 된다. 연구자는 같은 데이터를 가지고 비슷한 논문을 여럿 만드는 행위를 지양해야 하며, 논문은 한 번에 한 곳에만 투고하고, 요약본을 다른 학술지에 투고할 때는 반드시 요약되기 전 출판물의 서지 사항을 밝혀야 한다. 선행 연구를 인용할 때는 나중에 연구를 한 사람이 아니라 첫 연구자의 논문을 인용해야 하며, 경쟁자의 선행 연구를 인용하지 않는 등의 비윤리적인 태도 역시 지양해야 한다. 정확한 연구 방법과 분명한 표현을 사용해야 하며,[2] 다른 사람의 특허나 저작권을 침해하지 않는 것도 공동체를 건강하게 유지하기 위해서 중요하다. 뿐만 아니라 학회의 업무나 결정 과정에서도 윤리적인 태도가 필수적인데, 예를 들어 자신과 비슷한 연구를 하는 경쟁자들에 대해 근거 없는 비방을 하거나 선정과 심사 등에서 불이익을 주어서는 안 된다.

많은 과학자들이 시민 사회에 대한 책임과 윤리를 생각할 때 시민 사회를 연구비 지원 기관으로만 한정지어 좁게 생각하는 경향이 있다. 물론 과학자들은 연구비를 지원한 기관에 대해서 책임 있는 연구를 수행함으로써 윤리적 의무를 다해야 한다. 특히 연구비가 국민의 세금에서 나오기 때문에, 연구비를 남용하지 않고 자신의 연구를 과장하지 않는 것은 시민 사회에 대해 과학자가 져야 하는 중요한 책무 중 하나이다. 과학자들은 타인의 연구 계획서나 연구 결과를 심사할 때에도 공정하고 사리사욕 없는 태도를 견지해야 한다.

그렇지만 연구비 지원 기관은 과학자를 둘러싼 시민 사회의 일부에 불과하다. 과학자는 한 명의 시민으로서 시민 사회의 구성원이지만, 동시에 다른 시민들이 가지지 못한 전문 지식의 소유자들이다. 현대 과학 기술은 인간의 삶을 풍성하고 행복하게 하는 정도에 비례해서 인간과 환경의 생존을 위협하는 결과를 가져오기도 하는데, 바로 이 점 때문에 과학자들은 자신의 연구 결과의 사용에 대한 책임과 윤리 의식을 지녀야 한다. 과학자의 사회적 책임이 문제가 된 것은 원자탄과 환경 문제가 사회적 이슈로 대두된 20세기 후반 이후의 현상이다. 지금도 과학자들은 군사 연구나 환경 파괴를 가져올 수 있는 연구, 줄기세포와 같이 윤리적으로 민감한 의학 연구, 나노 입자와 같은 새로운 물질 연구, 유전자 재조합 생명체 연구 등 사회적으로 논쟁적인 연구들을 수행하고 있다. 이러한 연구들은 우리 사회에 미치는 영향의 강도가 크고 범위가 광범위하기 때문에, 과학자는 자신의 연구가 가져올 수도 있는 사회적, 환경적 결과에 예의 주시해야 한다. 과학자는 자신의 연구가 나쁜 영향을 낳을 가능성이 있을 때는 그 판단을 과학자 사회와 세상에 공개하고, 시민 사회 전체의 위험을 감소시키기 위해 자신의 호기심을 억누를 수도 있어야 한다.

연구 윤리에 대한 논의는, 실험실에서의 연구 결과를 논문의 형태로 과학자 사회가 공유하는 과정에서 나타나는 윤리적인 문제에 주로 초점이 맞추어져 있다. 그렇지만 이로부터 가장 정직한 논문을 쓰는 과학자가 가장 윤리적인 과학자라는 결론을 내린다면 이는 충분하지 않다. 물론 정직하게 연구를 하고 논문을 쓰는 것은 힘들고 또 중요하지만, 이것이 전부는 아닌 것이다. 과학자들에게는 자신의 연구와 관련된 사회적 책임이 따르기 때문에, 자신의 연구를 비밀로 하지 않고 공개적으로 수행할 필요가 있을 뿐만 아니라 연구의 결과가 미칠 수 있는 영향에 대해 반드시 생각해야 하는 의무가 있다. 만약에 필요한 경우에는 다른 연구 주제를 선택하는 결정을 내릴 수 있어야 하며, 위험한 연구나 연구의 오용에 대해서는 이를 사회 문제화하는 데에도 참여해야 한다.

이번 장에서는 연구 윤리를 더 넓은 사회적 맥락과의 연관성 속에서 검토할 것이다. 우선 2절과 3절에서는 연구 부정행위를 조사하고 방지하는 제도로 널리 사용되는 연구 진실성 위원회에 관해 살펴볼 것이다. 이는 과학자 사회가 연구의 정직성을 확보하기 위해서 만든 제도적 장치이다. 4절에서는 현대 과학 활동을 둘러싼 환경의 변화를 살펴볼 것이다. 과학 환경의 변화 중에는 연구 부정행위의 동인을 제공하는 것들이 많은데, 이를 이해함으로써 부정행위를 방지하고 바람직한 연구 활동을 진작시키는 시스템을 갖추는 데 일조할 수 있다. 마지막으로 5절에서는 과학자의 사회적 책임에 대해서 논의하면서 연구 윤리와의 관계를 고찰한다. 연구 윤리는 실험실 데이터 관리의 차원에만 국한되어서는 안 되며, 과학과 사회의 더 넓은 관련에 대해 윤리적 태도를 견지할 때 더 온전하게 지켜지고 진작될 수 있음을 제시할 것이다.

2. 연구 진실성 위원회의 역사

　연구 진실성(research integrity)과 관련해서 1981년은 하나의 분수령을 이
룬 해였다. 1974년부터 1980년까지 미국에서는 14건의 중요한 과학 부정행
위가 보도되었는데, 이 사건들은 언론을 통해 대대적으로 알려져 사람들에
게 과학 부정행위의 심각성을 일깨워 주었다. 당시 상원 의원이었던 앨 고어
(Al Gore)는 의회 내에 위원회를 만들어 이 연구 부정행위들을 조사하게 했
고, 이 사건은 과학자의 연구 부정행위에 대해 취해진 첫 번째 국가적 차원
의 조치로 간주된다. 이후 미국의 의회는 1985년에 「보건 연구 확대법(Health
Research Extension Act)」을 통과시켜 여기에 과학 부정행위를 조사하고 그 결
과를 장관에게 보고하는 조직의 설립을 명시했다. 1986년 미국 국립 보건
원(National Institutes of Health, NIH)은 「연구비 지원 및 계약에 대한 지침(NIH
Guide for Grants and Contracts)」을 출판했으며, 연구 정직성과 관련된 최종 법
령은 1989년에 입법화되었다.

　1986년의 국립 보건원 지침은 연구 부정행위를 "연구의 제안, 수행, 보고
에서의 위조, 변조, 표절 및 기타 과학자 사회에서 통상적으로 받아들여지
는 행위에서 심각하게 벗어난 행위"로 규정했다. 물론 여기에는 실수나 데이
터 해석과 판단상의 단순한 견해 차이는 포함되지 않았다. 이 지침이 나오면
서 그해부터 국립 보건원이 연구 부정행위에 대한 제보를 접수하고 이를 조
사하는 역할을 맡게 되었으며, 1987년에는 국립 과학 재단(National Science
Foundation, NSF)이 국립 보건원 기준에 준해서 연구 부정행위를 정의했다.
1989년에는 공중 보건처(Public Health Service)가 국립 보건원 원장실 직속 기
관으로 과학 윤리국(Office of Scientific Integrity, OSI)을 만들었고, 보건부는 보
건 차관보(Office of the Assistant Secretary for Health, OASH) 밑에 과학 윤리 심
사국(Office of Scientific Integrity Review, OSIR)을 두었다. 그러다가 1992년에 과
학 윤리국과 과학 윤리 심사국이 통합되어 보건부 직속으로 연구 진실성 관
리국(Office of Research Integrity, ORI)이 만들어졌다. 연구 진실성 관리국이 보

건부 직속으로 설립된 이유는 이곳을 국립 보건원과 같은 연구비 지급 기관에서 분리하려 했기 때문이었다.[3]

보건부 직속의 연구 진실성 관리국은 연구 부정행위의 조사와 예방을 담당하는 정부 기관이다. 반면에 정부 연구비를 많이 받는 대학과 연구소에는 독자적인 연구 진실성 위원회가 만들어졌다. 기관의 연구 진실성 위원회와 보건부의 연구 진실성 관리국에서 관장하는 미국의 연구 부정행위 조사는 크게 3단계를 거친다. 우선 기관의 연구 진실성 위원회에서 접수한 제보는 이곳에서 조사가 진행되며, 연구 부정행위의 진위도 여기서 판단된다. 그렇지만 피조사자나 제보자가 기관 연구 진실성 위원회의 결정을 받아들이지 못하면 위원회는 이것을 보건부의 연구 진실성 관리국으로 이관한다. 보건부는 조사 위원회를 조직해서 연구 부정행위에 대한 판단을 내리는데, 여기서의 결론에도 피조사자가 동의하지 못할 때는 최종적으로 항소 위원회로 넘어간다. 즉, 연구 부정행위의 조사는 기관의 연구 진실성 위원회, 보건부의 연구 진실성 관리국, 그리고 항소 위원회라는 3단계를 거치는 것이다.[4]

미국의 경우 1992년 이후로 연구 진실성 관리국의 활동을 둘러싸고 많은 논쟁이 있었다. 1995년에 연구 진실성 관리국 산하의 연구 진실성 위원회는 부정행위에 대한 국립 보건원의 정의가 너무 협소하기 때문에 이를 보다 넓게 정의해야 한다고 주장했다. 이 위원회는 연구 부정행위의 범주를 "남용(misappropriation)", "훼손(interference)" 그리고 "부적절한 표현(misrepresentation)"으로 정의하자고 제안했다. 그렇지만 이러한 개정은 국립 보건원의 정의조차 너무 포괄적이고 광범위하다고 생각하던 과학자들에 의해 강하게 비판받았고, 결국은 받아들여지지 않았다.

반면, 1992년에 국립 과학 아카데미(National Academy of Science, NAS), 국립 공학 아카데미(National Academy of Engineering, NAE), 의학 연구원(Institute of Medicine, IOM)의 3개 단체는 과학 부정행위에 대한 국립 보건원 지침 중 "기타 과학자 사회에서 통상적으로 받아들여지는 행위에서 심각하게 벗어난 행위"라는 구절이 너무 포괄적이므로 이를 삭제해야 한다고 주장했다. 이에 대해서 이 지침을 만들고 운영하던 국립 보건원과 국립 과학 재단은 조항의 삭제에 반대했다. 과학 부정행위를 "위조, 변조, 표절"로 좁게 정의해야 한다는 과학자 사회와 그보다 더 넓게 정의해야 한다는 국립 보건원의 입장을 지지하는 쪽은 몇 년 동안 논쟁을 지속했다. 이 논쟁은 2000년에 대통령 산하의 과학 기술 정책국(Office of Science and Technology Policy, OSTP)이 「연구 부정행위에 대한 연방 정부 정책」에서 연구 부정행위를 과학자 사회의 입장을 반영해서 "위조, 변조, 표절"로 좁게 정의함으로써 마무리되었다. 국립 보건원의 연구 진실성 관리국에서도 2002년에 이러한 정의를 받아들여 연구 부정행위를 "위조, 변조, 표절"에 국한되는 것으로 새롭게 정의했다. 이 과정은 연구 부정행위의 경계가 과학자 사회에서의 논의에 따라 조금씩 변화해 갔음을 보여 준다.[5]

한국에서는 황우석 사태 이후에 연구 진실성 위원회 설립의 필요성이 대두되었다. 처음으로 조치를 취했던 곳은 생명 과학 연구의 산실인 생명 공학 연구원이었다. 생명 공학 연구원은 2006년 1월에 과학 부정행위의 의혹이 제기된 경우 내부 위원 3인, 외부 위원 2인 등 5인으로 구성된 연구 진실성 위원회가 위조, 변조, 표절 등 연구 부정행위의 의혹을 규명하고, 부정행위가 있었을 때에는 원장에게 징계를 권고하는 지침을 만들었다.

과학 기술부는 2006년 초부터 과학 연구 윤리와 연구 진실성을 확립하기 위한 방안을 연구했으며, 그 결과를 2006년 7월에 열린 공청회에서 제시하면서 같은 시기에 연구 윤리 가이드라인을 공표했다. 이 가이드라인은 여론을 반영한 뒤에 2007년 2월 8일에 '연구 윤리 확보를 위한 지침(「과학 기술부 훈령」 236호)'으로 발표되었다. 이 지침은 연구 수행 기관과 연구 지원 기관이 연구 윤리를 확보하는 데 필요한 역할을 하고 책임을 져야 한다는 의무를 명시하고 있다. 또 이 지침은 연구 기관이 부정행위에 대한 조사를 맡지만, 공동 연구의 경우나 연구 기관의 자체 조사가 어려운 경우, 혹은 연구 기관 조사 위원회의 판정에 대한 제보자나 피조사자의 이의가 합리적이라고 판단된 경우에는 연구 지원 기관이 연구 진실성을 검증할 수 있도록 하고 있다.

과학 기술부 지침에서는 연구 부정행위를 "연구 개발 과제의 제안, 연구 개발의 수행, 연구 개발 결과의 보고 및 발표 등에서 행해진 위조·변조·표절·부당한 논문 저자 표시 행위"와 함께 "본인 또는 타인의 부정행위의 의혹에 대한 조사를 고의로 방해하거나 제보자에게 위해를 가하는 행위"와 "과학 기술계에서 통상적으로 용인되는 범위를 심각하게 벗어난 행위"를 포함해서 넓게 규정하고 있다. 이 지침은 각 연구 기관이 부정행위를 조사하기 위해서 부정행위의 범위, 담당 부서, 조사 위원회 규정, 제재의 종류와 기준, 제보자 및 피조사자 보호 방안을 명시한 자체 규정을 만들고 연구 윤리 교육을 실시해야 함을 명시하고 있다. 또 연구 기관의 연구 부정행위 조사가 예비조사, 본 조사, 판정의 3단계로 이루어져야 함을 명시하면서, 그 결과를 연구 지원 기관에 보고할 것도 의무화하고 있다.

3. 연구 진실성 위원회의 역할과 기능: 서울 대학교 연구 진실성 위원회를 중심으로

서울 대학교는 황우석 사태를 겪으면서 연구 진실성 위원회의 필요를 가장 절실하게 느낀 연구 기관이었다. 이에 서울 대학교는 2006년 상반기에 연구 진실성 위원회의 회칙과 설립에 필요한 규정의 개정을 연구한 뒤, 같은 해 여름에 이를 발족했다. 서울 대학교 연구 진실성 위원회의 독특한 특성은 "연구 부정행위"와 "연구 부적절 행위"를 구별했다는 것이다. 연구 부정행위는 연구의 제안, 수행, 심사, 보고 과정에서 행해진 "위조, 변조, 표절"을 의미하며, 연구 부적절 행위는 연구에 직접적으로 기여하지 않은 상태에서 공저자가 되거나 연구 부정행위를 인지하고도 이를 방조 내지 묵인한 행위를 의미한다. 이 차이는 징계의 건의에서 차이를 불러온다. 피조사자의 행위가 연구 부정행위로 결론이 났을 경우에 연구 진실성 위원회는 총장에게 징계나 제재 조치를 "건의해야" 하며, 연구 부적절 행위에 대해서는 징계나 제재 조치를 "건의할 수 있다."라고 되어 있다. 미국의 연구 진실성 관리국의 기준에 따라 연구 부정행위를 "위조, 변조, 표절"로 정의하고 "부당한 논문 저자 표시 행위"는 이에 준하는 연구 부적절 행위로 분류한 것으로 볼 수 있다.[6]

서울 대학교 연구 진실성 위원회는 부총장(위원장), 연구처장, 교무처장이 당연직 위원으로 포함되고 평교수 중에서 선정된 위원 6인을 합쳐서 총 9인의 위원으로 구성된다. 연구 부정행위에 대한 조사와 처리 절차는 다음과 같이 4단계로 나뉜다.

- 제보의 접수: 제보는 구술, 서면, 전자 우편 등의 방식으로 연구처장에게 접수할 수 있다. 제보는 실명으로 이루어지는 것이 원칙이다. 제보가 접수되면, 연구 진실성 위원회는 증거 보전을 위해서 상당한 조치를 취할 수 있다(제10조).
- 예비 조사 위원회: 실명으로 접수된 제보의 경우 10일 내에 3인 이내의 위원으로 구성된 예비 조사 위원회가 구성된다(제8조). 예비 조사 위원회는 18일 내에 조사 결과 보고서를 작성해야 하며 1회에 한해서 활동 기간을 연장할 수 있다. 예비 조사 위원회의 조사 결과가 부정행위를 명백히 입증하거나 피조사자가 부정행위 사실을 인정하는 경우, 혹은 제보가 진실에 어긋나는 경우에는 본 조사 위원회를 생략할 수 있다.
- 본 조사 위원회: 본 조사 위원회는 7인 이상의 위원으로 구성되며 이중 3인 이상은 해당 분야 전문가가, 2인 이상은 외부 인사가 포함되어야 한다(제9조). 본 조사 위원회의 활동 기간은 40일이며 2회 연장이 가능하다.
- 심사 및 제재 조치: 본 조사 위원회의 조사 결과가 나오면 이를 바탕으로 연구 부정행위에 대한 심사가 연구 진실성 위원회에서 이루어진다. 그 결과에 따라 연구 진실성 위원회는 학교 당국에 조치를 건의하게 된다(제13조).

서울 대학교 연구 진실성 위원회의 규정은 제보자와 피조사자의 인권을 보호하기 위한 항목을 포함하고 있다. 위원회는 어떠한 경우에도 제보자의 신원을 노출시켜서는 안 되며 피조사자의 명예를 보호하기 위해서도 노력해야 하는데(제16조), 특히 교내 제보자의 신분 보호를 위해서는 "교내 제보자에게 가해질 수 있는 보복 행위에 대한 방지 조치"를 강구하고 "보복 행위가 행해진 경우 그에 상당한 조치를 총장에게 건의한다."는 규정을 담고 있다(제17조). 피조사자에 대해서도 사실에 대한 의견을 제출하거나 해명할 기회를 주도록 하고 있으며(제12조), 피조사자의 행위가 부정행위가 아니라고 판명되었을 경우에는 피조사자의 명예를 회복시키기 위해 노력해야 한다(제13조)는 조항을 포함하고 있다.

2006~2007년의 서울 대학교 연구 진실성 위원회의 활동 중 언론에 보도된 것은 황우석 박사 지도 학생들의 박사 학위 논문 조작 의혹 사건(2006년)과 수의과 대학 이병천 교수의 늑대 복제 조작 의혹 사건(2007년)이다. 이 둘 모두는 황우석 사태에서 결정적인 역할을 했던 포항 공과 대학교 생물학 연구 정보 센터(영문 약자인 브릭(BRIC)으로 잘 알려짐) 웹 사이트에서 그 의혹이 제기되었으며, 의혹이 커지고 여론화되면서 수의과 대학에서 조사를 의뢰했다. 두 경우 모두 예비 조사 위원회에서 조사 보고서를 제출했다. 연구 진실성 위원회는 이 보고서를 바탕으로 전자는 2명의 학생이 연구 부정행위를 저질렀다는 결론을 내렸으며, 후자는 늑대 복제는 사실이나 연구 논문의 작성에서 연구 부적절 행위에 해당될 만한 심각한 실수와 오류가 있었다고 결론지었다. 연구 진실성 위원회는 이를 토대로 학교 당국에 징계와 기타 조치를 건의했다.

연구 진실성 위원회의 조사는 서울 대학교가 연구 윤리를 확고하게 세우려는 뜻을 보여 준 사례로 간주되기도 했지만, 이에 대한 대학 내부와 외부의 비판도 존재했다. 그리고 다음과 같은 운영상의 몇 가지 문제점이 드러나기도 했다. 먼저 실명 제보 원칙의 문제이다. 실명 제보를 원칙으로 삼는 이유는 익명의 음해성 제보를 차단하기 위한 것인데, 생물학 연구 정보 센터와 같이 공개된 사이트에서 의혹의 대상이 된 사안을 실명 제보로 간주하지 않아 조사에 착수하는 기간이 지연되면 문제가 된다. 악의를 가진 피조사자가 자료를 은폐하거나 조작할 시간적 여유를 제공하는 결과를 낳을 수 있고, 이것은 연구 진실성 위원회가 취해야 할 증거 보전의 원칙에 실질적으로 위배됨을 의미한다. 또 대학과 같이 상대적으로 폐쇄된 공간에서 실명 제보는 기대하기 힘들다는 문제 역시 존재한다. 따라서 생물학 연구 정보 센터 같이 공개된 웹 사이트에서 제기된 의혹이나 충분히 개연성이 있는 상세한 익명 제보의 경우에는 연구 진실성 위원회가 일단 접수를 해서 그 타당성을 조사해 보는 방안도 강구될 필요가 있다.[7]

두 번째로 연구 진실성 위원회의 조사 결과와 대학의 징계가 제도적으로 결합되어 있지 못하다는 문제가 있다. 조사와 부정행위의 판단은 연구 진실성 위원회의 몫이고 징계는 대학원 위원회나 징계 위원회의 역할이기 때문이다. 황우석 박사 지도 학생들의 연구 부정행위에 대해서 대학은 9개월 넘게 징계 절차를 마무리 짓지 못했지만, 이는 연구 진실성 위원회가 제 기능을 하지 못하는 것으로 비추어졌다. 늑대 복제의 경우 대학은 이병천 교수에게 6개월 동안의 활동 정지와 논문 작성법에 대한 교육을 명령했지만, 이 역시 충분하지 않다는 지적이 있었다. 연구 부정행위에 대해서 교수직을 박탈하고 학위 논문을 취소하는 외국 대학의 경우와 비교해 볼 때, 황우석 교수의 연구 부정행위 연루자들을 2~3개월 정직에 처한 서울 대학교의 결정부터가 솜방망이 처분이라는 비판도 있었다. 이런 점에 비추어 볼 때, 연구 부정행위나 연구 부적절 행위에 대한 징계 기준을 더 높이고 상세 규정을 제도화할 필요가 있다.

마지막으로, 연구 진실성 위원회가 연구 부정행위에 대한 조사 이외에도 연구 윤리 확립을 위한 교육과 홍보에 더 많은 관심을 기울여야 한다는 점을 지적할 수 있다. 2007년 9월부터 서울 대학교는 대학생들을 위한 핵심 교양 과목으로 "진리 탐구와 학문 윤리"라는 과목을 개설하고 있으며, 역시 같은 시기에 대학원 수업으로 "연구 윤리"라는 과목을 개설해서 현재까지 운영하고 있다. 그렇지만 다수의 대학생이나 대학원생이 수업을 통해서 연구 윤리를 배우기가 어려운 것이 현실이기 때문에, 대학 구성원 모두를 위한 교육 프로그램 개발이 시급하다. 특히 자연 과학 대학, 의과 대학, 약학 대학, 수의과 대학, 공과 대학처럼 대학원생이 직접 연구자로 투입되는 대학에서는, 실험실 안전 교육과 동일한 차원에서 대학원에 입학한 모든 학생들에게 연구 윤리 교육을 이수하게 하는 프로그램을 실시할 수 있다. 이를 위해 단기간의 집중적인 연수나, 온라인을 통한 교육을 생각해 볼 수도 있을 것이다.

4. 21세기 과학 연구에서 사회적 맥락의 변화

미국의 경우에도 연구 윤리에 대한 논의가 시작되고 연구 진실성 관리국이 만들어진 것은 1980~1990년대이다. 이 기간에는 과학 연구를 둘러싼 제반 환경 또한 급속하게 변하기 시작했다. 연구 환경의 변화는 연구 윤리와 과학자의 사회적 책임이라는 문제를 연결시켜서 생각할 수 있는 접점을 제공한다.

영국의 과학자이자 과학 비평가인 존 자이먼(John Ziman)은 1994년에 출간된 『속박된 프로메테우스(*Prometheus Bound: Science in a Dynamic Steady State*)』에서 당시 과학을 둘러싼 환경이 급속하게 변하고 있음을 지적하면서, 이를 다음과 같이 9가지로 정리했다. 즉, 첫째 과학에 경영의 원리가 더 많이 적용되고, 둘째 연구에 대한 더 많은 평가가 이루어지며, 셋째 과학자들의 평생직장이 줄어들고, 넷째 연구에 사용되는 기구가 복잡해지며, 다섯째 순수 과학 연구보다는 응용에 더 많은 중점이 두어지고, 여섯째 학제 간 연구가 더욱 활성화되며, 일곱째 공동 연구가 더 많이 이루어지고, 여덟째 국제화가 가속되며, 아홉째 자원의 특화와 집중 현상이 일어난다는 것이다. 그는 이러한 경향이 가까운 미래에도 계속될 것이라고 전망했다.

1980년대부터 서구 사회를 배경으로 연구 환경의 변화를 분석한 마이클

기번스(Michael Gibbons) 외 몇 명의 학자들은『지식의 새로운 생산(*The New Production of Knowledge*)』(1994년)이라는 책에서 자연 과학 분야의 지식 생산이 겪는 변화를 지식 생산의 제1양식(Mode 1)에서 제2양식(Mode 2)으로의 변화로 규정한다. 이 변화는 동료 평가 이외에도 과학 연구의 가치를 심사하는 다른 방식들이 도입되고, 응용의 맥락에서 수행된 연구가 중요시되며, 분야 간의 융합이 활성화되고, 대학 이외의 다양한 기관에서의 연구가 일반화되고, 사회적 책임이 강조되는 경향으로 나타난다. 연구 수행의 맥락, 학제적

표 3-1. 제1양식에서 제2양식으로의 변화

	제1양식	제2양식
지식 생산의 맥락	해결해야 할 문제는 순수 연구와 연관해서 학술적인 배경에서 발견되고 추구됨. 연구는 실제적인 문제에 별로 관심이 없는 학자 공동체(academic community)에 의해 수행됨	연구는 산업, 정부, 혹은 사회 전체에 유용한 것을 지향하고, 특정한 주제나 문제를 중심으로 이루어짐. 지식 생산은 다양한 이해 당사자와의 협상 속에서 이루어지고, 이들의 이해를 반영함
학제적 기반	학제적 기반 지식은 특정 학제에 준하거나, 그 지식에 대한 사회적 기준에 준해서 발달함. 이론과 응용의 구분이 비교적 분명	지식은 초학제적(transdisciplinary)이며, 다양한 이해 당사자의 숙련, 인식, 사회적 표준을 통합해서 발달함. 이론과 응용 사이에 동적인 흐름이 존재
지식 생산을 담당하는 사회적 조직	지식은 대학에 기반. 다양한 제도적 조직 사이에 협동은 상당히 제한적	연구 팀은 학제(discipline)에 근거해 있음. 지식은 대학, 연구 기관, 정부 기관, 비영리 기관, 산업, 컨설팅 회사 등의 네트워크 속에서 만들어짐. 연구 팀은 다양한 기술과 숙련을 모을 수 있어야 하고 끊임없이 진화해야 함
책임성	연구자는 동료에게 책임을 지고 동료에 의해 평가받음. 과학자는 전문 지식을 무지한 대중에게 전파하는 사람으로 간주됨	사회적 책임성(social accountability)이 지식 생산을 지배함. 연구 과정 자체가 다양한 이해 당사자의 이해를 반영
지식의 질에 대한 통제	연구의 질을 평가하는 중요한 기준은 이 연구가 그 전문 분야에 기여하는가 그렇지 않은가임	지식의 질에 대한 통제 연구가 다양한 기준에 의해 평가됨. 지적 우수성 외에도 비용 효율(cost-effectiveness)이나 경제적, 사회적 함의가 중요

기반, 조직, 책임성, 연구의 질에 대한 통제의 관점에서 제1양식에서 제2양식으로의 변화를 살펴보면 표 6-1과 같다.[8]

21세기 초 과학은 어떤 환경에 처해 있을까? 과학을 둘러싼 환경은 분야, 국가, 지역에 따라 차이가 존재하지만, 적어도 다음과 같은 몇 가지 사항들은 대부분의 과학자들이 피부로 느끼는 변화일 것이다.[9]

- 경쟁의 가속화: "출판하라, 그렇지 않으면 죽을 것이다(publish or perish)."라는 오래된 경구가 지금처럼 잘 들어맞는 시기가 없을 것이다. 과학자들은 더 좋은 연구를, 피인용 지수가 큰 학술지에 더 많은 논문을 내는 것을 놓고 경쟁을 한다. 영향력 있는 학술지에 출판된 독창적인 연구는 신문이나 방송 같은 언론 매체를 통해서 보도되고, 이는 과학자들의 연구비를 결정하는 데 중요한 역할을 하기도 한다. 과학자들이 논문을 내야 하는 압력에 시달리는 상황은 연구 부정행위가 발생할 수 있는 가장 좋은 환경을 제공하고 있다.
- 과학 연구의 상업화: 이제 과학자들은 "출판하라, 그렇지 않으면 죽을 것이다."가 아니라 "특허를 내고 돈을 벌어라(patent and profit)."라는 경구를 따른다는 농담이 있을 정도로 대학 연구는 상업화의 길을 걷고 있다. 교수들의 특허는 연구 실적으로 간주되며, 대학은 특허 담당 부서를 설립하고 대학 재정을 보충하기 위해 특허 수익료를 기대한다. 정부는 정부의 연구비로 나온 특허를 개인이나 대학이 소유할 수 있게 해 줌으로써 연구의 상업화에 불을 붙였다. 그렇지만 상업화는 과학자들에게 내적인 보상에 비해 외적 보상을 지나치게 기대하게 함으로써, 윤리 의식을 경감하는 역할을 하기도 한다.[10]
- 연구의 관료화: 연구비가 과학 연구를 지속하는 데 없어서는 안 될 요소가 되면서 연구비를 배분하고 관장하는 기관들, 과학 기술 정책의 수립과 집행에 관련된 정부 부서들의 영향력이 증대하고 있다. 대규모 연구 과제를 성사시키기 위해서 연구 기관이나 개별 과학자들이 관료나

정부 부서들에게 로비를 하기도 하며, 교육 과학 기술부나 한국 연구 재단과 같은 연구비 집행 기관과 가까운 정책 전문 과학자들의 영향력도 커지고 있다. 문제는 연구비 수주를 목적으로 하다 보면 윤리적 고려가 개입할 여지가 적어진다는 것이다. 특히 연구비의 공정치 못한 배분은 과학자들의 윤리 의식을 희박하게 하고 연구 부정행위를 낳게 하는 환경을 만든다.[11]

■ 연구의 분업화와 국제화: 과학 논문 중에 2인이 공저하는 논문의 비율이 혼자 쓰는 논문의 비율보다 커진 것이 1950년대이다. 지금은 과학 논문 대부분이 4인 이상의 공저로 쓰여진다. 이는 공동 연구가 증가하면서 연구가 훨씬 더 분업화되었음을 의미한다. 공동 연구가 증가한 이유는 독자적인 연구만으로는 독창적인 성과를 내기가 힘들기 때문이다. 연구의 분업은 국내 학자들 사이에서만이 아니라 국제적 수준에서도 일어난다. 이제 다른 나라에 거주하는 연구자들이 한 논문에 공저자로 올라가는 것은 예외가 아니라 전형적 사례에 속한다. 분업화를 통한 일정 정도의 역할 분담은 현대 과학 연구에서 필수적이지만, 분업이 극단적으로 진행되어서 연구자들 사이에 서로가 무엇을 하는지도 잘 모르는 연구의 '쪽방화(compartmentalization)'가 진행된다면, 이 역시 연구 데이터를 조작할 요인을 제공하기도 한다.

■ 연구 결과의 불확실성: 과학의 연구 결과는 그 응용에서만이 아니라 사회에 미치는 영향 면에서도 점점 더 예측하기 힘들어지고 있다. 유전자 변형 식품, 나노 입자, 광우병, 이산화탄소의 증가와 지구 온난화 등을 둘러싼 논쟁은 연구 결과의 해석을 놓고 다양한 입장이 존재함을 보여 주고 있으며, 그 영향을 예측하는 것이 얼마나 어려운 것인가를 실증한다. 이러한 상황에서는 연구 결과의 잠재적 피해를 가장 잘 판단할 수 있는 과학자들이 자신들의 연구를 둘러싼 여러 가지 논점을 공론화하는 것이 중요하다. 과학자들이 연구비를 지속적으로 받기 위해 이러한 공론화를 회피하고 연구만을 계속한다면, 문제를 미연에 방지할 수

있는 기회를 영영 잃어버리는 심각한 결과를 초래할 수도 있다.

- 위험의 증가: 과학 연구의 결과가 불확실해지고 전문가들이 하나의 주제에 대해서 상충된 의견을 내놓으면서, 시민들이 느끼는 위험의 체감 지수가 증가하고 있다. 시민들은 주로 언론을 통해서 줄기세포의 의학적 유용성이나, 유전자 변형 식품 또는 나노 기술이 인체에 미치는 영향 등에 대한 긍정적인 입장을 접하지만, 이러한 새로운 과학 연구가 인체와 환경에 위해를 미칠 가능성이 있다는 점도 인지하고 있다. 문제는 그 가능성을 어느 정도의 확률로 이해해야 하는가에 있는데, 이에 대한 상충된 정보는 불안과 위험을 가중시킨다.

- 대중과 과학의 새로운 관계: 과학 기술의 발전이 가져온 위험의 증가는 대중과 과학의 새로운 관계를 요구한다. 과학자들은 사회적으로 민감한 연구에 대해서 과학자 사회는 물론 시민 사회의 합의를 이끌어 내야 하며, 이를 위해서 시민을 교육의 대상만이 아니라 문제를 함께 해결하는 동반자로 간주해야 한다. 그 과정에서 과학자들은 연구를 일방적으로 홍보만 할 것이 아니라 과학 연구가 불러일으킬 수 있는 긍정적, 부정적 효과를 학습하고 심도 깊은 토론을 펼칠 수 있는 장을 마련해야 한다. 과학 기술 분야에서 참여 민주주의를 실현할 수 있는 이러한 방법으로는 과학 기술의 문제를 놓고 전문가와 시민 패널이 토론을 하며 합의를 도출하는 '합의 회의(consensus conference)'가 가장 보편적으로 사용되고 있다.

지금까지 살펴본 연구 환경의 변화 중에 특히 경쟁의 심화, 상업화, 공동 연구, 관료화는 연구 부정행위를 유도하는 환경적 요인으로 꼽을 수 있으며, 이러한 상황에서 왜 우리가 연구 윤리에 대한 교육을 강화해야 하는지를 보여 준다. 한편 과학 연구의 불확실성 증가, 위험의 증가는 과학자의 사회적 책임과 연구 윤리가 결합될 필요가 있음을 드러낸다. 연구 윤리를 잘 지키는 것은 사회에 책임을 지는 과학자가 되는 첫걸음이지만, 결코 전부는 아니다.

오늘날 과학의 변화는 과학자들로 하여금 자신의 연구에 대해 정직해야 할 뿐만 아니라, 그 연구가 가져올 잠재적인 영향에 대해서도 깊이 숙고하고 시민 사회와 대화할 것을 요구하고 있다. 다음 절에서는 이러한 과학자의 사회적 책임에 대해 조금 더 자세히 살펴볼 것이다.

5. 현대 사회와 과학자의 사회적 책임

서구에서는 1930년대에 과학자의 사회적 책임이 처음으로 심각하게 논의되기 시작했다. 이 시기에는 주어진 사회적 제도의 틀 내에서 공공의 문제, 특히 과학의 사용과 관련된 문제들에 대해 목소리를 높여야 한다는 개혁파 과학자들과 사회주의에 동조하면서 자본주의 사회의 변화를 촉구하던 급진파 과학자들의 두 집단이 있었다. 그렇지만 이 둘은 과학을 가치 중립적인 활동으로 파악하며 그 올바른 사용에 관해 논의했다는 공통점이 있었다. 즉, 이들은 모두 과학은 그 자체로서는 선하지만 어떻게 사용하는가에 따라 선하게도 혹은 악하게도 사용될 수 있다는 입장을 가지고 있었던 것이다. 이러한 기조는 1945년 원자탄 투하 이후 변하게 되었는데, 과학자들은 과학 연구와 연구 결과의 사용이 칼로 두부 자르듯이 분명하게 구분되는 것이 아니라 서로가 서로를 구성하며 밀접하게 얽혀 있음을 알게 되었다. 한편 원자탄은 과학자들이 조직적 행동에 나서게 된 계기로도 작용했는데, 그 후 과학자들은 핵무기 금지 운동에 동참해서 정부와 같이 과학을 통제하는 기관에 대해 비판의 목소리를 냈다.[12]

1960년대에는 과학과 관련된 몇 가지 문제들이 새로운 사회 문제로 부상했다. 1962년 레이철 카슨(Rachel Carson)이 『침묵의 봄(*Silent Spring*)』을 출간한 이후에는 여러 가지 오염과 환경 파괴의 문제, 특히 화학 비료의 사용으로 인한 토양 파괴의 예들이 심각한 사회 문제가 되었다. 또 원자력 발전이 시작되면서 대기 중 방사능 농도에 관한 논의도 심각하게 제기되었으며, 미국과

(구)소련의 경쟁 속에서 집중적으로 추진된 우주 개발이 인류의 복지에는 그다지 큰 도움이 되지 않음에도 굳이 계속되어야 하는가를 두고 논쟁이 벌어지기도 했다. 베트남전에서 사용되는 전쟁 기술에 대한 미국과 유럽 과학자들의 반성적 움직임도 일었으며, 일부 심리학자들이 흑인들은 지능 지수가 낮으며 이는 선천적인 유전이라고 주장한 데 대해서도 많은 과학자들이 반대와 비판의 목소리를 내기도 했다. 1970년대에는 유전 공학의 위험성에 대해서 일부 생물학자들이 유전 공학 연구의 일시적 중단(moratorium)을 제창하기도 했다.

이러한 사회 문제는 20세기 초엽만 하더라도 찾아보기 힘든 것이었다. 이와 같은 문제 제기를 통해서 과학자들의 사회적 책임에 대한 인식이 새롭게 부각되었고, 특히 과학적 성과를 되도록 빨리 응용하는 것이 좋겠다는 생각에서 그 응용이 처음에는 생각하지 못했던 문제를 일으킬 수도 있다는 쪽으로 생각이 전환되는 결과를 낳았다. 즉, 과학자는 자신의 성과의 장기적인 의미에 대해서 심사숙고할 필요가 있다는 생각이 확산되었던 것이다. 과학이 야기하는 문제가 보편적인 사회 문제가 되면서, 과학을 불신하고 폐기해 버려야 한다고 주장하는 반과학주의(anti-scientism)가 나타나기도 했다. 특히 반과학주의는 과학이 지향하는 가치인 객관성과 합리성을 현대 사회에서 발생하는 각종 병폐의 근원으로 간주하고, 이와는 정반대의 가치 체계를 바람직한 것으로 제시했다.

앞 절에서 보았듯이 현대 과학 기술이 일으킬 수 있는 사회적 문제는 점점 더 예측하기 힘들어지고 있다. 그렇지만 아직도 과학자들은 과학의 위험과 오용에 대해 가장 정확하게 비판을 가하며 불확실한 부분과 문제점을 지적할 수 있는 사람들이다. 문제는 소수의 과학자들을 제외하고는 대부분의 과학자들이 사회적 문제에 대한 공론 형성에 적극적으로 참여하지 않는다는 것이다. 그 이유는 대부분의 과학자들이 자신들의 책임과 윤리 의식을 과학 연구에 관련된 것으로 국한하고, 과학적 결과의 사용에 대한 정책은 정치가들에게 달려 있다고 생각하기 때문이다. 이렇게 과학자들이 자신의 연구가 불러일으킬 수 있는 사회적 문제에 대해 보이는 무관심한 듯한 태도는 과학의 정신마저도 의미 없는 것으로 간주하는 반과학주의가 널리 퍼지게 된 원인을 제공했다. 과학자들이 공개된 대화의 장에서 스스로의 작업을 펼쳐 놓고 시민들과 격의 없이 토론하는 것은 과학자로서의 사회적 책임을 수행하는 첫걸음이다.

모든 사람은 자신의 행동에 책임을 져야 하지만, 과학자들의 경우는 이 책임이 더 막중하다. 20세기 가장 위대한 수학자 중 하나로 꼽히는 마이클 아티야(Michael Atiyah)는 1997년 슈뢰딩거 강연에서 과학자가 자신의 연구에 대해서 사회적 책임을 져야 하는 이유를 다음과 같이 6가지로 들고 있다. 첫 번째로 부모가 자신들이 낳은 아이에 대해 도덕적 책임을 지듯이, 과학자들도 자신들이 만들어 낸 과학적 발견에 대해 도덕적 책임이 있다는 것이다. 두 번째로 과학자들은 일반 시민이나 정치가에 비해 전문적인 문제들을 더 잘 이해하는데, 이러한 전문 지식을 지닌 전문가로서의 책임이 있다는 것이다. 세 번째로 과학자들은 기술적 조언을 하고 갑작스러운 사고를 해결하는 데 도움을 줄 능력을 가지고 있으며, 네 번째로는 이들이 현재의 발견들로부터 발생할 수 있는 미래의 위험에 대해 경고할 능력을 가지고 있다는 것이다. 다섯 번째로 과학자들은 국경을 초월한 인류애를 가지고 있기 때문에 인류 전체의 이익을 바라보는 더 넓은 시각을 가질 수 있는 좋은 위치에 있다. 그리고 마지막으로 과학자들이 공공의 논의에 적극 참여하는 것은 반과학주의로부터 과학의 가치를 보호함으로써 과학의 건강성을 유지하는 데 도움이 된다는 것이다.[13)]

과학자들과 과학의 사회적 문제를 심각하게 생각하는 사람들은 과학자의 사회적 책임과 관련된 교육을 어떻게 할 것인가를 고민해 보아야 한다. 지금까지 과학자들은 과학과 관련된 문제가 터지면 각각의 문제에 대응하는 식으로 자신의 책임감을 표출했다. 그렇지만 과학 기술이 급격하게 발전하는 요즈음에는 이러한 대응에 한계가 있으며, 또 여기에는 사회 문제에 적극적으로 관심을 갖는 소수의 과학자들만이 의견을 개진한다는 한계도 있다.

따라서 과학을 전공하는 학생들에게 과학자의 사회적 책임에 대한 교육을 하는 것은, 이에 대해 미리 생각을 해 볼 기회를 제공한다는 의미에서 중요하다. 이를 위해서는 대학만이 아니라 과학자 사회 전체가 이 문제에 대한 사회적 인식을 일깨워야 한다. 특히 과학자들은 자신들의 연구를 지원하는 정책 문제만이 아니라 더 넓은 사회 문제에도 관심이 있다는 것을 보임으로써, 대중과도 더욱 밀접한 관계를 맺을 수 있다. 또한 과학자들은 일반인들에게도 이러한 문제의 중요성을 일깨우는 활동을 해야 한다.[14]

예를 들어, 1990년에 코펜하겐 대학교의 외르스테드(ørsted) 연구소에서 개설된 "과학과 사회" 과목은 이러한 목적을 위한 것이다. 이 과목은 과학 문화에 대한 폭넓은 배경 지식을 소개하기 위해 과학 기술의 역사를 다루는 부분과, 산업 혁명의 사회적 영향, 핵무기와 관련한 문제들, 분자 생물학과 유전 공학, 정보 기술, 생태학의 문제 같이 현대 과학 기술의 사회적 영향을 토론하는 부분으로 구성되어 있다.[15] 국내에서도 과학 기술과 사회에 대한 여러 교양 과목들이 개설되어 있는데, 예비 과학 기술자나 나중에 시민 사회의 일원이 될 대학생들에게 과학 기술이 불러올 수 있는 사회적 문제들을 미리 고민하게 하는 방식으로 과목을 구성하는 것이 중요하다.

6. 시민 사회 속의 과학과 연구 윤리

과학자들 사이의 경쟁이 심화되고 과학이 상업화, 관료화되면서 과학자들이 과학 부정행위를 저지를 유인은 계속해서 증가하고 있다. 이러한 환경에 연구자들이 무방비로 노출되어 있는 한, 데이터의 처리와 논문 작성에 대한 윤리 교육만으로는 과학 부정행위를 방지하고 바람직한 연구 활동을 고무하기 어렵다. 과학자들은 자신을 둘러싼 더 넓은 연구 환경의 변화를 인식해야 하며, 자신의 연구가 가져올 수도 있는 사회적 위험에 대해서 주시하고 이를 공론화하는 등의 윤리적 태도를 취해야 한다. 이러한 태도는 결국은 더 바람직한 연구 환경을 만드는 데 일조할 수 있고, 궁극적으로 연구비, 특허 수수료, 논문 실적과 같은 외적 보상만이 아니라 연구 자체에서 느끼는 즐거움과 만족감 같은 내적 보상을 더 중요하게 만드는 데 기여할 수 있다.

　과학자가 속한 실험실과 과학자 사회는 모두 시민 사회를 구성하는 요소들이며, 시민 사회 가치의 영향을 받는다. 실험실에서 과학 연구를 수행하는 데 필요한 연구 윤리 역시 자신의 과학 활동이 우리의 시민 사회를 어떤 방향으로 변화시키며 또 변화시켜야 하는가에 대한 과학자들의 진지한 윤리적 고찰에 기초할 때에만 튼튼한 뿌리를 갖는다. 두말할 필요 없이 과학 연구는 사회적 활동이므로, 더 넓은 시민 사회의 윤리적 규범과 연관될 때에만 연구 윤리는 온전한 의미를 찾을 수 있을 것이다.

———

4강 지적 재산권과 연구 결과의 공유

:김재영

I. 왓슨 대 벤터, 특허 논쟁의 전말

1980년대 중반부터 시작된 인간 유전체 계획은 유전체의 염기 서열을 모두 밝혀내려는 거대한 국제 프로젝트였다. 그해 발간된 보고서에는 "인간 유전체를 이해하는 것은 인체 해부학에 대한 지식이 현대 의학의 발전에 끼친 영향만큼이나 앞으로의 의학 진보에 필수적"이라는 믿음이 강하게 나타나고 있다. 30억 달러 이상의 거대한 자금을 쏟아부어 미국, 중국, 독일, 프랑스, 영국, 일본 등 여섯 나라의 연합으로 출발한 인간 유전체 계획은 전 세계의 주목을 끄는 대단한 연구 프로젝트였다.

1992년 4월, 미국 국립 보건원 산하의 국립 인간 유전체 연구소(National Center for Human Genome Research, NCHGR)의 소장이던 제임스 왓슨(James D. Watson)은 갑자기 소장직을 사임했고, 이듬해 프랜시스 콜린스(Francis S. Collins)가 그 자리에 대신 취임했다. DNA의 이중 나선 구조를 밝힌 공로로 노벨 생리 의학상을 받은 왓슨에게 인간 유전체 계획은 매우 의미 있는 일이었기에, 왓슨이 1988년에 설립된 국립 인간 유전체 연구소의 소장직을 맡게 된 것은 자연스러웠다. 인간 유전체 계획이 공식적으로 출범한 것이 1990년

10월이니까, 왓슨이 이 엄청난 연구 프로젝트의 책임자 역할을 한 것은 불과 1년 반밖에 되지 않는다. 도대체 무엇 때문에 이 노벨상 수상자는 일생일대의 연구 프로젝트에서 손을 떼게 되었을까? 그 이면에는 특허권이라는 리바이어던이 도사리고 있었다.

1991년 7월, 미국 상원 의원 피트 도메니시(Pete Domenici)를 위한 요약 보고 자리에서 크레이그 벤터(J. Craig Venter)는 놀라운 발언을 했다. 벤터는 국립 보건원과 밀접한 관계에 있던 국립 신경 질환 및 뇌졸중 연구소의 상임 연구원이었는데 한 달 전에 350개의 DNA에 대해 특허를 출원했다고 밝힌 것이었다. 이는 당시 미국 국립 보건원 원장이었던 버나딘 힐리(Bernardine Healy)의 인준을 거친 일이었다.

그 자리에 참석했던 왓슨은 맹공격을 퍼부었다. 불완전한 정보에 대해 특허를 출원하는 것은 대단히 어리석은 일이며, 제대로 알지도 못하는 핵산의 염기 배열이 특허로 묶여 버린다면 더 이상의 연구가 진행되기 힘들다는 것이 왓슨의 생각이었다. 따라서 이에 대해 특허를 신청한다는 것 자체가 있을 수 없는 일이라는 것이었다. 하지만 벤터의 특허 출원은 단순히 그의 개인적인 행동이 아니었다. 결국 왓슨은 힐리와 정면충돌하게 되었고, 9개월 만에 왓슨이 '권고사직'하는 것으로 사태는 마무리가 되었다. 이렇게 해서 왓슨은 평생의 숙원이던 인간 유전체 계획의 책임자 자리에서 물러났던 것이다. 왓슨이 사직하기 두 달 전인 1992년 2월, 벤터는 다시 2,375개의 DNA 조각에 대해 특허를 출원했다.

왓슨이 그렇게 강한 어조로 DNA 염기 서열의 특허화를 반대했던 이유는 무엇일까? 이번 장에서는 지적 재산권과 연구 공유의 문제를 하나씩 살펴보기로 하자.

2. 과학 연구의 목적과 지적 재산권

과학자들은 무엇을 위해 연구를 하는 것일까? 대답하기 난감한 질문이다. 많은 과학자들은 지적인 호기심 때문이라고 답한다. 그러나 단순히 지적 호기심을 충족하려는 행복한 소수의 천재들을 위해 엄청난 규모의 재원을 쏟아부어 연구를 지원한다는 것은 순진한 생각이다. 가령 어떤 사람이 성냥개비로 유명한 건물들을 모형으로 만드는 데 '지적인 호기심'을 갖고 있다고 해서 그 사람에게 월급과 연구비를 주면서 성냥개비로 건물의 모형을 만드는 방법을 전문적으로 연구하게 하고 이를 젊은 세대에게 가르치라고 하지는 않을 것이다. 사회적으로 과학자라는 직업군이 형성되고 그 직업군이 힘을 얻게 된 것은 과학이 사회적으로 유용하기 때문일 것이다. 그러나 그렇다고 해서 과학자들의 연구가 순전히 사회적 효용만을 위해 이루어진다고 말하는 것은 또 다른 편향이다.

과학 연구의 목적을 이해하기란 매우 어렵다. 이것은 역사적, 문화적 맥락과 사회 경제적 요소를 함께 고려해야 하는 문제이며, 동시에 과학 또는 과학 연구 활동이라는 것이 정확히 무엇을 의미하는지도 밝혀야 하기 때문이다. 그렇다면 질문을 바꾸어 볼 수 있다. '과학자들이 무엇을 위해 연구를 하는가?'라고 묻는 대신에 '과학자들은 연구의 결과로 무엇을 만들어 내는가?'라고 묻는 것이다. 이 또한 쉽게 대답할 수 있는 문제가 아닐지 모르나, 상당히 많은 과학자들이 곧바로 '논문'이라고 답할 것이다. 좋은 연구 주제를 찾아서 연구비를 지원해 주는 기관의 심사를 거쳐 연구 계약을 맺고 하루하루 고단한 나날을 보내며 성실하게 연구를 해서 최종적으로 그 결과를 발표하는 방식은 언제나 '논문'이다. 현대 사회에서는 과학과 기술을 따로 떼어 놓고 생각할 수 없을 만큼 둘이 연관되어 있기 때문에 이 둘을 묶어 과학 기술(techno-science)이라고 부르기도 한다. 그만큼 과학적 연구 성과가 현실적 유용성과 직간접적으로 연결되어 있는 것이 현대 과학 기술의 특징이라면, 과학을 기술과 직접 연결시키는 가장 중요한 매개가 바로 연구 성과가 집약된 논문이다. 물론 인문학의 경우처럼 논문보다 저서를 더 중시하는 예가 자연 과학에서도 종종 발견되지만, 원론적으로 연구 성과의 발표는 논문을 통해서이다.

논문은 언제부터 그리고 어떻게 과학 연구의 결과를 발표하는 수단이 되었을까? 흥미롭게도 유럽을 중심으로 근대적 과학이 성립하던 무렵부터 논문은 중요한 역할을 했다. 갈릴레오 갈릴레이(Galileo Galilei)나 요하네스 케플러(Johannes Kepler)와 같은 과학 혁명의 초기 주역들은 대개 저서를 통해 자신의 생각을 발표했지만, 뉴턴처럼 과학 혁명을 종합하던 시기에 있던 사람들은 학술지에 실리는 논문을 통해 연구의 새로운 성과를 발표했다. 최초의 공식적인 학술지들은 1665년에 창간된 《지식인의 잡지(*Journal des scavans*)》와 《왕립 학회의 철학 회보(*Philosophical Transactions of the Royal Society*)》이다. 학술지의 편집과 출판을 책임지는 편집자는 편지 형태로 받은 저자의 글을 잘 정리해서 책으로 내는 역할을 했다. 이렇게 공식적인 학술지에 자신의 연구 성과를 발표하는 것은 결국 어떤 연구의 공로가 그 연구자에게 있는지 여부를 가리거나 특히 새로운 공로를 누구에게 치하할지를 정하는 데 중요한 지표가 되었다.

이와 같은 논문 발표의 관행은 언어 면에서도 쉽게 볼 수 있다. 연구 결과를 논문으로 발표하는 것을 영어로 publish라 한다. 우리말로는 단순히 '논문 출판'이라고 하기도 하지만 더 적절한 것은 '논문 발표'이다. 영어에서 publish는 14세기경부터 사용된 단어로, '공중(公衆)'을 의미하는 라틴어 publicus에서 온 말이다. 이를 동사로 만든 publicare는 '일반에게 널리 알게 하다, 공개적으로 알리다, 만들어 낸 것을 배포하기 위해 공개하다, 공공에 유포하다.'라는 의미이다. 이에 대한 독일어 단어인 Veröffentlichung를 보면 '대중에게 공개하다(to make open).'라는 뜻이 명백하게 드러난다.

이와 같이 역사적으로 연구의 성과를 공중에 알리고 공개하는 것은 자신의 공로를 제대로 인정받기 위한 것이었지만, 현대 과학의 경우는 조금 상황이 다르다. 과학 기술의 연구자는 공로를 인정받는 것 외에 실질적인 혜택에도 관심을 갖는다. 이것은 단순히 연구의 결과를 돈으로 바꾸는 식이 아니다. 공식적으로 연구의 성과를 발표함으로써 학자로서의 명망과 권위가 올라가고, 이를 통해 직장을 구하거나 연구비를 따내는 일에서 더 우위에 서게 된다. 19세기 영국 빅토리아 시대의 해양 생물학자였던 토머스 헉슬리(Thomas H. Huxley)는 자신을 잇속에만 눈이 어두운 과학자(scientist)가 아니라 자연의 진리를 밝히고 인류에 지적인 성취를 안겨 주는 '과학 지식인(man of science)'으로 규정하려 했다. 그러나 20세기에 들어서면서 과학 지식인의 이상은 약화되고 과학자의 새로운 상이 널리 퍼져 나갔다. 최근에는 과학 연구의 성과를 바탕으로 직접 특허를 출원하고 이로부터 금전적인 이득을 얻는 경우가 늘고 있다. 이제는 단순히 연구의 공로를 인정받기 위해서 논문을 발표하는 게 아니라 그를 통해 실질적인 이익을 얻는 것이 중요한 목적이 된 것이다. 지적 재산권의 문제가 개입하는 것은 바로 이 대목에서이다.

3. 지적 재산권의 개념

1) 지적 재산과 지적 재산권

지적 재산권(知的財産權)은 곧 지적 재산(intellectual property)에 대한 권리를 가리킨다. 이 개념을 명확히 해야만 과학 연구와 관련된 지적 재산권의 의미가 분명해진다. 재산(財産, property, propriété, Eigentum)이라고 하는 것은 전통적으로 부동산이든 동산이든 모양이 있고 손으로 만질 수 있는 것에 적용되는 개념이었다. 그러다가 발명, 고안, 의장(意匠), 상표, 창작물과 같이 모양이 없고 손으로 만질 수 없는 것에 대한 소유권을 법적으로 보호받으려 하면서 지적 재산이라는 개념이 나타났다. 재산이라는 개념 자체가 법률·경제·사회·역사·문화의 각 영역에서 제각기 규정되는 복잡한 것이기 때문에, '지적 재산'의 개념을 명료하게 하기는 쉽지 않다. 지적 재산을 "인간의 지적 활동의 성과로 얻어진 정신적 산물로서 재산적 가치가 있는 것"으로 정의하고, 이를 "예술·문학·음악 등처럼 정신문화의 발전에 기여하는 것"과 "발명·고안·디자인 등처럼 물질문화의 발전에 기여하는 것"으로 나누는 연구자도 있다.[1] 이를 더 세분해서 보면 표 4-1[2]과 같다.

최근에는 지적 재산이라는 개념 대신 '지식 재산(knowledge property)'이라는 용어를 쓰는 경우가 많아졌다. 이것은 현 사회를 지식 기반 사회로 규정하고 이를 뒷받침하는 사유 재산인 지식 재산의 개념을 강조하는 것이다. 과거에는 지식을 재산으로 간주하지 않았지만, 이제는 지식 자체가 하나의 재산이 되고 있다는 믿음이 지식 재산이라는 개념에 내재해 있다. 그러나 지식 전체를 모두 재산으로 간주할 수 없다는 면에서 지식 재산이라는 개념은 부적절하거나 과도하다. 지식 재산이라는 용어보다는 지적 재산으로 의미를 축소시켜 생각하는 것이 바람직하다.

여기에서는 지적 재산을 지적 재산권의 관점에서 살펴보고자 한다. 이는 곧 법을 기준으로 그 개념을 이해하겠다는 것이다. 재산이라는 것을 재산권이라는 권리를 통해 법으로 보호받는 대상으로 본다면, 지적 재산권이란 결국 지적 활동의 성과로 얻은 산물을 법으로 보호받겠다는 것을 의미한다. 다시 말해 "특허법이나 저작권법 또는 상표법 등의 성문법에 의해서 부여된 권리에 따라, 지적 재산을 일정 기간 동안 배타적으로 사용·수익·처분할 수 있는 권리"[3]가 바로 지적 재산권이다. 표 4-1에서 보듯이, 지적 재산권은 크게 저작권과 산업 재산권으로 나누어 생각할 수 있다.

지적 재산권은 일반적인 의미의 재산권과는 상당히 다른 특징을 지닌다. 재산권에는 특정인에게 금전의 지급을 청구할 수 있는 채권(債權)과 물건을 점유하여 사용할 수 있는 물권(物權)이 있다. 그런데 어느 한 물건에 대한 소유권을 두 사람 이상이 동시에 갖는 일은 사실상 없는 반면, 지적 재산권은 원칙적으로 무한히 복제될 수 있다. 가령 사무실 안의 컴퓨터라는 물건은 어떤 형태로든 주인이 있게 마련이고, 주인은 다른 사람이 그 물건을 쓸 수 없도록 할 수도 있고 팔아 버릴 수도 있다. 누군가 '그 컴퓨터는 내 것'이라고 주

표 4-1. 지적 재산의 분류

유체 재산 (有體財産)			건물, 가구, 보석 등
무체 재산 (無體財産)	저작권 (저작권법)	저작 재산권	복제권, 공연권, 공중 송신권, 전시권, 배포권, 대여권, 2차적 저작물 작성권
		저작 인격권	공표권, 성명 표시권, 동일성 유지권
		저작 인접권	실연, 방송, 레코드 제작
	산업 재산권 (산업 재산권법)	특허권 (특허법)	실용 신안권, 디자인권, 컴퓨터 프로그램에 대한 권리, 반도체 집적 회로의 배치 설계, 식물 신품종, 직물 도안, 서체 도안, 캐릭터 등
		상표권 등	상표법, 상법, 부정 경쟁 방지법, 대외 무역법, 인터넷 주소 자원 관리법 등
	기타		생명 공학, 전자 상거래 관련 기술, 전통 지식 산업 등

장하면, 서로 소유권을 둘러싸고 소송을 걸 수도 있다. 다른 사람이 몰래 컴퓨터를 가져가면 절도가 된다. 그러나 정당한 절차에 따라 적정한 금액을 지불하고 컴퓨터를 산 사람은 다른 사람에게 그 컴퓨터를 돈을 받고 되팔 수도 있고 선물로 줄 수도 있다. 그런데 그 컴퓨터 안에 있는 문서 편집 프로그램은 컴퓨터와는 다르다. 프로그램은 무한히 복제할 수 있다. 지금 내가 프로그램을 쓰고 있다고 해서 그 프로그램을 복제해 간 내 동료가 프로그램을 쓸 수 없는 것은 아니다. 물론 프로그램 제작자가 특수한 기술을 이용하여 그런 일을 막을 수는 있지만, 원론적으로 말해 지적 재산은 무한히 복제될 수 있다. 또 소유권에서는 물건을 내가 점유하고 있는 이상 그 권리가 유지되는 기간이 따로 없지만 일반적으로 지적 재산권은 특정 기간 동안만 유효한 권리이다.

지적 재산권의 특이성을 이해하기 위해 1970년대 평범한 대학 기숙사의 방 하나를 상상해 보자. 벽에는 오래된 영화 포스터가 커다랗게 걸려 있고, 책상 위에는 낡은 휴대용 카세트 라디오가 있다. 라디오를 들으며 허술하게 녹음한 최신 가요들의 테이프가 정리되지 않은 채 널려 있고, 방 한구석에는 얼마 전에 산 축구공이 놓여 있다. 친구가 찾아와서는 영화 포스터를 보면서 영화의 줄거리를 읊조린다. 카세트 라디오에 테이프 하나를 넣고 좋은 노래라며 최근에 유행하기 시작한 노래를 듣는다. 친구가 가면서 축구공을 일주일만 빌려 달라고 부탁하면서, 그 대신 자신이 녹음한 음악 테이프 하나를 주겠다고 말한다. 아주 평범해 보이는 이 상황이 지적 재산권의 문제로 옮겨 가게 되면 골치가 아파진다. 친구가 음악 테이프를 복사해서 주더라도 원래 자신이 가지고 있던 테이프가 없어지지는 않는다. 반면에 영화 포스터를 친구에게 준다면 나는 그것을 가질 수 없다. 축구공 역시 주거나 빌려줄 수 있는 것일 뿐 복제할 수 없다. 이때 음악 테이프를 잃어버리지 않으면서도 친구에게 음악 테이프를 복사해 줄 수 있다는 점이 문제가 된다. 또 친구에게 자기가 본 영화의 줄거리를 그저 얘기하는 것은 전혀 문제되지 않지만, 그 줄거리를 이용해서 컴퓨터 오락을 만들면 문제가 된다. 왜 그럴까? 21세기 들어 지적 재산의 복제 문제는 점점 더 복잡성을 더해 가며 중요해지고 있다. 기숙사 대신 실험실로 무대를 옮겨 놓고 보면 매우 많은 부분이 지적 재산권 문제와 직접 또는 간접으로 연결된다. 실험 장치, 책상 위의 논문, 컴퓨터 파일로 저장되는 실험 데이터, 새로운 방식의 전자 현미경, 특이 형질을 지닌 생쥐 등이 모두 지적 재산권과 연결되어 있다.

2) 저작권의 개념

과학 기술자에게 가장 익숙한 지적 재산권은 저작권이다. 오랜 시간에 걸쳐 특정 주제에 대해 연구한 결과를 발표하는 공간이 논문이다. 논문을 쓰지 않는다면 오랜 연구의 노고는 인정받지 못한다. 논문이나 책을 쓰는 과정에서 다른 논문이나 책을 보지 않고 자신만의 고유한 글을 쓸 수 있는 사람은 극히 드물기 때문에, 학자에게 큰 관심 중 하나는 다른 문헌들을 어떻게 얻는가 하는 점이다. 이 과정에서 인용과 저작권의 문제가 불거져 나온다. 그런데 이렇게 힘겹게 논문을 완성하고 학술지에 논문이 발표될 무렵 갑자기 당황스러운 경험을 하게 된다. 이제까지의 노력에도 불구하고 완성된 논문에 대한 권리, 즉 저작권을 학술지의 발행을 맡고 있는 기관에 양도해야 하는 절차를 만나기 때문이다. 그 절차를 생략하고 논문에 대한 권리를 유지하려고 한다면, 안타까운 일이지만 논문을 학술지에 발표하는 일이 불가능해진다. 학술지 발행 기관은 왜 학술 논문의 저작권을 양도받으려 하는 것일까? 여기에서 말하는 저작권이라는 것은 정확히 무슨 의미일까?

저작권의 문제가 과학 연구에만 국한되는 것은 당연히 아니다. 처음에 저작권이라는 개념이 정립된 것은 활자 인쇄술의 등장으로 책이 대량 생산되기 시작하면서부터였다. 그러다가 저작권은 그림으로 확장되었다. 사진술이 등장하자 사진도 저작권의 범위에 들어가게 되었고, 영화가 등장하자 이 또한 저작권에 새로 편입되었다. 음반과 방송이 나타나자 저작권에 음반 제작과 방송 행위가 포함되기 시작했다. 녹음기나 레코더로 손쉽게 저작물을 복제할 수 있게 되면서 저작권의 개념도 심각한 위기를 맞았다. 특히 최근에 MP3 기술이나 포토샵 기술 등이 인터넷과 맞물리면서 저작권의 문제는 아주 복잡해졌다.

현행 저작권법에 따르면 저작물, 즉 저작권의 권리 객체는 "문학·학술 또는 예술의 범위에 속하는 창작물"로 정의된다. 저작권법에 열거된 저작물로는 어문 저작물, 음악 저작물, 연극 저작물, 미술 저작물, 건축 저작물, 사진 저작물, 영상 저작물, 도형 저작물, 컴퓨터 프로그램 저작물이 있다. 이중 과학 연구와 관련되는 것은 어문 저작물·사진 저작물·도형 저작물·컴퓨터 프로그램 저작물이다. 어문 저작물이라는 것은 글로 된 저작물을 뜻하며, 논문이나 책의 저술 활동이 이에 해당한다. 그런데 논문이나 책에는 대부분 사진이나 그림이 포함되게 마련이므로 이와 같은 저작물도 과학 연구에 직접 연관된다. 과학 연구의 산물이 직접 컴퓨터 프로그램으로 제작되는 경우는 많지 않지만, 연구 과정에서 다른 사람이 만들어 놓은 컴퓨터 프로그램을 쓰는 문제가 늘 따라다니므로 이 또한 과학 연구와 관련된다 할 수 있다.

지적 재산권의 대상이 되는 저작물은 반드시 '창작물'이어야 한다. 그러나 이때의 '창작성'이 완전한 의미의 독창성을 가리키지는 않는다. 어떤 작품이 남의 것을 그대로 모방하지 않고 작가 자신의 독자적인 사상 또는 감정을 담고 있으면 된다. 다시 말해 저작자 나름의 정신적 노력의 소산이라고 인정할 수 있으면 충분하다는 것이다.

저작권의 개념에는 저작 재산권, 저작 인격권, 저작 인접권의 3가지가 모두 포함된다. 저작 재산권은 복제권, 공연권, 공중 송신권, 전시권, 배포권, 대여권, 2차적 저작물 작성권 등을 말한다. 이와 달리 저작 인격권은 공표권, 성명 표시권, 동일성 유지권을 말한다. 저작 재산권이 금전적 이해관계와 직접 관련되는 권리라면, 저작 인격권은 저작자로서의 추상적 역할, 즉 '저작자임(authorship)'에 더 가까운 권리이다. 저작 인격권 중 공표권은 지적 재산이 되는 저작물을 외부에 공표할 것인가 말 것인가를 결정하는 것이 저작권자에게 있다는 뜻이다. 성명 표시권은 저작물에 자신의 이름을 표시할 것인가 말 것인가를 결정할 수 있다는 것이며, 동일성 유지권은 저작물의 이용 과정에서 제목이나 내용이 바뀌지 않도록 보호받을 수 있다는 것이다.

여기에서 저작자와 저작권자의 개념을 구분할 필요가 있다. 저작자라는 것은 저작물을 창작한 사람을 가리키는 말이다. 그런데 저작자는 자신이 만들어 낸 것에 대한 저작 재산권을 다른 사람에게 양도할 수 있다. 즉, 저작권자와 저작자는 다를 수도 있다는 것이다. 하지만 저작 인격권은 양도할 수 있는 것이 아니기 때문에 반드시 저작자가 가지게 된다.

저작물을 창작한 사람이 언제나 저작권을 갖는 것은 아니다. '직무 저작' 또는 '단체 명의 저작물'이라는 것이 있다. 이것은 법인·단체, 그 밖의 사용자의 기획 하에 위 법인이나 단체 등의 업무에 종사하는 사람이 업무상 작성하는 저작물을 가리킨다. 이렇게 법인이나 단체 등의 명의로 공표된 것은 계약 또는 근무 규칙 등에 별도의 규정이 없다면 법인이나 단체 등이 저작자가 된다. 따라서 창작을 수행한 저작자가 아니라 그 단체가 최초의 저작권 귀속 주체이다. 다만 기명 저작물인 경우는 그렇지 않다. 가령 ○○ 연구소에서 △△ 회사의 요청에 따라 △△ 회사가 만든 마이크로그램 단위 전자저울의 정확도를 결정하는 실험을 수행했을 때, 그 결과 보고서는 실험을 수행한 사람의 이름이 아니라 ○○ 연구소의 이름으로 나가게 된다. 이 보고서에 대한 저작 인격권, 즉 공표권·성명 표시권·동일성 유지권은 모두 법인으로서의 ○○ 연구소가 갖게 되며, 문제에 대한 책임도 ○○ 연구소의 소장이 지게 된다. 그렇다고 문제가 생길 경우에 실험을 수행한 연구원의 책임이 전혀 없다는 것은 아니다. 저작권법상으로는 ○○ 연구소가 모든 책임을 맡게 되지만, 그 연구원은 계약이나 근무 규칙에 따라 감봉이나 해임 같은 불이익을 받을 수 있다. 그런데 계약 과정에서 ○○ 연구소는 △△ 회사에 저작권을 양도해야 하는 경우도 있다.

저작 인접권은 주로 음반 제작이나 방송과 관련된 규정이다. 저작 인접권을 가진 사람은 저작물을 방송하거나 음반으로 제작하여 배포할 수 있는 권리를 갖는다. 이는 저작권자가 일정한 계약 과정을 통해 부여하는 것이다.

3) 실험 데이터

과학 연구와 관련된 지적 재산권의 출발은 언제나 데이터이다. 실험 데이터가 아니라 하더라도 결국 지적 재산권은 어떤 종류의 데이터에 주어진다. 실험 데이터의 문제가 가장 잘 드러나는 사건 중 하나가 잘 알려진 볼티모어 사건이다. 1975년 노벨 생리·의학상 수상자인 면역학자 데이비드 볼티모어(David Baltimore)는 1990년대 초에 메사추세츠 공과 대학교(Massachusetts Institute of Technology, MIT) 화이트헤드 연구소 소장으로 있었다. 이 무렵 마고트 오툴(Margot O'Toole)이 테레자 이마니시카리(Thereza Imanishi-Kari) 교수의 연구원으로 오게 되었다. 1986년 오툴은 이마니시카리가 《셀(Cell)》에 발표한 논문에 서술된 실험을 하다가 논문의 결과를 재생하는 데 실패하자, 이마니시카리에게 관련된 실험 데이터를 보여 달라고 요청했다. 이 논문의 저자에는 볼티모어도 포함되어 있었다. 그러나 이마니시카리는 데이터의 기록이 남아 있지 않다고 응답했다. 오툴은 이를 연구 부정행위로 간주하여 연구 진실성 위원회에 제소했다. 이후의 상황은 매우 복잡하게 전개되었지만,

여기에서 관심을 두는 것은 데이터의 기록과 데이터의 소유 문제이다. 오툴이 이마니시카리에게 데이터 기록을 보여 달라고 요청한 것은 정당한 일이었는가? 실험 데이터의 기록은 실험자가 개인적으로 남기는 것일 뿐인데 이를 공개하라고 요청한 것은 월권이 아니었을까?

과학 연구의 결과가 지적 재산권과 가장 크게 연관되는 것은 논문의 저작권이겠지만, 사실상 연구의 초기 단계부터 실험 데이터도 지적 재산권과 무관하지 않다. 과학 연구를 통해 얻은 데이터는 누구의 것인가? 이 질문에 대답하기 위해서는 지적 재산권의 개념 속에서 아이디어와 표현(idea vs. representation)이 명백히 분리되어 있음을 상기해야 한다. 단순히 새로운 아이디어가 있다고 해서 이를 저작권이나 특허권으로 연결시킬 수 있는 것은 아니다. 완결된 형태로 표현된 것만이 저작권이나 특허권 같은 지적 재산권의 요건을 충족시킬 수 있다. 그렇다면 실험 데이터 자체는 아이디어의 완결된 표현이 아니기 때문에 지적 재산에 속하지 않는 것으로 생각할 수 있다.

데이터 소유 문제에서는 데이터를 얻은 사람이 누구인가가 가장 중요한 판단 기준이다. 고용 조건 중에 데이터의 귀속이 미리 결정되어 있는 경우도 있다. 연구원을 고용한 기관이 그 연구원이 생성한 데이터를 소유한다고 계약서에 규정되어 있다면, 연구원은 데이터의 소유권을 주장할 수 없다. 그러나 법인이나 기관이 데이터에 대한 지적 재산권을 가질 수 없기 때문에, 실제적으로는 연구 책임자가 데이터의 법적 관리를 맡는 경우가 많다. 공공성이 있는 재단에서 연구비를 받은 경우에도 원칙적으로는 연구비를 지원받은 기관이 데이터의 소유자가 되며 실질적인 관리는 그 프로젝트의 연구 책임자가 맡는다.

4) 특허권

특허권은 특허를 받은 발명을 독점적으로 이용할 수 있는 권리를 가리킨다. 다시 말해 그 발명에 대해 다른 사람의 이용을 배제할 수 있는 권리이다.

이를 통해 특허권자는 자신의 발명을 사용하여 수익을 올릴 수도 있고 다른 사람에게 양도할 수도 있다. 저작권과 달리 특허권은 법의 테두리 안에서라면 소유자가 마음대로 사용·처분할 수 있고, 이를 통해 수익을 얻을 수도 있다. 그런 점에서 분명한 재산권의 일종이다. 특허권을 갖게 되면 본인이 직접 상업화하여 제품을 개발할 수도 있고 다른 사람에게 금전적 대가를 받고 이를 위임하여 이용하게 할 수도 있다.

특허권에서 가장 중요한 것은 일정한 기간 이내에는 정당한 사유가 없는 한 다른 사람이 그 특허 발명을 이용할 수 없다는 점이다. 특허 기간 안에 특허권이 있는 발명을 마음대로 이용한다면 특허권을 침해하는 행위로 간주된다. 현실적으로는 특허권이 침해된 경우 침해의 중지를 요청하는 동시에 손해 배상을 청구할 수 있다.

산업 재산권에는 특허권 외에 실용신안, 디자인, 컴퓨터 프로그램, 반도체 집적 회로의 배치 설계, 식물 신품종, 직물 도안, 서체 도안, 캐릭터 등에 대한 권리가 포함된다. 저작권이나 산업 재산권의 부류에는 들지 않지만, 상표법, 상법, 부정 경쟁 방지법, 대외 무역법, 인터넷 주소 자원 관리법 등도 지적 재산권과 관련되는 법안이다.

특허를 얻기 위해서는 적법한 절차를 따라 특허를 출원해야 한다. 특허 출원에서 특허 등록까지의 과정을 도식으로 나타내면 그림 4-1과 같다.[4)]

5) 생명 공학과 특허권

특허권이 보다 심각하게 문제가 되는 영역 중 하나가 생명 공학이다. 생명 공학(biotechnology)은 '현존하는 생물 및 완전히 새로운 형태의 잠재 세대를 의도적으로 변화시키기 위한 광범위한 기술'로 정의된다. '유전 공학(genetic engineering)'이라는 말이 처음 사용된 것은 1941년이며, 이는 효모로부터 효소가 처음 발견된 지 110여 년만의 일이다. 그로부터 30여 년이 지난 1973년에는 처음으로 유전자 재조합 실험이 성공했다. 하지만 생명 공학 연구에 특

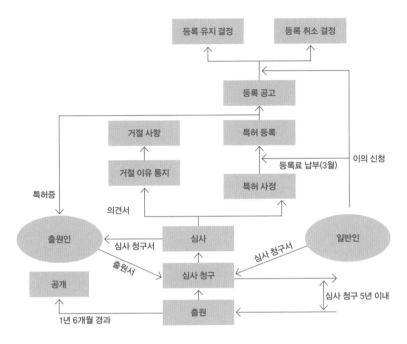

그림 4-1. 특허 출원에서 특허 등록까지(출처: 서강 대학교 연구처)

허가 주어진 것은 1873년부터였다. 루이 파스퇴르(Louis Pasteur)가 효모를 분리하는 법에 특허를 출원했고 프랑스 특허청이 이를 승인했던 것이다.

실험실에서 과학자의 학구적 관심을 충족시키는 데 그쳤던 생명 공학이 현실적으로 심각한 영향을 끼치기 시작한 것은 1980년 미국의 다이아먼드-차크라바티 재판[5] 이후이다. 미국 제네럴 일렉트릭(General Electric)의 유전 공학자 아난다 차크라바티(Ananda Mohan Chakrabarty)는 원유를 분해하는 특이한 박테리아를 개발하는 데 성공하자, 이를 석유 누출 문제에 응용할 수 있을 것이라 믿었다. 그래서 이 박테리아에 대한 특허권을 출원했는데, 특허 심사관은 생명체에 특허를 부여할 수는 없다면서 이를 승인하지 않았다. 차크라바티는 그가 만들어 낸 박테리아가 자연적인 박테리아에서는 볼 수 없는 특성을 가지고 있으므로 특허로 보호를 받아야 한다고 주장했다. 특허 심사 항고심은 차크라바티 편을 들어주었다. "미생물체가 살아 있다는 사실은 특허법의 목적에 대하여 법적 중요성을 갖지 않는다."는 것이 이유였다. 그러나 특허 무역국장 시드니 다이아먼드(Sidney A. Diamond)는 이에 불복하고 미국 연방 최고 법원에 다시 항소했다. 결국 최종적인 판결은 차크라바티의 특허를 인정하는 쪽으로 내려졌다. "살아 있는 인공 미생물은 특허 출원을 할 수 있는 대상"이며 원고가 제출한 미생물은 "제조물 또는 물질적 구성"을 이룬다는 것이었다. 1952년에 개정된 미국 특허법 제101조는 발명의 특허에 대해 "신규로 유용한 방법, 기계, 제품, 조성물을 발명하거나 또는 그들로부터 신규로 유용한 개량물을 발명 또는 발견한 자는 본 법에서 정하는 조건 및 요건에 따라 그에 대해 특허를 부여받을 수 있다."라고 규정하고 있는데, 차크라바티의 박테리아가 그러한 요건을 충족시킨다는 것이 판결의 내용이었다. 이 재판은 특허와 관련한 미국 역사에서 특히 중요한 의미를 지닌다. 판결문에 "태양 아래 있는 어떤 것이라도 인간이 만든 것이면 특허의 대상이 된다."는 구절이 있었고, 이것이 이후의 재판들에서 중요한 판례로 작용했기 때문이다.

다이아먼드-차크라바티 재판을 계기로 유전 공학의 현실적 응용이 활발해지기 시작했다. 제넨테크(Genentech), 바이오젠(Biogen), 뉴잉글랜드 바이오랩스(New England BioLabs), 시터스(Cetus), 제넥스(Genex) 등과 같이 의학 및 생태학적으로 사용되는 유전 공학 물질을 대량 생산하는 회사들이 설립되었다. 이들은 인터페론과 같은 항바이러스 물질이나 인슐린, 성장 호르몬 등을 유전 공학적 방법으로 생산한다. 유전 공학의 응용에는 앞에서 언급한 유전자 재조합 실험을 통한 유전자 변형뿐 아니라 인공 수정, 시험관 내 수정, 정자 은행, 클로닝(Cloning) 등의 생물 의학 기술이 포함된다.

미국은 1980년 미생물 특허를 인정한 이후 꾸준하게 생명 공학에 대한 특허를 발전시켜 왔으며, 최근에는 동식물을 포함한 생명 공학의 전반에 대해 특허성을 인정하기에 이르렀다.[6] 1952년에 개정된 미국 특허법은 신규성(novelty), 유용성(utility), 비자명성(非自明性, nonobviousness)이라는 3가지 기본 원칙에 기초를 두고 있다. 즉, 이전에 어떤 형태로든 존재한 적이 없는 새로운 것이어야 하며, 사회적으로 유용해야 하고, 기존의 지식들로부터 손쉽게 얻을 수 없는 발명이어야 하는 것이다.

1987년 워싱턴 대학교의 스타디시 알렌(Stadish K. Allen)은 유전 공학적인 방법을 써서 염색체 수를 늘린 굴을 만들어 냈다. 굴은 대개 겨울철에만 먹을 수 있지만, 알렌이 개발한 인공 굴은 1년 내내 먹을 수 있는 것이었다. 알렌은 이와 같이 염색체 수를 늘리는 방법과 이 방법으로 만든 굴 자체를 특허로 출원했다. 하지만 특허 심사관은 특허법 제101조를 근거로 동물에 특허를 줄 수 없다고 거절했다. 알렌은 재심을 청구했는데, 재심에서는 알렌의 방법이 비자명성의 요건을 충족시키지 않기 때문에 특허를 줄 수 없다는 결론이 내려졌다. 그러나 이 재판을 통해 동물도 특허 보호의 대상이 된다는 점이 명확해졌다.

알렌의 특허 출원 이후 미국 특허청(United States Patent and Trademark Office, USPTO)은 자연계에 존재하지 않는 인간 이외의 모든 다세포 생물에 특허를 줄 수 있다는 규칙을 만들었다. 동물에 특허를 부여하면 안 된다고 주장하는 사람들이 특허 유전자 변형 동물에 대한 특허를 무효로 하는 법안을 제출하기도 했지만, 결국 통과되지 않았다. 그리하여 1988년에는 소위 '하버드 마우스(Harvard mouse)'에 대한 최초의 동물 특허가 부여되었다. 이는 암 유전자를 집어넣은 수정란을 다시 암쥐의 자궁에 이식하여 출산시킨 쥐를 말하는데, 이렇게 하면 보통 쥐들보다 암에 걸릴 확률이 높아진다. 하버드 마우스는 암 연구에 대단히 중요한 역할을 했으며, 종양 유전자(oncogene)를 이식하여 인산화 핵단백질 Myc를 유발하는 쥐라는 의미에서 온코마우스(oncomouse) 또는 Myc-마우스(Myc-Mouse)라고 불리기도 한다. 하버드 마우스의 특허는 국제적으로도 큰 영향을 주었다. 전립선 비대증을 앓게 만든 쥐, 면역 결핍증 연구를 위해 T 림파구 발생이 억제되는 쥐, 인터페론β를 만들어 내는 쥐 등 비슷한 성격의 동물들이 계속 특허를 획득하게 되었던 것이다.

식물은 훨씬 오래전부터 특허의 대상이었다. 미국에서 1930년에 제정된

식물 특허법은 인위적으로 육종한 식물 신품종은 자연물이 아니기 때문에 특허 보호의 대상이 된다고 규정하고 있다. 즉, 무성 생식이 가능한 식물 변종은 그 균일성과 안정성이 인정되므로 특허로 보호받을 수 있으며, 일반 특허보다 명세서의 기재 요건이나 신규성 판단 요건을 완화한다는 것이었다. 그러나 미국에서 식물 신품종의 보호 대상은 식물 그 자체이며 꽃이나 과일, 종자는 원칙적으로 해당되지 않는다.

한편 유럽에서는 1963년 각 나라에서 적용되는 특허법의 실체 규정을 통일할 목적으로 스트라스부르 특허 조약(Strasbourg Convention)이 체결되었다. 이에 따르면 체약국은 동식물 품종 및 동식물을 생산하기 위한 기본적인 생물학적 방법에 대해서는 특허를 줄 수 없다. 이 규정은 1973년의 유럽 특허 조약(European Patent Convention, EPC)으로 이어졌다.

일본의 경우에는 공서 양속을 해칠 우려가 있는 것에는 특허를 허용하지 않는다는 규정이 있다(일본 특허법 제32조). 따라서 동물이나 식물도 특허 요건을 만족하면 특허를 부여할 수 있다. 일본에서 처음 특허를 받은 것은 1974년 누에 유충을 만드는 방법이었다. 1988년에는 균에 오염되지 않게 수정란을 채취한 돼지에 특허가 주어졌다. 이것은 동물의 육종 방법이 아니라 동물 자체에 주어진 최초의 특허였다. 1993년에는 처음으로 하버드 마우스와 같은 유전자 변형 동물의 특허 출원이 있었고, 그 뒤 '동물 자체의 발명 및 동물의 작출 방법의 발명'이 특허 대상이 될 수 있음이 명기되었다.

세계 무역 기구(World Trade Organization, WTO)의 무역 관련 지적 재산권에 관한 협정(Trade Related Intellectual Properties, TRIPs)은 제27조 제2항에 공서 양속에 반하고 공중위생을 해할 우려가 있거나 환경 파괴의 우려가 있는 발명에 대해서 특허를 허용하지 않도록 하고 있다. 이에 맞추어 우리나라의 특허법 제32조에서도 공서 양속에 반하거나 공중위생을 해할 염려가 있는 발명에 대해서는 특허를 허용하지 않는다고 규정하고 있다.

4. 지적 재산권과 베른 협약

국제적인 지적 재산권 규정 중 가장 중요한 것이 1886년에 시작된 '문학 및 미술 저작물의 보호에 관한 베른 협약'이다. 베른 협약(Berne Convention) 은 몇 가지 중요한 특징을 지니고 있는데, 이는 이후의 많은 지적 재산 권 관련 국제 규정에서 원칙으로 채택되었다. 첫째, 무방식주의(automatic protection, nonformality)의 원칙이다. 저작권은 저작물이 완성되면 자동적인 보호를 받으며 등록이나 납본 등의 아무런 절차도 필요로 하지 않는다는 것 이다. 앤 여왕 법(Queen Ann's law)만 해도 미리 지정된 기관에 저작물을 등 록하고 사본을 제출해야만 비로소 저작권을 얻게 했지만, 베른 협약 이후 이러한 관행은 인정되지 않게 되었다. 흔히 저작권 협회에 저작권을 등록하 고 저작물에 직접 "ⓒ 저작권자 저작권의 등록 연도(예를 들어 ⓒ Cambridge University Press 2007)"를 표시해야만 저작권이 생기는 것으로 잘못 알고 있는 경우가 많은데 무방식주의 원칙에 따르면 저작물이 만들어져 발표되는 순 간부터 이미 저작권은 발생한다. 둘째, 내국인 대우(national treatment)의 원칙 은 어느 체약국 국민의 저작물 또는 어느 체약국에서 최초로 발행된 저작물 은 모든 체약국에서 그 국가의 국민이 받는 보호와 동일한 보호를 받는다는 것이다. 셋째, 소급주의 원칙은 체약국 저작물에 대한 저작권을 소급하여 인 정한다는 것이다. 다만 외국 저작물의 번역과 복제에 대해서는 개발 도상국 의 특혜를 인정한다. 넷째, 베른 협약은 최소한의 보호 기준을 제시하고 있는 데, 저작권의 보호 기간을 최소한 저작자의 사후 50년 이상으로 해야 한다 는 것이 그 내용이다. 가령, 1975년에 출판된 A 나라 어떤 작가의 책을 별도 의 저작권 계약 없이 출판해서 판매하고 있던 B라는 나라가 2001년에 새로 베른 협약에 가입했다고 하자. 그 책의 저자가 1981년에 사망했다면, 베른 협 약에 따라 2031년까지 저자의 저작권이 살아 있으며, B 나라도 이를 존중해 야 한다. 또한 B 나라에서 2001년 이전에 출판된 저작물에 대해서도 저작권 법이 적용된다. 물론 이것은 상호적이기 때문에 그전까지는 B 나라에서 출판된 저작물이 다른 나라에서 저작권법으로 보호되지 않았더라도, 베른 협약에 가입하는 순간부터 다른 나라에서도 B 나라의 저작권법이 적용된다.

5. 지적 재산권의 문제점

1) 제약 특허의 문제

노바티스(Novartis)는 첨단 생명 공학을 바탕으로 약품을 생산하는 제약 회사로 몇 년 전 글리벡(Gleevec)이라는 이름과 함께 우리나라에 알려지기 시작했다. 골수암(만성 골수성 백혈병) 치료에 특효가 있는 글리벡은 생명 공학의 위대한 승리로서 널리 인정받았지만 실제로 골수암에 걸려 하루하루 죽음과 맞서 싸워야 하는 환자들에게는 눈앞의 떡이었다. 글리벡 캡슐 100밀리그램의 값은 2만 3000원 남짓, 하루 복용량을 캡슐 4개로 했을 때 약값은 한 달에 276만 원 정도가 든다. 1년이면 약값만 3000만 원 가깝게 드는 셈이다. 하지만 우리나라에서 골수암으로 의료 보험 혜택을 받는 사람은 30퍼센트가 채 되지 않는다.

글리벡의 약값은 왜 그리도 비싼 것일까? 노바티스는 글리벡을 연구·개발하는 데 10여 년 동안 1조 원 이상으로 엄청난 비용이 들었다고 했다. 따라서 그 비용을 보상하기 위해서라도 약값을 비싸게 받을 수밖에 없다는 것이다. 그러나 이 논리는 어렵지 않게 반박할 수 있다. 우선 노바티스는 글리벡을 시판하면서 2년이 채 못 되어 1억 5000만 달러 이상의 매상을 올렸다. 10년 동안의 연구 개발 비용을 모두 보상받은 셈이다.

또한 '제네릭(Generic)'의 문제가 있다. 에이즈 치료제의 사례가 이 문제를 분명하게 보여 준다. 에이즈 치료를 위한 약으로는 스타부딘(Stavudine), 라미부딘(Lamivudine), 네비라핀(Nevirapine) 등이 있는데, 2000년 무렵 에이즈 환자 한 사람이 부담해야 했던 비용은 1년 동안 1만 439달러, 즉 1200만 원 정도였다. 그런데 브라질에서 이 3가지 약을 적정한 비율로 배합하여 캡슐 하나에 담아 4분의 1 정도의 값으로 팔기 시작했다. 이렇게 성분을 분석하여 원래 약과 똑같이 만든 약을 '제네릭'이라고 한다. 브라질에서 제네릭을 만들어 시판할 수 있었던 까닭은 브라질에 의약품 특허 제도가 없었기 때문이었다. 이듬해 인도에서 또 다른 제네릭 제품이 나오면서 약값은 연간 168달러(약 20만 원)까지 떨어졌다. 원래 1만 달러 이상의 가격으로 치료제를 팔던 글락소스미스클라인(GlaxoSmithKline) 같은 오리지널 회사들도 약값을 연간 562달러까지 낮추었다. 결국 이 회사들은 애초에 자신들이 약값을 턱없이 비싸게 받았다는 사실을 자인한 셈이 되었다.

노바티스의 글리벡도 비슷했다. 2003년 인도의 낫코(Natco)는 글리벡의 제네릭인 비낫(Veenat)을 시판하기 시작했다. 가격은 글리벡의 7분의 1 수준이었다. 당시 한국 정부와 대한 의사 협회의 입장은 비낫의 약효를 보장할 수 없으므로 계속해서 글리벡을 처방해야 한다는 것이었다. 인도는 미국의 외교적 압력을 이기지 못하고 결국 노바티스에 '독점 판매권(exclusive marketing rights, EMR)'을 주었고, 노바티스는 처음 1년 동안은 골수암 환자들에게 약을 무료로 공급하기로 했다. 한국에서도 2006년부터 노바티스가 운영하는 '글리벡 환자 지원 프로그램'에 등록된 환자는 무료로 글리벡을 처방받을 수 있게 되었다. 물론 20년 동안 독점할 수 있는 특허권을 지닌 노바티스가 몇 년 동안이나 이 프로그램을 운영할지는 미지수이다.

캐나다나 남아프리카 공화국 같은 나라에서는 의약품에 대한 특허권을 인정하지 않는다. 그 이유는 무엇일까? 사람의 생명이나 질병의 치료와 관련된 데에서는 자본주의적 이윤 동기보다 생명에 대한 존엄성을 더 우선으로 하겠다는 것이 이 나라들의 정책이다. 생명의 소중함을 담보로 한 특허권이란 얼마나 비정한 일인가. 당장 눈앞에서 죽어 가는 사람에게 '이 약을 먹으면 살 수 있으니 나에게 돈을 바쳐라.' 하는 논리가 통하는 사회는 분명 건강하지 못한 사회일 것이다.

2) 비즈니스 방법 특허의 문제

1999년 삼성 전자는 '인터넷상의 원격 교육 방법 및 그 장치에 관한 특허 (제191329호)'를 취득했다. 흔히 이러닝(e-learning)이라고도 하는 이 원격 교육 은 인터넷이 발달한 우리나라에서 점점 더 중요한 교육 방법이 되어 가고 있 다. 특히 교육 기관이 높은 밀도로 서울에 몰려 있기 때문에 인터넷을 통한 원격 교육은 시간과 공간을 초월하여 더 많은 교육의 기회를 줄 수 있는 좋 은 방편이 된다. 아직 학교에 다니지 않는 아이들에게 글자나 숫자를 가르치 거나 초중등 학생들의 과외 수업에도 이와 같은 교육 방법은 유용하다. 그러 나 이것을 사업의 관점에서 생각한다면 이렇게 큰 돈벌이도 없다. 학구열이 왜곡되어 초중등 교육이 모두 대학 입시를 위해 집중되어 있는 우리나라 상 황에서 이와 같은 교육 방법이 특허를 얻는다면 대동강 물을 팔아먹은 봉이 김 선달이 따로 없을 것이다. 대학이나 일반 직장인들에게도 토익과 같은 영 어 학습이 중요한 관심사이기 때문에 이 또한 크나큰 비즈니스가 될 터였다.

삼성 전자는 재빨리 관련 특허를 출원했는데, 단말 장치와 서버를 포함한 원격 교육 장치뿐 아니라 입력 데이터·학습 데이터·시험 데이터까지 포괄 하는 것이었다. 사용자가 웹에 접속하여 원하는 내용을 요구하면 그 내용이 화면에 나타나고, 검색한 내용을 사용자의 컴퓨터에 저장할 수도 있으며, 그 내용을 공부하여 시험을 치른 뒤 데이터를 다시 서버로 보내면 평가자가 서 버에 접속하여 평가한다는 것이다.

물론 그와 같은 장치를 개발하는 일이 쉬운 일은 아니겠지만, 만일 삼성 전자가 특허를 얻고 수없이 많은 원격 교육에 일일이 특허권을 발동하여 수 수료를 받는다면, 원격 교육의 기본 비용이 그만큼 늘어날 것이다. 그러나 그 와 같은 합리적 사고만으로 삼성 전자가 취득한 특허를 이겨 낼 수는 없다. 진보 네트워크 참세상은 여기에 법적으로 대응했다. 삼성 전자가 취득한 특 허가 자연법칙을 이용하지 않은 발명이기 때문에 무효라는 것이다. 그러나 특허 심판관은 진보 네트워크 참세상이 청구한 특허 무효 심판을 인정할 수 없다고 심결했다. 왜냐하면 원격 교육 장치를 실행하는 구체적 수단이 한정되어 있고 또 이러한 수단에 의한 물리적 변화가 이루어지고 있어서 산업상 이용 가능성이 있음과 동시에 자연법칙을 이용한 발명에 해당한다고 볼 수 있기 때문이라는 것이다.

이에 2001년 2월 진보 네트워크 참세상은 특허 법원에 그 심결의 취소를 청구하는 소송을 제기했다. 특허 법원은 결국 원고의 청구를 받아들였다. 삼성 전자의 특허 발명은 "자연법칙을 이용한 기술적 사상에는 해당하지만 출원 전의 공지 기술로부터 극히 용이하게 발명할 수 있는 것이므로 특허법에 위반하여 무효"라는 것이다. 인터넷이 있고 단말 장치에서 작동하는 교육 프로그램이 있다면, 누구나 손쉽게 인터넷상의 원격 교육을 생각할 수 있다는 것이다. 특허법은 "특허 출원 전에 그 발명이 속하는 기술 분야에서 통상의 지식을 가진 자가 …… 용이하게 발명할 수 있는 것일 때에는 그 발명에 대하여는 특허를 받을 수 없다."라고 규정하고 있다.

비즈니스 방법(business method, BM) 특허라는 것은 "사업 아이디어에 정보 시스템을 결합한 형태로서, 그 실시를 위하여 영업 방법에 대한 아이디어를 소프트웨어 또는 하드웨어에 의해 실현된 논리 단계를 필요로 하는 발명"이라고 정의한다. 이것은 컴퓨터 기술과 정보 통신 기술을 이용하여 데이터를 특정 과정을 거쳐 처리함으로써 어떤 사업 방식을 온라인상에 구현하는 방법을 말한다. 여기에는 비즈니스 모델과 프로세스 모델, 데이터 모델이 모두 결합되어 있어야 한다. 비즈니스 모델, 즉 현물 시장의 거래 방법만 제시한다면 자연법칙을 이용하지 않은 추상적인 아이디어에 불과하므로 특허의 대상이 되지 않는다. 프로세스 모델은 시계열적인 데이터 처리 과정으로 업무의 데이터 흐름을 제시하는 것이다. 만일 프로세스 모델만 있다면 완성되지 않은 발명이라 할 수 있다. 데이터 모델은 업무를 다루는 데이터 집합 및 속성 정보를 말하는데, 데이터 모델만 있다면 정보를 단순히 제시하는 것에 지나지 않기 때문에 특허 등록을 할 수 없다.[7]

6. 연구 결과의 공유와 오픈 액세스

　　자연이 만든 것 가운데 배타적 재산권과 가장 가깝지 않은 것이 바로 아이
디어라고 불리는 사고력의 작용이다. 개인이 혼자 간직하는 한 그것은 그
의 배타적 소유이지만, 밖으로 내뱉는 순간 모든 사람의 소유가 되고 누구
도 거기에서 벗어날 수 없다. 아이디어의 또 다른 특징은 모두가 전부를 가
지고 있기에 아무도 남들보다 적게 가질 수 없다는 점이다. 누가 나의 아이
디어를 전달받았다고 해서 내 것이 줄어들지는 않는다. 누가 내 등잔의 심
지에서 불을 붙여 갔다고 하더라도 내 등잔불은 여전히 빛나고 있는 것이
다. 도덕적으로 서로를 교육하며 사람들의 형편을 개선할 수 있도록 아이
디어가 자유롭게 확산되어야 한다는 것, 이는 자연이 준 특유하며 자비로
운 선물이다. 구석구석을 비추며 사방으로 뻗어 나가는 빛처럼, 그리고 우
리가 그 속에서 숨 쉬고 움직이는 공기처럼 자연은 아이디어에 배타적 소
유나 제한을 두지 않았다. 본질적으로 발명은 재산권의 대상이 될 수 없다.

　　　　　　　　　　　　　　　　　　　　　　　　　　　— 토머스 제퍼슨[8]

　　오픈 액세스(open access, 열린 접근)는 연구를 통해 얻은 결과를 인터넷을
통해 누구나 읽을 수 있도록 하는 것이다. 과학 연구의 결과가 원칙적으로
논문을 통해 발표되는 만큼, 오픈 액세스의 핵심은 연구 논문을 디지털화하
고 이를 인터넷으로 업로드하거나 다운로드받는 것이다. 가장 바람직한 열
린 접근은 학술지 자체를 온라인화하는 것이다. 이를 흔히 '오픈 액세스 출
판'이라고 부른다. 그러나 이와 관련된 법적, 제도적 문제가 상당히 복잡하기
때문에, 그에 앞선 일차적인 단계로서 출판될 (또는 출판된) 논문을 저자 스스
로 특정한 웹 사이트에 등록하는 과정이 중요하다.

　　과학 지식의 오픈 액세스는 '자유 소프트웨어 운동'의 영향을 많이 받았
다. 1980년대 이전까지는 컴퓨터의 소프트웨어가 자유롭게 복제하고 수정
할 수 있는 만인의 것으로 여겨졌지만, 컴퓨터가 사회 속에 깊이 뿌리를 내리

고 특히 애플(Apple)에 이어 IBM이 개인용 컴퓨터를 개발하여 일반인에게 보급하기 시작하면서 소프트웨어도 사적인 소유로 간주되기 시작했다. 여기에 반대하는 사람들은 자유 소프트웨어 운동을 전개했는데, 리처드 스톨만(Richard Stallman)이 대표적이다. 그는 자유 소프트웨어 재단(Free Software Foundation)을 설립하여 컴퓨터 프로그램의 오픈 소스 운동을 주도해 오고 있다. 자유 소프트웨어는 누구나 이용·복제·배포가 자유로운 소프트웨어를 가리킨다. '공짜'가 아니라 '자유'를 지향하며, 소스를 공개하기 때문에 소프트웨어의 수정이나 재배포가 누구에게나 모두 허용된다. 다만 처음 소프트웨어를 만든 사람의 권리를 존중하는 라이선스가 마련되어 있다. GNU 일반 공개 라이선스(GNU General Public Licence, GPL)가 그것인데, 이는 저작권 개념을 전제로 하면서도 저작권을 통해 사적 재산으로 보호되는 소프트웨어를 만들지 않는다. 오히려 애초 저작권법의 목적대로 프로그램을 공유하고 더 활발하게 소프트웨어가 개발되도록 하기 위한 것이다.

저작권법상으로 공유 영역(public domain)은 "저작권이나 특허에 의해 보호되지 않는 출판, 발명 및 방법의 영역"을 가리킨다. 공유 상태에 놓인 지적 재산에 대해서는 누구라도 침해 책임을 지지 않고 이용할 수 있다. 특히 지적 재산권에 있는 보호 기간이 한정적이기 때문에, 일정 기간이 지나면 모든 지적 재산은 공유 영역으로 들어가게 된다.

지적 재산권의 공유나 오픈 액세스에 대해서는 1948년 유엔 총회의 「세계 인권 선언」에서도 분명하게 규정하고 있다. 「세계 인권 선언」 제27조 1항에 따르면, "모든 사람은 공동체의 문화생활에 자유롭게 참여하고, 예술을 감상하며, 과학의 진보와 그 혜택을 향유할 권리를 가진다." 그러나 제27조 2항에서는 "모든 사람은 자신이 창조한 모든 과학적, 문학적, 예술적 창작물에서 생기는 정신적, 물질적 이익을 보호받을 권리를 가진다."라고 함으로써, 지적 재산권에 대해 선언적인 보장을 하고 있다. 이 두 규정 중 어느 쪽이 우선되어야 할까?

과학 논문을 처음 자유롭게 접근할 수 있게 한 것은 아카이브(arXiv.org)였다. 1991년 로스앨러모스 국립 연구소(Los Alamos National Laboratory)의 폴 진스파그(Paul Ginsparg)는 입자 물리학 분야에서 많은 훌륭한 논문들이 학술지에 실리기까지 오랜 시간이 걸리거나 심지어 실리지 못하는 상황을 바꾸어 보려는 노력을 시작했다. 이것은 로스앨러모스의 한 컴퓨터를 서버로 삼아 모든 저자들이 자신의 논문을 그 서버에 업로드하는 것이었다. 입자 물리학 분야에서는 논문이 학술지에 출판되기 전에 예비 논문(preprint, 논문의 내용을 미리 요약해서 알리는 것)의 형태로 회람되고 있었다. 전 세계의 주요 대학이나 연구소들은 나름대로 예비 논문 발행 체계를 갖추고, 논문 초고가 나오는 대로 이를 다른 도서관에 우편으로 우송하고 있었다. 진스파그는 바로 그 예비 논문을 자유롭게 업로드할 수 있는 시스템을 만들었던 것이다. 이것이 가능했던 것은 이미 1989년에 월드 와이드 웹(World Wide Web)이 발명되었기 때문이었다. 유럽 입자 물리학 연구소(Conseil Européen pour la Recherche Nucléaire, CERN)의 컴퓨터 전문가 팀 버너스리(Tim Berners-Lee)는 1980년에 하이퍼텍스트(hypertext)의 개념과 인터넷망을 이용한 데이터베이스를 처음 제안했다. 하이퍼텍스트는 이미 1960년대에 기존의 텍스트에 머물지 않고 영상과 소리까지를 포함하는 개념으로 논의되고 있었지만, 인터넷을 통해 전달될 수 있다는 생각은 당시까지 없었다. 유럽 입자 물리학 연구소에서는 물리학 논문을 인터넷을 통해 전달하는 시스템에 관심을 가졌고, 버너스리의 제안이 수용되어 드디어 1991년 8월 6일에 최초의 월드 와이드 웹이 이 연구소에서 개통되었다. 아직 마이크로소프트(Microsoft)의 '인터넷 익스플로러(Internet Explorer)'는 세상에 나오지 않았을 때였고, 논문에 접근하는 데 사용된 프로그램은 '넷스케이프(Netscape)'의 원형인 '모자이크(Mosaic)'였다. 컴퓨터 프로그래머 사이에서는 이미 익명 FTP(file transfer protocol)가 정착되어 있었기 때문에, 이로부터 HTTP(hypertext transfer protocol)가 나오는 것은 어려운 일이 아니었다. 진스파그는 xxx.lanl.gov라는 도메인 주소의 홈페이지를 만들고, 여기에 입자 물리학 분야에서 나오는 논문들의 예비 논문을 업로드하는 시스템을 구축했다. 그의 노력의 바탕에는 연구 결과를 공유해야 한다는 강한 믿음이 깔려 있었다.

진스파그의 선구적인 노력에 많은 물리학자들이 동조했다. 처음에는 입자 물리학 분야에 국한되었던 것이 점차 물리학의 다른 분야로 확대되었고, 실제적으로 물리학 대부분의 영역을 포괄하게 되었다. 여기에 수학과 컴퓨터 과학이 동조했고, 아카이브는 명실 공히 오픈 액세스 운동에서 중요한 위치에 오르게 되었다.

생명 과학 분야에서도 이와 유사한 성격의 오픈 액세스 데이터베이스가 만들어졌다. 1997년 미국 국립 의학 도서관(National Library of Medicine, NLM, http://www.nlm.nih.gov/)은 메드라인(Medical Literature Analysis and Retrieval System Online, MEDLINE)이라는 이름의 데이터베이스를 처음 가동했다. 1836년 육군 일반 외과의 사무실 도서관으로 처음 설립이 된 미국 국립 의학 도서관은 1879년 『인덱스 메디쿠스(*Index Medicus*)』라는 제목의 초록집 제1권을 발행했다. 이것은 4,000여 가지 학술지에 실리는 논문들의 주제와 저자를 매월 색인으로 만든 것이었다. 역사가 130년 가까운 이 초록집이 결국 메드라인이라는 이름의 데이터베이스가 되었다.

매년 9억 명 이상이 이용하는 메드라인은 펍메드(PubMed)의 중요한 요소이다. 펍메드는 미국 국립 보건원의 공공 접근 정책에 따라 의학 및 생명 과학 분야의 학술지와 관련한 디지털 문서들을 인터넷을 통해 자유롭게 볼 수 있게 만들어 놓은 일종의 전자 도서관이다. 펍메드에는 1960년대 중반 이후에 발간된 학술지 논문 약 1600만 편이 담겨 있으며, 1950년대 초까지 거슬러 올라가면 150만 편 정도의 논문이 추가되고, 앞으로도 과거에 나온 논문들이 계속 추가될 예정이다. 여기에는 디지털 논문만 있는 것이 아니라 출판된 책에 관한 상세한 서지 사항 및 강의나 강연을 녹화, 녹음한 시청각 자료도 포함되어 있다. 이중에는 일반인을 위해 독물학, 환경 생태학, 분자 생물학의 쟁점들을 정리해 놓은 자료들도 많다. 펍메드 센트럴(PubMed Central, PMC)은 주요 논문들의 본문 전체를 자유롭게 이용할 수 있도록 제공하는 새로운 서비스이다. 이 도서관은 소비자 건강 정보 등 일반인들이 관심을 가질 만한 주제들을 모아 메드라인 플러스(MedlinePlus)라는 이름으로 웹 사이트를 운영하고 있기도 하다.

미국 국립 생명 공학 정보 센터(National Center for Biotechnology Information, NCBI, http://www.ncbi.nlm.nih.gov/)는 젠뱅크(Genbank)라는 이름의 데이터베이스에 유전자 서열을 모두 저장하고 있으며 누구나 인터넷을 통해 여기에 접속할 수 있다. 이것이 가능하게 된 것은 미국 상원 의원이었던 클로드 페퍼(Claude Pepper) 덕분이다. 그는 생의학적 연구에서 정보 처리를 컴퓨터화하는 것이 얼마나 중요한지를 절감하고, 이를 위해 국립 의학 도서관의 한 분과로 생명 공학 정보 센터를 설립하는 기초 법안을 모두 마련했다. 1988년 11월에 문을 연 생명 공학 정보 센터는 현재 생명 과학 및 의학 연구를 위한 정보 제공 기관으로서 세계 최대이다.

과학 연구에 대한 오픈 액세스는 저작권이 있는 논문의 저장본을 특정 사이트에 업로드하는 것뿐 아니라 아예 학술지를 온라인으로 만드는 방향으로도 발전했다. 선진국으로부터 학술지를 정기적으로 구독할 재원이 부족한 아프리카에서는 컴퓨터를 통해 학술지에 접근할 수 있는 '아프리칸 저널 온라인(African Journals Online, www.ajol.info)'이라는 사이트를 운영하고 있으며, 경제학 분야에서는 '경제학 연구 논문지(Research Papers in Economics, RePEc, http://repec.org/)'가, 1998년에는 의학 분야에서 열린 접근 학술지가 처음 발행되었다. 이 학술지의 이름은 《의학 인터넷 연구 저널(*Journal of Medical Internet Research*, JMIR)》로 원론적으로 저작권 규정에서 자유롭다. 한편 메드스케이프(MedScape)가 발행하는 《메드젠메드(*MedGenMed*)》는 의료 보건에 관련되는 학술지로, 등록한 사용자들은 자유롭게 논문을 이용할 수 있다.

1999년부터 3년간 '열린 인용 프로젝트'가 진행되었다(opcit.eprints.org). 이것은 오픈 액세스 문서 보관소에 대한 인용의 여러 요소들을 분석하는 프로젝트였는데, 이곳의 통계에 따르면 2006년 2월까지 출판된 논문의 예비 논문이나 본 논문을 스스로 문서 보관소에 업로드할 수 있게 허용하는 학술지는 93퍼센트에 이른다. 오픈 액세스 저널도 계속 증가하고 있는 추세이다.

2001년 12월에는 부다페스트에서 '열린 사회 연구소(Open Society Institute, OSI)'의 주최로 작지만 매우 진지한 모임이 열렸다. 이 모임의 목적은 다양한 학문 분야에서 나오는 연구 논문들을 인터넷에서 자유롭게 접근할 수 있도록 국제적인 노력을 강화하는 것이었다. 다양한 국가에서 온 여러 분야의 참석자들이 서로 다른 관점들을 제시했지만, 모두의 노력을 결집하는 것이 중요하다는 데에는 의견을 같이 했다. 이들은 더 폭넓고 의미 있는 성취를 위해 무엇이 필요한지 검토했다. 연구자와 연구를 지원하는 기관 및 학회들의 이해관계를 충분히 반영하면서 오픈 액세스로의 전이를 촉진하고 오픈 액세스 출판이 경제적으로 자체 유지가 되도록 하는 생산적 방안을 찾은 결과 만들어진 것이 바로 부다페스트 오픈 액세스 발의(Budapest Open Access Initiative, BOAI)이다. 오픈 액세스 발의는 원리와 전략과 약속을 진술한 것으로 부다페스트 학술 대회의 참석자들뿐 아니라 점차 더 많은 연구자, 대학, 실험실, 도서관, 재단, 학술지, 출판업자, 학회 등의 지지를 얻었다.

부다페스트 발의는 2003년 '과학과 인문학 지식의 오픈 액세스에 대한 베를린 선언'에서 중요한 진전을 이루었다. 베를린 선언은 인터넷 덕분에 과학 지식과 문화유산의 분배의 성격이 근본적으로 달라졌으며, 지식의 전파를 위해 인터넷이 창발적인 기능 매체로 작동하고 있음을 인정하지 않을 수 없다고 밝힌다. 부다페스트 발의에 따르면 과학자 사회가 승인한 인류의 지식과 문화유산의 출처에 모든 사람들이 접근할 수 있도록 정책 입안자, 연구 기관, 연구비 지급 기관, 도서관, 문서 보관소, 박물관 등 중요한 주체들은 모두 정보와 지식에 대한 열린 접근에 동참해야 한다.

모든 과학 지식의 생산자와 문화유산의 보유자는 창의적인 과학 연구 결과에 누구나 접근할 수 있도록 해야 한다. 오픈 액세스가 충족시켜야 하는 2가지 요건은 다음과 같다. 첫째, 저작자와 권리 소유자는 모든 사용자가 그 저작이나 그로부터 파생된 저작을 공공연하게 디지털 매체로 복제 · 사용 · 배포 · 전송 · 전시할 수 있는 접근의 권리를 허용해야 한다. 이는 자유롭고 세계적으로 통용되는 접근권이다. 다만 저자로서의 고유한 권리를 보장하는 한도 내에서 그러하며, 개인적인 용도로 적은 양의 인쇄를 하는 권리도 포함된다. 둘째, 이와 같은 허용 문구가 포함된 저작의 완전한 판본과 부수적인 모든 자료를 적절한 기술적 표준에 따른 전자 양식으로 온라인 저장소에 적어도 1부 이상 보관해야 한다. 이 온라인 저장소는 학술 기관, 학회, 정부 기관, 또는 오픈 액세스, 제한 없는 배포, 상호 작동 가능성, 장기적 문서 기록을 추구하는 기관이 지원하고 운영하는 것이어야 한다.

인간 유전체 계획에서 단연 돋보인 인물은 크레이그 벤터였다. 수많은 과학자들의 노력으로 이룩한 인간 유전체의 방대한 데이터에 대해 특허권을 차지하려 한 벤터의 행위는 부도덕한 것이었을까? 당시 미국 국립 보건원의 원장이던 버나딘 힐리가 벤터의 특허 출원을 지지하고 제임스 왓슨의 주장에 반대한 이유는 무엇이었을까? 벤터와 힐리의 핵심적인 주장은 미국의 공공 기관이 인간 유전체에 대한 특허를 차지하지 못한다면 인간 유전체 계획에 참여하고 있던 다른 나라(특히 일본)가 먼저 특허를 신청할 것이라는 데 바탕을 두고 있었다. 미국 국립 보건원이 점잖게 원칙을 지키면서 재빨리 대응하지 못하고 있다가 다른 나라가 특허를 신청해서 승인을 받게 되면 이후의 연구들이 모두 이 특허에 대한 비용을 고스란히 싫어지게 되리라는 것이 힐리의 생각이었다. 실제로 비슷한 시기에 영국의 권위 있는 분자 생물학자 시드니 브레너(Sidney Brenner)는 유전자 절편에 특허를 신청하기도 했다. 이처럼 국가 간 경쟁의 문제가 근본적인 윤리적 기준보다 앞선 논리가 되는 상황은 우리나라의 황우석 사태에서도 유사하게 나타난 바 있다. 황우석 지지자들에게는 난자 채취 과정의 부적절성이나 논문 조작의 부도덕성보다도 특허권이 더 중요한 것이었다.

1958년과 1980년, 2번이나 노벨 화학상을 받은 영국의 생화학자 프레더릭 생어(Frederick Sanger)는 유전체 연구의 역사에서 중요한 역할을 했다. 생어는 1976년에 DNA 중합 효소(polymerase)를 이용한 DNA 염기 서열 결정 기술을 발전시켰다. 생어가 특별했던 것은 그 방법(연쇄 종료 방법)을 특허에 붙이지 않았다는 점이다. 만일 이 방법에 대해 특허권을 신청했더라면 생어는 엄청난 부를 얻었을 테지만, 그만큼 분자 생물학과 생화학 연구에는 더 많은 비용이 들었을 것이다. 이 사례는 과학적 연구에 특허권을 붙이는 것이 어떤 의미를 갖는지를 생각해 볼 좋은 소재가 된다.

토론을 위한 사례들[9]

1) 교과목 데이터베이스의 저작권

컴퓨터 프로그래밍에 재능이 있는 의대생 숙희는 시험을 준비하는 데 편리한 프로그램(A 프로그램이라고 하자.)을 하나 개발했다. A 프로그램은 수업 시간에 배포된 자료, 교과서, 교과 과정 웹 사이트로부터 간단한 퀴즈를 만들어 보여 준다. 숙희는 이 프로그램이 시험 준비에 큰 도움이 되었기에 다른 교과목들에 대해서도 A 프로그램을 쓸 수 있도록 자료들을 정리해서 데이터베이스를 구축했다. 숙희는 처음에는 자기 컴퓨터의 하드 디스크에만 A 프로그램과 데이터베이스를 저장해 두고 혼자서만 사용을 했다. 그런데 우연히 친구와 대화 도중 프로그램에 대한 얘기를 했다가 소문이 삽시간에 퍼졌고 다른 친구들도 그 프로그램에 관심을 보인다는 사실을 알게 되었다. 숙희는 학비에 도움이 되겠다 싶어 지난 2년 동안 수강했던 모든 의대 교과목에 대해 데이터베이스를 만들었다. 중요한 정보는 모두 일일이 인용 출처를 밝혀 두었다. 학생들의 사정을 고려하여 A 프로그램은 5만 원, 데이터베이스는 교과목당 1만 원만 받기로 했다.

▶ 이 사례에서 저작권 문제가 있다면 어떤 것이 있을까? 만일 숙희가 프로그램에 대해서만 돈을 받고 데이터베이스는 돈을 받지 않는다면 괜찮을까? 숙희가 다니는 대학교에서 숙희의 프로그램에 대해 지적 재

산권 침해를 주장할 수 있을까?

2) 발굴된 유적이 일으킨 쟁점

경주에 있는 익재 고문화재 연구소 상임 연구원인 고고학자 유달수 박사는 학술 진흥 재단의 지원을 받아 도시 내 유적을 발굴하는 과정에서 200년가량 된 문집을 발견했다. 문집에는 그 지역에 살고 있는 후손들의 족보와 관련되어 심각한 쟁점을 야기할 수 있는 내용이 담겨 있었다. 유달수 박사는 동료 평가 제도로 운영되는 학술지에 발굴과 관련된 논문을 제출하기 위해 초고를 쓰면서 이 문집의 내용 일부를 포함시켰다. 그러다가 시간이 지난 뒤에 그 도시의 박물관에서 유달수 박사가 발견한 유적을 그 문집까지 포함하여 전시하고자 한다는 요청이 들어왔다. 그런데 유적 전시를 위해 논문 초고를 다시 검토하다 보니, 문집에서 언급하고 있는 후손 중 몇 사람이 유달수 박사 자신이 근무하고 있는 연구소의 중요한 후원자라는 사실을 알게 되었다. 유달수 박사는 심각한 고민에 빠졌다.

▶ 이 문집은 누구의 소유가 될까? 문집을 발견했다는 사실을 후손들에게 공개해야 할까? 박물관 전시를 위해 문집을 제공할지의 결정은 누가 해야 할까? 학술지 논문에 문제를 일으킬 수 있는 문집의 내용을 상세히 다루어야 할까?

3) 컴퓨터 프로그램의 사용 문제

한국 대학교에 임용된 궁금해 교수는 실험실을 새로 세팅하느라 아주 분주하다. 실험실 컴퓨터에 설치할 응용 프로그램이 10개인데, 모두 연구비로 산 것이다. 그런데 옆 연구실의 괜찮아 교수가 실험실 세팅을 도와주러 왔다가 자신도 그 프로그램들을 모두 가지고 있다면서 다음과 같이 제안을 한다. 그 프로그램들을 일일이 설치하려면 몇 시간이 걸리겠지만, 자신이 만들어 놓은 휴대용 백업 시스템을 이용하면 30분 만에 설치가 모두 끝난다는 것이다. 괜찮아 교수의 주장에 따르면, 궁금해 교수도 똑같은 프로그램을 모두 돈을 주고 구입했기 때문에 저작권법에 저촉되지 않는다고 한다. 그러고는 그 10가지 프로그램 외에 다른 프로그램도 함께 설치해 줄 테니 사용해 보고 맘에 들면 그 프로그램을 돈을 주고 구입하라고 말한다.

▶ 이 이야기에서 제기될 수 있는 법적, 윤리적인 문제에 대해 논의해 보자.

4) 그래프 수정과 저작권법

박사 후 연구원과 지도 교수가 연구 결과가 담긴 논문을 공동으로 작성했다. 이 논문은 저작권이 있는 논문집에 우선 짤막하게 실렸는데, 논문에서 가장 중요한 부분은 컴퓨터로 생성한 박테리아의 증식 관련 그래프였다. 두 사람은 동료 평가 제도로 운영되는 학술지에 제출할 상세한 논문을 작성하다가 논문집에 실은 그래프가 전체 논지 전개에 필수적이라고 결론짓고, 이 그래프를 논문에도 싣기로 했다. 그러나 저작권법 위반이 염려되어 글꼴 및 가로축과 세로축 선 굵기를 바꾸는 식으로 그래프를 수정했다. 두 사람은 논문집에 실린 그래프와 이렇게 새로 만든 그래프는 똑같지 않으므로 저작권법에 저촉되지 않는다고 생각했다. 물론 학술지에 제출하는 논문에서는 논문집을 인용했고, 그래프가 처음 발표된 것은 그 논문집임을 명시했으며, 그림의 보조 설명에 그 논문집의 그래프를 바탕으로 새로 만든 것임을 밝혔다.

▶ 이들의 행위는 저작권법을 위반한 것인가? 만약 그렇다면 저작권법

에 저촉되지 않도록 그림이나 표를 수정할 수 있는 방법은 없는가?

5) 출판물에서 사진을 재사용하는 것은?

유명한 물리학자인 명석해 박사는 제일 출판사에서 과학 교과서를 출간하기로 계약을 맺었다. 자신은 편집 책임자로서 교재의 머리말을 쓰기로 했고, 생물에 관한 장 하나는 나생명 박사에게 집필을 의뢰했다. 나 박사는 이 부분을 쓰는 대가로 50만 원을 받았으며, 자신이 쓴 부분에 대한 저작권을 출판사에 넘긴다는 내용에 서명했다. 이 책은 논술 교재로 인기를 끌면서 베스트셀러가 되었고, 출판사는 개정판을 펴내기로 했다. 편집자인 명석해 박사는 개정판의 내용을 약간 수정하기로 하고, 생물에 관한 부분을 써 줄 김하늘 박사를 새로 위촉했다. 김 박사는 나생명 박사가 썼던 부분을 대부분 다시 고쳐 쓰면서, 나 박사가 포함시켰던 사진과 그림 5개는 그대로 사용했다. 나생명 박사는 개정판 출간 소식을 모르고 있다가, 출판사가 새 책 몇 권을 보냈을 때에야 김하늘 박사가 자신이 쓴 내용을 크게 바꾸어 썼다는 사실을 알았다. 화가 머리 끝까지 난 나생명 박사는 김하늘 박사를 고소하기로 마음먹었다.

▶ 여러분은 이러한 상황에 놓인 나 박사에게 어떤 충고를 해 주겠는가?

6) 온라인 잡지를 공유한다면?

이물리 교수는 널리 알려진 대중 과학 전문지인《주간 과학》의 정기 구독자이다. 이 교수는 이 잡지를 매주 받아 보지만, 가끔은 잡지의 홈페이지에서 온라인으로 내용을 읽기도 한다. 물론 이때는 자신의 아이디와 비밀번호를 사용해 로그인해야 한다. 이 교수는《주간 과학》에 좋은 내용이 나와 있으니 같이 보면 어떻겠냐고 동료 교수와 제자들에게 말하고, 자신의 아이디와 비밀번호를 알려 주었다. 어차피 자신은 이 잡지의 정기 구독자이기 때문에, 종이 잡지를 빌려 주듯 온라인 잡지를 여러 사람과 같이 보는 것 역시 괜찮다고 생각했던 것이다. 다만 온라인으로 잡지를 볼 때는 반드시 개인적인 연구 용도로만 사용해야 한다는 다짐을 동료와 제자들에게 받아 두었다. 그래서 제자들은 이 교수의 아이디로 온라인《주간 과학》을 읽거나 그 내용을 인쇄해서 연구에 사용하고는 했다. 하지만 일부 제자들은 이러한 관행이 저작권법 위반이라며 온라인으로《주간 과학》을 읽지 않기로 했다.

▶ 여러분은 이 교수의 생각이 옳다고 보는가? 이렇게 온라인 잡지를 나누어 보는 것은 과연 도덕적으로 옳은 행동일까?

7) 연구 계획서 심사자의 심사 자료 이용

김말총 박사는 과학 재단의 심사 위원으로 4년간 일했다. 그가 했던 일은 연구비 공모에 지원한 연구 계획서를 심사하여 선발하는 것이었다. 4년간의 임기를 무사히 마친 후, 김 박사는 다시 자신의 대학에서 학생들을 지도하는 일에 힘썼다. 대학원생과 함께 연구 프로젝트를 진행하던 김박사는 과학 재단에 연구비 지원을 요청하는 계획서를 작성해서 제출했다. 그는 이 연구 계획서에다가 자신이 이전에 심사했던 계획서의 표와 수치 일부분을 인용했는데 물론 그 내용들의 원래 출처와 저자의 이름은 분명히 밝혀 놓았다.

▶ 이러한 행위가 합법적일까? 또 윤리적으로는 어떤 문제가 있을까?

8) 소속을 옮겼을 때 강의 자료의 소유권은?

한국 대학교의 자연 과학 대학에 신임 교수로 부임한 서성실 교수는 자연 과학 개론 강의를 담당하게 되었다. 이 과목은 자연 과학 대학의 학생이 반드시 이수해야 하는 필수 과목이었지만, 구체적인 강의안이 없었다. 이에 서 교수는 2년에 걸쳐 많은 자료와 참고 문헌으로 빽빽이 채워진 강의안을 만들어 수업 커뮤니티 게시판에 올려 두었다. 그러나 몇 년 후, 서 교수는 예산 삭감 때문에 자신이 해임될 것이라는 소식을 전해 듣고 몹시 화가 났다. 한국 대학교에 더 이상 미련을 두기 싫어진 서 교수는 인근 대한 대학교로 옮겨 갔고, 자신이 올려 두었던 자연 과학 개론의 강의안과 자료들도 게시판에서 삭제했다. 이후 새로 자연 과학 개론 강의를 담당하게 된 이태백 교수는 게시판에서 모든 자료들이 사라진 것을 알고 크게 당황했다. 그는 자신이 학과장으로 일하면서 서성실 교수에게 이 과목의 강의를 맡긴 것이었기 때문에, 수업에 관련된 자료들은 서 교수 개인의 소유가 아니라 학과와 학교의 소유라고 생각했다.

▶ 이러한 경우 어떠한 법적인 문제가 걸려 있는가? 과연 서 교수의 행동은 정당한 것이었을까?

9) 컴퓨터 프로그램의 저작권

오진주 박사는 한국의 여름 날씨를 좀 더 과학적으로 예측할 수 없을까 고민하는 젊은 학자다. 그는 제일 대학교와 기상청에서 기금을 지원받아 장마와 가뭄의 주기 및 형태에 관한 연구를 진행하고 있다. 이 연구 기금으로 오 박사는 해맑음 과학사에서 만든 날씨 예측 컴퓨터 프로그램을 구입했고, 이 프로그램에 여러 가지 변수를 더해 나가며 조금 더 정교한 예측을 할 수는 없을까 고민했다. 이 과정에서 오 박사와 같은 연구실에서 일하는 동료들도 컴퓨터 프로그램을 사용해 보고 이런저런 조언을 해 주기도 했다. 결국 오 박사는 기존의 프로그램보다 훨씬 정교하고 정확도 높은 프로그램을 개발해 내는 데 성공했고, 이 새로운 프로그램의 특허권을 얻어야겠다고 생각했다. 그러나 거기에는 걸림돌이 있었다. 이 연구를 위해 오 박사가 사용했던 컴퓨터 프로그램은 제일 대학교의 이름으로 저렴하게 구입한 것이었으며, 그 프로그램의 저작권은 물론 생산 업체인 해맑음 과학사에 있다는 점이다.

▶ 이 경우 오 박사는 자신이 새로 개발한 프로그램의 지적 재산권이나 특허권을 소유할 수 있을까? 여러분이라면 오 박사에게 어떤 조언을 해 주겠는가?

10) 특허권은 누구의 것?

최고야 박사는 대학교에서 인간 몸의 면역 시스템을 연구하고 있다. 그는 암 발생률을 낮추는 데 획기적인 도움을 줄 수 있는 항암제 개발에 부분적으로 성공했고, 기쁜 마음에 이 사실을 다나아 제약 회사에 근무하는 친구 나약해 박사에게 알렸다. 나약해 박사는 자신이 일하는 다나아 제약 회사 회장에게 이 연구의 중요성을 설파했고, 이에 설득당한 회장은 최고야 박사의 연구를 지원해 줄 것을 검토하기로 결정했다. 회장은 최고야 박사에게 거액의 지원비를 줄 수 있으니 연구 계획서를 써 오라고 말했다. 만일 다나아 제약 회사가 최 박사의 항암제 연구 성과를 실용화하여 약으로 만들어 판매한다면 엄청난 이익을 얻을 수 있다. 그래서 회장은 최고야 박사의 실험 샘플을 다나아 제약 연구원들과 공동으로 사용한다는 조건으로 거액의 연구비를 최 박사에게 지원해 주었다. 이 샘플로 연구를 계속하던 중, 다나아 제약 회사의 연구원들은 드디어 새로운 항암제 개발에 성공하고 상품화 단계에 이르게 되었다.

▶ 이 경우, 이 항암제의 특허권은 누가 갖게 되는가? 다나아 제약 회사의 연구원들이 최고야 박사의 샘플로 연구하는 것에 법적으로나 윤리적으로 문제는 없는가?

5강 과학자 사회: 연구실 안과 밖의 과학자

:송성수

I. 과학자 사회의 윤리

인간은 사회적 동물이며 과학자도 예외가 아니다. 과학자들은 다양한 차원의 공동체를 매개로 과학 활동을 수행한다. 과학자 사회는 과학자들과 그들의 상호 작용으로 구성된다. 과학자 사회는 실험실과 같은 작은 집단일 수도 있고 과학자 전체를 포괄하여 대규모로 확장될 수도 있다. 예를 들어 고체 물리학을 전공하는 교수라면, 실험실, 학과, 대학은 물론 해당 분야의 학회나 협회, 과학자 전체를 결집한 단체 등 다양한 과학자 사회에 소속될 수있는 것이다.

과학자 사회의 출발점은 실험실 혹은 연구실이다. 사실상 과학자로 성장하는 데 필요한 거의 모든 것은 실험실에서 배우게 된다. 그러나 과학자의 존재 조건이 하나의 실험실에만 국한되지는 않는다. 특정한 실험실을 넘어 다른 기관이나 인접 분야와 공동으로 과학 활동을 전개하는 경우도 많다. 더나아가 과학자는 통상적인 의미의 과학 활동은 물론이고 다양한 차원의 사회적 활동에도 관여하게 된다.

이런 맥락에서 이 장에서는 실험실 생활, 공동 연구, 연구실 외부로 구분하여 과학자 사회에서 어떤 윤리적 문제가 발생할 수 있고 그러한 문제에 어떻게 대처할 것인가에 대해 살펴보기로 한다. 물론 모든 과학자 사회를 이러한 범주로 포괄할 수도 없고, 특정한 윤리적 문제가 하나의 범주에만 국한되는 것도 아니다. 그러나 적어도 이와 같은 3개 차원으로 나누어 과학자 사회의 윤리에 접근하면 바람직한 과학 활동에 대해 생각해 보는 데 좋은 밑거름이 될 것이다.

2. 실험실 생활

오늘날의 과학 활동은 대부분 실험실이나 연구실에서 이루어진다. 실험실은 일반적으로 실험 기자재와 재료가 구비되어 과학 연구를 수행할 수 있는 장소를 의미한다. 그러나 과학자들에게 실험실은 단순한 공간 이상의 의미를 갖는다. 일단 과학 연구를 시작하면 대부분의 시간을 실험실에서 보내는 만큼, 실험실 생활이 얼마나 잘 이루어지느냐 하는 것이 과학 연구의 성패를 좌우한다 해도 과언이 아니다. 기본적인 실험 방법이나 기기를 사용하는 방법은 모두 실험실에서 지도 교수나 선배를 통해 배우게 된다. 또한 과거와 달리 실험이 한 개인이 아닌 여러 사람의 협력을 바탕으로 진행되기 때문에, 사실상 실험실은 협동적 과학 연구가 전개되는 최소 단위라 할 수 있다. 따라서 실험실 생활이 모두에게 유익하고 즐거울 수 있도록 서로 돕고 배려하는 일은 매우 중요하다.[1]

이처럼 실험실에서는 많은 사람들이 오랜 시간 동안 함께 생활하게 되며, 그러한 관계 속에서 다양한 차원의 윤리적 문제들이 발생할 수 있다. 그 중에는 특정한 국가의 사회적 관행이 투영된 것도 있고, 과학계에서 특별히 부각되는 것도 있다. 무엇보다도 실험실에서는 연구 책임자와 연구원의 관계 혹은 지도 교수와 대학원생의 관계가 중요한 문제이다. 연구 책임자나 지도 교수는 연구원이나 대학원생을 활용 가능한 노동력으로만 보지 말고 적절한 지도를 해 주어야 한다. 또한, 여성을 비롯한 소수자 집단에 대한 차별이나 괴롭힘이 없어야 한다. 연구원의 채용과 인정에서 충분한 기회를 제공하고, 연구비 및 실험 재료 등과 같은 자원을 공평하게 배분하고 적절히 활용하는 것 역시 필수적이다.[2]

1) 연구 책임자와 연구원의 관계[3]

연구 책임자와 연구원의 바람직한 관계는 함께 일함으로써 서로 이익을 얻을 수 있는 파트너십에서 찾을 수 있다. 이러한 경우에 연구 책임자는 후견인 역할을 담당하는 '멘토(mentor)'가 된다. 미국의 국립 과학 아카데미는 멘토를 "다른 사람이 성공적인 전문가로 발전할 수 있도록 돕는 데 특별한 관심을 갖는 사람"으로 정의한다. 좋은 멘토는 상대방이 교육적 경험을 최대로 활용할 수 있도록 지도하고, 해당 조직의 문화에 잘 적응할 수 있도록 지원하며, 적합한 일자리를 찾을 수 있도록 도와주는 사람이다. 과학 분야에서 멘토는 예비 과학자나 신진 과학자가 유익한 실험실 생활을 하는 것은 물론이고 자신의 경력을 개발하는 데에도 상당한 영향을 미친다.[4]

그러나 연구 책임자와 연구원의 실제 관계는 상당히 복잡하며 때때로 갈등이 생기기도 한다. 그것은 기본적으로 연구 책임자와 연구원의 관계가 대칭적이지 않다는 점에서 찾을 수 있다. 연구 책임자는 연구원보다 지식과 경험이 많으며 높은 지위와 권력을 가지고 있는 것이다.

이런 상황에서 생길 수 있는 첫 번째 문제는 연구 책임자가 연구원을 착취할 수 있다는 점이다. 착취는 다양한 방식으로 발생 가능하다. 어떤 경우에 연구 책임자는 연구원의 기여도에 대해 적절한 평가나 보상을 하지 않는다. 심지어 연구 책임자가 연구원의 아이디어를 도용하여 자신의 연구 과제로 추진하는 사례도 있다. 연구 책임자가 연구의 과정이나 결과에 문제점이 있을 때 연구원을 과도하게 비난하기도 한다. 연구의 성공은 연구 책임자의 능력 때문으로 간주하는 반면, 실패는 연구원의 책임으로 전가하는 것이다. 연구 책임자가 자신의 프로젝트에 연구원을 지나치게 참여시켜 연구원이 독립적인 연구에 할애할 시간이 거의 없는 경우도 있다.

두 번째 문제는 연구원이 적절한 지도를 받지 못할 수 있다는 점이다. 실험실의 인적 규모가 커짐에 따라 연구 책임자는 많은 연구원들을 관리해야 하며, 이러한 상황에서는 연구 책임자가 모든 연구원에게 충분한 주의를 기울일 수 없는 경우가 많다. 예를 들어 연구 책임자는 논문을 어떻게 작성해야 하는지에 대해 충분한 지도를 하지 않으면서 정해진 시간 내에 논문을 완료할 것을 요구하기도 한다. 게다가 많은 경우 대학이나 연구소는 대학원생이나 연구원의 지도에 대해 적절한 보상을 하지 않는다. 여성 과학자의 경우처럼 자신을 적절히 지도하고 조언해 줄 사람을 찾는 것 자체가 어려운 경우도 있다.

박사 후 연구원은 특수한 형태의 연구원에 해당한다. 박사 후 연구원은 해당 분야에서 박사 학위를 받은 후 2년 내외의 계약을 맺고 특정한 실험실에 소속된다. 이들은 독립적인 연구를 맡을 준비가 되어 있지만 여전히 다른 사람의 감독 하에 일하는 경우가 많다. 정식 학생도 아니고 정식 직원도 아니라는 사실 때문에 박사 후 연구원은 권리의 행사와 보호의 측면에서 예기치 않은 불이익을 겪을 수 있다. 게다가 이들은 많은 경우 다른 과학자를 매개로 연구비를 지원받기 때문에 착취의 대상이 될 가능성도 있다. 박사 후 연구원이 계약 기간 동안 제대로 된 성과를 내지 못하고 허송세월만 하는 경우도 종종 목격할 수 있다.[5]

이상의 문제점을 사전에 예방하기 위해서는 연구 책임자가 자신의 시간과 자원을 연구원에게 적절히 투자해야 하며, 연구원은 그러한 시간과 자원을 존중하고 책임 있게 활용해야 한다. 연구 책임자와 연구원의 관계가 형성되는 초기에 중요한 문제에 대한 기본적인 양해 사항을 정리해 두는 것도 좋은 방법이다. 그러나 연구 책임자와 연구원의 권한 차이를 감안한다면 초기에 기본적 이해를 마련하는 것이 쉽지는 않다. 새로운 연구원에게 어떤 역할을 기대하는 입장에 있는 연구 책임자에게 연구원이 성과 분담이나 저작 관행에 대해 처음부터 질문을 던지는 것이 어려울 수 있다. 연구원이 그 문제를 꺼내야 하는 어색한 상황에 놓이는 것을 방지하기 위해서는 연구 책임자가 자신과 연구원의 관계에서 발생할 수 있는 중요한 문제들에 대해 먼저 얘기를 꺼낼 준비가 되어 있어야 한다. 보다 적극적으로는 연구실의 저작권과 발표 관행에 대한 지침을 문서로 작성하는 것도 고려할 필요가 있다.

2) 차별과 괴롭힘

세상은 다양한 사람들로 구성되어 있으며, 정도의 차이는 있겠지만 실험실도 마찬가지이다. 사람들은 성, 연령, 인종, 계층, 국적, 사회적 지위 등에서 상당한 차이를 보인다. 문제는 이러한 차이가 차별로 이어질 때 발생한다. 차이를 이유로 보통 사람들과 다른 대우를 하는 것이 차별이다. 한 사회의 다수자 집단은 소수자 집단에게 의식적 혹은 무의식적으로 차별을 행사하기 쉽다.

그러나 과학 연구에 필요한 능력은 이런 차이와는 무관하다. 그러한 요인들은 과학자로서 성공하는 데 아무런 영향을 미치지 않으며, 따라서 훌륭한 과학자로 성장할 기회는 모든 사람에게 열려 있어야 한다. 어떤 배경을 가진 사람이냐에 따라 그 사람의 연구 환경이 불리해져서는 안 된다. 한 개인을 넘어 특정한 집단에 불리한 방향으로 경쟁 분위기가 조성되어서도 안 된다.

차별이 괴롭힘으로 나타나면 문제는 더욱 심각해진다. 과학자는 존경할 만하고 예의 바르다고 생각하는 일반적인 기대와는 달리 다양한 형태의 괴롭힘이 실험실에서 발생할 수 있다. 괴롭힘의 유형에는 모욕, 언어적 혹은 물리적 협박, 폭행, 성희롱 등이 있다. 이러한 행위는 건전한 과학 활동을 뒷받침하는 원리인 상호 존중, 협동, 신뢰, 개방성, 자유 등을 침해하며, 비도덕적일 뿐만 아니라 어떤 경우에는 불법적이다.

예를 들어 점점 더 많은 여성이 과학계에 진출하게 되면서 성희롱은 매우 중요한 윤리적 관심사가 되었다. 성희롱은 "상대방을 비하, 착취, 공격하기 위한 도구로 성을 사용하는 것"으로 정의할 수 있다.[6] 성희롱의 예로는 원하지 않는 신체적 접촉, 성적인 추근거림, 불쾌한 성적 언어의 사용, 음란한 눈빛으로 바라보는 것 등이 포함된다. 성희롱은 대부분의 국가에서 법률에 의해 규제되고 있으며, 이 법률은 성희롱 행위자의 의도나 동기가 아니라 피해자의 관점에 입각하여 문제가 되는 행위에 접근하고 판단할 것을 주문하고 있다.

이러한 문제를 예방하기 위해서는 실험실 내의 적절한 의사소통과 상호 신뢰가 필수적이며, 차별이나 괴롭힘의 환경이 조성되지 않도록 세심하게 주의를 기울여야 한다. 더 나아가 실험실 내부적으로 성희롱을 비롯한 괴롭힘에 대한 규정을 갖추는 것도 필요하다. 또한 사회적 소수자들은 무시되거나 차별을 받을 때 많은 시간과 에너지를 쏟아 자신을 대변하는 경향을 보인다는 점에도 유념해야 한다. 사회적 소수자들이 이러한 부담을 느끼지 않도록 관용의 자세를 가질 필요가 있는 것이다.

3) 채용과 인정의 기회

과학 연구 윤리의 중요한 덕목 중 하나는 다양한 배경을 가진 과학자에게 충분한 기회를 제공하는 데 있다. 특히, 새로운 사람과 아이디어에 개방적일 때 과학은 지속적으로 발전할 수 있다. 편향과 독단을 극복하고 객관적 지식을 성취하기 위해서는 과학 연구에서 다양한 가설, 접근법, 방법론을 고려하고 장려할 필요가 있는 것이다. 이러한 다양성은 비슷한 배경보다는 상이한 배경을 가진 사람들로부터 성취되는 경우가 많다.

그러나 과학의 역사는 그동안 특정한 집단에 유리하게 과학 활동이 전개되어 왔음을 보여 준다. 이를 설명하는 개념에는 마태 효과(Matthew effect), 후광 효과(halo effect), 마틸다 효과(Matilda effect) 등이 있다.[7] 마태 효과는 경력 형성에 성공한 과학자일수록 인정과 자원 획득에서 유리하다는 점을, 후광 효과는 우수한 연구 기관에 속한 과학자가 이익을 얻는다는 점을, 마틸다 효과는 여성이 적절한 인정을 받지 못하면서 결과적으로 역사의 뒤편으로 사라지게 되는 경향을 말한다.

특히 여성은 오랜 기간 동안 과학 활동에서 소외되어 왔다. 과학 활동에 진입하기 어려웠을 뿐만 아니라 진입한 이후에도 승진이나 보상에서 불이익을 받아 왔던 것이다. 최근에는 이러한 경향을 극복하기 위하여 여성 과학자의 채용을 장려하는 '적극적 조치(affirmative action)'가 시행되고 있다. 이는 과학 활동이 지금과 같이 지속될 경우 여성과 같은 소수자 집단이 참여할 기회가 계속해서 제한될 것이라는 판단에 기초하고 있다. 출발선상에서 이미 평등하지 않기 때문에 이를 시정하기 위한 조치인 셈이다.

이러한 적극적 조치에 대해 모든 사람이 찬성하는 것은 아니다. 소수자 집단에게 추가적인 이점을 제공하는 조치가 충분한 자격을 갖추지 못한 사람을 채용하는 것으로 이어질 수 있다는 것이다. 자격을 제대로 갖추지 못한 사람은 우수한 연구 업적을 성취하기도 어렵고 해당 소수자 집단에 대한 역할 모델이 되기도 어렵기 때문에 과학자 사회에 나쁜 영향을 미칠 수 있다. 그러나 장기적인 관점에서 본다면 적극적 조치가 과학 활동을 보다 풍성하고 생산적인 방향으로 유도할 가능성이 많다. 게다가 적극적 조치는 과학 활동에 진입하는 시기에만 국한되는 것이지 그 이후의 성과를 인정하거나 평가하는 과정에까지 적용되는 것은 아니다.

여성을 비롯한 소수자 집단은 채용 이후에 과학자로서의 경력을 발전시키는 데에도 많은 어려움을 겪고 있다. 이러한 집단은 상층부로 갈수록 숫자가 감소하는 일종의 누수(pipeline leakage) 현상을 보인다. 예를 들어 남성 위주로 구성된 연구 환경에서 여성이 연구 책임자로 활동하기는 쉽지 않기 때문이다. 그러나 승진이나 보상과 같은 인정의 기회가 과학적 능력과 직접 관련되지 않은 특징에 의해 차별되어서는 안 된다. 물론 기존의 방식에 입각하여 경력 발전을 도모하거나 이를 평가하는 것이 반드시 부당하지는 않지만, 기존의 방식에 얽매이다 보면 의식적 혹은 무의식적으로 과학적 능력이 있는 사람을 배제할 가능성이 있다는 점에서 문제가 될 수 있다.

4) 자원의 배분과 활용

과학 연구에는 연구비를 비롯하여 데이터, 재료, 도구, 장비, 연구 공간 등과 같은 수많은 자원이 필요하다. 특히, 과거와 달리 과학 연구가 조직화된 오늘날의 상황에서는 이러한 자원을 어떻게 배분하고 활용할 것인지가 과학 연구의 성패를 좌우한다고 해도 과언이 아니다. 과학 연구 전체의 관점에서 볼 때는 이러한 자원을 공유하는 것이 유익하다고 할 수 있다. 왜냐하면 더욱 많은 과학자들이 해당 자원에 접근하여 과학 연구를 원활하게 수행할 수 있기 때문이다.

자원을 공유해야 하는 데 대한 구체적인 이유는 다음과 같다. 첫째, 연구가 보다 빠르고 효율적으로 수행될 수 있다. 둘째, 동료들 간에 실질적인 검토와 건설적인 비판이 가능해진다. 셋째, 자원의 공유를 거부하면 비밀주의를 부추겨 상호 신뢰를 저해할 수 있다. 넷째, 다양한 집단에게 과학 연구의 기회를 제공할 수 있다. 다섯째, 정부의 지원을 받거나 국가적으로 중요한 자원은 법률이나 정책에 의해 공유할 것을 주문받고 있다.[8]

그러나 실제적인 차원에서 자원 공유는 쉬운 일이 아니다. 무엇보다도 원하는 모든 사람이 활용할 수 있을 만큼 해당 자원이 충분하지 않은 경우가 대부분이기 때문이다. 이러한 경우에는 개인적, 집단적, 직업적, 제도적 이해관계가 결부되어 자원의 배분을 둘러싸고 상당한 논쟁이 발생하기 마련이다. 게다가 우선권, 지적 재산권의 문제가 결부되어 있거나 산업적, 군사적 연구와 같이 비밀 유지가 요구되는 경우에는 자원을 공유하는 것 자체가 곤란해진다.

이와 같은 자원 배분의 문제에 접근하기 위해서는 몇 가지 기준이 필요한데 이를 과학적 탁월성, 제도적 유용성, 기회의 형평성으로 요약할 수 있다. 무엇보다도 해당 자원을 활용하고자 하는 사람이 과학적으로 우수한 성과를 낼 수 있는가 하는 탁월성이 고려되어야 한다. 제도적 유용성은 실험실을 포함한 과학자 사회의 전체적인 이익에 부합하는 방향으로 해당 자원이 배분되어야 한다는 점을 의미한다. 젊은 연구자들을 비롯한, 자원에 접근하기 어려운 사람을 배려하는 것도 기회의 형평성이라는 측면에서 중요한 기준이 다.[9]

자원의 배분 못지않게 중요한 것이 자원 활용의 문제이다. 과학자는 해당 자원을 잘못 사용하거나 파괴해서는 안 된다. 예를 들어 고생물학자가 화석을 주의 깊게 수집하지 않으면 소중한 연구 공간을 훼손할 우려가 있고, 결정학자가 표준적인 절차에 따르지 않으면 값비싼 전자 현미경에 손상을 입힐 수 있다. 이를 예방하기 위해서는 분야별 특성에 맞게 해당 자원을 활용하는 방법에 대한 지침을 마련해야 하며, 제대로 지켜지고 있는지에 대해서도 주기적으로 점검해야 한다.

3. 공동 연구의 추진과 관리[10]

과학자들이 연구 과제를 추진하거나 실행할 때 전문성과 자원을 지닌 동료들과 협력하는 것은 이미 거스를 수 없는 추세가 되었다. 공동 연구는 한 과학자가 다른 과학자와 실험 재료나 기술을 공유하는 단순한 수준의 협력일 수도 있고, 여러 나라에 존재하는 수천 명의 환자를 연구하기 위해 연구소, 병원, 기업 등이 참여하는 복잡한 형태일 수도 있다.

공동 연구에서 구성원 간의 원활한 협력과 의사소통은 그 성과를 결정하는 매우 중요한 요소이다. 복잡해진 역할과 관계를 인지해야 하고, 비슷하지만 같지는 않은 관심사를 조정해야 하며, 조직적·문화적 차이를 슬기롭게 극복해야 하는 것이다. 그러나 공동 연구를 실제로 추진하고 관리하는 데에는 상당한 문제가 발생한다. 많은 사람들이 공동 연구의 취지에는 공감하지만 이를 추진하는 방식에 대해서는 의견이 다를 수 있다. 또한 공동 연구에는 다양한 기관이 연관되기 때문에 연구 과제를 관리하는 데 있어서도 고려해야 할 문제가 많아진다.

1) 공동 연구의 추진

구성원 간의 역할과 관계를 먼저 분명히 이해해야 효과적인 공동 연구가 가능하다. 그 과정은 공동 연구를 추진하기로 한 시점에서 관련 사안에 대해 자세히 논의하고 합의함으로써 이루어져야 한다. 공동 연구의 목표와 기대되는 결과가 무엇인지를 검토하는 것을 비롯하여 필요한 작업을 어떻게 분담할 것인지, 추진 과정에서 발생하는 문제점을 어떤 방식으로 해결할 것인지, 그리고 연구를 어떻게 마무리할 것인지에 대해서도 논의해야 한다.

어떤 연구 과제든, 그 과제에 대한 전반적인 책임이 연구 책임자에게 있다는 것은 주지의 사실이다. 연구 책임자가 연구 기획, 참여 연구원의 선정, 연구비의 사용, 연구 결과의 보고 등을 모두 주관하는 것이다. 그러나 공동 연구에서는 경우에 따라 세부적인 사안에 대해서도 책임자를 선정할 필요가 있다. 연구 계획서를 누구의 책임 하에 작성할 것인지, 공동 연구를 관리하는 데 요구되는 사항을 누가 점검할 것인지, 연구 결과의 발표에 대한 책임은 누가 맡을 것인지 등이 그 대표적인 예이다.

그러나 사전에 협의를 충분히 했다 하더라도 공동 연구를 추진하는 과정에서는 미리 고려하지 못했던 문제점이 발생할 수 있다. 공동 연구에서 효과적인 의사소통을 계속해서 유지하는 것이 중요한 이유가 여기에 있다. 의사소통을 효과적으로 하기 위해서는 다음과 같은 사항이 지켜져야 한다. 첫째, 자신은 물론 다른 사람의 작업에도 주목해야 하며, 연구의 진행 상황을 공동 연구자와 공유해야 한다. 둘째, 공동 연구에 참여하는 모든 사람들이 연구의 내용과 관련된 주요 정보를 동등하게 숙지해야 한다. 셋째, 연구원의 변경을 비롯한 중요한 변화를 모든 연구자들이 알 수 있도록 해야 한다. 넷째, 연구 추진상의 문제점도 연구 결과와 마찬가지로 보고하고 논의하는 구조를 갖추어야 한다.[11]

이상의 사항들은 모두 명백해 보이지만, 공동 연구를 실제로 추진하는 과정에서 쉽게 간과되고는 한다. 무엇보다도 공동 연구자 간에 꾸준히 연락을 취하는 것이 필수적이다. 특히 문제가 발생할 경우에는 해당 연구자가 스스로 공표하여 다른 사람의 의견을 구하는 것이 가장 바람직하다. 효과적인 의사소통이 이루어지지 않는다면 공동 연구가 매우 어려운 문제에 봉착하게 되며 어떤 경우에는 연구 자체가 무산되기도 한다.

특히, 공동 연구에서는 참여 연구원의 권리에 대한 분쟁이 발생할 소지가 많다. 연구에 대한 아이디어가 누구에서 비롯되었는지, 발표할 논문의 저자 표기 순서를 어떻게 할 것인지, 연구 과제에 할당된 인센티브를 어떻게 배분할 것인지, 특허를 비롯한 지적 재산권을 누구에게 귀속시킬 것인지 등은 그 대표적인 예이다. 이러한 문제는 분쟁이 벌어지기 전 상호 간 협의를 통해 명확한 방침을 도출해 놓는 것이 바람직하다. 시간이 지체될수록 연구자들 사이에 오해가 생기고 나중에는 소송으로 비화될 수도 있기 때문이다.

2) 공동 연구의 관리

공동 연구를 적절하게 수행하기 위해서는 효과적인 의사소통 이외에도 체계적인 관리 계획을 갖추어야 한다. 다양한 기관에 소속된 사람들이 함께 연구를 수행하는 경우에는 관리 계획의 중요성이 더욱 부각된다. 기관별로 관리의 방법과 정도가 다르기 때문에 이를 감안한 관리 계획이 필수적인 것이다. 관리 계획은 재정 문제, 훈련과 감독, 공식 합의, 규칙 준수 등에 관한 사항을 포괄해야 한다.

재정 문제는 연구비를 지급하는 기관의 규정을 반드시 준수하는 방향으로 관리되어야 한다. 특히, 정부를 비롯한 공공 부문은 회계 절차와 보고 사항을 포함한 재정 관리의 모든 영역에 대해 규정을 구비하고 있다. 인건비의 집행, 여비의 지출, 장비의 구매 등에서 허용되는 지출 영역과 그렇지 않은 영역들을 상세히 설명하고 있는 것이다. 이러한 점을 숙지하지 않고 재정 문제에 접근할 경우, 상당한 갈등이 유발될 뿐만 아니라 공동 연구 자체에 차질이 발생할 수도 있다.

　공동 연구에 참여하는 사람들을 제대로 훈련하고 감독하는 것도 중요하다. 공동 연구에는 다양한 배경을 가진 사람들이 참여하기 때문에 이를 원활하게 수행하기 위해서는 별도의 훈련과 감독이 요구된다. 몇몇 경우에는 공식적인 훈련이 의무 조항으로 포함되어 있는데 동물이나 인간을 대상으로 연구하는 사람은 반드시 훈련을 거쳐야 한다. 위험한 물질이나 생화학 물질을 다루는 사람들도 마찬가지이다. 이는 소속된 기관이나 국가에 관계없이 공동 연구에 참여하는 모든 사람들에게 해당하는 사항이다.[12]

　공동 연구의 몇몇 사안은 공식적인 합의를 거쳐 미리 정리해 놓아야 한다. 예를 들어, 연구가 여러 지역에서 진행되는 경우에는 관련된 자료들이 다른 장소로 양도되기도 한다. 이러한 자료들은 소유권 문제나 안전 문제와 결부될 가능성이 많기 때문에 신중하게 다루어져야 하며, 관련 조항을 공식적인 합의문을 통해 철저하게 규정해 두어야 한다. 이는 차후에 발생할 수 있는 분쟁의 소지를 제거할 뿐만 아니라 해당 자료가 적절한 방식으로 사용될 수 있게 함으로써 공동 연구자들의 이해를 보호해 준다.

　다양한 기관에 소속된 사람이 공동 연구에 참여할 때에는 한 기관의 규정을 준수할 책임이 다른 기관으로도 확대될 수 있다. 어떤 기관은 이미 규정을 구비하고 있지만 다른 기관은 별다른 규정이 없는 경우도 있다. 또한 어떤 기관은 규정이 매우 엄격한 데 반해 다른 기관은 규정이 느슨한 경우도 있다. 어떤 행위가 적절한지 확신이 서지 않을 때에는 가장 엄격한 규정을 적용하는 것이 바람직하다.[13]

4. 연구실 밖의 과학자[14]

　과학 기술과 사회의 관계가 밀접해지면서 오늘날의 주요 사회 문제를 과학 기술과 분리하여 생각하기는 어려워졌다. 이에 따라 과학자는 연구실 외부의 사회에서 벌어지는 문제에 대해서도 적절히 대응할 것을 요구받고 있다. 물론 연구에만 전념하는 것이 과학자의 본분이라고 주장할 수도 있지만 연구는 과학자가 사회 문제에 대응하는 하나의 유형에 불과하다. 과학자가 사회적 문제에 관심을 가지고 참여함으로써 생기는 즐거움이 연구에서 얻는 만족감에 못지않은 경우도 많다.

과학자의 활동은 연구실에 국한되어 있지 않다. 과학자는 일반 대중의 과학 기술에 대한 이해를 촉진하기도 하고, 연구 수행에 필요한 자원을 확보하기 위해 정치적 활동을 벌이기도 하며, 주요한 사회적 이슈에 대해 전문가로서 역할을 담당하기도 하고, 과학 기술의 부정적 영향에 대해 문제를 제기하기도 한다. 물론 모든 과학자가 모든 시기에 이러한 활동에 관여할 의무는 없지만, 연구실 밖에서 벌어지는 사회적 문제를 인식하고 이에 적극적으로 대처하는 것은 매우 중요하다. 이는 과학자가 자신의 존재적 기반을 성찰하고 과학 기술을 보다 바람직한 방향으로 개발, 활용할 수 있는 출발점으로 작용할 것이다.

1) 대중의 과학 기술 이해 촉진[15]

오늘날에는 일상생활 전반에 걸쳐 과학 기술의 영향을 많이 받고 있음에도, 과학 기술이 고도로 전문화됨에 따라 일반인들은 과학 기술에 대해 잘 모르게 되는 기이한 현상이 발생하고 있다. 특히, 형식적으로는 아니더라도 실질적으로는 문과와 이과가 고등학교 교육에서 분리되는 우리나라의 경우에는 과학 기술에 대한 일반인의 이해가 매우 부족한 형편이다. 과학자의 사회적 역할이 중요한 것은 이 때문이다. 대중에게 과학 기술을 쉽게 설명해 줌으로써 관심과 이해를 촉진하고 보다 잘 활용할 수 있도록 도와주어야 하는 것이다. 이러한 활동은 과학 기술에 대한 친화적인 이미지를 형성하고 과학자가 존경받을 수 있는 사회적 분위기를 조성하는 데에도 기여할 수 있다.

과학자가 대중의 과학 기술에 대한 이해를 촉진하기 위한 방법에도 여러 가지가 있다. 먼저 일반 대중이나 특정 집단을 대상으로 강연이나 강의를 할 수 있다. 과학 기술과 관련된 심포지엄이나 회합에 참여하여 일반 대중과 의견을 교환할 수도 있고, 신문, 잡지, 텔레비전 등과 같은 각종 언론 매체를 통해 과학 기술과 관련된 기사나 프로그램을 만드는 데 기여할 수도 있다. 좋은 과학 서적을 집필하여 청소년이나 성인에게 제공하는 것도 과학자가 담당해야 할 중요한 역할 중의 하나이다.

유명한 과학자 중에는 대중과 함께 한 사람이 많다. 전자기 유도 법칙을 발견한 마이클 패러데이는 영국 왕립 연구소(Royal Institution)에서 숱하게 강연을 했으며 이는 오늘날까지 "크리스마스 강연"으로 이어지고 있다. 20세기에는 물리학 분야에서 조지 가모브(George A. Gamow), 리처드 파인만(Richard P. Feynman), 칼 세이건(Carl. E. Sagan), 스티븐 호킹(Stephen W. Hawking) 등이 수많은 과학 서적을 집필하여 복잡한 과학의 개념을 알기 쉽게 소개하는 데 많은 공헌을 했다. 세이건의 『코스모스(*Cosmos*)』(1980년)와 호킹의 『시간의 역사(*A Brief History of Time*)』(1988년)는 과학 서적으로는 드물게 우리나라에서 베스트셀러의 대열에 올랐다. 생물학 분야에서는 스티븐 제이 굴드(Stephen J. Gould)가 『다윈 이후(*Ever Since Darwin*)』(1980년), 『판다의 엄지(*The Panda's Thumb*)』(1983년) 등을 통해 진화의 신비를 흥미롭게 파헤쳤다. 굴드는 우수 과학 도서상을 휩쓸었으며 자연사 박물관이 인기를 얻는 데도 크게 기여했다.

그러나 과학 기술에 대한 대중의 관심을 충족시키는 것은 쉬운 일이 아니다. 무엇보다도 과학자는 일반인들과 눈높이를 맞출 줄 알아야 한다. 이와 관련하여 알베르트 아인슈타인은 "당신이 아는 것을 할머니가 이해할 수 있도록 설명하지 못한다면 당신은 그것을 진정으로 아는 것이 아니다."라는 경구를 남긴 바 있다. 일반인의 입장에서 과학 기술을 바라보는 것도 중요하다. 과학자는 이미 가지고 있는 지식을 단순히 전달하는 것이 아니라 일반 대중이 무엇을 요구하고 있는지를 파악하고 그에 따라 자신의 지식을 재구성함으로써 상호 이해를 촉진해야 한다.

이와 함께 과학자가 사회적으로 중요한 사실을 알아낸 경우 관련한 정보를 적절히 제공하는 것도 중요한 의무에 해당한다. 이러한 정보는 대부분 언론을 통해 일반 사람들에게 전달된다. 이때 과학과 언론의 관계가 복잡함을 유념해야 한다. 언론을 통해 해당 정보가 왜곡, 과장되기도 하고 중요한 정보가 제때 알려지지 않을 수도 있는 것이다. 게다가 과학자가 해당 정보를 논문으로 먼저 발표해야 하는지, 일반 대중에게 먼저 알려야 하는지를 고민해야 하는 경우도 있다. 이러한 상황에서는 과학계와 일반 대중을 모두 만족시킬 수 있는 해결책을 찾으려는 노력이 필수적이다. 과학자가 자신의 연구 성과를 먼저 논문으로 발표하는 것이 일반적이지만 사회적으로 심각한 영향을 미칠 것이 예상되는 경우에는 대중에게 관련 정보를 미리 제공해야 한다. 물론 연구 결과를 과장하거나 거짓된 정보를 제공하여 더욱 심각한 사회적 혼란을 초래해서는 안 된다.

2) 연구 과제의 확보와 관리

과학 연구가 거대화되고 조직화되면서 필요한 자원을 확보하는 것은 원활한 연구 수행을 위한 필수 조건이 되었다. 어떤 연구에 중점을 두어야 하고 어느 정도의 연구비를 투자할 것인가 등에 대한 결정은 기본적으로 정치적 성격을 띠며, 따라서 과학자가 정치적 과정에 참여하여 협상을 벌여야 할 필요성을 부각시킨다. 과학자의 정치적 활동은 정부가 지원하는 연구에 영향력을 행사하기 위해서도, 또한 과학에 정치가 과도하게 개입하는 것을 차단하기 위해서도 중요하다.

과학자가 정치적 활동을 전개할 수 있는 경로는 다양하다. 과학자는 정부 혹은 국회에서 구성한 각종 조직이나 위원회의 구성원으로 참여할 수 있다. 행정 관료 혹은 국회 의원과 개인적인 관계를 갖고 연구 프로그램이나 프로젝트에 영향을 미칠 수도 있다. 개인적인 차원을 넘어서는 활동도 있다. 과학자 단체는 각종 법률이나 규칙이 제정 혹은 개정될 때 과학자 사회의 입장에 서서 의견을 개진할 수 있다. 또한 과학자의 처우 개선을 비롯한 과학자 사회의 현안에 대해 조직적으로 대응할 수도 있다.

과학자가 정치적 과정에 관여하게 되는 일차적인 이유는 연구 과제를 확보하기 위해서이다. 연구 과제를 확보하려면 정부나 기업과 같은 연구 과제 발주자의 요구를 충분히 이해하고 이에 부합하는 연구 계획을 수립해야 한다. 만약 연구 과제의 방향, 내용, 규모 등에서 발주자와 신청자의 의견 차이가 크다면 이를 사전에 조율하는 일도 필요하다. 이러한 과정에서 과학자는 자신의 요구를 상대방이 이해하고 수용할 수 있게 전달해야만 한다. 또한 과학자가 제공하는 정보가 의사 결정 시 고려해야 할 많은 요소 중 일부에 지나지 않는다는 점도 이해할 필요가 있다.

이러한 점을 고려하면서 충실한 연구 계획서를 작성해야 연구 과제를 확보할 수 있다. 이미 목표를 달성한 연구 내용을 연구 과제로 제출하거나 연구 팀의 능력과 달성 가능성에 비해 연구 목표를 너무 높게 설정해서는 안 된다. 또한 실제로 필요한 것보다 연구비를 지나치게 많이 신청하거나 연구 과제를 수주하기 위해 일부러 적게 신청하는 것도 곤란하다. 다른 이익을 얻기 위해 큰 역할을 하지도 않을 과학자나 연구 팀을 과제에 참여시키는 일도 피해야 한다. 이러한 행위들은 공정한 경쟁과 정직성을 바탕으로 하는 과학계의 풍토를 저해하기 때문이다.

연구비 관리 역시 연구 과제의 확보 못지않게 중요한 문제이다. 연구 수행 시 발생하는 많은 문제들은 연구비와 직결되어 있다. 당초의 계획과 달리 연구비를 집행할 필요가 발생할 경우에는 사전에 관계 기관과 의논하고 연구 계획을 변경해야 한다. 또한 연구비를 적절하지 않은 용도로 사용해서도 안 된다. 연구비의 부적절한 사용의 예로는 연구에 참여하지 않은 사람에게 인건비를 지급하는 것, 참여 연구원에게 인건비를 지급한 후 이를 회수하여 다른 용도로 사용하는 것, 유흥업소 이용에 연구비를 지출하는 것, 분명하지 않은 목적으로 여비를 집행하는 것 등이 있다.[16]

3) 전문가로서의 사회적 역할

오늘날 과학 기술은 수많은 사회 문제와 결부되어 있다. 우리나라에서도 소각장 부지 선정, 식품의 위해성 여부, 교통 시스템 설계 등을 매개로 숱한 논쟁이 전개되어 왔다. 이러한 문제들이 발생할 때 과학자들은 전문가로서 발언할 기회를 갖게 되는데 이때 과학자들의 견해가 일치하는 경우도 있지만 과학자들 간의 입장이 다를 수도 있다. 후자의 경우는 연구가 진행 중이라 아직 과학자 사회의 공식적인 의견이 형성되지 않은 상황에서 흔히 발생한다.

과학자가 전문가로서 증언을 해야 할 때도 있다. 어떤 것이 지금까지 알려져 있는 사실이고, 어떤 것이 아직 알려지지 않은 것이며, 알려진 사실의 경우 그에 따르는 불확실성은 무엇이고, 지금 연구가 진행되고 있는 것은 무엇이며, 노력하면 알 수 있는 것은 무엇이고, 또 필요한 지식을 얻기 위해서는 어느 정도의 연구를 수행해야 하는가 등에 대해 전문성을 보여 주어야 하는 것이다.[17] 이처럼 전문가의 증언은 활용 가능한 자료에 근거해야 하며 정직하면서도 현실적이어야 한다.

전문가 증언은 주로 공청회나 법정을 통해 이루어진다. 과학 기술에 대한 전문가로서 사실을 말하고 정보를 분석하며 필요한 경우에는 특정 사안에 대해 전문가로서의 입장을 개진할 수도 있다. 이때는 자신의 의견을 상대방과 충실히 교류하는 것이 관건이다. 과학자는 특정한 문제점을 평가하고 의사 결정을 내리는 과정에서 자신이 분석하고 제안한 내용을 효과적으로 전달하여 그것이 적절히 수용되고 활용될 수 있도록 해야 한다.

전문가로서 증언하는 과학자는 관련 지식을 거의 모르는 사람들에 의해 둘러싸여 있음을 인식해야 한다. 이와 같이 위험 부담이 큰 자리에서 의미 있는 공헌을 하기 위해서는 상당한 지식과 경험을 가지고 있어야 함은 물론이다. 또한 공청회나 법정에서 과학자는 스스로가 일종의 '연출가(performer)' 역할을 해야 한다는 점도 인식해야 한다. 자신이 전문가로서 증언하는 정당성을 강조해야 하며 필요 이상으로 아는 체하거나 독단적인 태도를 보여서는 곤란하다. 자신이 감당할 수 없는 사안에 대해서는 개인적인 견해라고 분명히 밝히는 것도 중요하다.

과학자는 전문가로서 고객의 의뢰를 받기도 한다. 전문가는 고객에 대해 성실한 수탁자로서 맡은 일을 수행해야 하는 의무를 가지고 있다. 이와 함께 전문가는 공공의 안전, 건강, 복지를 최우선으로 여겨야 하는 의무도 가진다. 그런데 만약 전문가가 고객의 의뢰를 바탕으로 알아낸 정보가 공공의 이익을 침해한다면 2가지 의무는 서로 충돌하게 된다. 이러한 상황에서 전문가는 고객과 공공을 모두 만족시킬 수 있는 해법을 찾아야겠지만 그것이 어려울 경우에는 공공의 이익을 우선시하는 것이 바람직하다.

4) 과학 기술의 건전한 발전을 위한 실천

과학 기술은 한편으로는 인식의 지평을 확장하고 일상생활을 편리하게 하고 있지만 다른 한편으로는 전쟁 무기, 환경 오염, 안전사고, 생명 윤리 등을 매개로 우리의 삶을 위협하고 있다. 과학 기술에는 긍정적 측면과 부정적 측면이 공존하기 마련이다. 전자를 극대화하고 후자를 최소화함으로써 과학 기술의 건전한 발전을 도모하는 것은 과학자의 중요한 책임이다. 과학자의 책임이 특별히 강조되는 이유는 과학자가 일반 대중과 달리 과학 기술에 대한 전문적 지식을 보유하고 있거나 그것을 쉽게 확보할 수 있는 위치에 있기 때문이다.

기존의 과학 기술이 인류를 위협하는 방향으로 활용되고 있다면 과학자는 이에 대해 문제를 제기할 줄 알아야 한다. 전쟁 무기의 위험성이나 환경 오염의 심각성이 폭로되었던 것도 몇몇 선구적인 과학자들 덕분에 가능했다. 개인적 차원을 넘어 단체를 결성하고 행동하는 일이 필요한 경우도 많다. 집단적 실천을 위해서는 기존의 과학자 단체를 활용할 수도 있고 새로운 조직을 결성하여 추진할 수도 있다. 이러한 활동을 하면서 과학자가 연구자에서 활동가 혹은 운동가로 전업하는 경우도 있다.

예컨대 과학자 중에는 세계 평화와 전쟁 방지에 기여한 공로로 노벨 평화상을 수상한 사람도 있다. 라이너스 폴링(Linus C. Pauling)은 1962년에, 안드레이 사하로프(Andrey D. Sakharov)는 1975년에, 조지프 로트블랫(Joseph Rotblat)은 1995년에 각각 노벨 평화상을 받았다. 폴링은 핵무기 실험의 중단을 촉구하기 위해 전 세계 과학자들이 서명한 청원서를 국제 연합(United Nations, UN)에 제출했고, 사하로프는 스탈린주의 독재 체제를 비판하면서 자본주의와 사회주의의 화해를 요청했다. 또 로트블랫은 핵무기를 비롯한 군비 축소의 문제를 해결하는 데 기여한 퍼그워시(Pugwash) 운동을 이끌었다. 과학 기술이 전쟁의 시녀가 아닌 평화의 도구가 되어야 한다는 것이 그들의 한결같은 신념이었다.

과학 기술의 건전한 발전을 위하여 과학자들이 해야 할 일은 1948년에 세계 과학자 연맹(World Federation of Scientific Workers, WFSW)이 채택한 「과학자 헌장(Charter for Scientific Workers)」에 잘 나타나 있다.[18] 그 헌장은 "과학자라는 직업에는, 시민이 일반적인 의무에 대해 지는 책임 외에 특수한 책임이 따른다."는 점을 자각하고, "특히 과학자는 대중이 가까이 하기 어려운 지식을 갖고 있거나 혹은 그것을 쉽게 가질 수 있기 때문에 이런 지식이 선용되도록 전력을 다하지 않으면 안 된다."고 선언했다. 이러한 책임을 다하기 위해 과학자는 과학, 사회, 세계라는 3가지 차원에서 노력을 기울여야 한다. 과학 차원에서 과학자는 과학 연구의 건전성을 유지하고, 과학적 지식을 억압, 왜곡하려는 시도에 대해 저항하며, 과학적 성과를 완전히 공표해야 한다. 사회 차원에서 과학자는 자신의 분야가 당면한 경제적·사회적·정치적 문제들에 대해 지니는 의미를 연구하고, 모든 지역의 생활 여건과 노동 조건을 평등하게 개선하기 위한 연구를 진척시켜야 하며, 그러한 지식이 실행에 옮겨질 수 있도록 노력해야 한다. 마지막으로 세계 차원에서 과학자는 자신의 노력이 전쟁 준비의 방향으로 전환되는 것에 대하여 반대해야 하며, 평화를 위해 안정된 기반을 구축하고자 하는 세력을 지원해야 한다.

5. 과학자 사회 속 책임 있는 과학자 되기

과학 활동은 과학자 사회를 매개로 이루어진다. 과학자 사회는 실험실에서 출발하여 사회 전체로 확장될 수 있는데, 예를 들어 연구소에 소속된 과학자가 어떤 연구 과제를 위해 실험을 한다고 생각해 보자. 그의 연구 과제는 연구소가 지향하는 바와 일치해야 하고 연구소는 외부 사회의 요구를 반영해야 한다. 연구 과제의 성공은 실험실 활동, 실험 이외의 연구소 활동, 사회적 세계에서의 활동이 조화를 이룰 때 가능하다. 이는 실험실, 연구소, 사회라는 세 조각을 맞추어서 하나의 작품으로 완성하는 과정에 비유할 수 있다.[19)]

과학자는 과학자 사회를 통해 과학 활동에 필요한 지식과 능력을 습득할 뿐만 아니라 일종의 '사회화(socialization)' 과정을 경험한다. 자신이 속한 집단의 가치와 규범을 내면화하고 자신의 사회적 위치에 걸맞은 행동 양식을 습득하며 궁극적으로는 자신의 정체성을 확립하게 되는 것이다. 이와 같은 사회화 과정은 원만하게 이루어지기도 하지만 경우에 따라 상당한 갈등을 유발하기도 한다. 사회화 과정이 바람직한 방향으로 전개되기 위해서는 과학자 사회에서 발생하는 다양한 차원의 윤리적 문제를 인지하고 이를 슬기롭게 해결하는 것이 필수적이다.

과학자 사회에서 발생할 수 있는 윤리적 문제에 대해 미리 생각해 보는 일은 예방 의학에 비유될 수 있다. 심각한 병을 앓기 전에 우리의 건강에 필요한 것들을 주의 깊게 살피면 그러한 병이 발생하지 않도록 예방할 수 있다. 더 나아가 예방 의학은 건강한 삶을 영위하는 데 필요한 습관을 형성하도록 해서 사후적인 치료를 최소화하는 역할을 담당한다. 이러한 개념을 과학 활동에 적용하여 건강한 과학자 사회를 형성하고 과학이 보다 올바른 방향으로 발전할 수 있도록 노력하는 것은 과학자에게 주어진 또 다른 차원의 책임이다.

토론을 위한 사례들

1) 실험실의 근무 시간[20)

거의 밤 시간에만 실험을 하는 대학원생이 있다. 이런 상황이 한 달 이상 계속되자 지도 교수가 그 학생을 불렀다. 지도 교수는 아주 불가피한 경우를 제외하고는 근무 시간인 낮에 실험을 하는 것이 좋겠다고 권고했다. 그러자 그 학생은 자신이 올빼미족이어서 밤에 일할 때 훨씬 집중도가 높고, 낮에 여러 사람들과 부딪히면서 일하는 것이 힘들며, 낮에는 자신이 사용하고자 하는 실험 기기를 쓰는 사람들이 많아 밤 시간을 이용하는 것이 더 효율적이라고 말했다.

▶ 실험실의 근무 시간은 어떤 의미가 있을까? 지도 교수는 낮에 실험을 하는 것이 좋겠다는 이유로 무엇을 이야기했을까? 본인이 이 학생의 입장이라면 어떻게 하겠는가? 그 학생이 끝까지 자신의 방식을 고집한다면 지도 교수는 어떻게 해야 하는가?

2) 무책임한 지도 교수[21)

리빙스턴은 자외선이 식물의 성장에 미치는 영향에 대한 석사 논문을 쓰고 있다. 나이호프는 그녀의 논문을 지도하는 교수이다. 그 외 3명의 교수가 리빙스턴의 논문 심사 위원회에 소속되어 있다. 논문 심사에서 2명의 심사 위원은 논문이 체계적으로 조직되지 못했다고 평가했으며, 다른 1명은 최근의 중요한 연구가 검토되지 않았다고 지적했다. 결국 논문 심사 위원회는 리빙스턴의 생물학 석사 학위 수여에 반대하는 결정을 내렸다. 그 다음날 리빙스턴은 생물학과 학과장을 찾아가 자신의 논문 심사에 대해 의논했다. 리빙스턴은 지도 교수가 자신의 논문을 적절히 감독해 주지 않았다고 불평했다. 지도 교수가 자신의 초고에 대해 중요한 지적을 한 적이 없으며, 자신이 포함시키지 못했던 최근의 연구에 대해서도 말해 주지 않았다는 것이다.

▶ 나이호프는 무책임한 지도 교수인가? 또 리빙스턴에게는 잘못이 없는가? 학과장은 이러한 상황에 대해 어떻게 대처해야 하는가?

3) 학생의 아이디어를 사용하려는 교수[22]

철수의 학과에는 박사 과정 교육의 일환으로 연구 제안서를 작성하여 제출하도록 하는 의무 규정이 있다. 철수는 자신이 수행한 실험 결과를 바탕으로 독자적인 아이디어를 구성해 연구 제안서를 작성한 다음 이를 과제물로 제출했다. 그러자 지도 교수는 한국 연구 재단의 지침에 따른 양식과 체제를 알려 주었다. 그리고 얼마 후 지도 교수는 자신이 한국 연구 재단에 제출하는 연구 계획서에 철수가 연구 제안서에 담았던 내용을 포함시키겠다고 말했다. 철수는 이 말을 듣고 지도 교수가 자신의 아이디어를 도용하려 한다며 흥분했다.

▶ 지도 교수의 행동은 정당한 것일까? 정당하지 않다면 이는 지도 교수가 학생의 아이디어를 도용하는 사례에 해당하는가?

4) 교수의 부적절한 농담[23]

반즈 교수는 대학교에서 해부학과 생리학을 담당하고 있다. 그는 친절하고 사교적인 사람이며 그의 강의는 매우 우수하여 여러 차례 상을 받기도 했다. 그러나 그는 수업 시간에 지저분한 농담을 하는 버릇이 있다. 반즈 교수의 여자 조교인 혜서는 반즈 교수의 수업을 듣는 여학생 2명이 그의 농담에 대해 불평하는 것을 들었다. 그래서 혜서는 조교로서 여학생들과 대화를 나누었다. 혜서는 자신도 처음에는 그의 농담이 무례

하고 공격적이라고 생각했지만 이제는 많이 익숙해져서 전혀 신경 쓰이지 않는다고 말했다. 그러나 2명의 여학생들은 자신들이 그의 농담에 익숙해지는 것을 원하지 않으며 학생처장에게 알릴 계획이라고 응수했다.

▶ 이러한 상황에서 헤서는 어떻게 해야 할까?

5) 적극적 조치와 역차별[24]

미국에 있는 A 대학교의 물리학과에는 12명의 교수가 있는데 모두 남성이고 여성은 없다. 그래서 A 대학교 총장은 물리학과가 적절한 자격을 갖춘 여성을 고용하기 위해 각별히 노력할 필요가 있다고 말했다. 그 일이 있은 후 물리학과는 신임 조교수를 2명 채용하기로 결정하고 이를 공지했다. 100명의 후보자가 지원을 했는데, 5명만이 여성이었다. 여성 중에서 자격 요건을 충족시키는 사람은 3명이었지만 7명의 남성은 그보다 더욱 우수한 업적을 가지고 있었다. 물리학과는 수많은 논의 끝에 남성과 여성을 각각 1명씩 채용하기로 결정했다.

▶ 이러한 의사 결정은 어떻게 정당화될 수 있는가? 여기에 남성을 역차별하는 요소가 있지는 않을까? 미국이 아닌 한국의 상황은 어떻게 다를까? 한국에서 추가적으로 고려되어야 할 사항이 있는가?

6) 망원경 사용의 기회[25]

B 대학교의 천문학과는 성능이 좋은 신형 전파 망원경을 보유하고 있다. 이 학과는 전파 망원경을 사용하게 해 달라는 요청을 많이 받고 있지만, 30개 정도의 제안만을 수용할 수 있다. 그래서 천문학과는 기성 연구자들에게 우선권을 주고 젊은 연구자들에게는 불가피한 경우에만 새로운 전파 망원경을 사용할 수 있게 한다는 내규를 정한 바 있다. 최

근에 천문학과는 60개의 제안서를 받았는데, 20개는 대학원생이 학위 논문을 준비하기 위해 신청한 것이었다. 천문학과에서는 60개의 제안 서 중 절반을 선택하기 위한 회의를 열었다. 회의에서는 대학원생의 제 안서를 어느 정도 수용할지를 놓고 논쟁이 벌어졌다. 어떤 사람들은 젊은 연구자들에게 관용을 베풀어 가급적 많은 제안서를 수용하자는 의 견을 보였다. 반면 다른 사람들은 그러한 조치가 값비싼 망원경을 소모 하는 일에 지나지 않을 것이며 대학원생의 학위 논문은 기존의 망원경 으로도 충분히 가능하다고 주장했다.

▶ 이러한 상황에서 천문학과는 어떤 결정을 내리는 것이 바람직한가? 천문학과가 정한 내규에 문제점은 없는가?

7) 공동 연구를 함께 수행한 동료의 아이디어를 사용한다면?[26)]

멀리건 박사와 스티븐스 박사는 같은 대학의 교수로서 공동 연구를 추 진하고 있다. 연구 과제 신청이 끝난 후에 멀리건 박사는 외국의 민간 연 구 재단에서 좋은 일자리를 제안받았다. 그는 그 자리를 수락했고 연구 과제 신청 결과가 나오기 전에 대학을 떠났다. 얼마 뒤에 스티븐스 박사 는 그들의 연구 과제가 지원받지 못하게 되었음을 통보받았고 전화로 멀 리건 박사에게 그 사실을 알려 주었다. 1년이 지난 후 스티븐스 박사는 기존의 연구 계획서를 부분적으로 수정하여 다시 지원을 신청했다. 새 로운 연구 계획서는 기존의 것과 비슷한 목적을 가지고 있었지만 실험 재료에서는 약간의 차이가 있었다. 그런데 스티븐스 박사는 연구 계획서 를 준비하면서 멀리건 박사에 대해서는 전혀 언급하지 않았다. 다른 동료 로부터 그 소식을 전해 들은 멀리건 박사는 스티븐스 박사에게 그 연구의 아이디어는 상당 부분 자신이 제공한 것이라고 항의했다.

▶ 멀리건 박사의 항의는 정당한 것인가? 그리고 스티븐스 박사는 어떻게 해야 하는가?

8) 대중에게 알릴 의무와 학술지 투고 사이에서[27)]

로페즈와 화이트는 실험실 쥐를 사용하여 통상적으로 사용되는 식품이 인체에 미치는 영향에 대한 몇몇 실험을 완료했다. 두 과학자는 임신 중이거나 임신을 준비하고 있는 여성이 그 식품을 매일 섭취하면 향후 출산될 아기는 심각한 장애를 지닐 확률이 높아진다는 결과를 얻어 냈다. 그들은 그 식품의 중독성에 대한 논문을 작성하여 유명 학술지에 투고할 계획이었다. 그러나 그들은 기자 회견을 통해 일반 대중에게 정보를 제공하여 더 이상의 사고를 방지해야 한다는 의무감도 느끼고 있다.

▶ 이런 상황에서 로페즈와 화이트는 어떻게 하는 것이 바람직한가?

9) 연구 계획서와 다른 연구비 사용[28)]

금속 공학을 전공한 C 교수는 자기장이 전도성에 미치는 효과를 연구하기 위해 한국 연구 재단으로부터 5000만 원의 연구비를 받았다. 그의 연구 계획서에는 구리와 알루미늄 2가지 금속으로 실험을 수행하겠다고 적혀 있었다. 하지만 실험을 하면서 그는 새로운 연구를 보완적으로 수행하는 것이 필요하다고 느꼈다. C 교수는 몇 가지 다른 금속을 대상으로 자기장의 효과를 탐색하는 연구를 추가적으로 실시했다. 그리고 이 추가 실험을 위해 기존의 연구 계획서에서 대학원생을 위한 여비와 인건비로 책정되어 있던 연구비를 활용했다.

▶ C 교수는 잘못된 일을 하고 있는가? 그가 추가적인 연구에 대해 한국 연구 재단과 의논하지 않은 것은 정당화될 수 있는가?

10) 원자탄과 과학자들의 대응[29]

원자탄을 둘러싼 과학자들의 행동 방식은 매우 다양했다. 1936년 미국이 원자탄 개발을 서둘러야 한다고 주장했던 레오 실라르드(Leo Szilard)는 원자탄이 개발된 후에는 그것의 투하를 반대하는 운동을 벌였다. 한편 미국의 원자탄 독점이 야기할 문제점을 곰곰이 생각했던 클라우스 푹스(Klaus Fuchs)는 1944년부터 (구)소련에 맨해튼 계획의 내용을 보고하는 스파이 노릇을 했다. 또 핵분열 발견자였던 오토 한(Otto Hahn)은 자신의 발견으로 수많은 사람들이 사망했다는 사실에 크게 괴로워했다. 맨해튼 계획의 과학 기술 부문 총책임자였던 로버트 오펜하이머(J. Robert Oppenheimer)는 후에 수소 폭탄 개발에 반대함으로써 공산주의자라는 누명을 쓰고 공직에서 물러나기도 했다. 하지만 사이클로트론(cyclotron)을 개발했던 어니스트 로렌스(Ernest O. Lawrence)는 원자탄이 전쟁을 조기에 종료시켜 희생자를 줄였다고 주장했다. 그리고 에드워드 텔러는 원자탄을 개발하면서 수소 폭탄의 기술적 가능성이 드러나자 그것의 조기 개발을 주장하여 1950년대에 수소 폭탄 프로젝트의 책임자로 활동했다.

▶ 본인이 당시의 과학자였다면 어떻게 대처했을지 생각해 보자.

6강 과학 학술 논문에 대한 바른 이해

:조은희

    초기의 과학자들은 자신이 수행한 연구 결과를 주로 개인적인 서신의 형태로 다른 사람들에게 알렸다. 몇몇은 과학에 관심을 갖는 사람들로 이루어진 네트워크의 중심점 역할을 하기도 했다. 예를 들어 17세기 프랑스 수학자 마랭 메르센(Marin Mersenne)은 자신이나 다른 이들이 궁금한 점이 생기면 관련 과학자에게 편지를 보내 답을 구하고는 사람들에게 전달하는 역할을 담당했다. 새로운 발견을 한 과학자는 메르센에게 알렸고 메르센은 이를 다른 이들에게 전달하는 동시에 그 내용을 저서에 정리했다. 물론 자신의 저서를 통해 연구 성과를 공개한 사람도 있지만 이는 아무나 할 수 있는 일이 아니었다. 메르센은 당시 유럽 과학계의 소식통 노릇을 한 셈이다.[1]

    메르센은 여기에 그치지 않고 이런 과정을 조직화하기 위해 프랑스의 왕립 과학 학술원(Académie Royale des Sciences)의 창립을 주도했고, 영국의 왕립 학회(Royal Society) 창립에도 영향을 주었다. 이들 두 학회는 창립 이후 후자는 1665년, 전자는 1666년부터 각각 학회 공식 회보를 발간하여 비공식적인 서신을 통한 의견 교환 과정을 공식화했다. 이 회보들은 새로운 연구 결과와 함께 동료들의 평가가 수록되었다는 점에서 오늘날 학술지의 기원으로 여겨진다.[2]

이후 전문 학술 단체뿐만 아니라 상업적인 출판사에서도 다양한 학술지를 발간하여 지금에 이르고 있다. 최근 들어서는 전자 저널의 형태로 출간되는 학술지가 늘어나고 있으며 독자층에 따라 과학계 전반을 대상으로 하는 《네이처(Nature)》나 《사이언스(Science)》 같은 학술지에서 특수한 분야의 전문가들만을 대상으로 하는 학술지에 이르기까지 성격도 매우 다양하다. 하지만 형태와 성격은 다양하더라도 논문을 게재하는 과정이 대부분 동료 평가 제도를 근간으로 한다는 점은 동일하다.

이 장에서는 먼저 동료 평가 제도가 어떻게 진행되며 과학 지식이 축적되는 과정에 어떤 역할을 하고 있는지 그 유용성과 한계를 짚어 보기로 한다. 이어서 동료 평가 체제의 유용성을 극대화하기 위해 개별 연구자, 심사자(reviewer), 편집자(editor), 학술지, 과학자 사회가 무엇을 실천해야 할지도 생각해 보기로 하자.

I. 학술 논문의 심사 과정: 동료 평가 제도

학문의 분야가 전문화, 세분화되어 감에 따라 연구의 의미와 장점 그리고 한계 등을 명확하게 이해하고 평가할 수 있는 집단도 일부 전문가 집단으로 좁혀질 수밖에 없다. 따라서 연구 계획서, 보고서, 학술 논문 등은 대부분 같은 분야를 연구하는 전문가 동료 집단이 가설, 이론, 결과, 논의 등을 평가하여 객관성을 높인다. 이렇게 같은 분야를 연구하는 동료들의 평가 과정을 '동료 평가'라 부른다. 현대의 과학 연구는 상당 부분 이 같은 동료 평가 제도에 의존한다. 동료 평가는 연구를 직접 수행하는 연구자가 미처 알아채지 못한 주관적인 견해나 오류, 편견, 때로는 의도적인 왜곡, 조작이나 논리적 비약 등이 있는지를 관련 분야의 전문성을 지닌 동료 과학자들이 검토함으로써, 연구 결과의 수준과 객관성을 담보하기 위한 제도이다.

연구 과정에서 새로운 발견이 이루어졌다거나 발표되었다고 해서 이것이

바로 '과학적 사실'로 수용되는 것은 아니라는 사실을 기억할 필요가 있다. 다만 객관성을 확보하기 위한 개별 연구자의 노력에 이러한 과학자 집단의 평가와 검증 과정이 더해지면서 학술지에 발표된 논문은 조금 더 객관적이고 합리적인, 믿을 만한 지식으로 인정받게 된다. 따라서 학술지에 게재된 논문은 연구자들이 수행한 연구를 그 분야의 전문가들이 검토했고 연구 결과의 분석이 논리적이고 타당하다는 판정을 내렸다는 점에서 일반적으로 믿을 만하다고 할 수 있다. 만일 대중 매체 등의 경로를 통해 익숙하지 않은 분야의 최신 연구 결과를 접하는 경우, 그것이 동료 평가 제도가 정립된 학술지에 발표된 것인지를 확인하는 것도 일차적인 판단을 내리는 데 도움이 된다.

동료 평가 제도는 편집자가 투고 논문을 적절한 심사자에게 의뢰하고 그 평가 결과를 참고하여 게재 여부를 결정하는 과정으로 요약할 수 있다. 학술지마다 절차가 조금씩 다르기는 하지만 논문이 투고된 이후의 일반적인 처리 과정을 단계별로 살펴보면 다음과 같다.

1) 원고의 투고

일반적으로 저자는 원고를 학술지의 편집장(chief editor 혹은 editor-in-chief) 앞으로 보내거나 학술지 웹 사이트에 올림으로써 투고의 절차를 시작한다. 편집장은 학술지의 편집 위원회(editorial board)의 장 역할을 수행하는데, 편집 위원회는 투고된 논문의 내용을 검토한 후 해당 논문을 가장 공정하고 객관적으로 평가할 수 있는 편집자를 선정하고 그 논문에 대한 구체적인 심사 절차를 의뢰한다.

2) 편집자의 투고 원고 검토

학술지에 투고된 원고는 편집자가 먼저 검토한 다음 심사자에게 보낸다. 편집자는 일차 검토에서 논문이 해당 학술지의 편집 방향에 적절한지 또는 학술지에서 요구하는 수준에 적합한지 등을 검토하여 그렇지 않다고 판단되면 곧바로 원고를 반송한다. 특히 과학 전반의 관심사를 다루는 학술지에서는 논문의 내용이 일반적인 관심사가 아니라고 판단될 때, 논문 자체의 수준에 관계없이 반송하는 경우도 많다. 이 경우에는 당연히 상세한 심사 의견을 받을 수는 없지만 게재 여부가 일찍 결정되어 논문 출판 시기에 큰 영향을 주지 않는다는 장점도 있다. 전자 투고와 전자 우편을 통한 소통이 일반화되고 있는 최근에는 일주일 안에 회신을 받기도 한다.

3) 심사자 선정

원고를 검토한 다음 편집자는 해당 연구 분야에 정통한 심사자를 선임한다. 보통 2명 정도나 4명까지 선임하는 경우도 있다. 학술지에 따라 미리 편집 위원회가 구성되어 그 안에서 심사자를 선임하기도 하고 외부에서 관련 전문가를 위촉하기도 한다. 이 2가지를 병행하는 기관도 상당수 있다. 대부분의 학술지 편집진은 분야별 전문가 데이터베이스를 확보하고 있어, 이 중에서 심사자를 선정한다. 또한 저자는 자신이 투고하는 논문을 평가하기에 적절한 심사자를 추천할 수도 있고 이해 충돌 등으로 인해 심사를 맡기기에 부적합한 사람을 지적할 수도 있다. 심사자 선정에서 이러한 사항이 반영되기도 하지만 최종 선택은 편집자의 몫이다.

4) 원고 심사 및 게재 여부 결정

심사자는 일정 기간 안에 원고를 검토한 다음 이를 평가하여 게재 여부의 판단을 내린다. 게재되는 경우라도 대부분 연구 과정이나 결과의 문제점 또는 결과가 부적절하게 해석되거나 표현이 모호한 부분 등을 명시하여 이에 대해 수정을 요구한다. 편집자는 심사자들의 의견을 참고하여 게재 여부에 대한 최종 결정을 내린다. 필요한 경우 제3의 심사자를 구하여 의견을 묻기도 한다.

5) 수정 논문 출판

게재 승인이 난 논문의 저자는 심사자의 의견에 따라 논문을 수정, 보완한다. 수정 없이 게재 승인이 나는 경우는 거의 없으며, 심사자의 의견에 따라 수정되면서 논문의 수준은 한층 더 향상된다. 권위 있는 학술지에 논문을 투고하는 것의 이점 가운데 하나는 훌륭한 심사 의견을 얻을 수 있다는 것이다. 이렇게 심사 과정을 통하여 선별, 보완된 논문이 최종적으로 학술지에 게재된다.

위와 같은 동료 평가 과정을 통해 같은 분야를 연구하는 과학자 사회의 비평을 듣고 이들의 견해가 더해지면서 논문은 연구자 개인의 주관에서 벗어나 보다 더 객관적인 성격을 갖게 된다. 동료 평가 제도를 거쳐 학술지에 발표된 연구 결과를 더 무게 있게 받아들이는 것은 바로 이때문이다.

2. 동료 평가 제도의 기능과 한계

현행 동료 평가 제도가 그 자체로 완전무결하지는 않다. 오랫동안 저명한 의학 학술지《영국 의학 저널(*British Medical Journal*, BMJ)》의 편집 책임자를 역임한 리처드 스미스(Richard Smith)는 동료 평가의 문제점을 다음과 같이 지적했다. "동료 평가 제도는 더디고 비용이 많이 들 뿐더러, 연구자들의 시간을 낭비하는 데다 매우 주관적이며, 편견에 사로잡히기 쉽고, 쉽게 남용되고, 심각한 결함을 찾아내는 것에는 서툴고, 부정행위를 적발하는 데에는 거의 무용한 제도이다."[3]

근대 이후 과학이 학문의 한 분과로 자리 잡는 과정에서 동료 평가 제도가 과학적 지식의 객관성과 신뢰도를 확보하는 데 크게 기여해 왔다는 사실을 부정할 수는 없다. 다만 지금 그대로가 완전한 형태가 아니기에 한계를 인정하고 남용하거나 오용하지 않도록 지속적으로 노력해야 하며, 그래야만 객관적이고 공정한 과학 연구 체계를 수립하는 데 도움이 될 것이다. 앞에서 스미스가 주장하려는 바 또한, 동료 평가 제도에 여러 가지 문제점이 있으니 이 제도를 버리자는 것이 아니다. 더 적절한 형태로 개선하기 위해 노력을 기울여야 한다는 것이다. 따라서 과학의 다른 측면과 마찬가지로 동료 평가 제도 역시 현재의 방법과 절차를 아무 생각 없이 따르기보다, 늘 최상의 방법을 모색하면서 더 객관적이고 공정한, 따라서 더욱 더 신뢰할 수 있는 제도로 발전시키는 것이 과학자 모두의 책임이다. 여기서는 동료 평가 제도를 통해 얻고자 하는 목표와 이에 대한 한계를 검토해 보기로 하자.

1) 평가자의 수준 향상을 위한 노력

과학 연구는 과학자 사회 구성원의 건설적인 비평에 기대어 발전해 왔다. 동료 평가 제도는 연구 성과의 수준을 높이고자 하는 과학계 전반의 노력으로 정착되었다. 이 과정에서 심사자는 책임 의식을 바탕으로 충분한 시간과 노력을 들여야 하지만 투자하는 시간과 노력에 비해 특별한 보상이 따르는 일도 아니어서 과학자 사회 구성원이라는 책임감만으로 일정 수준 이상의 심사를 하기란 쉽지 않다. 게다가 해당 분야에서 활발하게 연구하는 저명한 학자라 해서 꼭 논문 심사를 잘하는 것도 아니다.

아직 그 직접적인 효과가 확인된 것은 아니지만 몇몇 학술지에서는 심사자를 대상으로 교육을 시도하기도 했으며 인터넷을 통하여 심사 지침이나 방법을 제공하는 사례도 있다.[4] 논문을 심사하는 활동 또한 적절한 교육을 통해 개선될 수 있기 때문이다. 논문 심사의 요령, 심사 의견서 작성법, 이해 충돌에 대한 대처 방식과 관련하여 학문 분야와 학술지의 기준을 미리 알려주고 심사를 의뢰하면 최소한의 심사 수준을 만족시키는 데 도움이 된다.

심사의 수준을 담보하기 위해 심사자를 공개하기도 한다. 누가 자신의 논문을 심사했는지 적어도 저자가 알 수 있도록 심사 의견서에 서명하거나 완전히 공개하면, 심사자들이 심사 의견서를 보다 공정하고 성실하게 작성할 것이라는 생각이 바탕이다. 이미 여러 학술지에서 이러한 방법을 채택하고 있고 드물게는 게재된 논문에 심사자를 명기하는 경우도 있다. 다만 이 경우 신진 연구자가 기존 거물 연구자의 연구 논문을 거리낌 없이 심사할 수 있을 지가 문제로 남는다.

2) 연고주의의 문제

투고된 논문 중에서도 충분한 학술적 가치를 지니는 논문이 게재되어야 할 것이다. 학술적 가치는 원칙적으로 연구의 목적, 방법, 서술의 적절성과 타당성 등에 근거해서 판단해야 하며 저자의 지명도, 연고, 성별 등에는 영향을 받지 않아야 한다. 그러나 동료 평가 제도에는 어쩔 수 없이 연고주의와 차별의 가능성이 존재한다. 예를 들면 그 분야에서 이미 일가를 이룬 권위 있는 연구자의 논문을 받았을 때와 이름도 생소한 신진 연구자의 논문을 받아 들었을 때 똑같은 잣대로 평가를 내리기 어려울 수 있다. 특히 분야별 전문 연구자의 수가 제한되어 있고 연고주의의 전통이 강한 우리나라에서는 학술지 게재 논문 심사는 물론 연구 과제 심사 등에서 이 문제가 어느 정도로 영향을 미치고 있는지를 파악하고 이를 극복할 수 있는 방법을 모색해야 할 것이다.

연구자의 소속이 논문 심사에 어떤 영향을 미치는가를 알아보기 위해 다음과 같은 연구가 수행되었다.[5] 연구자들은 심리학 분야의 학술지에서 지명도 높은 연구 기관이 발표한 논문 12편을 골라 제목과 초록, 머리말을 약간 수정한 다음 저자의 이름과 소속 기관을 바꾸어 같은 학술지에 다시 투고했다. 이때 소속 기관의 이름을 가짜로 꾸며 아무도 알지 못하는 기관의 연구자가 투고한 것으로 보이게 했다. 그 결과 이미 발표된 적 있다는 사실이 발각된 논문은 12편 중 3편뿐이었다. 9편은 심사에 들어갔고 결과적으로 9편 가운데 8편이 게재 거부를 당했다. 하지만 그 이유는 독창성이 없다(기존에 같은 논문이 발표된 적이 있으므로)는 것이 아니라 논문의 수준이 떨어진다는 것이었다.

학문 분야마다 조금씩 경향이 다르기는 하지만 대부분의 우리나라 학술지와 정보 과학, 철학, 경제학 분야 등의 국제 학술지에서는 심사자에게 저자의 신원을 밝히지 않는다. 반면, 생물학, 의학 분야의 국제 학술지는 대부분 심사자에게는 투고자를 알리지만 투고자에게는 심사자를 알리지 않는 제도를 채택하고 있다. 논문을 심사할 때 누가 저자인지를 알지 못하는 경우 저자의 지위나 저자와의 연고에 따른 차별을 제거할 수 있다. 그러나 전공 분야의 규모나 논문의 성격에 따라 저자를 밝히지 않더라도 그 분야의 전문가라면 논문 내용을 통해 충분히 저자를 유추할 수 있다는 점에서 심사자가 저자를 알지 못하게 하는 방법의 효용성에는 의문이 제기된다. 다만 이 제도가 저자의 소속이나 경력, 학력, 성별에 따른 잠재적인 차별의 가능성을 제한적이나마 줄일 수 있다는 점에서 적어도 과학 연구 과정에서의 공정성과 평등에 대한 원칙을 제고한다는 상징적인 의미를 부여할 수는 있을 것이다.

3) 창의적 연구 결과의 확산과 수용의 문제

과학은 늘 새로운 것을 추구한다. 대부분의 학술지나 심사자가 논문 심사의 주요 기준으로 독창성이나 창의성을 꼽는 것도 이 때문이다. 그러나 뜻밖에도 동료 평가 제도에서 가장 지속적으로 제기되는 문제는 이 제도가 과학 연구의 혁신을 저해한다는 점이다. 처음 투고한 학술지에 게재 거부를 당한 논문이 후에 노벨상 수상의 결정적 계기가 되거나 높은 영향력 지수(impact factor)를 자랑하는 사례가 드물지 않다는 사실이 이를 뒷받침한다.[6] 이는 초기 투고 시에 원고가 잘 다듬어지지 않아서일 수도 있지만, 제한된 지면보다 많은 논문이 투고되는 경우 어쩔 수 없이 주관적인 판단에 근거하여 우선순위를 정해야 하기 때문일 수도 있다. 그러나 동료 평가 제도가 운영되는 과정을 잘 생각해 보면, 다음과 같은 맥락에서 이것은 제도 속에 내재될 수밖에 없는 한계이다.

심사자나 편집자는 대개 나이와 경험이 많고, 해당 분야에서 전문가로 인정받는 연구자 가운데 선정된다. 논문에서 다루는 내용과 같은 분야에서 전문가로 일컬어지는 사람들이라면 그 논문에서 제시된 연구와 직접 또는 간접적으로 관련된 연구를 수행하는 사람들일 것이다. 이런 경우에 심사자는 자신의 연구 결과나 이론을 뒷받침하거나 적어도 같은 맥락에서 논하는 연구 논문에 긍정적인 평가를 내리고 자신의 이론이나 견해에 반하는 결과에 대해서는 비판적이거나 부정적인 평가를 내리기 쉽다. 반드시 그 분야의 기득권을 지닌 연구자가 아니라 할지라도 결국 기존의 지식 체계를 바탕으로 논문을 평가하는 것이 일반적이므로, 누가 심사를 하든지 이 문제는 피하기 어렵다. 오히려 역설적으로 연구 경험이 적을수록 고정 관념 또한 적어 때에 따라서는 혁신적인 연구를 쉽게 수용할 가능성이 있다.

이와 같은 현상은 실제 몇몇 실험을 통해서도 확인되었다. 동일한 방법으로 수행된 가상의 연구에서 결과만을 달리 제시한 논문을 심사하게 했을 때, 심사자는 대체로 학계가 현재 수용하고 있는 사실과 충돌하는 결과에는 낮은 평가를 내리며, 연구의 설계나 연구 방법상 결함이 있다고 평가하는 경향을 보였다.[7] 이것은 인지 심리학자들이 긍정적 편향(confirmatory bias)이라 부르는, 자신의 견해를 긍정적으로 지지하는 사실에 마음이 기우는 사고 과정의 편향성에 의한 것으로 판단된다. 심사자가 자신의 견해에 부합하는 결과를 선별할 의도가 없었다고 해도, 동료 평가 제도에서 이러한 경향이 나타나는 것을 원천적으로 피하기는 힘들다.

그러나 동료 평가에서 기존의 틀을 깨는 혁신적인 과학적 성과를 선별할 수 있어야 한다는 조건은, 과학 논문의 틀을 갖추지 못한 논문을 걸러 내야 한다는 전제와 어떤 면에서는 충돌할 수밖에 없는 것이 현실이다. 어떤 방식으로 둘 사이의 균형을 맞추며 제도를 실천하고 개선할지가 학술지 편집자들에게 주어진 과제이다.

4) 연구 부정행위의 적발 및 감시

동료 평가 제도에 의한 논문 심사 과정에서 심사자는 모든 연구자가 책임 있는 자세로 정직하고 성실하게 결과를 제시했다고 가정한다. 따라서 심사자의 입장에서 자신이 심사한 논문이 후에 위조나 변조, 표절된 논문으로 판명된다 하더라도 이에 대해 직접적으로 책임을 져야 하는 것은 아니다. 이는 편집자의 경우도 마찬가지다. 그러나 가능하면 과학 연구가 진행되는 모든 단계에서 연구 부정행위에 대한 감시와 예방이 이루어지도록 논문 심사 과정에서도 부정행위의 가능성을 줄일 수 있는 방법을 모색해야 할 것이다. 사실 논문 심사 과정은 다음과 같은 점에서 연구 부정행위에 대한 감시가 이루어질 수 있는 좋은 단계인데, 최근 이와 관련하여 활발하게 논의가 진행되고 있다.

먼저 논문 심사자는 해당 분야의 전문가이므로 누구보다도 연구 과정을 잘 이해하고 그 결과의 타당성이나 신뢰성을 잘 파악할 수 있다. 따라서 전문가적 식견에서 의심할 만하거나 믿기 어려운 결과가 제시되면 이를 또 다른 방법으로 증명해 줄 것을 제안하거나 보충 자료 또는 실험 노트 등을 제시하도록 요구할 수 있다. 또한 그 분야의 다른 논문이나 글을 누구보다도 많이 접했을 것이므로 적절한 형태로 인용하지 못했거나 표절한 부분을 쉽게 지적할 수 있다. 많은 학술지가 온라인 형태로 데이터베이스화되면서 어디선가 본 적 있는 글이나 그림이 발견되면 마우스 클릭 몇 번만으로도 비슷한 내용을 찾아낼 수 있게 되었다. 심사자의 이러한 역할은 부정행위를 감시하고 예방하는 효과를 가져온다. 그러나 심사자가 위조나 변조, 표절을 다른 사람보다 알아내기 쉬운 위치에 있다는 점이 반드시 모든 부정행위를 적발할 수 있음을 의미하지는 않는다. 다만 심사자나 편집자가 투고 원고를 다룰 때 모든 내용이 있는 그대로가 아닐 수도 있다는 점, 따라서 부정행위의 위험이 존재한다는 것을 인식하고 원고를 처리한다면 논문 출판과 관련된 부정행위를 줄일 수 있을 것이다.

최근에는 이와 같은 논의가 여러 학술지에서 보다 본격적이고 체계적으로 이루어지고 있어, 앞으로 표절이나 사진 조작 등이 줄어들 것으로 전망된다. 과학 학술지의 편집자들은 공동으로 표절을 탐지할 수 있는 서비스를 이용하여 논문이 출판되기 전에 표절 논문을 찾아내기로 했다.[8] 2005년 황우석 박사의 줄기세포 논문에서는 현미경 사진을 자르거나 돌리고 늘이는 방식으로 조작한 사진이 발각된 바 있다. 이에 대해 이 논문이 《네이처》가 아니라 《세포 생물학 저널(*Journal of Cell Biology*, JCB)》에 투고되었다면 조작 사실이 논문 출간 전에 밝혀졌으리라고 보는 사람들도 있다. 세포 생물학 분야에서는 이미지 증거가 중요한 탓에 이 학술지는 적절하지 않게 조작된 이미지가 증거로 게재되는 것을 미연에 방지하기 위해 노력해 왔다. 《세포 생물학 저널》에서는 출판 전에 모든 논문의 이미지를 정밀 검사하여 조작 여부를 검토하고 있다.[9] 다른 학술지에서도 이 점을 본받아 이미지 조작에 대해 전보다 적극적으로 사전 예방적인 대책을 강구하고 있으며,[10] 이처럼 학술지들이 체계적이고 조직적으로 대응한다면 이미지 조작은 물론 표절의 문제도 출판 이전에 어느 정도 찾아낼 수 있을 것이다.

3. 과학 지식의 객관성을 위한 과학자 사회의 역할과 책임

학술지가 객관적인 과학적 지식의 축적에 바람직한 방향으로 기여하려면 논문 투고자 및 심사자, 편집자를 비롯한 과학자 사회 구성원 모두의 역할이 중요하다.

1) 논문 투고자(저자)의 역할과 책임

투고자는 정직하고 성실한 태도로 명료하게 논문을 작성해야 한다. 또 논문 작성에 관여한 기관과 연구자들을 적절하게 언급하고, 이해관계를 투명하게 밝히며, 중복 투고(multiple submission)를 하지 않고, 심사자의 의견에 최대한 귀 기울여 훌륭한 논문을 발표하도록 노력해야 한다. 발표 이후에도 논문에 대해 개진되는 의견에 관심을 기울이고 필요한 경우 즉시 수정이나 철회의 조치를 취해야 한다.

학술 논문이 어떤 과정을 거쳐 출판되는지를 잘 알고 있다면 자신의 논문을 적절한 학술지에 투고할 수 있다. 더 나아가 투고자들은 공정하고 투명한 동료 평가 절차를 수립한 학술지를 선택하여 동료 평가 과정 자체에 보다 적극적으로 영향을 미칠 수도 있다. 정보 공개, 공익성, 투명성 등 여러 측면에서 바람직한 제도를 구축한 학술지를 선택하여 논문을 투고하면, 동료 평가 제도뿐 아니라 학술지가 바람직한 방향으로 개선되는 데도 도움이 된다.

2) 심사자의 역할과 책임

▶ 책임 있는 태도로 심사 여부를 결정하고 시간 엄수

논문 심사는 소요되는 시간과 노력에 비해 직접적인 보상이 주어지지 않는 작업이다. 그러나 심사자로 위촉되는 일은 자신이 해당 분야의 전문가로 인정받고 있음을 의미하는 영예인 동시에 과학계의 일원이자 학술지에 논문을 내는 저자로서 당연히 나누어 맡아야 하는 책임이다. 그 역할을 성실히 수행한다면 직접적으로는 전공 분야의 최신 연구 결과를 남보다 한발 앞서 접할 수 있고 간접적으로는 건설적인 심사평을 통해 그 분야 과학 지식의 수준을 높이는 작업에도 기여하게 된다.

편집자에게 논문 심사 의뢰를 받으면 심사에 앞서, 첫째 논문이 자신이 잘 이해하는 심사 가능한 분야를 다루고 있는지, 둘째 심사 기한 안에 논문을 꼼꼼히 읽고 심사 의견서를 작성할 수 있는지와 함께, 셋째 연구 결과 또는 연구자와 관련하여 이해관계가 없는지를 검토해야 한다. 여기에서 문제가 없으면 심사를 수락하고 그렇지 않은 경우 빨리 논문을 반송하고 사유를 알려야 한다.

유수 의학 학술지의 편집 책임자였던 데일 베노스(Dale J. Benos) 등은 논문 심사 방법을 소개하는 논문에서 심사자에게 2가지 역할을 주문한다.[11] 하나는 "저자 옹호자(author advocate)"의 역할이다. 저자의 입장이 되어서 저자가 원하는 방식으로 원고를 처리해야 한다는 것이다. 이 역할은 심사자가 객관적이고 균형 잡힌 건설적 비평을 하되 개인적인 공격은 삼가고 신속히 심사를 마쳐 원고가 지체 없이 처리되도록 최선을 다해야 한다는 사실을 강조한다. 또 하나 취해야 할 입장은 "학술지 옹호자(journal advocate)"의 역할이다. 심사자는 연구 방법이나 결과를 제시하는 과정에 실수나 결함은 없는지, 연구 결과가 논문의 결론을 뒷받침하고 있는지, 선행 연구를 적절하게 소개하고 있는지, 독창적이고 의미 있는 연구 결과를 도출하고 있는지 등 논문의 수준을 정확하게 평가함으로써 해당 학술지에 최고 수준의 논문이 실릴 수 있도록 조력해야 한다.

이때 여러 가지 기준이 적용된다. 투고 원고의 과학적 수준 및 출판 적정성에 대한 판단을 내리고, 독창적인 연구인지, 올바른 과학적 방법론을 적용했는지, 투고된 학술지에서 출판하기에 적절한지 등을 따져 심사한다.

▶ 전문성을 바탕으로 원고의 수준을 개선

심사자는 투고된 논문의 연구 분야에 정통한 전문가여야 한다. 심사 논문이 특정 학술지의 성격에 부합되는지, 새롭고 중요한 과학적 의미를 지니고 있는지, 결과를 제시한 방법이나 이에 대한 해석이 과학적이고 논리적인 정합성을 지니는지, 전체 내용이 일관성 있고 이해할 수 있는 형태로 작성되었는지 등을 평가할 수 있어야 한다. 이와 더불어 게재되는 논문에 비논리적이거나 편향된 부분이 없는지 살피는 한편, 더욱 명료하고 논리적으로 결과를 기술하고 해석하는 데 도움이 되는 제안을 해야 한다. 때로는 논문의 주장을 검증하거나 확인할 수 있는 방법을 제안하기도 한다.

또 심사 논문에 대한 비평을 할 때에는 문제점을 분명히 지적하고 가능한 한 이 문제를 해결하는 데 도움이 될 수 있는 구체적인 제안을 제시해야 한다. 저자의 논점을 비판하는 경우에는 참고 문헌을 제시하는 등 비판의 근거를 명확히 밝힌다. 편집자가 특별히 지정하지 않는 한 심사자는 심사 논문 전체를 검토해야 한다. 그러나 이때 심사자가 전문성을 띠고 있지는 않지만 검토할 필요가 있다고 생각되는 부분이 있으면 반드시 편집자에게 알려 전문가에게 의뢰하도록 한다. 심사 과정에서 원고의 문제점을 찾고 이를 개선하는 것이 중요하기는 하지만 문제점을 찾아내야 한다는 의식이 지나쳐 문제가 아닌 것도 문제 삼는 경우가 있기 때문이다.[12] 전문성을 갖지 못한 부분에 대해 의견을 내는 경우 잘못된 비평을 할 가능성이 높으므로 구체적으로 문제를 제기하기보다는 '이러이러한 문제는 전문가의 검토가 필요하다.'라거나 '본 심사에서는 이러이러한 부분이 정확하게 제시된 것으로 가정하고 심사했다.' 등의 의견을 덧붙여 편집자가 올바른 판단을 내릴 수 있는 형태로 정보를 제공해야 한다.

▶ **공정하고 객관적인 심사 의견서 작성**

심사 의견서는 객관적이고 공정하게 이루어져야 한다. 평가의 객관성 확보를 위해서는 논문에서 수행된 연구의 내용이나 저자와 관련하여 이해관계가 얽히지 않아야 한다. 논문이 게재되거나 게재가 거부되었을 때 어떠한 이익이나 손해가 발생하지 않아야 하는 것이다. 이때 이해관계에 갈등이 발생할 여지가 있다고 생각되면 즉시 이유를 명시하여 심사를 거절하거나 편집자에게 이를 문의한다. 심사를 거절할 만한 정도가 아니라고 판단되면 심사 의견서에 이를 명시한다.

또한 심사 의견서는 항목별로 체계적으로 정리해야 한다. 논문의 강점과 약점을 고루 지적하여 편집자가 균형 잡힌 판단을 할 수 있도록 작성하는 것이 좋다. 심사 원고가 해당 학술지에 게재될 수준이 아니라고 판단하는 경우에도 그 근거를 자세히 밝히고 가능한 범위에서 개선책을 조언하는 것이 심사자이기에 앞서 같은 분야의 동료로서 바른 태도이다.[13]

▶ **심사 원고에 대한 비밀 보장**

심사하는 원고에 대해서는 절대 비밀을 유지한다. 학술지의 허락 없이는 절대 다른 사람과 상의하지 않는 것이 일반적인 원칙이나, 학술지에 따라서는 다른 전문가의 도움을 받는 것을 허용하기도 한다. 그러나 이 경우라도 도움을 받은 경우 반드시 이를 명기하는 것이 바람직하다. 평가가 끝난 논문은 되돌려 주거나 폐기한다. 온라인으로 진행되는 심사의 경우에도 사본을 저장한 채로 있지 않도록 주의한다. 또한 저자와의 개별적인 접촉을 피하고, 심사자가 공개되는 경우라 할지라도 심사 과정에서 저자에게 문의 또는 상의할 점이 있으면 반드시 편집자를 거쳐서 전달해야 한다.

3) 편집자의 역할과 책임

편집자는 학술지에 투고된 원고의 심사 여부 및 게재 여부를 결정하는 책임과 더불어, 적절한 심사자를 위촉하여 심사를 투명하고 공정하게 진행하는 역할을 담당한다. 논문 게재 여부를 결정하거나 적절한 심사자를 찾는 일 자체도 쉬운 일은 아니다. 투고 원고의 저자와 심사자 모두에게 최대한 예의를 갖추고 공정하게 대해야 하며 저자가 심사 결과에 불복하여 항의하는 경우에도 변함없이 공정한 중재자의 역할을 해야 한다.

▶ **논문 심사 여부 및 게재 여부를 공정하게 결정**

연구자들이 선호하는 학술지 가운데에는 논문이 투고되면 이를 일차 선별하여 곧바로 저자에게 되돌려 보낼 것인지 심사를 진행할 것인지를 결정하는 학술지가 많다. 《네이처》나 《사이언스》와 같은 일반 학술지의 경우에는 이 단계에서 되돌려지는 논문이 투고 논문의 절반을 넘는다. 학술지의 편집자 또는 편집 위원회에서는 해당 학술지의 목표와 자체 기준에 따라 논문을 선별한다. 상세한 심사 의견을 받지는 못하더라도, 적어도 지체 없이 다른 학술지에 투고할 수 있는 기회를 얻는다는 점에서 이러한 선별 과정은 저자들에게도 유리한 제도이다. 심사가 결정된 논문은 적절한 심사자에게 보내지며 이 심사 의견을 바탕으로 편집자 또는 편집 위원회가 게재 여부에 대한 최종 결정을 내린다. 이러한 결정은 논문에 대한 평가에만 근거하고 그 밖의 재정적인 또는 정치적인 영향과는 무관해야 한다.

▶ 적절한 심사자 위촉

해당 분야의 연구에 충분한 전문성을 지니고 새로운 이론이나 방법을 쉽게 수용할 수 있으며, 편향되지 않고 공정한 평가를 하는 심사자를 선택하는 일은 쉽지 않다. 적임자를 찾더라도 다른 일로 너무 바빠 시간을 내기 어려운 경우도 많다. 초임 심사자를 찾아내는 일은 시행착오를 거칠 수밖에 없다. 자신의 분야에서 저명한 사람들조차 엉터리 심사를 하는 경우가 있는 만큼, 학문적 지명도와 논문 평가 능력이 반드시 일치하지는 않는다.[14] 이런 다양한 변수를 감안하여 충분한 평가 인력을 확보하고, 동시에 일부 인원에 너무 많은 평가 의뢰를 하여 부담이 집중되지 않도록 조절해야 한다.

▶ 학술지 편집의 독립성 확보

편집자로서 감당해야 하는 책임은 이것만이 아니다. 편집자가 고려해야 하는 대상은 저자나 심사자에 그치지 않으며 학술지 독자의 수준과 기대, 그리고 학술지 발간 기관의 발간 목적에도 부응해야 한다.[15] 때로 이러한 편집자의 다양한 책임은 서로 충돌을 일으키기도 한다. 거대 제약 회사는 의학 학술지의 주요 광고주이며 엄청난 부수를 구독해 주고 게재된 논문의 별쇄본을 수천 부 이상 구매한다. 따라서 의학 학술지에서는 거대 제약 회사의 연구 결과를 게재하면 학술지의 재정에 큰 도움이 된다. 하지만 중요한 것은 오직 연구 결과의 중요성과 의미이며, 그 밖의 문제는 모두 편집자의 공정성을 저해하는 요소이다.

4. 동료 평가 제도의 개선

  동료 평가 제도를 개선하고자 하는 노력이 여러 학술지에서 시도되고 있다. 여기서는 이 가운데 인터넷과 전자 저널이 확산되면서 새로운 매체를 활용한 공개 동료 평가(open peer review) 제도를 실시하고 있는 학술지를 소개한다. 공개 동료 평가는 단순히 심사자의 신원을 공개하는 경우를 의미하기도 하지만 투고 원고를 웹 사이트에 올려 관심 있는 모든 사람에게 평가를 받는 형식을 지칭하기도 한다. 《네이처》에서는 논문을 웹에 공개하는 공개 동료 평가의 적절성을 확인하기 위해 2006년 6월부터 9월까지 4개월 동안 저자들이 원하는 경우에 한해 통상적인 동료 평가와 함께 공개 동료 평가를 실시했다. 그 결과, 심사를 받은 원고 가운데 5퍼센트에 해당하는 71개 원고의 저자들이 이 방식을 선택했다. 공개된 원고를 읽은 사람들의 수가 상당히 많았던 만큼 공개 동료 평가 제도에 대한 관심은 높았지만 실제로 제출된 평가 의견의 수나 그 수준은 기대에 미치지 못했다.[16] 《네이처》에서는 당분간 이 제도를 시도할 의사가 없음을 밝혔다. 물론 단기간 동안의 실험에 불과하기 때문에 이 사실에 근거하여 공개 동료 평가의 효용성을 따지는 것은 큰 의미가 없을 수 있다. 다만 이러한 평가 제도를 평가의 근간으로 채택하기로 한 몇몇 학술지의 시도는 눈여겨 볼 필요가 있다.

  《대기 화학과 물리(*Atmospheric Chemistry and Physics*)》를 비롯한 유럽 지구 과학 협회(European Geoscience Union, EGU)에서 발간하는 여러 학술지에서는 2단계 공개 동료 평가 및 토론의 과정을 거친다.[17] 첫 단계에서는 투고 원고를 검토하여 학술지의 성격에 부합한다고 판단되면 즉시 학술지의 웹 사이트에 공개한다. 공개된 논문은 8주간 공개적인 토론을 거친다. 이 기간 동안 지정된 심사자들의 심사가 함께 진행되며 심사자들은 원하는 경우 심사 의견서에 이름을 밝힐 수도 있다. 다만 공개 토론에서 의견을 개진하는 과학자들은 반드시 자신의 이름을 공개해야 한다. 이 과정을 거쳐 수정된 원고가 도착하면 두 번째 단계는 기존의 동료 평가와 동일하게 진행된다. 2001년에 창간된《대기 화학과 물리》에서는 2006년에 모두 240개의 논문을 발표했으며 4편 가운데 1편이 지정 심사자 이외의 과학자들 의견을 접수했다. 일반적인 동료 평가 제도를 실시하는 경우에는 보통 논문 100편당 1편꼴로 다른 의견이 접수된다. 이 학술지의 전체적인 게재 거부율은 20퍼센트 이하로 높지 않지만 발행된 지 3년 만에 국제 통계 협회(International Statistical Institute, ISI) 학술지 영향력 지수가 해당 분야의 169개 학술지 가운데 12번째를 기록했다. 이와 같은 결과는, 공개 동료 평가와 토론을 거치면 저자들이 제대로 다듬어지지 않은 논문을 투고하는 비율을 낮추어 전문 심사자에 의한 평가의 부담이 줄어들 수 있음을 시사한다.

《인공지능에 대한 전자 회보(Electronic Transactions on Artificial Intelligence, ETAI)》는 공개 동료 평가와 열린 접근 정책을 실시하고 있다.[18] 1997년에 발행되기 시작한 이 학술지는 가장 먼저 공개 심사를 시도했다. 이 학술지의 공개 심사는 검토(reviewing)와 심사(refereeing)의 2단계로 이루어진다. 검토의 목적은 동료 과학자들과 의견 교환을 통해 저자들에게 좋은 의견을 개진하는 것이고, 심사의 목적은 학술지에 게재될 논문의 수준을 담보하는 것이다. 논문이 투고되면 담당 편집자는 논문이 학술지에서 다룰 만한 주제인가를 검토한 다음 학술지의 웹 사이트에 공개하고 전자 우편을 통해 관련 연구자들에게 공지한다. 이후 3개월 동안 공개 토론이 이루어지는데 이때 반드시 실명으로만 의견을 올릴 수 있다. 이 과정이 끝나면 저자들은 원고를 수정하여 편집자에게 보내고 편집자는 다시 전문가에게 보내어 논문 게재 여부를 묻는다. 이 단계에서는 학술지에 논문을 게재할 만한지 아닌지에 대한 가부만을 결정한다. 따라서 게재 여부를 결정하는 심사 단계는 빠른 시간 안에 진행될 수 있다.

자신의 원고를 공개하여 전문가들의 의견을 받는 이러한 제도는 저자들에게 상당한 부담이 되기 때문에 자연히 원고의 수준이 높아지게 된다. 이에 따라 심사 인력과 노력이 줄어들 뿐만 아니라 평가 의견이 공개됨으로써 논문을 평가하고 새로운 의견을 개진한 평가자의 노력을 인정받을 수 있다는 이점도 있다. 또한 최종적으로 익명의 심사자들이 게재 여부를 결정하기 때문에 논문 저자의 지명도 등에 따라 게재 여부가 달라질 가능성도 낮고, 익명의 심사자라 할지라도 이미 공개된 논문의 게재 여부를 결정하게 되므로 공정한 결정을 내리지 않을 수 없는 압력이 생긴다.

5. 학술 논문이 지니는 편향성

과학 지식은 출판된 학술 논문에 의지한다. 앞에서 논문을 작성하는 단계에서부터 출판되기까지 객관성을 확보하기 위한 다양한 노력들을 살펴보았다. 그럼에도, 전체적으로 보면 과학 연구의 성과를 제대로 반영하지 못한 논문들도 출판이 되고는 한다. 그 이유는 출판된 학술 논문이 가지는 편향성 때문이다. 이 '학술 논문의 편향성(publication bias)'은 출판된 논문 전체에서 드러나는 다음과 같은 편향성을 말한다.

1) 유의미한 차이를 보이는 논문이 게재되는 경향

출판된 학술 논문에서 드러나는 대표적인 편향성은 '둘 사이에 유의미한 차이가 있음' 또는 '영향이 있음'을 보여 주는 논문이, '별 차이가 없음' 또는 '영향이 없음'을 보여 주는 논문보다 더 많이 게재되는 경향이다. 많은 심사자나 편집자들은 통계적으로 유의미하게 차이를 보이는 논문이 '중요한 의미'를 지닌다고 판단하는 경향을 보인다.[19] 이러한 편집자들의 경향은 연구자들이 유의미한 차이가 있는 연구 결과만을 주로 논문으로 작성하여 투고하는 편향성으로 이어지기도 한다.[20] 과학 연구에서 중요하게 평가해야 할 것은 '연구에서 의미 있는 질문을 하고 있는가?'와 '이를 타당한 방법과 분석을 통해 증명하고 있는가?'이다. 중요한 질문에 대한 타당한 결과를 얻었다면 그 자체로 유의미한 것으로 판단해야 하며 결과가 긍정적인가 부정적인가는 부차적인 문제다.

긍정적인 결과만 선별적으로 발표되는 경향은 의학 같은 특정 분야에서는 큰 문제가 될 수 있다. 새로 발견된 물질이 암세포에 미치는 영향을 연구했을 때 통계적으로 유의미한 정도로 암세포에 영향을 미친다는 결과를 얻은 연구자도 있고, 암세포의 생장에 별 영향이 없다는 결과를 얻은 연구자도 있었다고 하자. 이때 전자의 연구만이 발표된다면 사람들은 이 물질의 효과에 대해 부정확한 정보를 가질 수밖에 없다. 의학계에서는 이와 같은 왜곡 현상을 없애기 위해 다양한 방법을 모색하고 있는데 현재 임상 연구에서는 '임상 연구 등록제(clinical trial registration)'라 하여 연구 계획 단계에서 연구 과제를 등록하고 긍정적 차이를 얻든 그렇지 않든 모든 연구 결과를 알 수 있도록 하는 방법이 시도되고 있다. 이 제도는 보안 등을 이유로 학계와 산업계가 강하게 반발한 탓에 순조롭게 시작되지는 못했다. 그러나 여러 의학 학술지에서 등록된 연구 결과만을 게재한다는 입장을 밝히면서 등록하는 연구의 수가 크게 늘어나 이제는 거의 자리를 잡았다.[21]

그밖에도 학술지에서 일정 공간을 할애하여 부정적 연구 결과를 짤막하게 게재하도록 하는 동시에 저자들에게 부정적 연구 결과를 얻더라도 논문으로 작성하도록 권고하자는 의견[22]도 있으며, 부정적인 연구 결과만 주로 게재하는 학술지를 만들거나 그것이 어려우면 내용 없이 제목만이라도 실어 주자는 제안도 제기된 바 있다.[23]

2) 이해관계에 따른 논문의 편향성

논문을 작성할 때는 정직하고 엄정한 태도를 견지해야 하지만, 출판된 학술 논문을 전체적으로 보면 저자의 이해관계에 따라 논문이 편향성을 보이는 경우가 가끔 있다. 예컨대 환경 위해 물질에 노출되었을 때 질병에 걸릴 가능성을 조사한 연구 논문에서 그 물질을 생산한 회사 등 특정 이해관계가 있는 집단에서는 관련이 없다는 연구 결과를 주로 발표하는 경향이 있다.[24]

임상 연구의 경우 영리 기관(제약 회사 등)에서 지원한 연구 결과가 다른 비영리 기관(공공 기관 등)에서 지원한 연구 결과보다 새로운 치료법이 효과가 있다는 내용의 논문을 많이 발표하는 경향은 훨씬 많은 조사에서 확인되었다.[25] 담배 회사에서 자신들에게 도움이 될 만한 연구는 지원하고 피해가 되는 연구는 방해, 비난하는 식으로 유리한 연구 결과만을 대중과 정책 입안자들에게 홍보해 온 과정은 익히 알려진 사례이다.[27]

이와 같은 편향성이 나타나는 이유가 저자가 의도한 때문인지는 확인하기 어렵다. 의도하지 않더라도 저자의 주관이나 배경 지식에 따라 편향을 피할 수 없는 부분도 있기 때문이다. 따라서 연구자의 입장에서는 가능한 자신의 주관적 위치에 따른 편향을 줄이도록 노력해야겠지만 그럼에도 이를 완벽하게 제거할 수는 없다는 점을 인식해야 한다.

동시에 과학계는 이에 대처할 방안을 모색해야 할 것이다. 의학 학술지 등에서는 논문에서 연구와 관련된 저자의 '이해관계를 천명'하도록 요구하고 있다. 독자들에게 관련 정보를 공개해 바른 이해를 돕겠다는 뜻이다. 저자 목록에서 밝혀지는 현재의 소속 기관 이외에 이해관계가 있다면 따로 밝혀 두어야 한다. 《영국 의학 저널》에서는 여기서 그치지 않고 편집자들의 이해관계 또한 모두 공개하여 학술지의 투명성을 높이고자 노력하고 있다. 독자의 입장에서는 논문에 제시된 글쓴이의 이해관계와 학술지의 성격을 파악하고, 이에 따라 논문 내용을 잘 새겨 이해해야 할 것이다.

6. 학술지 출판 이후

논문이 학술지에 게재되었다고 해서 연구자의 손을 완전히 떠나는 것은 아니다. 이제 공개적으로 검증받는 일이 남았다. 논문이 출판되면 관련 분야의 연구자들이 이를 읽고 충분히 의미 있는 논문일 경우에는 저널 클럽 등에서 토론을 벌이기도 한다. 연구실 내 모임에서 소개되거나 저녁 회식 자리에서 이야깃거리가 되기도 할 것이다. 그런데 이렇게 여러 사람들에게 읽히고 토론의 대상이 되는 경우는 그나마 행운이다. 많은 수의 논문이 널리 읽히지도, 토론의 대상이 되지도 못한 채 사라지고는 하니 말이다. 아무리 열심히 연구를 수행하고 논문을 작성하는 과정에서 많은 고민을 하고 여러 사람의 의견을 모았다 하더라도 막상 학술지에 투고하게 되면 칼날 같은 심사 의견에 마음 졸이게 되듯이, 논문이 출판된 다음에도 수많은 동료 전문가들의 공식, 비공식 토론을 거치면서 새로운 문제점이 발견되는 경우가 적지 않다.

동료 평가를 거쳐 출판된 논문이라 할지라도 오류가 남아 있을 가능성은 언제나 있다. 드물게는 이것이 부정행위 때문이기도 하지만 대부분은 실험 계획 또는 수행 방법이나 분석의 잘못 때문에 발생하는 의도하지 않은 오류이다. 그 원인이 무엇이든 논문의 잘못을 찾아내고 수정하는 것은 과학자 사회 구성원의 역할이다. 독자는 논문을 비판적으로 읽고 잘못된 내용이 발견되면 이에 대해 적극적으로 대처해야 하며, 편집자는 논문과 관련된 여러 의견에 귀를 기울여 합리적인 판단을 내려야 한다.

연구자가 논문을 읽거나 재현하는 과정에서 문제를 발견한 경우에는 사안에 따라 직접 교신 저자와 접촉하거나 그 문제점을 적어 학술지 편집자에게 보낸다. 저자는 출판된 논문에 대한 다른 사람들의 의견에 성실하게 답변해야 하며 이 과정에서 필요하다고 요청받은 재료 등을 다른 연구자들과 공유해야 한다. 연구자들은 논문의 문제점을 체계적으로 분석하여 그 논문이 출판된 학술지 편집자에게 보낼 수도 있다. 편집자는 이들 의견을 수합하여 필요한 경우 논문 심사자에게 다시 한번 심사를 받은 다음 학술지 지면에 이를 공개한다. 공개하는 지면의 이름은 학술지마다 달라 '편집자에게 보내는 글(letters to editors)'이나 '교신(correspondence)' 등 다양하다. 이때 저자의 답신이 함께 실리는 경우도 많다.

논문이 출판되기 이전에는 연구와 논의가 주로 연구실 안에서 이루어졌다면 논문이 발표된 다음에는 이와 같이 공개적이고 광범위한 의견 교환이 진행될 수 있다. 어떤 경로를 통해서든 오류가 발견되면 저자와 편집자는 이에 대해 적절히 대처해야 한다. 논문에 대한 의견을 접수하고 수용하는 과정이나 출판된 논문에 대한 사후 조치의 과정은 학술지마다 조금씩 다를 수 있지만 기본적인 입장은 동일하다. 여기서는《네이처》의 경우를 예로 들어 살펴보기로 하자.[27)]《네이처》에서는 동료 평가를 거친 논문을 수정해야 할 경우 사안에 따라 다음 4가지 절차를 밟는다.

- 편집 수정(Erratum): 출판과 편집 과정에서 학술지 측에서 범한 실수로 논문의 완결성이나 출판 기록, 저자 또는 학술지의 평판에 영향을 주는 경우 이 내용을 편집 수정문으로 알린다.

- 저자 수정(Corrigendum): 위와 같은 수준의 실수가 저자가 원고를 작성하는 과정에서 저질러진 경우 그 내용을 밝히는 수정문을 말한다. 저자 수정문이 발표되려면 공저자 모두 수정문을 승인해야 하며, 공저자들 사이에 이견이 있는 경우에는 독립적인 심사자의 자문을 구해 적절한 수정문을 발표하고 저자들 사이의 이견을 밝힌다.

- 철회(Retraction): 후속 연구나 재현 또는 검증 과정에서 논문의 주된 결론이 타당하지 않다고 인정된 경우에는 논문을 철회한다. 공저자들의 의견이 일치하지 않을 경우에는 편집자가 다른 심사자의 자문을 구해 적절한 판단을 내릴 수 있으며 각 저자들의 의견을 밝힌다. 출판된 논문을 읽고 문제가 있다고 생각하는 독자는 우선 저자와 이 내용을 협의한 다음 저자와의 교신 내용을(답신이 없는 경우에는 그 사실을) 첨부하여 편집자에게 보낸다. 이 경우 편집자는 심사자의 자문을 구하여 적절한 판단을 내린다.

- 첨부(Addendum): 논문을 이해하는 데 반드시 필요한 내용이 빠졌다고 판단되는 경우에 한해서 동료 평가를 받은 다음 보강할 수 있다.

토론을 위한 사례들

1) 심사자가 박사 후 연구원에게 심사를 다시 의뢰했다면?[28]

나 교수는 최근 자신과 공동 연구를 한 적이 있는 연구자의 논문 심사를 의뢰받았다. 논문은 나 교수의 연구 분야를 다루고 있었다. 그는 이 원고가 자신이 연구하는 분야에 중요한 의미를 지닌다고 생각하여 심사를 수락했다. 그러나 나 교수는 바쁜 일이 생겨 실험실의 고참 박사 후 연구원인 김 박사에게 심사를 부탁했다. 김 박사는 논문을 읽고 기분이 좋았다. 저자들이 자신의 이전 논문에 대해 긍정적인 평가를 해 주었기 때문이다. 그러나 꼼꼼히 읽어 본 결과 연구 방법론에 심각한 결함이 있었고 이로 인해 저자들이 내린 결론에 의문을 가지게 되었다. 그는 나 교수에게 심사 의견을 상세히 적어 주었다. 그러나 나 교수는 편집자에게 김 박사의 심사 의견을 전달하지 않았다.

▶ 다음 의견에 대해 각각 어떻게 생각하는가? 예 또는 아니오로 답하고 그 이유를 생각해 보라.

- 어떤 경우라도 심사를 의뢰받은 논문을 박사 후 연구원에게 전한 것은 적절하지 않다.
- 이 경우 나 교수가 논문을 심사하는 것은 이해관계가 엇갈리는 일이며, 바람직하지 않다.
- 이 경우 김 박사가 논문을 심사하는 것은 이해관계가 엇갈리는 일이며, 바람직하지 않다.
- 나 교수는 심사 의견을 제출하기 전에 김 박사와 상의해야 했다.
- 나 교수는 심사 의견을 제출할 때 원고를 심사한 김 박사의 역할을 밝혀야 했다.
- 김 박사는 학술지 편집자에게 연락하여 이 문제를 상의해야 한다.

2) 심사 중인 논문에 필요한 정보가 있다면?[29]

박 교수는 물리학 분야의 저명 학술지 심사자이다. 그런데 최근 박 교수가 지도하는 대학원생 영수가 특수한 금속의 저온 전자 터널링 현상을 검증하는 과정에서 여러 가지 어려움을 겪고 있다. 이 현상을 확인할 수 있어야 영수는 학위 과제를 진행할 수 있다. 박 교수는 마침 학술지에서 심사 의뢰를 받았는데 논문에는 저온 전자 터널링(tunneling) 현상을 검증하는 과정이 상세하게 기술되어 있었다. 영수의 연구를 진행시키는 데 큰 도움이 될 수 있는 내용이었다.

▶ 박 교수가 영수에게 이 논문을 참고 자료로 읽도록 전달하는 것이 정당화될 수 있을까? 만약 그렇다면 어떤 경우에 그러한가?

▶ 이 상황에서 이해 당사자는 누구이고 이들이 이해 당사자인 이유는 무엇인가?

▶ 위와 같은 상황에서 박 교수와 영수가 취할 책임 있고 바람직한 태도는 무엇인가?

3) 편집자가 저자의 동의 없이 논문을 철회한다면?

2005년 9월 23일자 《셀》을 보면 2004년 7월 같은 잡지에 수록되었던 논문을 철회한다는 사실이 고지되어 있다. 철회된 논문의 저자는 트리파노소마 크루지(*Trypanosoma cruzi*)의 미토콘드리아 DNA가 숙주의 유전체에 삽입된다는 증거를 제시했다고 주장했다. 이 논문은 이 원생생물이 일으키는 만성 샤가스병(Chagas's disease)의 원인이 규명되지 않고 있는 상황에서 이 병이 발생하는 기전을 시사하는 것으로 평가되었다. 그러나 관련 분야를 전공하는 몇몇 학자들이 삽입 부위의 염기 서열 분석에 문제가 있어 논문의 주된 가설을 뒷받침하지 못한다는 의견을 개진했고 편집자가 이를 받아들여 논문을 철회하게 된 것이다. 논문의 저자들은 원래의 데이터에 문제가 없다고 주장하며 철회를 인정하지 않았고 편집자는 철회 고지에도 이 사실을 밝히고 있다. 저자들은 논문에 이의를 제기한 제3자들이 누구인지도 모르며 논문에 실린 결과를 부정할 만한 근거 자료를 받은 적도 없다고 이야기한다.

▶ 이미 발표된 논문을 철회해야 하는 경우를 생각해 보자. 누가 어떤 경우에 철회할 수 있을까?
▶ 위의 경우는 타당한 철회 사유가 될 수 있다고 보는가? 만약 그렇다면 그 이유는 무엇인가? 또 만약 그렇지 않다면 그 이유는 무엇인가?
▶ 편집자는 저자에게 사유를 밝히지 않고 자신의 재량으로 논문을 철회할 수 있을까?

4) 논문 심사를 하면 어떤 보상이 있을까?

논문 심사 과정에는 시간과 노력이 든다. 논문을 꼼꼼하게 읽어야 하고 건설적인 심사 의견서를 작성해서 보내야 하기 때문이다. 그러나 동료 평가에 참여하는 것은 과학자 사회의 일원이라면 당연히 맡아야 할 의무의 하나이다. 경제적인 보상이 이루어지지는 않지만 그렇다고 논문이나 연구 계획서를 평가하면서 받는 보상이 전혀 없는 것은 아니다.

▶ 논문을 심사하는 경우 심사자에게는 어떤 형태의 이점이 있을까?
▶ 이러한 보상이 어떤 방식으로 남용될 수 있으며 또한 이를 방지하기 위해 어떤 조치가 필요할까?

5) 심사자를 밝히는 공개 동료 평가는?

객관적인 심사 의견을 얻기 위하여 심사자를 익명으로 하는 경우가 많다. 그러나 심사의 수준을 담보하고 보다 책임 있는 심사를 위해, 또 심사자의 노력에 대한 보상의 차원에서 심사자의 명단을 공개하는 학술지도 있다. 공개하는 형식은 다양하여 심사 의견서에 심사자의 서명을 포함하거나 논문이 게재될 때 심사자의 명단을 명기하기도 하고, 드물기는 하지만 심사자의 이름이 포함된 심사 의견을 웹 사이트에 공개하기도 한다.

▶ 심사자를 익명으로 하는 경우와 심사자의 이름을 공개하는 경우 각각 어떤 장점과 단점이 있을까?

▶ 이를 감안할 때 자신이 학술지의 편집자라면 어떤 제도를 사용하겠는가? 그 이유는 무엇인가?

6) 논문 심사를 해야 할까? 하지 않아야 할까?

논문은 최대한 객관적으로 심사해야 한다. 그러나 연구 주제 또는 저자와 이해관계가 있는 경우에는 객관적인 평가가 쉽지 않으므로 편집자에게 이를 밝히고 평가를 거절하거나, 거절하지 않더라도 평가서에 이를 명기해야 한다. 이해 충돌의 내용이 평가를 거절할 정도인지 아닌지를 판단하기 어려운 경우에는 반드시 편집자와 상의하여 해당 학술지의 방침을 확인해야 한다.

▶ 여러분이 전문 학술지의 편집 책임자라 할 때, 심사자가 논문 내용이나 저자와 다음과 같은 관계라며 심사 가능 여부를 문의한다면 어떤 결정을 내리겠는가? 또 그 이유는 무엇인가?

　　■ 심사자가 현재 진행하고 있는 연구와 거의 동일한 내용을 담고 있는 논문이다.

　　■ (저자가 공개된 경우) 책임 저자가 심사자와 현재 공동 연구를 수행하고 있다.

- (역시 저자가 공개된 경우) 책임 저자가 과거에 심사자와 공동 연구를 수행한 적이 있다.
- 심사자가 발명한 기기가 연구 과정에 중요하게 사용되었다.
- 심사자가 주주로 있는 벤처 회사에서 판매하는 기기가 연구 과정에 중요하게 사용되었다.
- 심사자의 아내가 경영하는 회사에서 판매하는 기기가 연구 과정에 중요하게 사용되었다.
- 다른 학술지에서 동일한 논문을 심사했고 게재를 거부한 바 있다.

7) 동료 평가에서의 연고주의와 성차별

1997년 《네이처》에는 1994년 스웨덴 의학 연구소에서 제공하는 박사후 연수 지원 사업 신청자들의 성별, 국적, 소속, 전공 분야, 교육 분야, 심사자와의 연고 등이 합격에 미치는 영향을 분석한 논문이 발표되었다.[30] 이는 동료 평가 제도에서의 연고주의와 차별에 관한 문제를 다룰 때 가장 널리 인용되는 논문으로, 다음은 이 논문을 요약한 내용이다.

신청자 114명 가운데 62명은 남성, 52명이 여성 지원자였으며 최종적으로 남성 16명과 여성 4명이 선발되었다. 심사자들은 3가지 항목에 대해 신청자를 평가했는데, 과학적 업적(여성 2.37, 남성 2.54), 제안된 연구방법의 수준(여성 2.49, 남성 2.62), 연구 계획서의 적절성(여성 2.49, 남성 2.62)의 3개 항목 모두에서 여성 지원자의 점수가 남성에 비해 낮았다. 이 논문에서 저자들은 과학적 업적에 초점을 맞추어 심사자들의 평가와 자신들의 평가 결과를 비교했다. 논문에서는 모두 6가지 방법으로 과학적 업적을 평가했다.

1. 발표한 과학 논문의 총 편수
2. 제1저자로 발표한 논문의 수
3. 발표 논문이 게재된 학술지의 영향력 지수 총합

4. 제1저자로 발표한 논문 게재지의 영향력 지수 총합

5. 발표한 논문의 피인용 지수 총합

6. 제1저자로 발표한 논문의 피인용 지수 총합

위의 기준 가운데 3, 4, 6의 항목에서 의미 있는 결과를 얻을 수 있었다. 결과는 제목이 시사해 주는 바와 같다. 이들 기준에 근거할 때 같은 점수를 받은 신청자들 사이에서 성별과 심사 위원과의 연관성(심사 위원과 같은 연구 기관에 소속되었는지의 여부 등)에 따라 점수가 달라진 것이다. 예를 들면 발표 논문이 게재된 학술지의 영향력 지수 총합이 같더라도 남성의 경우 여성보다 심사 위원의 점수를 더 많이 받은 것으로 나타났다. 이때 나타나는 점수 차이는 영향력 지수가 20이 넘는《네이처》나《사이언스》에 3편의 논문을 더 내야만 만회할 수 있는 수치라고 한다. 심사 위원 가운데 1명과 같은 기관에 소속된 연구자인 경우에도 남녀를 불문하고 타 기관 소속 연구자보다 위와 비슷한 점수 차이를 보였다. 이런 문제를 막기 위해 같은 소속의 신청자에 대해서는 심사를 하지 않도록 제도화되어 있다. 그럼에도 이렇듯 같은 소속의 연구자에게 관대한 평가를 내리는 경향이 나타났던 것이다.

▶ 이는 10여 년 전 지구 반대편 국가의 상황이다. 이 연구가 지금 우리에게 시사하는 바는 무엇일까?

▶ 지금 우리나라에서도 위와 같은 문제가 있다고 한다면 어떻게 개선할 수 있을까?

▶ 연구자의 과학적 업적을 평가할 때 저자들이 채택한 6가지 방법은 유용한 기준이 될 수 있을까? 각각의 방법에 대한 장단점을 생각해 보자.

8) 학술지 소유주가 무기 판매와 관련이 있다면?

2005년 9월 10일 발행된 지명도 높은 의학 학술지《랜싯(*Lancet*)》에서

는 수천 종의 학술지와 학술 서적을 출판하는 출판업계의 큰 손, 리드 엘제비어(Reed Elsevier)의 무기 거래와 관련된 글 3편이 수록되었다. 첫 번째 글은 진 페더(Gene Feder) 박사를 비롯하여 여러 의사 및 과학자 단체의 대표들 이름으로 된 기고문[31]이었다. 이 글에서는 이미 2003년부터 리드 엘제비어의 자회사가 대규모 무기 박람회를 개최해 왔는데 이는 "남에게 해를 입히지 말라."라는 의학자들의 가장 기본적인 원칙과 상충되는 행위임을 지적했다. 이어서 실린 답변서[32]에서 리드 엘제비어는 자신들의 무기 거래 사업은 정부의 지원을 받고 있는 합법적인 사업이며, 거래되는 물품은 국가 안보를 위한 무기에 그치는 것이 아니라 소방이나 인명 구조 등의 용도로 사용되는 것도 포함되어 있음을 강조했다. 편집자는 또한 사설[33]을 통해서 《랜싯》이 오랫동안 전쟁과 폭력의 결과 건강 상태가 악화되는 상황에 주목해 왔음을 천명하고 《랜싯》은 아무리 사소한 형태라도 무기 거래와는 어떠한 관계도 맺지 않을 것임을 분명히 했다. 결론에서 《랜싯》은 인류 특히 민간인의 건강과 안녕을 위협하는 사업을 중지할 것을 정중하게 요구했다.

이러한 《랜싯》의 고발은 여러 관련 학술지와 학자들에게 영향을 주어 2,000명에 육박하는 학자들이 웹 사이트를 통해 무기 박람회 중지를 요구하는 서명 운동을 벌였고, 수백 명은 한발 더 나아가 리드 엘제비어가 무기 사업을 그만둘 때까지 소속 학술지에 논문을 투고하지 않겠다는 서명을 하기도 했다. 결국 2007년 6월 1일 리드 엘제비어는 무기 박람회 사업에서 손을 떼기로 결정했음을 밝혔다.[34] 리드 엘제비어에서 출판되는 《랜싯》에서 의학자의 기고와 사설을 통해 출판업자의 비윤리적인 사업 운영을 비난하며 중지를 요청한 지 2년 만이었다.

▶ 학술지 출판업자가 무기 거래 사업을 병행하는 것에는 어떤 문제가 있을까?

▶ 자신이 의학 학술지의 편집자라면 이 문제와 관련하여 어떤 사설을 썼을까?

▶ 지금 전공하는 분야의 학술지가 리드 엘제비어에서 발행되고 자신이 그 편집자라면 이 경우 어떤 입장을 취하겠는가?

9) 편집자의 딜레마 1: 담배와 건강

폐암 등의 호흡기 질환이 주로 담배 연기에 의해 발생하는 만큼, 그동안 무연 담배(smokeless tobacco)는 폐질환의 위험을 높이지 않는다고 알려졌다. 스누스(Snus)는 담배 추출물을 얇게 가공하여 윗입술 안쪽에 넣어 사용하는 담배의 일종으로 주로 스웨덴 사람들이 사용한다. 유럽 연합(European Union, EU)에서는 구강암 발생 위험을 이유로 스누스 판매를 허용하지 않고 있다. 다만 오랫동안 이를 사용해 온 스웨덴에서만 여전히 판매할 수 있도록 허용할 뿐이다. 그러나 스누스는 다른 씹는담배와 달리 발암 물질 함량이 적어 구강암 발생을 높이지는 않으며 췌장암 발생률만 약간 높이는 것으로 나타났다.[35] 건강을 위해서는 담배를 끊는 것이 최선이지만 담배를 계속 피우는 것보다는 스누스로 바꾸는 편이 건강에 도움이 된다고 평가된다.[36] 다음은 2007년 7월 간행된《플로스 의학(*PLoS Medicine*)》의 사설[37]로 스누스의 사용과 관련된 의학자들의 논쟁을 의학 학술지에서 다루는 것이 타당한가에 대한 고민을 토로하고 있다. 다음은 이 사설 전문을 번역한 글이다.

편집자 사이에서 의학 학술지인《플로스 의학》에 스누스 사용에 대한 토론문[38]을 게재해야 할 것인지 말아야 할 것인지에 대한 논란이 있었다. 다양한 의견이 개진되었는데, 한쪽 극단의 의견은 의학 학술지에서는 이와 관련된 주제를 전혀 다루지 말아야 한다는 것이었다. 무연 담배의 사용에 대한 논의만으로도 담배 회사의 손에 놀아나는 꼴이 될 수 있다는 것이 그 이유였다. 담배 회사들은 사람들을 담배에 중독시킬 수 있는 일이라면 무엇이든 시도하는 것으로 악명 높다. 다른 한편으로는 스누스가 보통의 담배보다 건강에 대한 위험성이 적다면 위험이 줄어들었다는 측면에서 그 사용에 대한 논의를 하는 것이 의학 학술지에 적절한 주제라는 의견도 있었다. 이 논의에서 편집자들은 합의에 이르지 못했다.

학술지는 논쟁의 모든 측면을 제공할 의무가 있는 것이 아닐까? 《영국 의학 저널》에서는 이런 맥락에서 간접흡연에 의한 위험성이 과장되었다고 결론지은 논문[39]을 게재했다. 그러나 불행히도 이 논문은 담배 회사와 완전히 무관한 것이 아니라는 사실이 밝혀졌고, 담배 회사들이 간접흡연의 위험성에 대한 증거를 폄하하려는 시도의 일환이었던 것으로 보인다.[40] 공정한 정보 제공자가 되려던 《영국 의학 저널》은 이 과정에서 자신들의 제품 판매에 관한 한 규칙 따위는 안중에도 없는 업계의 책략에 희생양이 되고 말았다. 스누스에 대한 논문을 발간함으로써 우리는 기껏해야 담배에 대한 의존성을 한 제품에서 다른 제품으로 옮기는 정도의 역할을 하는 것은 아닐까? 의학 학술지에서는 담배 업계의 비리를 지적하거나 모든 담배 제품을 금지하는 것을 지지하는 글만을 싣는 것이 옳지 않을까?

《플로스 의학》의 모든 편집자는 건강에 심각한 위협을 주는 흡연 중독에서 이익을 얻는 것은 비윤리적이며, 또한 담배를 완전히 끊는 것이 스누스 같은 다른 제품으로 대체하는 것보다 더 좋은 방법이라고 확신한다. 다만 현재 흡연 중독을 극복하지 못해 많은 사람들이 생명을 잃어 가고 있다는 사실을 인식하고, 적어도 그들에게는 완전한 금연보다는 못하지만 계속 담배를 피우는 것보다는 스누스를 사용하는 것이 단기간에는 건강에 어느 정도 도움이 될 수 있다는 의견을 제시함으로써 선택의 기회를 제공하는 것이 옳지 않은가 하는 문제가 현안이다.

여러 가지 서로 다른 의견을 존중하는 의미에서 여기서 결론을 제시하지는 않으려 한다. 스누스에 대한 논문이 공중 보건의 이익에 부합하는 것일까? 독자에게 의견을 구한다.

▶ 의학 학술지의 발행 목적을 생각해 보고 자신이 위 학술지의 편집 책임자라 가정할 때 스누스의 사용과 관련된 논문을 게재하겠는가? 그 이유는 무엇인가?

▶ 위의 결정에 대해 어떤 반대 의견이 개진되겠는가? 반대되는 의견을 어떻게 조율할 수 있을지 생각해 보자.

▶ 자신이 연구하는 분야에서 위와 유사한 갈등 상황이 발생할 수 있다면 어떤 문제가 있겠는가?

10) 편집자의 딜레마 2: 혁신적인 논문과 엉터리 논문 사이에서

시대를 훌쩍 앞서는 창의적이고 혁신적인 연구 결과를 동료 평가 과정에서 어떻게 이해하고 수용하는가는 편집자의 손에 달려 있다고 해도 과언이 아니다. 연구의 성격에 따라 다양한 견해를 가지는 전문가에게 심사를 맡기고 저자가 심사 결과를 반박하거나 불복하는 경우 심사자의 의견을 조율하거나 비교하여 적절한 판단과 조치를 내리는 것은 편집자의 몫이다.

1977년 로절린 앨로(Rosalyn S. Yalow)는 방사선 면역 측정법을 개발한 공로로 노벨 생리·의학상을 수상했다. 앨로는 이 방법을 제시한 첫 번째 논문이 학술지에 실리기까지의 과정을 설명하는 것으로 노벨상 수상 연설을 시작했다.[41] 앨로에 따르면 《사이언스》는 아예 논문 게재를 거부했으며 《임상 연구 학회지(Journal of Clinical Investigation)》에서는 주된 결론을 수정하는 조건으로 게재를 허락했다. 당시 면역학 이론에서 볼 때 혁신적인 내용이어서 심사자들이 이를 잘 받아들이지 못했던 것이다. 결국 저자들은 1950년대 당시의 면역학 교과서를 근거로 논의 방식을 수정한 다음에야 논문을 발표할 수 있었다. 앨로는 이 과정이 심히 못마땅했던지 수상 연설에서《임상 연구 학회지》로부터 받은 수정 원고의 게재를 거부하는 요지의 편지를 공개했고 이후 논문에서도 심사자의 의견과 저자의 반박 의견을 제대로 판단하지 못하고 심사자의 의견에만 귀를 기울인 편집자를 비난하고 있다.[42] 앨로와 비슷한 사례는 그리 드물지 않다.

반대의 경우도 있다. 곧이어 7강에서 언급할 자크 벵베니스트(Jacques Benveniste)의 사례에서 당시《네이처》편집자였던 존 매독스(John Maddox)는 심각한 고민에 빠진다. 논문에서 기술된 모든 내용이 사실이라고 할 때, 당시까지의 과학적 지식을 근거로 논문의 결과를 설명할 수 없다는 사실이 게재를 거부할 만한 이유가 될 수 있을까? 고민 끝에 매독스가 내린 결론은 1988년 벵베니스트의 논문 말미에 '편집자 단서(editorial reservation)'를 달아 게재하는 것이었다. 편집자 단서에는 이 연구에서 보여 주는 활성에 대한 물리적 근거는 확보되지 않았지만 벵베니스트 연구진과《네이처》가 공동으로 독립적인 연구진을 구성하여 이 실험의 재현 가능성을 검토한 후 그 결과를 보고할 계획이라는 내용이 포함되어 있다. 논문의 내용이 사실인 경우 이 논문은 기존의 과학적 지식으로는 설명할 수 없는 혁신적인 결과가 될 터이므로 학술지에서 내용의 사실 여부를 검증하고자 했던 것이다. 하지만 논문의 실제 현장 검증 결과 저자들은 실험에서 나타날 수 있는 실수를 제대로 인지하지 못하고 엄정한 방법론을 적용하지 못해 오류를 범한 것으로 판정되었다.

▶ 불행히도 벵베니스트 연구진의 논문이 혁신적인 연구가 아니라 무지와 자기기만에 의한 오류였음이 밝혀져서 지금은 한낱 해프닝으로 여겨지고는 있지만, 앨로의 사례와 겹쳐 생각해 볼 때 시사하는 바가 없지 않다. 현재의 시점에서 볼 때, 자신이 벵베니스트의 논문을 접수한 편집자

라면 어떤 결정을 내렸을지, 또는 어떤 결정이 바람직한지 생각해 보자.

▶ 어떠한 연구 결과를 기존의 방법으로 설명할 수 없을 때, ① 이를 기존의 방법으로 설명할 것을 요구하고 이것이 충족될 경우에 인정할지, 아니면 ② 이것이 기존의 지식에서는 설명되지 않는 혁신적인 연구 결과일 가능성을 받아들일지를 판단하기란 어려운 일이다. 결과만 가지고 생각해 볼 때, 앨로 논문의 편집자는 ①에, 벵베니스트 논문의 편집자는 ②에 기울어져 판단을 내렸다. 첨단 연구 결과의 경우에는 학계에서 합의가 이루어지지 않아 그 연구가 진정으로 혁신적이거나 창조적인 것인지, 아니면 단순히 이상하고 잘못된 것인지를 판별하기가 쉽지 않다. 이런 난처한 상황에서 적용할 수 있는 기준으로 어떤 것이 있을까?

7강 과학 연구의 객관성 확보를 위한 노력

:조은희

1988년 어느 날 프랑스의 저명한 면역학자 자크 벵베니스트의 연구실에서는 기이한 상황이 연출되고 있었다. 물리학자이며 《네이처》편집자였던 존 매독스, 화학자로 이미 미국에서 여러 연구 부정 사건을 밝힌 경험이 있는 월터 스튜어트(Walter Stewart), 그리고 세계적인 마술사 제임스 랜디(James Randi)가 진행되고 있는 실험을 주의 깊게 지켜보고 있었다. 이들은 일주일 전에 《네이처》에 발표된 연구 결과의 재현 가능성과 연구 과정을 조사하기 위해 파견된 조사단이었다.

실험은 특정한 물질을 아주 묽게($10^{-120} \sim 10^{-60}$ 배율까지) 희석시킨 다음 희석률에 따라 특정 반응이 나타나는지를 살펴보는 것이었다. 논문에 따르면 분자 1개도 포함되지 않을 정도로 묽게 희석된 용액에서도 원래 용액에 있던 물질이 특이적인 반응을 나타내야 했다. 실험자는 각각 물질이 들어 있는 용액과 대조군을 증류수로 연속 희석시킨 다음 반응을 살폈고 결과는 논문에 발표된 그대로 나타났다. 매독스는 실험자가 어느 시험관에 어떤 물질이 들어 있는지 알고 있다는 점이 연구 결과에 영향을 줄 가능성을 지적했다.

이어 실험실에서 마술쇼의 한 장면이 펼쳐졌다. 스튜어트와 랜디는 밀폐된 방에 들어가 창문을 모두 가리고 어느 시험관에 어떤 물질이 들어 있는지를 적어 실험자가 알 수 없도록 뒤섞은 다음 이를 암호화했다. 이들은 암호가 기록된 종이를 봉투에 집어넣은 다음 사다리를 타고 올라가 실험실 천장에 봉투를 붙여 놓아 아무도 건드릴 수 없게 했다. 이 상태에서 3차례의 실험을 진행하고 나서 그 결과를 봉투 속 암호와 맞추어 이전의 실험과 비교했다. 그 결과는 어땠을까? 마지막까지 느긋하게 기다린 실험실 구성원의 기대와는 달리 이 실험에서는 논문에 발표된 결과가 재현되지 않았다.

과학이 다른 학문 분야와 구별되는 큰 특징 가운데 하나가 연구를 계획하고 수행하는 단계부터 연구자의 주관적인 의견이나 편향성을 가능한 배제할 수 있도록 고안된 연구 방법론이다. 그러나 과학 연구 역시 과학자들이 주체가 되어 수행하는 사회적 과정이므로 개인적 또는 사회적 편견이나 편향성, 절차에 의한 왜곡 등이 개입될 가능성이 전혀 없는 것은 아니다. 그래서 이러한 요인을 파악하고 이를 제거하거나 최소화할 수 있는 방법을 구축하는 것이 중요하다. 객관성을 저해하는 요인을 찾아내고 이를 줄이고자 애쓴 끝에 현재 과학의 각 분야에서 수용되고 있는 연구 방법들이 구축되었고, 이러한 면에서 과학적 방법론은 상당한 성공을 거두어 왔다고 인정받고 있다.

과학의 객관성을 저해하는 요인은 여러 단계에서 나타난다. 개인의 주관적인 견해가 영향을 미칠 수도 있고 이밖에 과학 연구가 수행되는 절차와 방법에 알게 모르게 객관성을 저해하는 요인이 내재되어 있는 경우도 있다. 앞선 벵베니스트 사례에서도 연구자가 어느 시험관이 실험군에 속하고 어느 시험관이 대조군에 속하는지 알지 못하도록 했을 때, 이전의 결과가 재현되지 않았다. 물론, 문제가 늘 이렇게 간단한 것은 아니다. 하지만 실험 연구 과정에서 연구자의 선입견이나 주관이 연구 결과에 영향을 미칠 수 있는 상황을 찾는 것은 그리 어렵지 않다.

신약의 효능을 확인하기 위한 임상 시험을 예로 들어 보자. 이때, 신약을 투여한 환자가 신약의 효능을 믿기만 해도 병의 증상이 개선될 여지가 있다. 효과 있는 약을 먹었다는 새로운 희망으로 인해 건강을 더 잘 챙기고 식이 요법이나 운동도 열심히 하게 되어 실제 약의 효능과 관계없이 신약을 투여한 집단의 증상이 개선될 수 있는 것이다. 그렇다고 환자에게 위약을 주고서는 신약이라 믿게 만드는 것은 윤리적인 측면에서 허용하기 어렵다. 따라서 이러한 임상 연구에서는 환자 스스로 어떤 약을 투여했는지 알지 못하는 상태에서 효능을 검사한다. 이를 맹검법(blind test)이라 한다. 환자의 믿음과 희망이라는 변인에 의해 신약의 효과를 객관적으로 검증하기 어렵다는 사실을 감안한 방법이다. 연구에 참여하는 사람들에게는 이러한 사실을 충분히 알려, 충분한 설명에 근거한 동의를 얻은 후에 연구를 진행해야 함은 물론이다.

그러나 이렇게 하더라도 또 다른 편향의 가능성이 존재한다. 더 효과적인 신약이 개발되기를 바라는 의사가 본인이 의도하지 않더라도 치료의 가능성이 높은 환자에게는 신약을, 그렇지 않은 환자에게는 위약을 줄 가능성이 있다. 또한 신약을 받는 환자에게 더 높은 관심을 보일 가능성도 있다. 따라서 최근 임상 연구에서는 환자도 의사도 어느 환자가 어떤 약을 먹은 집단에 속하는지 알지 못하도록 신약 투여군과 위약 투여군을 무작위로 선정함으로써 이러한 편향의 가능성을 줄이고 있다. 이중 맹검법(double blind test)인 것이다. 이처럼 과학 연구를 수행하는 과정에서 어느 부분에서 왜곡이나 편향이 나타날 가능성이 있는지를 알고 이를 차단하거나 또는 적어도 최소화하기 위한 방법을 강구함으로써 과학은 점점 더 객관적인 학문으로 정립될 수 있었다.

과학 연구의 객관성을 확보하기 위해서는 실험을 계획하는 단계에서부터 수행 과정은 물론 결과 해석에 이르기까지 실수나 왜곡이 개입되지 않도록 주의를 기울여야 한다. 여러 번 반복하여 재현성을 확인하고, 충분한 대조 실험을 통해 연구 결과를 이해하고 해석하는 방식이 타당한지 검증하는 과정도 필요하다. 이렇게 해서 얻은 결과는 논리적, 통계적으로 타당하게 분석되어야 한다. 이를 위해 연구와 관련된 모든 자료를 잘 보관하고, 철저하게 기록을 남겨야 하며 자신이 사용하고 있는 방법이나 결과 해석 방식이 무지나 편향의 영향을 받고 있지는 않은지 수시로 점검해야 한다. 이러한 과정을 거쳐 얻은 실험 결과만이 과학계에 발표할 만한 연구 성과로 인정받을 수 있다.

과학의 객관성은 이렇듯 상식적인 수준에서 이루어지는 연구자의 실천에서 부터 확보되기 시작한다. 그리고 이것이 적어도 연구자 개인의 측면에서는 과학 연구 윤리의 핵심이다.

여기서 과학 연구의 기본 요건을 몇 가지 나열하기는 했지만 정작 '훌륭한 과학 연구'란 무엇인가에 대한 답을 제시하는 것은 쉽지 않다. 과학이라는 분야 자체가 이러이러한 것을 과학으로 규정한다는 정의 아래 진행되어 왔던 것이 아니라 앞선 과학자들의 작업과 연구가 축적되면서 경험적으로 만들어진 체계이고, 연구 분야나 주제, 방법에 따라 달라지는 부분도 많기 때문이다. 또한 과학의 중요한 특성 가운데 하나인 '새로운 것에 대한 추구' 또는 '혁신'은 훌륭한 과학 연구를 명확하게 규정하는 것 자체를 불가능하게 만들기도 한다.

어쨌거나 '과학 연구는 모름지기 이렇게 해야 한다.'라는 이야기를 일반적으로 풀어내기란 어려운 일이니, 여기서는 연구에서 객관성을 확보하려면 어떤 방식으로 노력해야 하는가를 살펴본 다음 앞선 과학자들의 모범적인 사례와 잘못된 사례를 살펴보려 한다. 이를 통해 각자의 분야에서 바람직한 과학 연구에 대한 틀을 세울 수 있기를 바란다.

I. 과학의 객관성 확보를 위한 연구자 개인의 노력

1) 시작이 반이다: 실험 계획 단계에서부터 만반의 준비를

연구자는 위조, 변조, 표절이나 잘못된 저자 기재 등의 연구 부정행위를 하지 않을 뿐 아니라, 의도하지 않은 잘못이나 실수까지 줄일 수 있는 연구 능력과 자세를 갖추어야 한다. 이를 위해서는 실험 계획 단계에서부터 준비를 잘해야 한다. 영국 의학회(British Medical Council)에서 이와 관련해 제안한 내용을 발췌하여 소개하면 다음과 같다.[1]

- 관련 분야의 선행 연구 결과를 철두철미하게 조사하고 이해한다.
- 사용할 실험 방법 및 기기의 작동 원리, 사용법, 장점과 한계를 명확하게 이해한다.
- 연구에 대한 이론적 근거, 계획, 진행 사항 및 결과에 대한 기록을 철저하게 남긴다.
- 계획한 연구에 필요한 기기 및 재료 등을 충분히 확보할 수 있는지 검토한다.
- 연구 수행에 따르는 안전 및 윤리 기준을 검토한다.
- 연구에서 통계 처리가 필요한 경우라면 반드시 계획 단계에서 통계 전문가와 상담한다.
- 연구를 종료하기 이전에 정기적으로 연구의 진행 상황을 평가하고 검토하는 시기를 정한다. 연구 대상이나 실험자에게 위험이 따를 수 있는 연구에서는 이 점이 특히 중요하다.
- 공동 연구의 경우 각 연구자들의 권리와 역할, 책임을 명확하게 규정한다.

이 단계에서는 연구 결과를 논문 등으로 발표할 때 저자의 범위와 순서도 대강 논의한다. 이는 연구 결과에 따라 변경될 수 있는 부분이므로 연구 진행 상황이 바뀔 때마다 논문 저자에 대한 논의도 함께 하도록 관례로 정해 두는 것이 좋다.

2) 연구의 시작에서 끝까지 철저하게 기록한다

과학 연구는 문제 제기에서 시작된다. 과학적으로 의미 있는 물음이 떠오르면 이를 해결할 수 있는 타당한 연구 방법을 선택하여 결과를 얻고, 그 결과를 분석하여 적절한 답을 찾는다. 이 과정이 '과학적'인 방법으로 진행되었는지 확인할 수 있으려면 기획 단계에서 연구 과정, 결과, 결과에 대한 분석 과정 등 모든 과정을 철저하게 체계적으로 기록해야 한다.

▶ **연구 노트는 연구자 자신의 연구 수행에 꼭 필요하다**

떠오르는 즉시 기록으로 남기지 않은 아이디어나 실험 현장에서 직접 기록하지 않은 데이터는 무의미하다. 새로운 아이디어를 글로 정리하거나 그림으로 그려 보면 막연한 생각을 구체화하거나 오래 보관할 수 있다.

구체적인 연구 계획이 수립되면 이를 연구 노트에 정리해 둔다. 이때 형식을 갖출 필요는 없다. 다만 정확하고 구체적으로, 가능하다면 이 연구의 중요성, 목적, 근거, 적당한 방법, 예상되는 결과와 가능성 및 한계까지 모두 적어 두면 좋다. 이러한 계획서는 연구 과정 중간에 변경될 수 있는데 바뀔 때마다 그 이유 등을 그때그때 정리해 둔다면 후에 논문 작성에 드는 시간을 줄일 수 있다.

계획이나 실험 방법상 참고한 자료가 있다면 여기에 그 목록도 함께 기록하는 습관을 들인다. 어떤 경우든지 자신만의 독창적인 생각이 아니라 다른 사람의 글이나 말에서 아이디어를 얻은 것이 있다면 참고 문헌의 서지 사항은 물론 아이디어를 제공한 사람의 이름까지 적는 것이 좋다. 핵심이 되는 논문 등은 아예 따로 그 내용을 정리하고 자신이 계획한 연구와 비교를 해 보는 것도 도움이 된다.

연구가 시작되면 날짜순으로 연구의 진행 상황, 연구 방법, 결과 등을 꼼꼼하고 세밀하게 기록한다. 반드시 완성된 문장이나 형식을 갖추어 쓸 필요는 없다. 다만 그때그때의 상황을 가능한 한 자세히 그리고 정확하게 기록으로 남기는 것이 중요하다.

▶ **후속 연구자는 내 연구 노트에서 연구를 시작한다**

특정 연구를 한 사람이 처음부터 끝까지 수행하는 경우는 거의 없다. 대부분 어떤 한 연구자가 몇 년에 걸쳐 문제 하나를 해결하면, 이어서 다음 연구자가 그 다음 단계를 계속하는 방식으로 연구의 연속성이 확보된다. 이때 후속 연구자에게 가장 중요한 자료는 선임 연구자의 연구 노트다. 이 연구 노트에서 연구의 목적, 방법, 진행 과정, 결과, 결과의 분석 과정 등을 찾아 앞선 연구를 이해하고 자신의 연구 방향을 찾을 수 있어야 한다. 그러므로 연구 노트는 누가 보아도 이해할 수 있고, 원하는 내용을 쉽게 찾을 수 있도록 정리해야 한다.

▶ 연구 노트는 연구의 진실성을 증명해 줄 유일한 증거 자료다

상업화 과정에서 분쟁이 발생하거나 연구의 정직성을 증명해야 할 경우, 또는 발명의 시기 등을 비롯한 기타 관련 사실을 증명해야 하는 상황에서 실험 노트는 연구자가 실험 결과의 정확성이나 실험 과정의 타당성, 연구 시점 등을 증명할 수 있는 가장 강력하며 경우에 따라서는 유일한 증거 자료다.

실험 데이터를 기록하는 방법은 다양하다. 특허 출원이나 신약 개발을 목표로 하는 연구실에서는 분쟁이나 재확인 가능성을 대비하여 실험 노트를 엄격히 관리한다. 반면 대학 실험실에서는 연구자의 선호에 따라 실험 노트를 비교적 자유롭게 기록하도록 허용하는 편이다. 그러나 최근 산학연 공동 연구가 늘고 대학 실험실에서의 기초 연구 성과가 특허 출원이나 상업화로 이어지는 사례가 증가하면서, 각 연구실에서는 실험 기록 방법에 대해 다시 한번 생각해 볼 필요가 생겼다.

어떤 형식을 사용하든지 실험 노트는 누가 보더라도 명백하게 그 내용을 이해할 수 있고 신뢰할 수 있게 작성되어야 한다. 자신만 알아볼 수 있는 노트는 좋은 실험 노트라 할 수 없을 뿐더러 기록 자체의 신뢰도를 떨어뜨리는 결과를 낳는다. 실험 노트를 법률적 증거 자료로 제시했을 때 있는 그대로 자료의 가치를 인정받으려면 작성된 실험 노트의 순서나 내용을 임의로 변경할 수 없어야 한다. 따라서 이 경우 용수철이나 3공철로 묶여 쉽게 용지를 넣거나 뺄 수 있는 형태는 절대 금물이다. 튼튼하게 제본된 공책을 구해 쪽수를 미리 적은 다음 사용하는 것이 좋다. 요즈음에는 연구 기관마다 실험 노트를 따로 마련하여 사용하는 경우도 많다.

실험 노트를 기록할 때에는 반드시 펜을 사용하고 자료를 임의로 추가하거나 삭제하지 말아야 한다. 실험 과정에서 명백한 실수나 오류가 있었다면 이러한 과정도 자료와 함께 기록으로 남긴다. 자료를 추가할 경우에도 추가 실험을 수행한 날짜와 방법, 결과를 정확하게 기록한다. 기록 과정에서 오류가 발생하면 이를 완전하게 지우지 말고 글씨 위에 줄을 그은 뒤 여백에 새로 수정된 내용을 쓴다. 수정액 등을 사용하여 원래의 내용을 확인할 수 없도록 완전히 지우는 일은 절대 피한다. 컴퓨터 자료 등은 출력한 다음 제본한 실험 노트에 붙여서 보관한다. 이 경우에도 이음 부분에 날짜 또는 서명을 넣는 실험실이 많다.

많은 기업에서는 이렇게 꼼꼼하게 작성된 실험 기록을 연구 과제에 직접 참여하지 않는 제3자가 주기적으로 확인한 다음 서명하게 한다. 경우에 따라서는 복수의 증인을 채택하거나 중요한 자료라고 생각되면 공증을 받기도 한다. 그리고 정기적으로 연구 기록을 마이크로필름으로 복사하는 기업 연구소도 있다.

따라서 모든 연구실에서 똑같은 방법으로 기록해야 하는 것은 아니고 연구 분야나 목적에 따라 가장 적절한 방식을 택하면 된다. 다만 기본 원칙은 연구 기록이 그때그때 정확하게 기록되었으며 기록된 당시의 형태 그대로 보존되어 있음을 증명할 수 있는 형태가 바람직하다는 것이다. 개인적인 참고 자료로서의 기능뿐만 아니라 증거 자료로서도 완벽하게 활용될 수 있는 실험 기록의 방식을 알면 적절한 기록을 하는 데 도움이 된다.[2]

▶ 실험 과정 및 결과는 출력하여 보관한다

요즈음은 컴퓨터에 직접 실험 내용과 결과를 기록하는 연구자들이 늘어가는 추세이다. 그럼에도 실험 기록을 컴퓨터에 전적으로 의존하는 것은 아직 일반적으로 수용되는 기록 방법이라 하기는 좀 이르다. 전자 노트를 사용하는 연구자들도 정기적으로 기록된 내용을 출력하여 보관하는 방식을 택하고 있다. 지금도 몇 가지 소프트웨어가 사용되고 있기는 하지만, 조만간 적절한 전자 실험 기록에 대한 표준이나 공식적으로 인정할 수 있는 소프트웨어가 만들어져야 할 것이다. 어떤 형식을 쓰든지 연구 결과의 신뢰성을 증명할 수 있도록 정확하고 꼼꼼하게 기록, 관리하는 것이 중요하다.

▶ 이론 연구에서도 연구 기록이 필요하다

이론 연구 또는 컴퓨터 프로그래밍이나 시뮬레이션 연구에서는 연구 기록이 필요 없을까? 이론 연구자에게 연구 노트를 어떻게 기록하고 있는지 질문하면 반응은 다음과 같은 3가지 정도로 나뉜다. "그게 뭐지요?" "제가 하는 건 알고리즘인데, 구체적인 내용은 연구 보고서에 다 들어갑니다." "제가 기업에 있을 때는 특허 분쟁에 대비해 순서도를 그리고 책임자의 서명을 받기도 했지만, 여기서는 그렇게 하지 않습니다. 그럴 필요를 느끼지 않으니까요." 사례가 그리 많지 않아 개연성이 높은 귀납 논증이 될 수는 없지만, 이론을 하거나 컴퓨터를 다루는 사람들은 보통 연구 노트를 작성하는 데 크게 신경 쓰지 않는 것으로 보인다.

이와 같은 상황은 이론 연구에서는 실제 연구와 그 결과를 논문이나 보고서를 통해 소개하는 방식 사이에 별 관련이 없을 때가 많기 때문일 것이다. 그러나 논문이나 연구 보고서는 결과물을 다시 정리한 것이지 연구 과정을 기록한 것은 아니므로, 연구 진행 과정을 기록하면 연구는 물론 연구 지도의 측면에서 요긴하게 쓰일 수 있다. 다음은 연구 노트 작성 지침의 실제 사례이다. 연구 기록이 발명의 시기를 증명하는 주요 증거로 사용될 수 있기 때문에 이론 연구에서도 더 나은 연구를 위해 적절한 연구 기록 방법에 대해 고민할 필요가 있다(다음 '레이저 특허를 위한 경주' 박스 참조).

연구 노트 작성 지침[3]
　▶ 연구 노트 작성 원칙
　　■ 쪽수가 있는 제본된 노트에 펜으로 모든 연구 과정을 정확하고 꼼꼼하게 기록한다.
　　■ 프린터로 출력한 자료는 연구 노트에 붙인 다음 경계면에 서명한다.
　　■ 컴퓨터 프로그램이나 데이터 파일에 관한 정보도 기록해 둔다.

- 연구할 때마다 작성하고, 정기적으로(주간, 월간) 점검하며, 차례를 만들어 관리한다.
- 연구 노트를 정기적으로 점검할 때마다 컴퓨터에 저장된 관련 자료를 백업한다.

▶ 연구 노트에 적어 넣을 내용
- 날짜와 일련번호
- 연구 제목과 목적
- 연구자 이름, 분담 체계(공동 연구의 경우), 연구 책임자 서명란
- 연구 방법, 내용 및 결과
  - 알고리즘의 흐름도
  - 추론 과정의 흐름도, 수식 전개 과정
  - 모의실험 조건, 결과
- 컴퓨터 프로그램이나 데이터 파일에 관한 정보
  - 저장된 컴퓨터의 이름, 아이피(Internet Protocol, IP) 주소, 드라이브, 폴더, 파일 이름
  - 데이터 처리 과정이 있을 때는, 처리 전과 후의 데이터를 모두 보관
  - 원본과 백업 자료의 위치를 모두 기록
  - 시디(Compact Disc, CD)로 백업할 때는 시디에 일련번호를 붙여 관리
- 요약
- 기타

레이저 특허를 위한 경주[4]

최초로 레이저에 대한 상세한 이론을 발표했던 연구자들은 컬럼비아 대학교의 찰스 타운스(Charles H. Townes) 교수와 벨 연구소(Bell Lab)의 아서 숄로(Arthur L. Schawlow) 박사였다. 숄로는 컬럼비아 대학교 타운스 교

수 연구실에서 박사 후 연수를 했으며 1951년 벨 연구소로 자리를 옮긴 후에도 계속 공동 작업을 진행했다. 1957년 두 사람은 레이저의 가능성에 대해 처음 이야기를 나누었고 이 문제를 함께 연구하기로 결정했다. 몇 달간을 매달린 결과 이들은 1958년 학계에 큰 파장을 일으키며 최초의 레이저를 만들기 위한 경주의 신호탄이 된 유명한 논문을《물리학 회보(Physical Review)》에 발표했다. 당시 벨 연구소의 자문을 담당했던 타운스 교수는 별 관심을 보이지 않는 연구소의 변호사를 설득하여 1960년 미국 특허를 신청했다.

비슷한 시기에 컬럼비아 대학교의 대학원생 고든 굴드(Gordon Gould) 역시 비슷한 아이디어를 갖고 있었다. 굴드는 1955년 노벨상을 공동 수상한 폴리카프 쿠시(Polykarp Kusch)의 연구실에서 박사 과정을 밟고 있었다. 굴드는 레이저에 대한 기본적인 개념을 1957년 후반에 노트에 기록해 두었고 이 노트에는 'LASER(Light Amplification by the Stimulated Emission of Radiation)'라는, 지금 우리가 사용하고 있는 약어까지 명기되어 있었다. 그는 이 노트에 공증까지 받아 두었다.

레이저에 대한 개념을 누가 발명했는가에 대해서는 여전히 논란이 있다. 과학계에서는 타운스와 숄로의 공헌이 널리 인정되어 1964년과 1981년 각각 노벨상을 수상했다. 이들이 공동으로 발표한《물리학 회보》의 논문은 초기 레이저가 만들어지는 데 가장 큰 영향을 준 논문으로 거론된다. 굴드 또한 레이저와 광섬유 분야에 일정한 공로를 한 것은 사실이지만 앞의 두 사람에 비하면 훨씬 미약한 것이어서 1970년대 중반이 되기까지는 레이저 분광학계에서 거의 주목받지 못했다. 그러나 굴드는 조용히 특허 신청을 진행했고 1973년 타운스와 숄로의 특허 신청을 무효화하는 데 성공하여 이후 1977년부터는 레이저의 개념과 응용에 관한 일련의 특허권을 소유하게 되었다. 이 과정에서 그의 연구 노트가 핵심적으로 작용했음은 물론이다.

3) 자료를 엄정하게 처리한다: 이미지 자료의 경우

실험 자료의 종류와 성격은 통계, 이미지 등 분야에 따라 다양하다. 통계 처리의 문제는 다음 장에서 따로 다루고 있으므로 여기서는 또 하나의 주요 쟁점인 이미지 자료의 처리를 예로 들어 살펴보기로 하자.

과학 논문에서 이미지 자료는 더 이상 설명이 필요 없을 정도로 중요하다. 그러나 얼마 전부터 디지털 이미지를 쉽게 변형, 수정할 수 있는 포토샵 같은 소프트웨어가 널리 쓰이면서 이미지 자료의 신뢰성은 크게 추락했다. 이러한 현실은 학술지의 편집자들에게 또 하나의 부담이 되었다. 이미지 자료가 데이터를 그대로 반영하는 것인지까지 검증해야 한다면 그렇지 않아도 시간과 노력이 많이 드는 심사 과정에 짐이 하나 더 느는 셈이다. 얼마 전까지만 해도 디지털 자료를 가공하는 과정에서 논문 저자들의 정직성을 신뢰하는 분위기였다면 사진 자료를 부적절한 수준으로 가공하여 논문이 철회되는 사례가 늘어나면서 이러한 신뢰는 너무 안이한 생각이었다는 반성이 일고 있다.

몇 해 전부터 이미지를 중요한 증거 자료로 활용해 온《세포 생물학 저널》에서는 게재되는 모든 논문의 이미지 자료를 검토하여 적절하지 않게 가공된 것은 사전에 걸러 내고 있다. 논문의 모든 내용을 디지털 형태로 접수하고 처리함으로써 이미지 자료의 세밀한 검토가 가능해졌다. 현재《네이처》등의 다른 학술지에서도《세포 생물학 저널》의 사례를 벤치마킹하여 논문이 게재되기 이전에 이미지 자료를 부적절하게 가공한 논문을 찾아낼 수 있는 제도적 조치를 강구하고 있다.[5]

《세포 생물학 저널》에서는 게재 예정 논문 전체의 전자 이미지 자료를 검토하여 조작의 증거를 찾아낸다. 흑백 사진은 밝기와 대비만 바꾸어도 조작한 사진의 경우 배경의 일관성이 떨어져 조작 여부를 확인할 수 있다. 줄기세포 논문의 경우 역시 단순히 이미지의 톤만 바꾸었는데도 2장의 사진이 동일한 것으로 확인되었다. 이런 경우 《세포 생물학 저널》에서는 원래 이미지 파일을 요구하는 등의 조치를 취한다. 이와 같은 사전 검토를 시작한 지 3년 반이 지나는 동안 게재 예정 논문의 거의 25퍼센트에 해당하는 원고에서 적어도 1장의 사진이 "부적절한 수준의" 조작을 한 것으로 판명되어 수정 요구를 받았다. 이들 대부분은 그 조작이 데이터 해석에 영향을 주지는 않았으나 학술지의 지침을 벗어난 경우였다. 또 조작된 이미지 데이터로 인해 게재가 취소된 논문은 게재 예정 논문의 1퍼센트 정도였다.[6]

이제 포토샵 등의 프로그램을 이용하면 누구나 쉽게 이미지를 바꿀 수 있는 만큼, 먼저 수용 가능한 수정의 범위는 어디까지이며 어느 수준을 넘어서면 조작에 해당되는지에 대한 구체적인 기준이 마련되어야 한다. 그리고 설정된 기준은 연구자들 모두가 실천할 수 있도록 널리 알려야 할 것이다. 사실상 이미지 자료 처리에 대한 원칙은 간단하고 명료하다. '원래의 이미지 데이터가 담고 있는 정보가 그대로 보존되어야 한다.'는 것이다. 이 원칙을 따르기 애매한 경우는 다음 요령 몇 가지를 참고하라. 첫째, 가장 보수적인 기준을 따르라. 둘째, 동료들과 상의하라. 이와 같은 문제를 혼자 해결하려고 하다 보면 원칙을 따르기보다 자신이 편한 쪽으로 합리화하기 쉽다. 작은 문제라도 갈등이 생길 소지가 있다면 반드시 실험실 세미나 등에서 이야기를 꺼내어 동료들과 함께 문제를 해결하는 습관을 들여라. 셋째, 학술지의 이미지 처리 지침을 확인해 보라. 아래 《세포 생물학 저널》의 이미지 자료 게재 지침을 참조하면 도움이 될 듯하다.

《세포 생물학 저널》의 이미지 자료 게재 지침[7]
- 하나의 이미지 안에서 일부만 두드러지게 하거나, 희미하게 하거나, 이동, 제거 및 삽입하지 않는다.
- 여러 이미지를 합치는 경우 그림에서 이러한 과정이 확실하게 나타나도록 그림을 배열하고(예를 들면 선을 그어 다른 이미지임을 표시하는 등), 이를

명기한다.

- 밝기(brightness), 대비(contrast), 색채 균형(color balance) 등의 조정은 전체 이미지에 적용되고 원래의 자료에 포함된 정보를 희미하게 하거나 제거하지 않는 범위 안에서 허용된다.
- 비선형적 조정(nonlinear adjustment)을 적용한 경우에는 반드시 그림 설명에 이를 명기해야 한다.
- 기타
  - 최초의 디지털 데이터 또는 아날로그 데이터를 반드시 원형대로 보관한다. 이미지를 가공하는 과정에서도 언제든지 원본 데이터로 돌아갈 수 있도록 원본을 보관하는 것이 바람직하다. 논문 발표 과정에서 학술지 편집자나 심사자가 원본 자료를 원할 수도 있다.
  - 현미경 또는 이미지 장치의 세팅을 조정하여 선택적으로 데이터를 얻는 행위, 자료 전체를 대표하지 못하는 비정상적인 결과를 선별적으로 보고하는 행위, 결론과 상치되는 부정적인 결과를 밝히지 않는 행위 등 실험 데이터를 부정확하게 대변하는 어떤 종류의 자료 조작도 금해야 한다.

3. 객관성 확보를 위한 연구실 구성원의 노력

1) 올바른 연구 지도가 중요하다

대부분의 연구자들은 대학이나 대학원에서 지도 교수의 지도 아래 연구자로서 첫발을 내딛는다. 따라서 지도 교수 또는 선배 연구자의 태도와 지도는 연구자들의 연구 태도와 방식에 지대한 영향을 미친다. 지금까지 연구 지도의 영역은 전적으로 개인에 맡겨졌다. 연구자 개인의 능력과 성향에 따라 연구 지도의 방식이 결정되어 온 것이다. 하지만 지도하는 사람이나 지도받는 사람에 따라 적절한 지도 방법은 달라진다. 어떤 지도자는 자상하고 상세하게 안내하는 역할을 잘한다면 또 어떤 지도자는 학생의 자율성을 최대한 존중하면서 그 능력을 이끌어 내는 데 일가견이 있을 수 있다. 학생 또한 자신의 성향이나 능력에 따라 적절한 방식의 지도를 받을 때 최대한의 능력을 발휘할 수 있다.

미국 연구 진실성 관리국에서 처리한 연구 부정행위를 분석한 결과[8] 다음과 같은 실험실에서 잘못된 데이터가 발표되는 경우가 많았다.

- 연구 책임자가 미가공된 원래 데이터(raw data)를 보지 않고 연구 계획서나 논문 작성을 위해 자료를 요약한 표 또는 그림만 보면서 연구원과 해당 내용에 대해 토론한다면, 이는 의도하지 않더라도 위조나 변조를 묵인하는 경우가 될 수 있다.
- 연구 책임자 또는 선임 연구원이 후임 연구원에게 실험 결과를 내놓으라고 심한 압박을 가하거나 논문 출간일 또는 연구비 신청일에 임박하여 결과를 요구하는 실험실에서도 위조나 변조 등의 부정행위가 자주 발생한다.
- 매우 우수한 실력을 갖춘 것으로 인정되는 박사 과정 학생이나 박사 후 연구원이 실험실에 새로 들어온 경우 새로운 연구원에게 거는 기대 자체가 압력이 될 수도 있다. 실험실 환경이 바뀌거나 실험 주제가 바뀌면 노벨상 수상자라 할지라도 새로 배울 것들이 많기 마련이다. 새로 실험실에 들어온 연구원에 대한 교육이 적절하게 이루어지지 않으면 연구원의 능력과 관계없이 믿을 만한 연구 결과를 얻을 수 없다.

가장 기본적인 지도법은 연구 책임자나 선임 연구원이 행동으로 모범을 보여야 한다는 상식을 따르는 것이다. 연구 과정을 기록하고 자료를 관리, 해석, 보고하는 과정에서 모범을 보이면 실험실 구성원 모두 이에 관심을 보이고 따르게 될 것이니 가장 훌륭한 지도법인 셈이다. 또 하나, 연구 성과를 공정하게 인정하는 것 또한 연구원들이 연구를 수행할 수 있는 환경을 조성하는 데 중요한 요인이다. 이 또한 상식적인 내용이지만 이러한 상식을 따르기가 오히려 어려운 때도 많다. 구체적인 상황에서는 어떤 결정이 옳은 것인지 판단을 내리기 애매하고 힘든 경우가 빈번하기 때문이다.

자신이 그 분야의 실력을 충분히 갖췄다고 해서 저절로 연구 지도를 할 능력을 얻는 것이 아닌 만큼 어떻게 하는 것이 효과적이고 바람직한 지도 방법인지 적극적이고 능동적으로 배울 필요가 있다. 최근 여러 연구 기관에서 연구 지도자 및 연구자들을 위한 멘토링에 관심을 갖고 이를 위해 멘토 교육을 하거나 자료집을 제작, 보급하고 있다. 상급 연구자나 연구 책임자가 되면 이제 가르치는 것을 배울 때라는 사실을 자각해야 할 것이다.

2) 실험실 동료의 역할

같은 실험실에서 동료로 지낸다는 것은 보통의 인연이 아니다. 이들 동료는 단순히 비슷한 주제에 관심을 갖고 인접한 연구를 수행하면서 필요한 정보나 도움을 주고받는 관계 이상이다. 실험실 동료는 세미나를 통해, 혹은 사적으로 이야기를 나누는 과정에서 연구 과정이나 결과 해석에 주관적인 편견이 들어갈 경우 그 점을 지적하고 수정해 줄 수 있는 가장 좋은 위치에 있다. 이러한 이유로 서로의 연구에 매우 개방적이며, 늘 동료들의 연구에 대해 이야기하고, 문제가 발생하면 함께 고민하고, 공동으로 문제를 해결하는 분위기가 형성된 실험실에서 훌륭한 연구 성과가 얻어지는 것이다.

4. 객관성 확보를 위한 과학자 사회의 노력

과학 연구의 객관성을 확보하기 위해서는 개별 과학자의 노력뿐만 아니라 객관적인 방법론을 공인하고 연구 성과를 비판적으로 검토하는 과학자 사회의 실천이 필요하다. 과학자 사회에 의한 연구의 평가와 검증은 여러 단계에서 나타난다. 연구를 수행하는 사람은 연구가 진행되는 과정에서부터 끊임없이 동료 과학자들의 비판과 평가를 통해 개인의 주관이나 선입관에 편향된 결과나 결론을 얻을 가능성을 줄여 나가야 한다. 공동 연구자들 사이의 내부 발표 및 토론이나 실험실 내부 세미나가 그 첫 단계이다. 이밖에 연구를 진행하는 과정에서 학술 대회 또는 기타 여러 경로를 통해 초기 연구 과정 및 결과를 발표하고 이에 대한 동료들의 비판을 거쳐 논문을 완성하게 되는 것이다.

연구 논문을 전문 학술지에 발표하는 과정에서는 이른바 동료 평가 제도를 통해 동일 분야에서 전문성을 지닌 심사자가 연구 및 결과 분석 과정 전체를 꼼꼼하게 검토하는 작업을 거친다. 논문이 발표되면 관련 연구자들의 공개적인 토론과 후속 연구에 의해 검증을 받는다. 이 과정에서 잘못이 인정되면 수정문을 게재하거나 논문을 철회한다. 이와 같은 비판을 통해 의미 있는 사실로 검증된 내용은 후속 연구자들의 논문에서 계속 인용되며 존속하여 새로운 '과학적 지식 체계'의 일부로 편입된다. 논문 발표와 평가는 현대 사회에서 과학 연구가 수행되는 과정에서 핵심적인 부분이다.

토론을 위한 사례들

1) 실험 기록과 연구 진실성에 대한 증명: 볼티모어 사건[9]

데이비드 볼티모어와 테레자 이마니쉬카리를 포함한 매사추세츠 공과 대학교 소속 6명의 연구자는 1986년 4월 25일 학술지《셀》에 면역 관련 논문을 게재했다. 그런데 이마니쉬카리의 지도로 이에 대한 후속 연구를 수행하던 박사 후 연구원인 오툴이 이마니쉬카리의 결과를 재현할 수 없었고 자신이 확보한 이마니쉬카리의 실험 기록 일부가 논문에 게재된 결과를 입증하지 못한다며 문제를 제기했다.

이마니쉬카리가 연구 기간 중에 근무했던 메사추세츠 공과 대학교와 새로 이마니쉬카리를 임용하기로 했던 터프츠 대학교에서 수행된 비공식 조사에서는 실수는 인정되지만 부정행위라고 볼 수는 없다는 결론을 내렸다. 그러나 이후 이 사건이 외부에 알려지면서 2번의 하원 청문회와 3번에 걸친 공식적인 정부 기관의 조사를 거치며 이 결론은 2차례 뒤집히게 된다. 국립 보건원의 1차 조사에서는 부정행위를 인정하지 않았다. 그러나 하원 청문회 기간 중에는 범죄 수사 전문가들이 동원되어 이마니쉬카리의 실험 노트를 조사했다. 그 결과 다른 종류의 잉크로 덮어 쓰거나 수정액을 사용하여 기존의 자료를 완전히 지운 부분, 데이터 출력 일자와 실험 일자가 일치하지 않는 부분 등이 드러났다. 이는 실험 기록의 기본 원칙을 지키지 못한 것이다. 이 가운데 가장 핵심적인 내용은 실험 일자의 불일치 문제였는데, 실험 결과가 찍힌 출력물의 잉크와 종이를 조사한 결과 노트에 기록된 실험 시기에는 사용되지 않았던 것임이 드러났다. 이마니쉬카리는 실험 결과를 그때그때 기록하지도 않았고, 시간 순서대로 실험 결과를 정리하여 보관하지도 않았던 것이다. 이마니쉬카리는 전에 얻었던 실험 자료를 한참 뒤에 다른 결과와 함께 정리한 것이라고 주장했다. 결국 하원 청문회 후에 이루어진 연구 진실성 관리국의 조사에서는 이마니쉬카리의 부정행위가 인정되었고 10년 동안 연구비 지급을 중지한다는 결정이 내려졌다. 이마니쉬카리는 이에 재심을 청구했으며 마침내 1996년에는 연구 부정행위에 대한 모든 혐의를 벗을 수 있었다.

1980년대 중반 이후부터 미국에서는 과학계의 연구 부정 사건에 대한 관심이 고조되기 시작했다. 1970년대 이후 사회적으로 크게 논란이 된 연구 부정 사건이 여러 건 있었고 이에 따라 연구 부정행위를 감시, 감독하는 법률과 관리 부서가 구축되기 시작했다. 볼티모어 사건으로 주로 회자되는 이 사건은 이후 10여 년 동안 미국 사회에서 큰 쟁점이 되었다. 물론 우여곡절 끝에 1996년 재심에서 혐의가 풀렸으므로 이를 더이상 연구 부정행위라 부르는 것은 타당하지 않다. 그렇지만 볼티모어 사건은 과학적 방법론, 공공 지원을 받는 과학 연구에 대한 의회와 정부의 역할과 한계, 언론의 역할, 과학에 대한 일반인의 신뢰와 같은 주제들에서 동료 연구자들 사이의 신뢰와 지지에 대한 문제에 이르기까지 과학 연구 윤리 전반에 걸친 주요 사안들이 쟁점화되는 계기가 되었다.

▶ 여기서는 실험 기록을 꼼꼼하게 하지 않았던 연구자의 부주의가 10년 간이나 미국 사회 전체를 떠들썩하게 만들었던 이 사건의 발단이었다는 점에 초점을 맞추자. 이 사건에 비추어 자신이 실험 노트를 작성하는 방식을 되짚어 보고 개선할 점을 이야기한 다음, 자신이 연구하는 분야에 가장 적절한 실험 노트의 형식을 만들어 보자.

2) 건강한 의심: 바이옥스의 흥망

거대 다국적 제약 회사 머크(Merck)가 수많은 소송에 휘말렸다. 머크는 첨단 기술 개발에 매진해 왔으며, 지역 사회와 가난한 나라의 건강과 복지 향상을 위해 노력해 온 윤리적 기업으로 "거대 제약 회사라 불리는 악당들 가운데 착한 편"에 속하는 회사로 인정받아 온 터였다.[11]

머크는 바이옥스(Vioxx)를 개발하여 1999년 5월 20일 미국 식품 의약국(Food and Drug Administration, FDA)에서 안정성과 약효에 대해 승인을 받아 시판에 들어간 지 5년 만에 심혈관계 부작용으로 시장에서 자진 철회했다. 철회하기 직전까지 2000만 명(조사 기관에 따라 이 숫자는 8000만~1억까지로도 추산된다.)이 바이옥스를 복용했으며 2003년 한 해에 미국에서만 25억 달러 어치가 팔린 머크의 효자 상품이었다.

바이옥스는 위장 장애가 없는 진통제를 개발하려던 노력의 성과였다. 머크에서는 바이옥스를 개발한 다음 대규모의 임상 시험을 수행했다.[12] 이 연구는 8,076명을 대상으로, 한 집단에는 기존의 진통제를, 그리고 다른 집단에는 바이옥스를 투여한 다음 진통 효과와 부작용을 비교 분석했다. 기존의 진통제는 부작용으로 위장 장애를 일으키지만 장기간 복용하게 되면 심장 질환의 위험을 낮추어 주는 효과가 있었다.

임상 시험 결과 바이옥스는 기존의 진통제와 같은 진통 효과를 보였으나 2가지 측면에서 기존의 진통제와 차이를 보였다. 첫째, 기존의 진통제에 비해 위장 장애와 같은 부작용이 적게 나타났으며, 둘째, 바이옥스를 투여한 집단에서 기존의 진통제를 투여한 집단보다 심근 경색이 4배 더 증가했다.

이와 같은 결과를 바탕으로 논문에서는 바이옥스 투여 집단에서 심근 경색이 더 많이 나타난 까닭은 바이옥스에 의한 효과라기보다 기존의 진통제들이 심장병 예방 효과를 지녔기 때문이라고 해석했다. 따라서 바이옥스는 기존의 진통제에 비해 위장 장애와 같은 부작용이 적은 진통제라는 결론을 내렸다. 이 연구 결과는 미국 식품 의약국의 승인을 받았고 바이옥스는 약 5년간 절찬리에 시판되었다. 시장에서 자진 철회한 것은 후속 연구에서 임상 시험 대상자 가운데 16명이나 사망하는 사건이 일어난 뒤인 2003년 9월 30일이었다.

▶ 바이옥스를 투여한 집단에서 심근 경색 발생률이 4배 증가했다는 사실에서 생각할 수 있는 또 다른 가능성은 무엇일까?

▶ 임상 시험 결과를 보고한 《뉴잉글랜드 의학 저널(New England Journal of Medicine)》의 논문에서는 바이옥스의 부작용이 전혀 논의되지 않았다. 세계 최고의 연구진으로 구성된 머크의 연구 개발부에서 누구나 생각할 수 있는 또 하나의 중요한 가능성을 간과하게 된 이유가 있다면 무엇일까?

▶ 연구 결과는 연구 수행을 재정적으로 지원해 준 기관의 이익과 일치

하지 않을 수도 있다. 연구 과정 및 논문 출판 과정에서 재정적 이해가 상충하는 예를 생각해 보고 어떻게 하면 이 문제를 개선 또는 해결할 수 있을지도 함께 이야기해 보자.

3) 사회적, 개인적 편견의 개입: 두개골이 작아 열등했던 19세기의 여성

19세기 후반 들어 두개골을 측정하여 비교하는 골상학(phrenology)이 유행했다. 평균적으로 볼 때 여성의 뇌는 남성의 뇌보다 작고 가볍다. 폴 브로카(Paul Broca)와 같은 당시의 대표적인 신경 해부학자나 그의 동료 귀스타브 르봉(Gustave Le Bon)과 같은 심리학자들은 이를 근거로 여성은 문명화된 남성(즉, 유럽에 사는 남성)보다 진화가 덜된 열등한 존재라고 주장했다.

파리 사람(parisian)처럼 가장 지능이 우수한 종족에서도 대부분의 여성은 뇌의 크기가 남성보다 고릴라에 더 가깝다. 이러한 (여성의) 열등함은 너무 뚜렷하여 아무도 부정할 수 없을 것이다. 다만 정도의 차이에 대해서는 논할 여지가 있을지 모른다. 여성의 지능을 연구한 모든 심리학자들은 오늘날 여성이 인류 진화의 가장 열등한 형태로, 문명화된 성인보다 어린 아이나 미개인에 더 가깝다는 사실을 인식하고 있다. 여성은 변덕스럽고, 일관적이지 못하며, 사고나 논리, 추론 능력이 없다. 물론 일부 여성에서는 평균적인 남성보다 훨씬 뛰어난 경우도 있다. 그러나 이것은 머리가 둘 달린 고릴라처럼 비정상적인 괴물이 태어나는 것과 같은 예외적인 경우이므로 전적으로 무시해도 좋을 것이다."[13]

이런 생각은 당시 매우 일반적인 견해였던 것으로 보인다. 찰스 다윈 역시 『인간의 유래(*The Decent of Man*)』(1871년)에서 유럽인과 동물의 직접적인 관계를 언급하는 대신 문명인과 미개인과 영장류의 위계 속에서 이야기를 풀어 갔다. 유럽의 문명인과 미개인들의 공통점을 열거한 뒤 미개인들과 영장류의 공통점을 이야기하여 인간과 동물의 관계를 설명한 것이다.

생전에 명석하기로 이름 높은 사람들이 사망하면 이들의 뇌의 질량과 부피를 측정하기도 했다. 어떤 이들은 평균치보다 뇌의 크기가 컸고 또 어떤 이들은 실망스럽게도 뇌의 크기가 그리 크지 않은 것으로 나타났다. 뇌의 크기를 재는 것에 열심이었던 브로카는 나이가 많아지면 뇌의 크기도 작아진다는 등의 여러 이론을 제시하여 뇌의 크기와 지능과의 관계를 끝가지 고수하고자 했다. 하지만 그런 브로카의 뇌가 평균치보다 그리 큰 것은 아니었다고 한다.

▶ '뇌의 크기가 커서 총명한 남성과 뇌가 작아 멍청한 여성과 흑인' 이론은 에스키모인이나 말레이족 등 몇몇 몽고족의 뇌가 '문명화된 유럽인'의 뇌보다 크다는 것이 알려지면서 위기를 맞는다. 브로카는 이 위기를 어떻게 극복했을까? 과학의 이름으로 사회적 편견을 정당화하고자 한 시도는 이뿐만이 아니다. 이와 비슷한 사례를 찾아 이야기를 나누어 보자.

4) 키나아제 캐스케이드 스캔들[14)]

1980년대 초에는 대학원생 1명이 하나의 효소를 분리하는 데 꼬박 한 해가 걸리는 게 보통이었다. 하지만 코넬 대학교의 저명한 생화학자 이프레임 랙커(Efraim Racker) 박사 연구실에 새로 온 박사 과정 학생 마크 스펙터(Mark Spector)는 불과 6개월 만에 에이티피아제(ATPase)와 4종류의 키나아제(kinase, ATP의 말단 인산기를 다른 물질로 전달하는 효소)를 분리하는 데 성공했다. 연이어 이들 효소가 암을 생성하는 데 핵심적인 작용을 한다는 놀라운 연구 결과도 발표했다. 저명한 연구자들이 이 분야에 몰

려들었으나, 독자적으로는 같은 연구 결과를 얻지 못했다. 이들은 각자
가 힘든 연구를 재현하는 대신 자신들의 시료를 스펙터에게 보내 검사
를 의뢰하는 방법을 택했다. 일부 연구자들은 이 젊은 대학원생을 자신
의 실험실로 초빙하기도 했다. 하지만 차츰 그들은 스펙터가 실험하는
경우에만 성공하는 사례가 많고 그가 없으면 똑같은 재현이 일어나지
않는다는 것을 깨달았다. 그러나 그것은 스펙터의 실험 수행 능력이 매
우 뛰어나기 때문으로 여겨졌다.

  랙커의 실험실 바로 위층에 있는 생화학과 소속의 종양 바이러스 학
자였던 볼커 보그트(Volker Vogt) 교수도 스펙터의 이론에 흥미를 느껴
제자인 블레이크 페핀스키(Blake Pepinsky)와 함께 몇 가지 실험을 했으
나 예상한 결과를 얻지 못했다. 페핀스키는 스펙터와 함께 실험을 되풀
이했고 그 실험은 또다시 대단한 성공을 거두었다. 보그트는 키나아제
가 포함된 겔을 직접 분석해 보기로 마음먹었다. 당시까지 스펙터는 겔
을 노출시킨 필름만을 동료들에게 보여 주었다. 원본 겔을 손에 넣은 보
그트는 방사성 단백질 띠의 위치를 확인하기 위해서 휴대용 가이거 계
수기로 겔을 탐지했다. 계수기가 딸깍거리는 소리의 패턴으로 뭔가 크
게 잘못되었음을 직감했다. 보통 단백질의 표지로 방사성 인 32를 이용
하는데 그것은 인 32에서 나는 소리가 아니었다. 방사능 측정 장치인 섬
광 계수기로 점검한 결과 필름에 나타난 검은 띠는 요오드 125에 의한
것이었다. 그러나 요오드는 이 실험에 쓰일 이유가 전혀 없었다. 예상되
는 단백질과 같은 크기의 단백질을 방사성 요오드로 표지한 다음 이를
미리 시료에 섞어 놓은 것이 분명했다.

보그트는 랙커에게 이 사실을 전했다. 랙커는 스펙터에게 4주를 주고
에이피티아제와 4종류의 키나아제를 다시 분리하라고 했고 스펙터는
그 제안에 동의했다. 4주의 기한이 끝났을 때 랙커는 일부 실험을 재현
해 내지 못한 스펙터를 실험실에서 내보냈다.

▶ 실험 결과의 재현 가능성은 실험 연구의 기본 조건이다. 하지만 위 사례에서 많은 생물학자들이 스펙터와 동일한 결과를 얻지 못했어도 그의 이론을 버리지 않았다. 그 이유는 무엇일까?

▶ 역설적이게도, 스펙터와 같이 실험실에서 가장 촉망받는 우수하고 유능한 연구원이 부정행위를 저지르는 일이 적지 않다. 어떤 이유 때문일지 생각해 보자.

5) 스트레스를 적절히 관리할 수 있어야[15]

철수와 영희는 유명한 환경 화학자인 김 교수의 대학원생으로 둘 다 석·박사 통합 과정 3년차이지만 아직까지 논문을 하나도 발표하지 못한 상태이다. 한시라도 빨리 논문을 발표하지 못하면 졸업 후에 좋은 실험실에서 연구할 기회를 얻지 못할 것 같아 노심초사하고 있는 그때, 마침내 영희의 실험에서 가능성이 나타나기 시작했다. 여러 달 노력한 끝에 물질을 하나 합성했는데 이 물질은 영희의 학위 논문 과제인 생분해성 플라스틱 합성 과정의 중간 산물이었다. 영희는 이제 몇 가지의 성질을 입증하기 위해 더 많은 양의 중간 산물을 합성한 다음 일련의 분석을 반복해야 한다. 김 박사는 영희의 성과에 흥분을 감추지 못하며 빨리 반복 실험을 해서 논문을 쓰라고 재촉했다. 중간 산물 분자의 합성 과정과 몇 가지 성질을 밝히는 것만으로도 충분히 《네이처》 같은 저명 학술지에 출판할 수 있을 만큼 굉장한 연구 성과이기 때문이었다.

김 교수와 영희는 실험의 진행을 빨리 하기 위해 영희가 중간 산물을 더 합성하는 동안 철수에게 중간 산물의 분석을 부탁하는 데 동의했다. 철수의 과제에도 이와 유사한 물질의 분석이 포함되어 있어서 이는 철수에게도 좋은 경험이 될 것이었다. 김 박사와 영희는 철수가 이 물질을 성공적으로 분석하면 발표할 논문의 제2저자를 보장해 주기로 했다. 영희는 그다지 성실하지 못한 철수를 좋게 평가하지는 않았지만, 선택의 여지가 없다는 판단을 내렸다. 영희는 철수에게 합성한 중간 산물이 든 시험관 2개를 전달했다. 이는 지금까지 2번에 걸쳐 합성한 중간 산물 전부였다.

철수는 첫 번째 실험에서 중간 산물이 가지고 있을 것으로 가정했던 4개의 화학 작용기 가운데 3개의 존재를 입증했다. 네 번째 작용기를 확인하기 위해 두 번째 시험관에 든 물질을 분석하던 중 철수는 기기실에서 영희에게 전화를 걸어 스펙트럼 패턴이 이상하게 나온다며 화합물에 오염 물질이 섞여 들어가 있을 가능성에 대해 물어보았다. 영희는 철수에게 자신이 직접 스펙트럼을 찍을 테니 시료를 넘기라고 했다. 그러나 몇 시간 후 실험실에 돌아온 철수는 스펙트럼을 잘못 보았다며 기대했던 결과를 얻었으니 걱정하지 말라고 했다. 남아 있는 시료가 다시 분석을 할 만큼 충분하지 않았기 때문에, 영희는 분석 결과를 확인할 수 없었다. 철수는 네 번째 작용기가 분명하게 드러난 스펙트럼을 보여 주며 영희를 안심시켰다.

김 박사는 연구 결과에 넋을 잃고, 영희에게 빨리 논문을 쓰라고 압력을 가했다. 영희는 논문 작성 중에 철수의 연구 노트를 살펴보다가 첫 번째 실험과 두 번째 실험에 대한 기록이 크게 차이가 난다는 사실을 발견했다. 두 번째 실험에서는 노트에 스펙트럼 출력지만 붙어 있을 뿐 실험에 관한 다른 기록이 없었다. 언뜻 무슨 일이 있었을 것 같은 의심이 들었지만 네 번째 작용기의 피크가 두드러져 보이도록 대조 견본을 이용해서 보정했을 것이라고 짐작하고 말았다.

영희는 철수의 연구 결과를 신뢰할 수 있을지 확신하지 않았지만, 졸업과 논문 출판 일정을 생각하면 복잡하게 생각할 겨를이 없었다. 논문은 《네이처》에 출판되었지만, 그 뒤 몇 달이 지나 그 물질의 합성을 재현한 다른 과학자들이 네 번째 작용기가 영희의 논문에서 예상한 것과는 다르다는 결과를 발표했다. 영희 또한 이 물질의 네 번째 작용기 분석을 반복했을 때, 철수가 발견한 것과 다른 스펙트럼 패턴을 찾아냈다.

▶ 논문 출판 또는 경력 관리에 대한 압박이 연구 수행에 어떻게 영향을 줄 수 있는지 이야기해 보자.

▶ 두 번째 분석 실험을 본인이 직접 하겠다는 영희의 지시를 따르지 않기는 했지만, 현재 철수가 어떤 잘못을 했는지는 명확하지 않다. 이 상태에서 영희는 어떤 행동을 취해야 할까?

▶ 연구 부정행위란 무엇인가? 철수가 만일 연구 결과를 조작했다면, 그러한 의심을 덮어 둔 영희에게도 연구 부정행위의 혐의가 있는가?

▶ 철수의 자료에 문제가 있음은 분명해 보인다. 영희는 이제 어떻게 해야 할까?

8강 올바른 통계 처리

:김호

I. 통계 처리의 중요성

최근 과학 연구에서 처리하는 자료의 양이 폭발적으로 증가하면서 올바른 통계 처리의 중요성이 더욱 강조되고 있다. 학문의 모든 분야가 그렇듯이 올바른 통계 처리가 무엇인지에 대한 답은 학자에 따라서 다르고 그 내용 또한 아주 다양하다. 이 글에서는 통계 전문가가 아닌 자연 과학 분야의 연구자들이 연구 도중에 흔히 범할 수 있는 잘못들을 살펴보기로 하겠다. 이러한 잘못들은 통계의 오용(misuse) 혹은 통계적 오류(fallacy)라고 표현되는 경우가 많다. 윤기중 등[1]에 의하면 통계의 오용이란 무의식적이건 고의건 간에 사실을 왜곡, 오해시키는 통계적 사용을 뜻한다. 오용된 통계는 사실을 오해하게 한다는 점에서 허위성을 내포한다. 또 통계가 무의미하게 사용되는 것도 통계의 오용에 포함되는데 이는 오용이라기보다는 남용이라고 할 수 있다. 이에 비해 통계적 오류는 방법 적용이나 해석의 과오에서 유발되는 사실의 왜곡이다. 즉, 학술 논문 등에서 통계적 방법을 잘못 적용했거나 통계적 해석을 잘못한 경우를 말한다.[2] 명백한 의도를 가지고 자료를 왜곡했다면 윤리적으로 비난을 받아 마땅하겠지만, 그러한 의도가 없었다고 해도 통계 처리의 오류 때문에 연구의 설계 혹은 결과 해석이 아주 잘못되었다면 이럴 때에도 연구자들이 과학적, 윤리적으로 비난받아야 하는가 하는 문제는 토론해 볼 만한 주제이다.

> **토론 주제 1**
>
> 새로 개발된 신약의 효과를 검정하기 위해 임상 시험을 계획하고 있던 연구자가 연구원에게 참여할 피험자 수를 알아볼 것을 지시했고 그 연구원은 200명의 피험자가 필요하다고 보고했다. 이에 따라서 임상 시험을 진행했는데 연구가 거의 끝나갈 무렵, 한 통계 전문가가 연구 계획서를 보고 피험자 수 계산에 오류가 있었으며 120명의 피험자로도 충분한 연구가 진행될 수 있음을 지적했다. 이러한 경우 임상 시험 진행에서의 문제점들이 무엇인지 토론해 보자. 만약 300명의 피험자 수가 필요했다면 이때 생길 문제점은 무엇인지에 대해서도 논의해 보자. 이 사례를 통해서 필요 피험자 수(혹은 표본 수)를 연구 전에 충분히 고려해야 하는 이유에 대해서도 생각해 보자.

궁극적으로 통계의 오용과 오류의 문제는 통계적 사고의 확립을 통해 막을 수 있다. 이는 부분적으로 연구자의 윤리성과도 관련되어 있다. 통계적 기법을 활용하는 연구자가 개인적인 기호 혹은 편견에 의해 통계 기법을 조작 혹은 오용하려 한다면 이는 통계를 이용한 자기 합리화일 뿐이다. 통계를 올바르게 사용하기 위해서는 체계적인 통계학 학습이 중요한 만큼 다음 절에서는 통계적 가설 검정의 기초적인 개념들을 정리해 보기로 하겠다.

2. 통계적 사고

통계학 분야는 전통적으로 기술적인 영역과 추론적(inferential)인 영역으로 구분된다. 각 지역(예컨대 서울, 부산 등 광역시)에서의 특정 질병(천식)의 유병률 분포가 어떠한지를 조사하는 경우는 기술적인 연구이고, 특정 환경 오염 물질(대기 오염)에 자주 노출된 집단에서 특정 질병의 유병률이 그렇지 않은 집단보다 유의하게 큰지를 연구하여 그 물질의 유해성 여부를 결정하는 예는 추론적인 연구이다. 하지만 과학 연구에서는 이 두 개념이(개념적인 구분은 있었지만) 체계적으로 구분되지 않는 경우가 흔하다. 윌리엄 파(William Farr)와 같은 학자에 의해서 연구된 기술적인 연구는 주요 병원, 연구 기관, 그리고 복지부 혹은 세계 보건 기구 등에 의해 건강 통계(health statistics), 건강 연보(health yearbook) 혹은 유사한 출판물의 형태로 그래프와 같이 제공되는 경우가 많다. 최근에는 지리 정보 시스템(Geographic Information System, GIS)의 발전으로 질병의 유행 양상을 시각적으로 볼 수 있게 하는 연구들이 많이 진행되고 있다.

과학 연구에서 통계적 추론이 필요한 분야로는 임상 시험을 들 수 있다. 경험적으로 어떤 식물이 특정 질병의 치료에 효과가 있음을 알았다면 이는 통계적인 추론의 결과일 것이다. 역학(epidemiology, 질병의 원인을 밝히는 학문)의 초기 연구에 속하는 수질 오염과 콜레라 연구에서는 기초적인 통계적 추론이 사용된 반면, 출산 시 의사의 도움 여부가 산모의 사망률에 영향을 미친다는 연구에서는 현대적 의미의 통계적 추론의 개념이 사용되었다. 위험 요소(risk factor)의 수준이 다른 인구 집단들 간 질병의 상대 빈도를 비교한다는 통계적 개념은 아주 오래된 연구에도 존재한다. 컴퓨터와 통신 기술의 발달과 함께 오늘날의 의학 진단 분야에서 흔히 사용되는 민감도(sensitivity)와 특이도(specificity)는 그 기원이 비교적 최근이라고 느껴지지만 사실은 아주 오래전의 문헌에서도 그러한 개념을 찾아볼 수 있다.

통계적 사고가 획기적으로 사용되게 된 것은 네이만-피어슨(Neyman-Pearson)의 가설 검정 이론이 나온 뒤이다. 그 이후로 과학 논문에서는 유의 수준 5퍼센트에서의 특정한 가설 검정 결과 혹은 연구 가설의 p값을 사용하게 되었다. 유의 수준은 간략히 설명하면 실제로는 차이가 없는데도 불구하고 차이가 있다는 결론을 내릴 확률이다. 많은 연구자들이 5퍼센트의 유의 수준을 무조건적으로 사용하는 경향이 있으나 실제 사용에서는 주의가 필요하다. p값은 특정 치료법의 효능 여부를 판정하는 연구나 예방적 목적의 처치 혹은 진단 연구 등에 사용된다.

3. 통계적 가설 검정과 제1, 2종 오류

연구자가 관심 모집단의 특성을 파악하기 위해 연구를 수행하는 경우, 모집단의 일부를 표본으로 추출한다. 이때 흥미 모집단의 특성을 수학적으로 나타내는 상수(대부분의 경우 미지의 수임)를 모수라고 부른다. 많은 경우 자료나 모형에서의 오차가 정규 분포에 따라 분포한다는 가정을 기본으로 통계적 모형들이 세워진다. 이러한 가정이 합리적인지를 반드시 확인하는 것이 자료 분석의 기본 출발점이다. 모집단이 정규 분포를 가진다고 가정하는 경우 모집단의 평균과 분산이 모수가 된다. 그리고 표본으로부터 얻어진 정보를 이용하여 모집단의 모수를 추정하는 과정을 모수 추정이라고 하고, 연구의 주제로 제시된 가설의 수용 여부를 결정하는 과정을 가설 검정이라고 하며, 이 과정을 통틀어 통계적 추론이라고 한다. 통계적 가설은 대립 가설(alternative hypothesis, H1)과 귀무가설(null hypothesis, H0)로 구분된다. 대립 가설은 연구자가 주장하고자 하는 가설이다. 귀무가설은 대립 가설을 검정하기 위해 설정하는 가설로, 대립 가설과는 반대의 가설이다. 예를 들어 연구자가 어떤 질병의 치료약 A와 B의 치료 효과에 차이가 있다고 주장하고자 하는 경우, 대립 가설은 '치료약 A와 B에 치료 효과 차이가 있다.'이며, 귀무가설은 '치료약 A와 B에 치료 효과 차이가 없다.'로 설정된다.

표본을 이용하여 통계적 추론을 하는 경우 실제 상황과 통계적 가설 검정의 결과에 따라 표 8-1과 같은 4가지 경우가 발생한다.

이 4가지 중 잘못된 판단을 내린 경우는 2가지이다. 귀무가설이 옳은데도

표 8-1. 통계적 가설 검정 결과 나타나는 4가지 경우

실제 검정 결과	귀무가설이 옳음	귀무가설이 틀림
귀무가설 채택	옳음	제2종 오류 (β)
귀무가설 기각	제1종 오류 (α)	옳음

귀무가설을 기각하는 것을 제1종 오류 혹은 α 오류라고 하며, 귀무가설이 틀린데도 귀무가설을 채택하는 것을 제2종 오류 혹은 β 오류라고 한다. 검정력 (power of test)은 $1-\beta$로 정의되는데, 이는 대립 가설이 옳을 때 통계적 검정에서도 옳다고 판정하는 확률을 의미한다. 치료약 예를 계속 적용해 보면 제1종 오류는 두 치료약의 효과가 차이가 없음에도 차이가 있다고 결론 내리는 오류를 말하며, 제2종 오류는 두 치료약의 효과가 차이가 있음에도 차이가 없다고 결론 내리는 오류를 말한다. 검정력은 실제로 두 치료약 간 효과의 차이를 통계적 검정으로 찾아낼 수 있는 확률을 말한다. 실제 연구에서 α 오류, β 오류를 결정하는 데 적용할 절대적인 기준은 없으며 연구자의 주관에 따라 결정된다. 일반적으로 제1종 오류의 크기를 0.01 혹은 0.05, 제2종 오류의 크기를 0.1 혹은 0.2 수준으로 사용한다. 여기서 1종과 2종이라는 말이 의미하듯 보통의 경우에는 제1종 오류가 제2종 오류보다 더 심각하다고 간주되지만, 연구에 따라서는 그렇지 않은 경우도 있으므로 연구자의 세심한 주의가 필요하다.

토론 주제 2

앞에서 설명했듯이 검정력이란 대립 가설이 사실일 때 귀무가설을 기각할(대립 가설을 선택할) 확률이다. 임상 시험의 경우에는 신약이 약효가 있을 때 그 약효를 증명할 수 있는 확률을 의미한다. 한편, 약효와 전혀 상

관없는 동전 던지기 검정법으로 약효를 결정하는 통계적 결정법도 생각할 수 있다. 즉, 동전을 던져 앞면이 나오면 약효가 있다고 판정하고 뒷면이 나오면 약효가 없다고 판정하는 방법이다. 이 방법은 약효와 관련된 어떠한 자료도 사용하지 않지만 그 과정은 대단히 확률적이다. 이러한 통계적 검정법의 검정력은 어떻게 될까(동전을 1번 던질 때 앞면이 관찰될 확률을 생각해 보라.)? 이제 어느 제약 회사에서 50명을 대상으로 신약 임상 시험을 계획하고 통계적 검정력을 계산해 보니 0.40라는 계산 결과를 얻었다고 하자. 이 임상 시험의 40퍼센트 검정력을 동전 던지기 임상 시험법의 검정력과 비교하여 어떤 방법이 더 우수한지에 대해서 논의하라. 이 임상 시험의 검정력을 증가시키는 방법으로는 어떤 것이 있을까? 과학 실험을 할 때 검정력 계산을 연구 계획서에 포함시켜 연구 수행 전에 반드시 고려해야 하는 이유에 대해서 생각해 보자.

그동안 많은 과학 연구에서 적절한 통계적 고려를 하지 못했던 것은 사실이다. 많은 경우에 대립 가설을 기각하지 못하는 것이 귀무가설을 채택하는 것으로 해석되고는 했다. 임의적으로 선택된 유의 수준이나 p값이 사용되기도 했으며, 여러 개의 가설을 같이 검정할 때 종합적인 다중 비교의 논리가 사용되지 않고 개별 가설의 유의 수준이 잘못 사용된 경우도 많이 있었다. 통계학의 여러 유용한 개념들을 응용하려는 적극적인 노력이 부족하기도 했다. 무엇보다도 심각한 것은 원인-결과에 따른 해석이 불충분해서 결과적으로는 틀린 결론을 이끌어 내는 경우가 많았다는 점이다. 통계적 가설 검정에 따른 유의한 결과 혹은 통계적으로 유의한(0과 다른) 상관 계수 등이 연구를 증명하는 최종 증거로 사용될 때가 많으나 이는 연구 가설을 증명할 수 있는 하나의 충분조건에 불과하며, 연구의 물리화학적, 생물학적, 의학적, 혹은 사회 과학적 증거가 이보다 더 중요하다는 점 또한 유념해야 한다.

4. 잘 준비된 실험 계획서

과학 연구를 수행하기 위해서는 실험 계획서를 잘 작성해야 한다. 통계적인 측면에서도 계획서를 작성하는 것은 대단히 중요한데, 계획되지 않은 통계 분석으로는 연구의 목적을 달성할 수 없기 때문이다. 실제 연구를 하기 전에 반드시 고려해야 할 사항 중 통계적으로 중요한 것에는 표본 수 계산과 통계 분석 방법의 계획 등을 꼽을 수 있다. 표본 수 계산은 기대되는 실험의 효과가 통계적 유의성을 가지기 위해서 필요한 최소한의 표본 수(임상 시험의 경우 피험자 수)를 본 실험 전에 미리 계산하는 것이다. 이 계산을 위해서는 실험의 효과를 예상할 수 있어야 한다. 하지만 실제로는 미리 알 수는 없어 외국의 예나 선행 연구, 예비 실험 등을 통해 가능한 효과들을 추정해 보고 그값들에 따른 표본 수를 계산하므로, 그 계산의 결과는 시나리오에 따라 값들을 제시하는 형태로 이루어지는 경우가 많다. 계획서 작성 시 많이 간과되는 것 중의 하나가 자료 분석에서 사용될 통계적 분석에 대한 계획이다. 이러한 계획이 구체적으로 확립되어 있지 않으면 이론적으로는 표본 수 계산도 불가능하다. 그러나 더욱 중대한 문제는 자료를 보고 사후적으로 실시하는 분석에서는 적합한 통계적 오류의 수준을 유지할 수 없다는 것이다. 다음 사례는 이 문제를 잘 보여 주고 있다.

사례 1: 사후 분석의 문제점 — 에이즈 백신 임상 시험 연구[3]

2003년 2월 28일과 3월 7일자 《사이언스》에는 흥미로운 기사가 연재되었다. 우선 2월 28일자의 기사에서는 한 제약 회사에서 실시한 세계 최초의 인간 대상 대규모 에이즈 백신 임상 시험 연구에 대한 결과가 제시되었다. 이 연구는 5,000명을 대상으로 4년간 실시되었지만 전체적으로는 백신의 유효성을 증명하지 못했다. 그래서 연구자들은 인종별로 분석을 실시했고 백인 및 히스패닉에서는 백신과 위약의 차이를 발견하지 못했지만 흑인, 아시아 인종 그리고 이들을 합한 '기타 소수 인종'에서 백신의 유효성을 증명했다고 주장했다. 연구자들은 통계학적인 고려가 충분치 않음을 인정하고 더 시간을 가지고 분석할 필요가 있음을 언급했지만, 제한된 의미에서 백신 효과가 증명된 것이 아닌가 하는 기대를 표현했다.

하지만 2003년 3월 7일자 기사는 이 백신 임상 시험의 결과 분석에 문제가 많음을 지적하고 있다. 이른바 사후 분석(post hoc analysis)의 문제점이다. 통계적으로 미리 계획되지 않은 가설 검정을 위해서는 본페로니(Bonferroni) 보정 등의 다중 비교 보정을 해야만 한다. 이 기사는 보정 결과 0.09에서 0.18 사이의 p값을 얻었다고 보고하면서 이런 사후 분석 결과를 도저히 받아들일 수 없다고 결론 내리고 있다. 다른 연구자들은 '기타 소수 인종'의 생물학적 의미에 대해서도 비판을 하고 있다. 인종 특성을 고려한 분석은 받아들일 수 있지만 결과의 통계적 유의성을 위해 상이한 두 인종을 사후적으로 합쳐서 분석하는 것은 생물학적으로 전혀 의미가 없다는 점이 문제였다. 또 다른 지적은 백인에 비해서 현저히 적은 감염 건수(infected case)이다. 아시아인의 경우 총 감염 건수가 4명인데 이를 근거로 백신의 효과를 판단하는 것은 불충분하다는 것이다.

위의 사례를 보면 사후적인 분석이 얼마나 큰 대가를 치르는가를 알 수 있다. 이 연구는 엄청난 노력과 막대한 연구비를 투입했지만 결과적으로 백신의 약효를 증명하는 데 실패했다. 만약 인종별 약효 검정이 미리 계획되어 있었다면 인종별 피험자 수도 달라졌을 것이고 이에 따라 연구 가설을 통계적으로 증명했을 가능성도 충분히 있었을 것이다. 여기에서 일반적인 지침 하나를 얻을 수 있다. "모든 것은 미리 계획해서(plan ahead) 연구 계획서에 반영하라. 연구 계획서에 반영되지 않은 분석이 결과 보고서에 아무런 처리 없이 나타난다면 이 분석은 잘못되었을 가능성이 매우 높다."

5. 데이터 처리의 문제점

데이터는 과학 연구에서 필수적인 기본 요소이다. 모든 변수들을 정밀하게 측정하는 것은 과학 연구에서 대단히 중요한 일임에는 틀림이 없으나 실제 연구에서는 여러 가지 이유로 인해 그 중요성이 무시되는 경향이 있다. 참값을 측정할 수 없는 변수도 많이 있지만 이는 분석에서 대부분 무시된다. 기본 데이터를 정밀하게 관찰, 측정하는 구체적이고 체계적인 방법에 대한 연구도 많이 존재한다. 하지만 많은 비용과 노력을 들여 가장 좋은 방법으로 데이터를 산출했다고 생각하더라도 입력된 자료에 문제가 있을 수 있는데, 이는 전체 연구 과정에서 충분히 고려되어야 한다.

직관적으로 생각해 보면 어떠한 오류가 존재하더라도 오류에 대한 추가적 정보가 있다면 어느 정도 보정이 가능할 것이다. 실제 연구에서는 이러한 정보를 이용해서 각각의 개인 정보를 보정할 수도 있고, 아니면 분석의 최종 결과를 보정하는 데 사용할 수도 있다.

1) 결측값의 처리

데이터를 생성할 때 다양한 이유로 결측값(missing value)이 발생하는데 현실적으로 결측값이 없는 자료를 생성하는 것은 거의 불가능하다. 하지만 많은 경우 결측율이 자료의 질을 반영하는 중요한 척도이므로 결측값이 거의 없는 자료를 만드는 것은 연구의 성패를 좌우하는 중요한 작업이다. 하지만 불가피한 이유로 결측값들이 존재하는 경우에는 다음 2가지 예처럼 아주 간단한 보정으로 합리적인 결과를 낼 수도 있다.

첫 번째로 종양의 크기를 다달이 연속적으로 측정한 경우를 생각해 보자. 만약 특정 달에 결측값 혹은 범위를 벗어난 자료가 보고되었다면 최종적으로 관찰된 달의 값이나 그 달과 이전 달에 관찰된 값들에 근거하여 계산된 값을 사용할 수 있을 것이다. 이러한 계산값을 사용하여 분석한 결과는 결측값을 사용해서 분석한 결과(적어도 표본 수가 늘어나고 그 환자에 대한 설명력이 늘어날 것이다.)보다 훨씬 합리적인 결론을 유도할 가능성이 높다.

두 번째로 개발 도상국에서 전체 사망 등록 시스템(mortality registry)을 이용해서 모성 사망을 연구하는 경우를 보자. 이때는 이 시스템에서 포함하지 못하는 영아 사망률도 다음의 방법으로 간접적으로 계산할 수 있다. 즉 작은 표본을 조사해서 모성 사망이 발생한 경우에 이것이 영아 사망과도 연관이 있는지 직접 조사하여 그 비율을 구하고, 이를 이용해서 전국의 대푯값도 구할 수 있다. 실제로 과테말라에서 이런 연구가 시도되었는데 그 결과 사망 등록 시스템으로 보고된 경우보다 실제로 영아 사망이 1.58배 더 일어나고 있음이 밝혀졌다.[4]

위 예시와 같이 비교적 간단한 보정의 경우에도 이러한 보정이 연구 가설의 검정력 혹은 가설에 의한 추정치의 신뢰 구간에 미치는 영향을 알아보는 것은 대단히 중요하다. 하지만 대부분의 경우에는 이러한 과정이 복잡해서 통계 전문가의 도움이 필요하다.

결측값 처리는 실무에서 측정 오차 처리와 비슷한 아이디어로 접근할 수 있지만 그 배경이 되는 통계적 이론은 상당히 다르다. 첫 번째 과정은 결측의 발생 과정과 연관되는 정보를 가지고 있다고 생각되는 모든 변수를 이용해서 그 결측값을 생성(impute)하는 것이다. 이 과정도 그 통계적 가정에 따라 여러 가지가 제안되었다. 그 다음 단계로는 생성된 값을 자료에 넣고 보통의 자료 분석 방법을 이용해서 분석하는 것인데 이 경우에는 실제 관찰 자료보다 사용할 수 있는 자료의 수가 많아지므로 보통 더 유효한 효과를 볼 수 있다. 그러나 이는 통계적인 과장일 가능성이 많으므로 해석에 주의를 기울여야 한다. 또 많은 경우 분석은 여기서 끝나지 않으며, 이러한 자료 생성과 주입이 미치는 영향에 대한 분석이 추가되어야만 한다.

2) 측정 오차의 보정

측정 오차 보정을 위한 통계적 이론의 배경은 다음과 같다. 연구에서 사용되는 설명 변수의 참값을 오차 없이 측정하는 것이 불가능할 때 오차를 포함해서 측정한 것을 대리(surrogate) 변수라고 한다. 이때 보통의 분석법에서는 참값의 설명 변수와 반응 변수 간의 관계를 구하지 않고 오차가 포함된 변수 간의 관계를 구한다. 하지만 측정 오차 모형에서는 참값의 설명 변수와 대리 변수의 통계적 관계를 이용해서 위에서 구한 변수 간의 관계를 보정한다. 여기에는 참값의 설명 변수와 대리 변수의 통계적 관계, 측정 오차와 모형의 오차 간 통계적 연관 정도, 측정 오차의 통계적 가정 등에 따라 다양한 보정법들이 제시되고 있지만 실무에서 이러한 가정들을 실제로 확인하기는 어렵다는 한계가 있다. 그렇다고 하더라도 측정 오차 보정이 필요하다고 판단되는 연구에서는(예를 들어 비용과 기술적인 한계로 인해 참값의 측정이 불가능한 경우) 실제 연구가 진행되기 전 이에 대한 충분한 계획과 조사가 필요하다.

3) 이상치 문제

데이터 분석 실무에서 또 하나의 고민거리가 이상치의 처리이다. 많은 과학자들이 이상치의 처리를 통계학자들에게 문의하지만, 이상치 여부의 판단은 통계학자의 책임이 아니다. 물론 통계학자들이 이러한 판단을 도와줄 수 있고 이상치에 둔감한 분석 방법론을 제시할 수는 있지만 최종 판단은 연구 책임자 혹은 전체 연구진의 몫이다. 실험 결과 아주 이상한 관측치를 얻었을 경우 그 이유를 밝혀야 하며 이유가 밝혀진다면 그 자료가 분석에 포함될 수 있을지 여부를 판단할 수 있다. 다만 실험의 특성상 이상치가 많은 경우(실험의 정밀도가 떨어져서 측정 오차가 클 수밖에 없는 경우)에는 표본 평균이나 분산 등 모수적인 통계량보다는 중위값(median, 자료에서 순위가 50퍼센트에 해당하는 값)이나 사분위수(quartile, 전체 관측값을 4등분하는 위치의 값) 등의 비모수적 통계량을 사용한다면 훨씬 더 안정적인(robust) 결과를 얻을 수 있다.

6. 통계의 오용

1) 의도된 자료의 취사선택

한 제약 회사에서 신약의 효과를 검증하기 위해 유의 수준 95퍼센트의 임상 시험을 20번 했다고 가정하자. 이때 19번의 임상 시험에서는 신약의 효과가 없다고 나타났지만, 1번의 임상 시험에서 효과가 있다고 나타났다고 하자. 이 제약 회사에서 신약의 효과가 입증되지 않은 19번의 임상 시험 결과를 폐기하고, 나머지 1번의 결과만을 공표한다면 사람들은 모두 신약이 효과가 있다고 생각할 것이다. 이처럼 연구자가 얻고자 하는 자료만을 의도적으로 선택하여 실제로 없을 것으로 생각되는 약효를 있다고 허위로 보고하는 것은 일반적으로 가장 많이 일어나는 통계의 오용이다. 여기서 유의 수준이 95퍼센트라는 것은 앞에서 설명했듯이 5퍼센트 오류(여기서는 신약의 효과가 없음에도 있다고 판정할 오류)가 있을 가능성을 인정하고 하는 실험이라는 의미이다. 즉 이러한 상황에서는 아무런 효과가 없는 물질을 가지고 실험을 해도 5퍼센트 정도는 효과가 있다고 판정할 수 있으며 이런 오류는 실험의 한계로 인정된다. 따라서 실험을 100번 반복한다면 신약이 아무런 효과가 없어도 5번은 효과가 있다고 잘못 판정할 것이다. 이때 나머지 자료를 숨기고 부분적인 자료만을 사용하는 것은 과학적, 윤리적으로 명백한 잘못이다. 이처럼 통계적으로 사고해 보면 실험을 반복적으로 실시하고 그 모든 결과들을 공개하는 것이 대단히 중요하다는 점을 알 수 있다. 제약 회사 및 담배 회사에서는 임상 시험의 결과를 전부 밝히지 않는 식으로 이런 종류의 통계 오용을 범할 개연성이 크다.

토론 주제 3

특정 유전자와 특정 질병과의 연관에 대한 연구를 수행한 결과 통계적으로 유의한 연관 관계(p값=0.02)를 얻을 수 있었다고 하자. 이를 바탕으로 연구자는 그 특정 유전자가 그 질병을 일으킨다고 단언했다. 하지만 이후에 다른 연구자들이 같은 연구를 수행했을 때는 동일한 결론이 나오지 않았다. 이러한 경우 최초 연구가 가지는 의미는 무엇이며 그 후 연구 결과들과 통계적 오류(제1종, 제2종)를 고려할 때 어떠한 해석이 가능한가? 실제로 2000년 이후 유전자에 대한 임상 연구가 굉장히 많이 이루어지고 있지만, 연구들이 서로 일치하지 않는 경우가 흔하다. 왜 이런 일들이 일어나는지, 그러한 결과들을 어떻게 해석해야 하는지에 대해 토론해 보자.

2) 의도된 설문

의도된 설문이란 응답자가 일정한 대답을 하도록 유도하는 설문을 말한다. 예를 들어 얼마나 많은 사람이 전쟁을 지지하는가를 알아보기 위해 투표를 실시하려 한다고 해 보자.

■ 당신은 자유와 민주주의를 실현하기 위해 치러지는 전쟁 중 세계 어떤 지역에서 일어나는 전쟁을 지지하십니까?
■ 당신은 아무런 이유 없는 군사적 행동에 대해 지지하십니까?

위의 2가지 질문은 모두 전쟁에 지지하는지 여부를 알아보기 위해 던질 수 있는 질문이다. 하지만 두 질문에 대한 응답 결과는 크게 차이가 있을 것이다. 또 연구자가 원하는 응답을 지지하는 정보를 설문보다 앞서 제공함으로써 원하는 결과를 얻을 수도 있다. 예를 들면 연구자는 응답자로부터 '그렇다.'는 응답을 끌어내기 위해 '정부의 예산 적자로 인해 수입이 증대될 필요가 절박해졌음을 고려해 볼 때, 당신은 소득세 감축을 지지하십니까?'로 질문하기보다는, '중산층 가족의 세금 부담이 증가된다면, 당신은 소득세 감축을 지지하십니까?'로 질문하고자 할 것이다. 이처럼 연구자가 듣고 싶은 응답을 얻어 낼 수 있도록 사전 정보를 제공해서 의도적으로 설계된 질문을 던지는 경우도 통계를 오용하는 사례라 할 수 있다.

> **토론 주제 4**
> 사람들에게 어떤 주제에 대한 의견을 묻는 조사를 할 때, 완전히 중립적인 입장에서 설문지를 만드는 것이 가능하다고 생각하는가?

3) 과장된 일반화

통계 분석에서 높은 온도가 사망에 영향을 준다는 결론을 얻고 이를 바탕으로 '기온이 사망에 영향을 준다.'는 연구 논문을 제출했다면, 이는 높은 온도에서 이런 관계가 발견된 사실에 대한 과장된 일반화이다. 이는 때때로 연구자가 아니라 자료를 해석하는 다른 사람들에 의해 이루어지기도 한다.

4) 왜곡된 표본

통계적 표본 추출의 가장 기본적인 원칙 중 하나는 임의화(randomness)의 원칙이다. 임의화란 모집단의 모든 원소들이 동일한 추출 확률을 가짐을 의미한다. 이러한 원칙에 위배되는 가장 흔한 오류는 표본 왜곡이다. 왜곡된 표본이란 모집단 중 추출될 확률이 나머지와 다른 통계적 표본을 말한다. 그 극단적인 예는 모집단 중 특정 집단이 표본에서 완전히 제외된 경우, 즉 표본으로 뽑힐 확률이 0인 경우이다. 예컨대 미국 청소년들의 불법적인 약물 사용 비율을 확인하기 위해 고등학교에 재학 중인 학생만을 대상으로 하면, 고등학교를 다니지 않는 청소년들은 모두 표본에서 제외된다. 일부 집단이 과대 혹은 과소 대표되는 경우도 표본 왜곡이라 할 수 있다. 만성 질환에 대해 조사하기 위해 길거리에서 설문을 한다면 전체 인구 중 길거리로 나오지 못하는 건강하지 않은 사람들보다 자유롭게 활동할 수 있는 건강한 사람들이 과대 대표된다.

사례 4: 왜곡된 표본 및 의도된 설문

합천군, 일해공원 '거침없는' 강행

군청 명의 반박문 "악의적 언론 보도·허위 사실 유포"

합천군은 6일 군청 홈페이지에 '일해공원 명칭 선정과 관련 일부 시민단체의 사실 왜곡에 대한 반론'(기획 담당 명의)이라는 글을 올려, 최근 논란이 된 일해공원 관련 보도에 대해 유감을 표시했다.

그러나 《한겨레》가 합천군이 지난해 12월 13일 새마을 지도자, 바르게 살기 협의 회원, 읍·면장 등 1,364명에게 우편으로 보낸 설문지를 확보해 분석한 결과, 공원 후보 명칭 4가지에 대한 설명에서도 '일해공원'을 유달리 돋보이게 한 것으로 나타났다.

아래는 설문지에 포함된 설명들이다.

'일해': 우리 고장이 배출한 전두환 전 대통령의 아호로서 군민의 자긍심 고취와 대외적 관심도 제고로 공원의 홍보 효과를 극대화시켜 관광 명소로 부각할 수 있다. 국내외적으로 대통령이나 수상을 비롯한 고장의 인물에 대한 기념 및 성역화 사업이 성행하고 있고 지역의 편중성을 배제하므로 전국적이고 대중화된 공원으로 이미지 부여가 가능하다. 하지만 생존 인물로서 역사적 가치성 부여에는 애로가 있다.

'군민' : 특정 지역을 국한하지 않고 군민 전체의 공원이라는 상징적인 의미가 있으나 대외적 이미지가 약하고 지역 특성에 맞는 상징성 부여가 미약하다.

'죽죽' : 우리 고장이 배출한 신라 충신 죽죽 장군을 상징하고 그 얼을 이어받는다는 의미가 있으나 대외적인 상징성이 부족하다.

'황강' : 우리 고장의 대표적인 강인 황강으로서 지역 상징성이 강하고 황강변 관광 종합 개발과 연계해 홍보 효과를 제고할 수 있으나 이미 설치된 황강 체육 공원 명칭과 유사해 혼돈이 예상된다.

합천군은 또 설문 조사 대상 편파 선정에 대해서도 "군민의 의견을 수렴해서 반영할 수 있는 군의원 및 도의원을 포함한 기관 사회 단체장과 마을 이장, 새마을 지도자, 농업 경영인, 바르게 살기 협의회, 자원봉사 단체 등 각계각층의 대표자로 구성되어 있음에도 행정리를 대표하는 이장이나 새마을 지도자가 포함된 것을 가지고 공정성과 형평성을 상실했다고 주장하는 것은 사실과 전혀 다르다."고 반박했다.

그러나 합천군이 설문 조사의 표본으로 선정한 1,364명 가운데는 △자연 마을 이장 360명 △새마을 지도자 650명 △바르게 살기 운동 협의회 17명 △한국 농업 경영인 연합회 17명 △군의원 11명 △읍·면장 17명 등 1,072명(78.6퍼센트)이 기관장·지역 유지 및 보수 성향의 단체 임원들로 이뤄진 것이 이미 언론 보도를 통해 밝혀진 상태다.(출처:《한겨레》, 2007년 2월 6일)

5) 추정된 오차에 대한 오류 혹은 오용

만약 한 연구 팀에서 특정 주제에 대한 서울 시민의 의견을 알고 싶다고 해도 모든 시민을 대상으로 조사를 한다는 것은 실질적으로 불가능하다. 하지만 이를 위해 연구 팀에서 임의로 1,000명의 시민을 표본으로 뽑았다면, 대수의 법칙(표본 수가 충분히 커지면 편이가 없는 정확한 추정값을 얻을 수 있다는 통계학적 원리)에 따라 이들로부터 얻은 응답 결과가 전체 서울 시민의 의견을 대표한다고 볼 수 있다. 신뢰도는 옳은 결과에 대한 확률이 추정의 일정 범위 내에 있는 식으로 표시되며, 보통 통계 조사에서 '±'로 표현된다. 신뢰도가 언급되지 않은 경우는 통상적으로 95퍼센트를 가정한 것이다. 만약 추정 오차에 대한 정보가 제공되지 않았다면 통계적인 분석 결과가 100퍼센트 정확하다는 잘못된 해석으로 이어지기 쉽다. 다음 사례의 기사에서는 오차 범위라는 언급은 있으나 그 값이 얼마인지, 표본 수는 얼마인지 등에 대한 정보가 빠져 있어서 추정 오차에 대한 정보를 주지 못하고 있다.

사례 5: 추정 오차에 대해 정확한 정보가 제공되지 않은 경우

국민 70퍼센트 "한미 FTA, 美에 끌려 다녀"
정부 집중 홍보, 한나라 전폭 지지 불구 찬반 팽팽

협상이 막바지에 이른 현 시점에서 한미 자유 무역 협정(Free Trade Agreement, FTA) 체결에 대한 찬반 여론은 팽팽하다. 정부의 집중 홍보, 한나라당의 전폭적 지지에도 불구하고 찬성 여론이 반대 여론을 아직 완전히 압도하지 못하고 있다.

지난해 6월 1차 협상 이전만 해도 반대가 우세했다. 한국 사회 여론 연구소(KSOI)의 지난해 4월 조사에서는 반대(55.2퍼센트)가 찬성(39.5퍼센트)보다 훨씬 많았다.

그러나 6월에는 찬성(44.9퍼센트)과 반대(46.6퍼센트)가 비슷해졌다. 1차 협상 당시 반대 측의 폭력 시위 문제가 부각됐기 때문이다. 7월이 되자 서울에서 2차 협상이 진행될 때 정부의 허술한 준비 행태가 폭로되면서 다시 반대(62.1퍼센트)가 찬성(33.2퍼센트)을 크게 앞서게 됐다. 그러다 정부

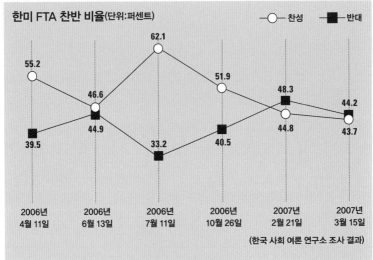

그림 8-1. 한미 FTA 찬반 비율

의 홍보가 집중되면서 지난해 10월에는 찬성(40.5퍼센트)과 반대(51.9퍼센트)의 격차가 줄었다. 특히 올해 2월 조사에서는 찬성(48.3퍼센트)이 반대(44.8퍼센트)를 앞선 것으로 나타났다. 가장 최근인 3월 15일 조사에서는 찬성(44.2퍼센트)과 반대(43.7퍼센트) 여론이 오차 범위 내에서 엇갈렸다. 정부의 협상 태도와 관련해서는 '우리나라의 이익을 관철하고 있다(20.0퍼센트).'는 응답보다 '미국의 요구에 끌려 다니고 있다(70.8퍼센트).'는 부정적 인식이 많았다.(출처:《한국일보》, 2007년 3월 22일)

6) 잘못된 인과관계

A와 B의 상관성을 통계적 검정으로 보이려 하는 경우, 보통 다음과 같은 4가지 가능성이 존재한다.

① A가 B의 원인인 경우

② B가 A의 원인인 경우

③ A와 B가 모두 제3의 요인인 C에 의해 야기되는 경우

④ 순수하게 우연에 의해 상관성이 관찰된 경우

이중 4번은 관찰된 사건이 순수하게 우연에 의해 일어났을 확률을 구하는 통계적 검정을 통해 통제할 수 있지만, 나머지 경우들은 어느 것이 더 가능성이 높은지를 알기가 훨씬 더 어렵다. 예컨대 해변에서 아이스크림을 사 먹는 사람의 수와 익사하는 사람의 수가 관련이 있는 것으로 나타났다고 하자. 이런 경우 사람들은 아이스크림을 사 먹는 것이 익사의 원인인 것처럼 받아들일 수도 있다. 하지만 이 경우 두 사건은 모두 제3의 요인인 해변에 나온 사람 수에 영향을 받고 있다고 해석하는 것이 옳다.

예제 1

표 8-2. 노출 상태와 질병 상태에 따른 위험도

노출 상태	질병 상태		위험도
	유	무	
노출	81	29	81/(81+29)=0.7364
비노출	28	182	28/(28+182)=0.1333
상대 위험도			0.7364/0.1333=5.52

한 연구에서 어떤 물질에 노출되었는지 여부와 질병 이환의 상태가 표 8-2와 같이 나타났다고 하자. 이 경우 상대 위험도는 5.52로 어떤 물질에 노출되는 것이 그렇지 않은 경우에 비해 질병에 걸릴 위험이 5.52배 높아진다는 결론을 얻게 되며, 결론적으로 노출 상태는 질병 상태에 영향을 준다고 볼 수 있다.

이번에는 동일한 연구 대상을 성별로 구분하여 위험도를 다시 계산

해 보았다.

표 8-3. 혼란 변수 유무에 따른 위험도(남성)

노출 상태	질병 상태		위험도
	유	무	
노출	1	9	0.100
비노출	20	180	0.100
상대 위험도			1.00

표 8-4. 혼란 변수 유무에 따른 위험도(여성)

노출 상태	질병 상태		위험도
	유	무	
노출	80	20	0.800
비노출	8	2	0.800
상대 위험도			1.00

성별에 따라 노출 상태와 질병 상태에 따른 위험도를 다시 계산해 본 결과 남성과 여성 모두에서 노출 여부에 따른 질병 이환의 위험도에 차이가 없는 것으로 나타났고, 결론적으로 노출 상태는 질병 상태에 영향을 주지 않는 것으로 볼 수 있다.

이 경우, 전체 연구 대상자를 대상으로 하면 노출과 질병 간에 연관성이 있지만 성별로 구분하여 살펴보면 노출과 질병 간에 어떤 연관성도 드러나지 않는다. 성별은 혼란 변수이며, 노출 상태와 질병 상태가 모두 성별에 영향을 받고 있음을 확인할 수 있다.

예제 2

표 8-5. 노출 상태와 질병 상태에 따른 위험도

노출 상태	질병 상태		위험도
	유	무	
노출	240	420	0.3636
비노출	200	350	0.3636
상대 위험도			1.0000

한 연구에서 어떤 물질에 노출되었는지 여부와 질병 이환의 상태가 위의 표 8-5와 같이 나타났다고 하자. 이 경우 상대 위험도는 1.0으로 어떤 물질에 노출된 여부가 질병에 걸릴 위험을 변화시키지 않는다는 결론을 얻게 되며, 결론적으로 노출 상태는 질병 상태에 영향을 주지 못한다고 볼 수 있다.

이번에는 동일한 연구 대상을 성별로 구분하여 위험도를 다시 계산해 보았다.

표 8-6. 혼란 변수 유무에 따른 위험도(남성)

노출 상태	질병 상태		위험도
	유	무	
노출	135	415	0.2455
비노출	5	45	0.1000
상대 위험도			2.45

성별 노출 상태와 질병 상태에 따른 위험도를 다시 계산해 본 결과 남성과 여성 모두에서 대상 물질에 노출되면 그렇지 않을 때에 비해 질병

표 8-7. 혼란 변수 유무에 따른 위험도(여성)

노출 상태	질병 상태		위험도
	유	무	
노출	105	5	0.9545
비노출	195	305	0.3900
상대 위험도			2.45

이환의 위험도가 2.45배 높아지는 것으로 나타났고, 결론적으로 노출 상태는 질병 상태에 영향을 준다고 볼 수 있다.

즉 전체 연구 대상자를 대상으로 하면 노출과 질병 간의 연관성을 확인할 수 없지만 성별로 구분하여 살펴보면 그 연관성을 확인할 수 있다. 이 경우도 성별은 혼란 변수로 노출 상태와 질병 상태가 모두 성별에 영향을 받고 있었던 것이다.

예제 1과 2의 내용을 정리해 보면 노출 여부와 질병 상태는 모두 성별에 의해 혼란되고 있다. 이런 경우 올바른 자료 분석을 위해서는 노출 및 질병 상태와 함께 성별을 반드시 고려해야 한다. 잘못된 인과관계로 인한 잘못된 결론을 얻지 않으려면 분석 시 가능한 혼란 변수를 모두 고려해야 한다. 이를 위해서는 문헌 분석 등을 통해 노출 여부 및 질병 상태와 관련된 모든 변수들의 목록을 작성해서 연구에 필요한 변수들을 연구 계획서에 포함시켜 연구를 시작하는 작업이 필수적이다.

7) 자료 조작

자료 조작에는 학술 논문의 편향성과 같은 선택적 보고뿐 아니라 가짜로 자료를 만드는 행위까지도 포함된다. 선택적 보고의 대표적인 예는 연구자가 다른 결과들은 모두 무시한 채 선호하는 가설을 뒷받침하는 결과만을 보고하는 경우이다. 또 전체 연구 자료에서 이상치를 제외할 때도 자칫 자료를 조작하게 될 수 있다. 따라서 이상치를 제거할 때는 주의를 기울여야 한다.

7. 통계 분석과 연구 윤리

올바른 통계 분석의 원칙은 올바른 과학 연구의 원칙과 거의 동일하다. 자연 과학 연구 원칙으로 많이 거론되는 재현성, 반복성은 통계 분석에서도 동일하게 적용할 수 있다. 비의도적인 오류(잘못된 분석 방법의 적용 등)도 과학의 전문성이라는 기준에서 볼 때 심각한 오류임은 명백하다. 실험 노트를 적는 관행은 통계 분석 과정에서 아직 정착되지 않았지만, 대부분의 역학 연구 기관에서는 이미 대규모 자료를 다룰 경우 그 중간 과정을 공식적으로 남기고 있다. 기타 실험실에서도 자료의 수집, 가공 및 처리, 그리고 분석에 대한 모든 과정과 그 근거를 정확한 문서로 남기는 일은 대단히 중요하다. 실험에는 최신의 이론과 고가의 장비를 사용하면서도 통계 처리에는 거의 신경을 쓰지 않는 경우를 종종 보게 되는데 이는 연구자의 기본 자질뿐 아니라 연구의 윤리성과도 연계되는 중요한 문제이다. 우리나라에서는 이러한 논의들이 활발하지 않은 편이었지만 최근에는 과학 윤리 문제와 함께 많은 논의들이 진행되고 있다. 논의 과정에서 그 내용들이 더 풍부해져서 결과적으로 우리나라의 과학 연구도 더욱 발전하기를 기대한다.

9강 논문 작성 및 논문 출판의 윤리

:김형순

I. 과학자와 '논문' 작성

과학자는 이전까지 없었던 새로운 내용을 '논문'이라는 매개체(학위, 학술지 및 학술 대회 논문)로 발표하여 동료 학자로부터 인정을 받는다. 학계에서는 독창적인 내용에 학술적인 가치를 부여하며, 그런 새로운 결과가 쌓여 학문의 발전이 이루어진다. 이렇게 발표된 논문은 새로운 연구 결과를 습득하거나 동일한 연구 분야에 참여하고자 하는, 혹은 그 결과를 강의에 활용하고자 하는 과학자들의 관심 대상이 되며, 이들이 논문의 주된 구독자이다. 어떤 목적으로 논문을 활용하든 연구 결과를 논문으로 발표하려는 사람은 연구 부정행위에 대해 많은 주의를 기울여야 한다(표9-1).

특히 최근에 빈번한 표절 논란은 과학자의 논문 작성에 대한 충분한 이해 부족과 교육 부재의 결과이다(그림 9-1). 대표적인 논문 관련 부정행위는 위조, 변조, 표절, 중복 게재(위조 및 변조에 대해서는 3절 참고) 등이 있다. '표절'이라 하면 남의 글을 가져와서 자기의 것으로 하는 행위만을 생각하나 다음 사례 1과 같은 상황 역시 학문 사회에서는 표절로 간주한다.

표 9-1. 논문 관련 연구 부정행위의 종류 및 그 사례[1]

연구 부정행위	내용	유형 및 사례
위조 변조	존재하지 않는 연구 자료나 결과를 있는 것처럼 꾸미는 것 연구 자료 및 결과를 조작하거나 바꾸는 것	▪황우석 사건(한국, 2005) ▪윌리엄 서머린 사건(미국, 1974) ▪헤르만–브라흐 사건(독일, 1997) ▪다이라 가츠나리 사건(일본, 2005)
표절	다른 사람의 아이디어, (실험) 공정, 연구 결과, 혹은 단어를 적절한 인용 없이 이용하는 경우	▪무단 전재 ▪텍스트 일부 무단 도용 ▪독창성 없는 문장 바꿔 쓰기 ▪연구물의 구성 및 문제의식 도용 ▪표절된 논문을 또다시 표절한 경우 ▪완전 번역을 가장한 중역 ▪번역서 내의 역주 표절
자기 표절	적절한 인용 없이 도용하는 원출처가 자신의 논문이나 저서인 경우	▪무단 복제형 ▪쪼개기형(논문을 나누어 복제, 생산) ▪조립형 및 통합형(여러 편의 논문을 한 편으로 요약하기)
명예 저자	▪연구가 시행된 부서나 프로그램의 주임 교수인 경우 ▪연구 지원금을 제공한 경우 ▪해당 분야의 선도적 연구자인 경우 ▪주요 저자의 멘토로 논문에 무임승차한 경우	
중복 게재	연구 발표를 언급하지 않은 채 같은 정보를 또 발표하는 것	

사례 1: 자기 논문 표절

K는 대학원 과정 중에 있는데, 장학금을 받기 위해서는 피인용 지수가 높은 학술지에 논문을 많이 출판해야 하며 취업을 위해서도 논문 업적이 중요한 상황이었다. 이런 점을 고려하여 K는 과학 기술 논문 색인 지수(Science Citation Index, SCI)에 등재된 국제 학술지에 자신이 지도 교수와 발표했던 논문들에서 데이터 그림과 표 몇 개씩을 뽑아 다른 학술지(M, N)에 발표했다. 하지만 학술지에 발표된 얼마 후, K는 M 학술지의 편집장으로부터 서한을 받았다. 그는 발표된 논문이 이미 다른 학술지에 발표된 결과를 다시 사용한 것이니 국제 출판법에 위배된 윤리 문제라며 M 학술지에 공개 사과문을 올릴 것을 요구했다.

이 장에서는 논문과 관련된 연구 부정행위와 그 사례를 소개하고자 한다. 먼저 연구 논문을 어떻게 발표하는지, 논문은 어떻게 구성되어 있는지를

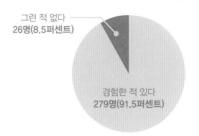

자료: 중앙일보, 하이브레인넷(석·박사 305명 설문)

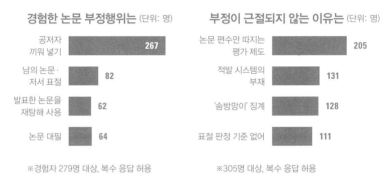

그림 9-1. 한국 연구자들의 논문 관련 부정행위 판단[2]

알아보고, 다음으로 논문 작성의 윤리 측면에서 저자의 자격, 의무, 올바른 인용법 등을 살펴본다. 그리고 끝으로 논문 출판의 윤리 면에서 출판 과정 및 논문 심사 방법, 조각, 중복 출판의 문제를 알아보겠다.

그림 9-1은 《중앙일보》와 하이브레인넷(www.hibrain.net)이 공동으로 2006년 3월 교수 58명, 대학원생 40명, 연구원 163명 등 석·박사 학위 소지자 305명을 대상으로 실시한 논문 부정행위 관련 설문 조사 결과이다. 이 결과에 의하면 직접적인 연구에 기여가 없는데도 논문에 이름을 올리는 '공저자 끼워 넣기'가 가장 흔한 부정행위로 나타났다.

2. 과학 논문의 특징

1) 연구 발표의 방법 및 평가

연구 발표의 장은 간행물과 심포지엄 등으로 구분된다. 간행물은 정기적으로 발행하는 학회지 및 학술지(journal), 논문집(transaction), 회보(proceeding), 특집호(special issue), 소논문(letter), 평론(review), 잡지(magazine) 등이 있다.

한편 연구자들이 구두로 발표하는 국내, 국제 학회는 정기적 또는 비정기적으로 개최되는데 이러한 강연회는 심포지엄(symposium), 회의(conference, congress, council, meeting), 세미나(seminar), 콜로키움(colloquium), 보고회(convention) 등으로 불린다. 특정 전문 분야를 제한시켜 개최하는 강연회는 워크숍(workshop)이라고도 한다.

연구 발표의 종류는 ① 학술 논문 ② 학술 대회, 세미나, 심포지엄 및 워크숍 발표, 구두 혹은 포스터 논문 발표 ③ 특허 출원 ④ 학위 논문 발표(학사, 석사 및 박사 학위) 등이 있다. 이들 발표 및 평가 방법에 대하여 각각 알아보자.

▶ 학술 논문지의 평가 방법

학술 논문지는 연구의 학문적 가치를 판단하여 게재 여부를 결정하는데 이때 다음 세부 사항을 참조한다. 논문의 내용을 바르게 요약하고 있는가? 문제 설정과 절차는 제대로 되었는가? 절차, 결과가 바르게 기술되었는가? 토론과 결론은 잘 구성되어 있는가? 논문에서 문장의 표현력은 적절한가? 논문의 길이는 적당한가? 도표, 참고 문헌 수는 적당한가? 도표의 이해 정도는 만족스러운가? 등이 그것이다.

▶ 구두(논문) 발표 및 평가 방법
■ 발표 전 준비 사항

　발표의 목적, 청중, 상황에 대해 분석하고 발표 자료(파워포인트 파일)를 세심하게 준비한다. 이때 적절한 분량으로 발표 내용을 구성하며 발표 연습도 충분히 해야 한다. 한편, 원고를 준비할 때는 가능한 긍정적인 문체로 강연 주제를 기술하며 문장에서 주요(핵심) 단어를 표시해 둔다. 아울러 생각나는 대로 말을 추가하여 초안을 작성하고 원고의 기본으로 활용한다.

■ 발표 시 주의 사항

　구두로 내용을 전달만 할 때는 페이지를 줄이고, 문장보다는 구를 사용하여 간결하게 한다. 또한 읽기에 편안하도록 여백을 충분히 두며 글자를 크게 한다. 만약 그림을 함께 전달할 경우에는 보여 주는 그림의 양을 최소로 하며 각 부분을 깔끔하게 정리한다. 내용은 일반적으로 ① 서론 ② 목적 ③ 결과 ④ 모델 ⑤ 장점 및 단점 ⑥ 결론의 순서로 편집한다(④, ⑤는 선택 사항).

▶ 포스터(논문) 발표 및 평가 방법

　학술 대회에서는 보드에 전지 크기(A4 크기의 16배)로 포스터 논문을 발표한다. 포스터 논문은 크게 ① 포스터의 구성과 편집 ② 발표 내용 ③ 발표자의 태도 등 3개 항목으로 나뉘어 평가된다.

■ 포스터의 구성과 편집

　포스터 논문을 구성할 때는 청중(관람자)을 고려해야 한다. 관람자가 적당한 거리, 즉 1~1.5미터 거리에서 논문을 읽을 수 있도록 글자 배열과 크기를 조절한다. 또 내용을 잘 구성하고 간결하게 표현하여 이해가 잘되도록 한다. 내용 이해를 돕도록 그래프, 사진, 그림 등을 적절하게 사용하는 것이 좋다. 특히 연구 결과와 해석을 논리적으로 잘 제시해야 한다. 종종 그림과 사진만 제시하고 글로 된 설명이 없는 포스터 논문이 있는데 이러한 형식은 구두로 발표할 때 사용하는 형태로, 포스터 논문에서는 지양해야 한다. 가능한 발표자의 도움 없이 포스터만 보고도 이해할 수 있도록 구성한다. 또한 적절한 곳에 인용 자료에 대한 참고 문헌을 제시하고, 주제와 청중 수준에 적당한 어휘와 표현을 선택한다. 문장에 문법 오류 또는 오타가 없도록 워드 프로그램 등을 이용하여 교정한다.

■ **발표 내용**

간결하게 내용을 구성하며 불필요한 부분은 삭제한다. 서론에서는 전체적으로 제시하고자 하는 질문과 논문의 목적을 분명하게 기술한다. 또 연구 과제의 중요성, 기존 연구와의 관련성을 기술하고, 관련 문헌을 간단히 보여 준다. 연구 결과를 이해하는 데 필요한 실험 방법과 문제 해결에 적당한 접근법을 택해 자세히 적는다. 토의(고찰)에서는 주제를 명확히 보여 주고 기존에 알려진 지식과 관련된 연구 결과를 강조한다. 결론은 간단명료하게 결과로부터 도출한다.

■ **발표자의 태도**

발표를 할 때는 포스터로부터 약간 거리를 두고 서서 발표를 시작하며, 정숙한 복장을 갖추고 질문에도 성실하게 응한다. 사전에 예상 질문에 대한 준비를 철저히 해야 하고, 관련 연구를 이미 학술지에 발표했다면 이에 대한 유인물을 준비하는 것이 바람직하다. 이름과 전자 우편 등을 기록한 명함을 준비해도 좋다.

사례 2: 포스터 논문 평가표의 예
- 점수 배점: 1(최하점)~10(만점)
- 논문 작성의 수준
- 논문 데이터의 정확성
- 포스터의 구성(배열 또는 디자인)
- 프리젠테이션의 수준
- 논문의 난이도(주제의 깊이 및 연구 수준)

사례 2는 포스터 논문을 평가하는 데 사용하는 평가표의 한 예이다.

2) 과학 논문의 특징

과학 기술 논문을 구독하는 연구자 및 기술자들은 각자 목적이 다르다. 이에 따라 저자는 논문 작성을 위한 준비 단계에서 논문의 목적을 구체화해야 한다. 즉, '다루려는 대상이 무엇인가? 어떤 결과를 얻었는가? 왜 이 연구 논문을 작성해야 하는가?' 하는 질문에 충실하게 논문의 방향을 잡아야 한다. 아울러 논문 독자에 대한 분석도 필요하다. '이 논문의 독자가 누구이며 그들의 수준은 어떠한가? 그리고 독자들에게서 어떤 반응이 나올 수 있는가?' 등을 생각해야 투고 대상 학술지를 선정할 수 있기 때문이다. 요즈음은 학술지에 투고하더라도 실제 게재율은 낮아지는 추세이지만, 새로 생겨 잘 알려지지 않은 학술지는 게재율이 상대적으로 높다. 따라서 논문 투고 시에 이런 점을 감안해서 논문이 출판되는 시점을 예상해 볼 수 있다.

▶ 논문의 개념

논문은 어떤 문제에 대해 자기주장의 근거를 조사해서 합리적인 방법을 통해 입증하고자 하는 글이다. 논문을 작성할 때는 다음과 같은 절차가 필요하다.[3][4]

문제 설정 → 조사 → 논의, 검토 → 논문 작성

이때 기술하고자 하는 특정 주제를 정하는 것이 '문제 설정'이며, '조사' 단계에서는 자료 수집 및 연구 실험, 논문을 쓰는 데 필요한 재료를 생각해 본다. 이후 '논의, 검토'에서 자료를 해석하고, 자신의 의견을 제시하여 최종적으로 논문을 작성한다. 자신의 주장이 없거나 자신의 주장에 대해 합리적인 방법으로 근거를 찾지 못했다면 논문이라고 볼 수 없다.

논문은 4단계로 이루어진다. 실험(조사) 결과와 데이터를 얻는 것이 1단계이며, 그 데이터를 사용하는 것, 즉 정보를 획득하는 절차가 2단계이다. 이러한 정보로부터 결론을 이끌어 내어 지식을 만드는 단계가 3단계이며, 마지막으로 그 결과를 해석하여 새로운 이론, 패러다임을 만들어 내는 토의 절차를 거쳐 학문을 창출하는 것이 마지막 단계이다.

데이터(Data): 자료 획득

정보(Information): 데이터 사용

지식(Knowledge): 정보로부터 결론 도출

학문, 학설(Wisdom): 결론의 해석 및 학문화

논문은 크게 학위 논문(thesis, dissertation), 보고서(report), 학술 논문(paper)으로 구분되는데 이들 논문의 목적과 길이, 논문을 읽는 대상 독자, 논문 작성 참여자 등에 차이가 있다. 이 절에서 다루려는 대상은 학술 논문, 특히 자연 과학 분야의 논문이다.

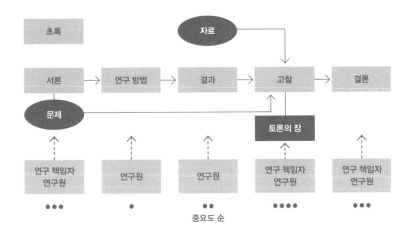

그림 9-2. 논문의 구성 절차와 연구자의 기여도

▶ 논문의 구성

논문은 제목, 초록, 서론, 연구 방법과 배경, 결과, 토의, 결론, 후기, 참고 문헌의 순서로 구성한다(그림 9-2).

■ 초록

전혀 그 논문을 읽어 본 적이 없는 사람에게 연구 내용이 잘 전달되도록 구성해야 하며, 논문의 저자에 대한 언급이나 내용의 해석, 비평 없이 연구 내용의 중요한 사항을 정확하고 간결하게 표현해야 한다. 영문 초록은 100~200단어 이내로 Backgrounds and Purpose(연구 배경 및 목적), Methods(연구 방법), Results(결과), Conclusion(결론)을 구분하되, 소제목별로 줄을 바꾸지 말고 연결해서 작성한다. 그리고 원고의 내용에 부합하는 영문 주요 단어(key words) 5개 이내를 영문 초록 다음에 첨부한다. 책임 또는 교신 저자의 영문 성명, 소속, 우편 주소, 전화번호, 팩스 번호 및 전자 우편도 기재한다.

■ 서론

연구 문제, 연구 목적 및 접근 방향을 제시한다. 여기서는 왜 연구를 하는가가 주된 내용이다.

■ 연구 방법과 배경

재료, 연구 설계, 대상, 연구 도구, 자료 수집 및 분석 방법, 연구 장치 설계, 이론, 고찰 등을 기술한다. 즉 어떻게 연구가 진행되었는지에 대한 내용이다. 순서를 정해 소제목으로 나누어 기술할 수도 있다.

■ 결과

연구의 결과가 제시되어야 한다. 즉 연구를 통해 무엇을 얻었는지를 언급한다.

■ **토의 고찰**

연구의 결과가 무엇을 의미하는지에 대해 언급하며 서론에서 제시한 의문점에 대하여 토론한다. 결과와 관련된 다른 자료와 연관 지어 해석하고, 연구 결과의 내용을 중복 기술하지 않는다.

■ **결론**

연구의 결론을 기술한다. 관찰 소견의 의의 및 한계를 기술하며, 결론과 연구의 목적을 연관시킨다. 이때 구체적인 수치나 데이터는 나열하지 않는다. 향후의 연구 방향, 기대 효과를 덧붙일 수 있다.

■ **감사의 글 또는 후기**

도움을 받은 연구 기관 혹은 도움을 주었으나 논문의 저자로는 기재되지 않은 사람을 언급하고, 기술이나 조언, 연구비 지원에 관한 감사를 표한다.

3. 논문 작성의 윤리

1) 저자의 자격 및 책임

다음의 모든 사항에 해당하는 연구자가 논문 저자 자격이 있다.

① 논문을 구상하고 자료를 분석한 자
② 논문의 초안을 작성하거나 주요 사항을 검토, 수정, 보완한 자
③ 논문 최종본을 퇴고, 승인한 자

국제 의학 논문 편집인 위원회(International Committee of Medical Journal Editors, ICMJE)는 논문 저자의 3가지 자격 조건으로, 첫째 연구의 구상과 디

자인, 또는 데이터 획득(acquisition), 또는 데이터의 분석과 해석에 참여한 경우, 둘째 논문의 초고 작성 또는 중요한 지식이 요구되는 내용을 결정적으로 교정한 경우, 셋째 출판된 판본을 최종적으로 감수한 경우를 들며 이러한 자격 조건을 만족시키는 연구자에 한해 논문 저자로 포함시킬 수 있다고 정의하고 있다.[5]

따라서 이 규정에 의하면 연구 데이터를 제공, 수집한 사람, 연구 팀에서 기술 지도를 한 사람(technician, operator), 실험실이나 연구 장비를 제공한 사람, 연구비를 받는 데 기여한 사람, 연구 팀이나 그룹을 총 지휘한 사람 등은 저자 자격을 인정받기 어렵다. 이들은 감사의 글 또는 후기에서 언급하는 것이 좋다.

▶ 저자의 책임과 의무

최근에는 여러 사람들이 연구에 관여하는 추세이기 때문에 복수의 저자로 논문을 출판하는 사례가 많아지고 있다. 실제로 논문의 저자 수에 제한은 없다. 하지만 여러 저자가 쓴 논문의 경우 출판 후에 공저자 간의 책임이 명확하지 않아 논란이 되기도 한다. 처음 논문 저자로 나서는 초심자는 투고하려는 학술지의 저자 안내 사항을 주의 깊게 정독해야 한다. 이 안내 사항은 인터넷 홈페이지 또는 매년 1월 호의 속표지에 인쇄되어 있으며, 더불어 투고 논문의 분량, 텍스트의 형식, 그림 및 사진 수록 시의 유의 사항, 참고 문헌 표시 방법 등도 기록되어 있다.

■ 저자와 출처의 투명성

요즈음에는 논문의 출판권과 저자들이 각자 맡은 역할을 명확하게 밝히는 학술지가 늘어나는 추세이다. 어떤 학술지는 관련된 모든 저자들의 역할을 공개적으로 제시한다. 예컨대 주석에 연구자가 관여한 가설, 실험 설계, 논문 작성, 자료 수집과 분석 및 해석, 문헌 조사 및 인용 등을 저자별로 기술하는 것이다. 예를 들면 다음과 같다.

제1저자가 2인 이상인 경우에는 주석에 "These authors contributed equally to this work……" 같은 문구를 기입한다. '저자 기여(author contributions)'에는 각 저자의 역할을 나열하며, '감사의 글(acknowledgement)'에는 논문 작성에 조언을 준 사람을 기재한다. 예컨대 감사의 글에는 "Thanks for his critical reading of the manuscript……" 같은 문구가, 저자 기여에는 "The experiment was planned by OO. Samples were prepared by XX……" 같은 문구가 들어간다.[6] 참고한 문헌의 저자를 표기할 때는 경우별로 나누어 적는데, 이 일은 일반적으로 주 저자(또는 교신 저자)가 공저자로부터 권한을 받아 처리한다. 영문으로 참고 문헌을 인용할 때는 다음과 같이 표시한다.

① 보관 중인 미발표물인 경우: Authors, unpublished data

② 구두상 문의한 경우: Authors, private(personal) communication

③ 투고할 예정인 경우: Authors, in preparation

④ 투고 중인 논문의 경우: Authors, submitted to (journal name)

⑤ 심사가 완료된 논문의 경우: Authors, to be published (journal name)

⑥ 인쇄 중인(심사 완료 후) 논문의 경우: Authors, in press (journal name)

그러나 이때 미리 투고하려는 학술지의 안내를 참조해서 학술지에서 요구하는 방식을 따라야 한다. 어떤 학술지는 구두상의 문의, 투고 예정, 투고 중, 심사 완료 후 인쇄 중인 논문의 경우에는 인용을 인정하지 않는다. 독자가 논문을 읽으면서 바로 명확하게 인용 문헌을 접할 수 없다는 것이다. 또 어떤 학술지는 구두상의 문의를 인정하기는 하지만 논문 투고 시 심사자가 확인할 수 있도록 편지 형식의 확인서를 요구한다. 심사 시 참조하기 위해 투고 중, 인쇄 중의 논문도 제출을 요구하기도 한다.

▶ 저자 안내

실제 저자와 명예 저자의 구분에 대해서는 많은 논란이 있다. 그러나 이는 저작권과 책임이 관계되는 문제로 연구 분야, 기관에 따라 구분법에 차이가 있다. 최근에는 연구자가 속한 기관의 출판 지침에 따르는 것이 일반적인 경향이다.[6]

■ 주 저자(원로 저자, 책임 저자)와 제1저자

일반적으로 주 저자(primary author)는 주 연구자, 연구 팀장 또는 실험실 책임자 등을 말한다. 그리고 제1저자(first author)는 데이터를 만드는 데 중요한 역할을 했으며 결과를 해석하고 원고 초안을 작성한 자이다. 즉 저자 순서에서 제일 처음에 위치한 연구자로 ① 데이터를 수집하고 실험을 수행한 사람 ② 그 결과를 해석한 사람 ③ 원고 초안을 작성한 사람을 말한다. 그러나 실제로 제1저자와 주 저자는 다르다. 일반적으로 주 저자는 저자 순서에서 마지막에 놓으며, 제1저자와 함께 공저자를 결정한다. 주 저자는 공저자에게 결정된 사항을 통보하거나 저자 순서를 결정하는 역할을 한다. 또 제1저자 또는 공저자와 함께 토의하여 후기에 나열하는 사람을 결정하고, 연구비 지원 기관 등을 후기에 표시하는 책임이 있다. 주 저자는 논문에 포함된 모든 데이터를 확인하며 연구 결과물의 정당성에 대한 책임 또한 갖는다.

주 저자는 논문 원고를 준비하는 동안에 공저자 간 의견 교환이 이루어지도록 하는 역할을 수행해야 한다. 즉 모든 데이터의 평가 및 토의, 결론 등을 유도하면서 공저자 사이 관계를 잘 유지해야 한다. 연구에 참여한 공저자의 역할과 기여를 구분해야 하며 그 기록을 보관하고, 논문 투고 과정의 모든 책임을 져야 한다. 그 책임에는 논문 제출, 출판사와의 연락, 저작권 발송, 평가서의 회신, 인쇄물 요구 및 지불 등이 포함된다. 뿐만 아니라 출판된 논문의 수정, 오자 수정, 철회 등을 포함한 관련 책임을 지며 논문에 사용된 모든 데이터를 보관해야 한다.

▪ 투고 저자(교신 저자)

학술지에 논문을 출판하기 위하여 원고를 제출하는 저자를 말하며 논문 투고, 심사자와의 교신 역할을 맡는다. 투고 저자는 보통 주 저자이지만 제1저자일 수도 있다. 출판 후 발생되는 문제는 교신 저자에게 있다.

▪ 공저자

공저자는 논문 저자 명단에서 제1저자와 마지막 저자 사이에 있는 저자를 말하며 주 저자와 제1저자에 의해 결정된다. 공저자 명단의 순서는 연구에 기여한 공헌도에 의해서 결정되며 공헌도가 낮을수록 제1저자로부터 뒤에 놓인다.[7]

▪ 후기

국제 의학 논문 편집인 위원회는 후기에 대해서 다음과 같이 기술한다.[8] "연구에 물질적으로 공헌했지만 저작권을 받을 수는 없는 사람들을 언급하라." 독자는 후기에 언급된 사람을 보고 결과 및 결론이 믿을 만한지를 추론하기 때문에 출판 전에 서류를 통해 후기에 기술하는 사람의 동의를 받는 것이 바람직하다.

사례 3: 저자가 지켜야 할 윤리적 의무

한국 화학회는 논문 투고자가 볼 수 있도록 홈페이지에 저자의 책임과 의무에 대해서 아래와 같이 기술하고 있다.[9]

1. 저자는 연구의 내용과 그 중요성을 객관적으로 정확하게 기술해야 하고, 통계적 이유가 없는 경우에는 연구의 결과를 임의로 제외하거나 첨가하지 말아야 한다. 또 저자는 동일한 내용이 이미 발표되지 않았는지를 최선을 다해서 확인해야 한다.

2. 연구 논문에는 학술적으로 충분한 가치가 있는 결론과 그것을 뒷받침할 수 있는 종합적인 논거가 포괄적으로 포함되어 있어야 한다. 이미 발표한 논문과 동일한 결론을 주장하는 연구 논문을 투고하는 경우에는 새로운 논거에 중대한 학술적인 가치가 있어야만 한다. 연구 보고를 여러 편의 논문으로 분리하여 발표하면 결국은 연구 논문의 가치를 떨어뜨리기 때문에 가급적 피해야 한다.

3. 연구 논문에는 충분한 경험을 가진 화학인이 연구의 내용을 반복하여 수행할 수 있을 정도로 자세한 설명이 포함되어 있어야 한다. 그러나 학술지의 발간에는 상당한 비용이 필요하기 때문에 학술지의 지면을 낭비하지 않도록 노력해야 한다.

4. 공개된 학술 자료를 인용할 경우에는 정확하게 기술하도록 노력해야 하고, 상식에 속하는 자료가 아닌 경우에는 반드시 그 출처를 명백하게 밝혀야 한다. 논문이나 연구 계획서의 평가 또는 개인적인 접촉을 통해서 얻은 자료의 경우에는 그 정보를 제공한 연구자의 명백한 동의를 받은 후에만 인용할 수 있다.

5. 저자는 연구의 방향을 결정하는 데에 중대한 영향을 주었거나, 독자가 연구의 내용을 이해한 데에 도움이 될 수 있는 중요한 공개된 문헌은 상식적인 것을 빼고는 모두 참고 문헌에 포함시켜야 한다. 자신의 연구 결과나 의견과 상반되는 논문도 인용하는 것이 바람직하다.

6. 연구 논문으로 학술지에 발표되었거나 투고하여 심사 중인 논문의 내용을 담은 논문을 이중으로 투고하는 것은 옳지 못하다. '속보(communications)'와 같이 간단한 예비 보고로 이미 발표된 내용을 완전한 논문으로 다시 투고하는 것은 일반적으로 허용되지만, 그런 경우에는 이미 발표했던 보고에 포함되지 않은 중요한 내용이 첨가되어 있어야 하고, 예비 보고를 적절하게 인용해야 한다.

7. 연구 논문에 다른 연구자의 결과에 대하여 비판적인 입장을 명백

하게 밝히는 것은 가능하지만 개인적인 비난은 절대 허용되지 않는다.

8. 보고되는 연구에 학술적으로 중요한 기여를 했고 결과에 대하여 책임과 공적을 함께 공유할 모든 연구자는 공저자가 되어야 한다. 학위 논문의 전부 또는 일부를 근거로 작성한 논문의 경우에는 '총설 (review)'의 경우가 아니면 학위 논문을 제출하는 학생과 지도 교수가 공동 저자가 되는 것이 바람직하다. 연구 결과에 대해 학술적 기여를 하지 않은 사람은 공저자로 포함되지 않아야 하며, 연구에 대하여 행정적인 지원과 같이 학술 외적인 지원을 해 주었던 사람은 '각주(footnote)' 또는 '감사의 글'에 그 내용을 표시하는 것이 좋으며, 논문의 저자는 공저자로 참여하는 사실에 대하여 모든 공저자에게 명백한 동의를 받아야만 한다. 공저자의 나열 순서는 원칙적으로 공저자들의 협의에 의하여 결정하는 것이 좋으며, 연구에 기여를 많이 한 연구자를 앞세우는 것이 바람직하다. 저자의 소속은 연구를 수행할 당시의 소속이어야 하고, 투고 당시의 소속이 변경되었을 경우에는 각주에 그 사실을 적절하게 표시해야 한다.

9. 논문을 투고하는 저자는 논문의 출판으로 말미암아 영향을 받을 수 있는 계약 또는 소유권의 문제가 존재하지 않음을 확인해야 한다.

10. 저자는 논문의 평가 과정에서 제시된 편집 위원과 평가자의 의견을 호의적인 태도로 수용하여 논문에 반영되도록 최선의 노력을 하여야 하고, 이들의 의견에 동의하지 않을 경우에는 그 근거와 이유를 상세하게 적어서 편집 위원에게 알려야 한다.

▶ 저자 순서

논문 저자 순서에 대해 합의된 원칙이나 문헌은 없다. 그러나 일반적으로 연구의 대부분을 수행한 제1저자는 제일 처음으로, 연구 책임자는 제일 뒤로 한다. 순서 결정은 연구 시작 전에 전원 일치로 결정하는 것이 좋다. 저자 순서는 공저자 사이에서 합의한 결정에 따라야 한다. 저자 순서를 정하는 기준은 상황에 따라 여러모로 다르기 때문에 저자들 자신이 그 내용을 진술하지 않는 한 순서의 의미를 알 수 없다. 저자 순서를 설명할 필요가 있다면 각주에 기록해도 좋다.

사례 4: 저자 결정 및 저자 순서 정하기[10]

A는 연구자로 중요한 결과를 예측하는 실험을 설계했다.
B는 기술자로 실험을 수행했다.

1. A 지시대로 B가 실험하여 연구가 성공했고 논문을 투고하게 되었다면 이때 논문 저자는 누구인가?
답: 저자는 A이며 후기에 B를 언급한다.

2. A 지시대로 B가 실험했으나 연구 결과가 잘 나오지 않았고, B가 실험 조건 및 방법을 수정해서 실험을 하자 성공했다. 그 결과를 논문으로 투고한다면 이때 논문 저자는 누구인가?
답: 저자는 A, B다(순서대로).

3. A 지시대로 B가 실험했으나 연구 결과가 잘 나오지 않아 B가 실험 조건 및 방법을 수정해서 실험했다. 그러나 A는 그 결과를 확신할 수가 없어 동료인 C에게 이전에 출판된 결과와 차이가 있는지 확인을 부탁했다. C는 간단한 실험으로 그 결과를 확인했으며 이제 A는 논문을 투고하려고 한다. 이때 논문 저자는 누구인가?
답: 저자는 A, B이며 후기에 C를 언급한다.

4. A 지시대로 B가 실험했으나 연구 결과가 잘 나오지 않아, B가 실험

> 조건 및 방법을 수정해서 실험했다. 그러나 A는 그 결과를 확신할 수가 없어 동료인 C에게 이전에 출판된 결과와 차이가 있는지 확인을 부탁했다. 이때 C는 새로운 아이디어를 제시하고 실험을 보충하여 논문의 결과 및 토론을 보완했다. 이때 논문 저자는 누구인가?
> 답: 저자는 A, C, B이다(순서대로).

▶ 저자 소속 기관

저자의 소속에는 그 연구를 수행한 곳의 주소를 표기하는 것이 원칙이다. 왜냐하면 그 연구가 수행된 기관에서 연구의 결과물 및 지적 소유권을 모두 갖고 있기 때문이다. 저자가 파견되어 수행한 연구의 경우에는 파견지의 주소를 명기한다. 예컨대 주석에 다음과 같이 현재 소속 기관의 주소를 명기한다.

예) Now with the Center of XXX, City, Country
Present address: Center of XXX, City, Country
On leave from the XXX, City, Country

연구 수행 중에는 대학교의 학생이었으나 논문이 출판되는 시점에 새로운 직장으로 이동한 경우에는 연구를 수행한 곳의 주소를 명기하고 주석에 현 직장 주소를 표시한다.

▶ 논문 출판과 관련한 저자의 부정행위

다음과 같은 부정행위가 있을 수 있다.[11]

- 존재하지 않는 데이터 또는 사물을 기술하는 행위
- 위조된 문서 또는 사물을 기술하는 행위
- 실제 데이터를 거짓으로 설명하거나 또는 일부러 증거 및 데이터를 왜

곡하는 행위

- ■ 다른 사람의 아이디어 또는 문장을 인용 없이 제시하는 행위
- ■ 저자를 표기할 때 원저자를 누락하는 행위
- ■ 연구에 기여하지 않은 사람을 저자로 표시하는 행위
- ■ 출판 상태를 거짓되게 기술하는 행위

2) 표절 방지를 위한 올바른 인용

연구자들에게는 연구 결과 발표가 매우 중요하다. 하지만 이 과정에서 때때로 학자들이 연구 결과를 '위조(날조), 변조, 표절'한다. 이중 '표절'에 대해서 더 생각해 보자. 자연 과학에서는 남의 연구 결과(업적)를 자기 논문의 결과처럼 사용하는 것뿐만 아니라 인용을 적절하지 못하게 해도 표절로 볼 수 있다(표 9-2). 학계에서 학술적인 가치란 독창적인 내용에서 나오는데 이런

표 9-2. 미국 학계에서 분류하고 있는 표절의 유형[12]

출처를 인용하지 않은 경우	출처를 인용한 경우
유령 작가형 다른 사람의 연구물을 자신의 것으로 제출하는 것	**각주 망각형** 원출처의 저자명을 언급했지만, 인용된 부분의 위치에 대한 구체적 정보를 포함하지 않았을 경우
사진 복제형 단일한 출처로부터 변형 없이 텍스트의 중요한 부분을 곧바로 복제한 경우	**오보형** 출처와 관련한 정보를 부정확하게 제공한 결과 출처를 찾기가 불가능한 경우
포트럭 논문형 원래 표현의 대부분을 유지하면서 여러 출처로부터 복제해서 문장들을 비튼 채 조합하는 경우	**말 바꿔 쓰기형** 출처를 적절히 인용했지만, 복제된 텍스트를 인용 부호 안에 넣지 않은 경우
어설픈 변장형 글쓴이가 출처의 본질적인 내용을 유지하고 있으면서, 키워드나 표현을 바꾸어 논문의 외양을 살짝 바꾼 경우	**잔머리형** 글쓴이가 모든 출처를 인용하고 적절히 말을 바꿔 썼으며 인용 부호를 적절히 사용했지만, 연구의 대부분이 독창적이지 못한 경우
게으른 노동자형 글쓴이가 독창적인 작업에 시간을 들이기보다, 다른 출처로부터 논문의 대부분을 변형하고 서로 짜 맞추는 데 시간을 더 소비하는 경우	**완전 범죄형** 출처를 적절히 인용하고 인용 부호도 달고 있지만, 그 출처에서 다른 주장들을 인용 없이 말만 바꿔 쓴 경우
자기 도둑형 글쓴이가 자신의 이전 연구물을 차용해 독창성을 보여 주지 못하는 경우	

새로운 결과가 쌓여 학문이 발전한다. 따라서 논문 작성에서는 합리적인 근거 찾기 및 이전의 결과 인용이 매우 중요하다.

한국 학술 단체 총연합회의 연구 윤리 지침에 의하면 다음의 경우는 표절로 볼 수 있다.[13]

- 이미 발표되었거나 출판된 타인의 핵심 아이디어를 적절한 출처 표시 없이 사용한 경우
- 이미 발표되었거나 출판된 타인의 저작물의 전부 또는 일부를 적절한 출처 표시 없이 그대로 사용하거나 다른 형태로 바꾸어 사용한 경우
- 연구 계획서, 제안서, 강연 자료 등과 같은 타인의 미출판물에 포함된 핵심 아이디어나 문장, 표, 그림 등을 적절한 출처 표시 없이 사용한 경우

그러나 다음에 해당되는 유형은 표절에 포함되지 않는다.

- 창작성이 인정되지 않는 타인의 표현 또는 아이디어를 이용하는 경우
- 타인 저작물 여러 개의 내용을 편집했더라도 소재의 선택 또는 배열에 창작성이 인정되는, 출처 표시를 한 편집 저작물의 경우

논문의 표절은 법률적으로 저촉되는 데서 더 나아가 도덕적 규범과 가치관의 문제이기도 하다. 이런 표절 문제를 피하려면, 표절의 개념을 이해하고 바른 인용법을 숙지해야 한다. 자신의 결과를 사용하고 자신의 단어와 문장을 쓰는 습관을 들이는 것도 중요하다. 따라서 글쓰기 훈련을 통해서 인용, 바꿔 쓰기(고쳐 쓰기), 요약 방법을 학습하는 것이 좋다. 미국의 하버드 대학교에서는 학생 80퍼센트 이상에게 1년에 60쪽 이상의 보고서를 작성하여 제출하게 하는데, 이는 표절을 예방하는 좋은 교육 과정 중 하나다.

▶ 문헌을 인용하는 이유

인용을 하는 이유는 원저자 혹은 이전 연구자의 지적 권리를 인정하고 감사하는 뜻을 표하기 위해서다. 이전 연구 업적에 고마움을 표현하는 과정에서 그 분야의 역사를 재인식할 수도 있다. 이전의 어떤 연구들이 행해졌는가를 기술함으로써 앞으로의 방향을 제시하고 새로운 연구의 장을 준비한다.

인용은 윤리적 문제이며 표절을 하지 않기 위함이기도 하다. 적절한 방법으로 인용하면 표절 시비를 피할 수 있다. 그러나 복사, 고쳐 쓰기, 요약, 직접 인용 등을 지나치게 이용해서 다른 사람의 업적을 사용하는 것은 표절이다. 즉 출판물에서는 자신의 글과 아이디어를 사용하는 것이 중요하다. 적절한 인용 분량은 본문의 10퍼센트 이내라고 알려져 있다.[14] 따라서 인용에 대한 규칙을 사전에 인지하고 있어야 한다. 인용 방법을 몰랐다는 것은 표절에 대한 변명이 되지 않는다.

여기에서는 바람직한 인용 방법은 무엇인가를 소개하고자 한다.

▶ 인용의 기본 규칙

인용의 기본 규칙은 되도록 적게 인용하고 인용 부분을 정확하게 표시하는 것이다. 직접 인용인 경우 원본과 동일해야 하며, 원본의 단어, 글자 또는 맞춤법을 준수해야 한다.

인용은 원문 내용 인용(직접 인용), 문헌 인용(간접 인용), 그림 및 표 인용으로 구분한다. 자연 과학 논문에서는 일반적으로 간접 인용을 하지만, 수학, 과학 등의 공식을 인용할 때에는 직접 인용한다.

■ 원문 내용 인용

원문을 직접 인용할 때 주의 사항은 다음과 같다. 약 4~5행 미만의 짧은 내용을 그대로 본문에 인용할 경우에는 따옴표(" ")를 사용한다. 4~5행 이상인 긴 글을 인용하는 경우에 독립된 문단(블록)을 만들어 인용한다. 이때 문단 형식이나 글자 크기를 조절하여 본문과 구분한다. 인용문의 아래 위와 지문 사이에 각각 1줄을 띄어 주며, 인용문의 글자 크기를 본문보다 작게 하거나 본문의 왼쪽, 오른쪽으로 3글자 정도 여백을 준다.

한편 원문 그대로 인용할 때 필요하지 않는 부분은 생략할 수도 있다. 먼저 영문의 경우를 살펴보자. 영문에서는 문장의 중간 부분을 생략하는 경우에 3점 줄임표(...)를 사용한다. 3점 줄임표는 인용 부호 앞, 뒤로 한 칸의 간격을 유지해서 넣는다. 그리고 인용문의 끝부분을 생략하거나 한 문장 이상의 내용을 생략하고자 할 때는 4점 줄임표(....)를 쓴다. 4점 줄임표는 문장 마지막에 바로 찍으며, 문장 다음에 찍어 문장이 끝난 마침표 역할도 한다.[15)16)] 반면 한글 논문에서는 5점, 6점 줄임표를 쓰는 것이 원칙이다.

■ 문헌 인용

과학 논문의 본문에서는 일반적으로 다음과 같은 형식을 따라야 한다. 단, 생물학, 의학, 간호학 등 분야별로 독특한 형식을 갖는 경우도 있다.[17)]

① 연구 결과에서 발표 연구자의 기여도가 현저한 경우에는 그 연구자 이름을 먼저 언급하여 인용한다.

Kim showed that.... [6].
Kim(2007)의 주장은……
홍(2007) 및 Rogers(2006)에 의하면……

논문 저자를 인용할 때는 성과 이름 전체보다 성을 기록한다. 저자가 다수인 경우 3인까지는 모두 본문에 표시하되 4인 이상은 첫 번째 저자만 나타내고 '등', '외' 또는 *et al.*로 나타낸다.[18)]

Smith 와 Lee(2007)의……
김, 이, 박(2005)은 …… 하였으나……

Park *et al.*(2005) reported....

② 연구 분야를 중요시하는 경우에는 문장 처음에 연구 분야를 표시한다. 인용한 참고 문헌은 문장 마지막에 숫자로 표시한다.

XXX (연구 분야) has been shown to be.... [6, 7].

저자를 여럿 언급할 때는 세미콜론(;)을 사용한다.

탄소 나노 튜브에 대한 최근 연구는 ······ (Smith et al., 2006; Muller and Hong, 2007).

③ 이전 결과만 간단히 인용하고자 하는 경우(원리, 기구 등을 언급할 때)에는 다음과 같이 한다.

그 메커니즘은 잘 알려져 있다 [3-6]

④ 본문 중 저자와 발표 연도를 기재할 때는 동일한 저자의 문헌은 연도순 으로 나열하고, 동일한 연도의 문헌이 2개 이상일 경우에는 순서에 따라 연 도 뒤에 a, b, c 등을 기입한다. 연도를 끝에 기입할 수도 있다. 이때 저자 이름 은 알파벳 순서로 나열한다.

W. D. Kingery, H. K. Bowen, and D. R. Uhlmann, 1976. Introduction to....

M. W. Hong, 2000a, *J. Kor. Cell. Soc.*, 2(4), 22-45.

M. W. Hong, 2000b, *J. Kor. Cell. Soc.*, 4(4), 30-41.

Hong, M. W. *J. Kor. Cell. Soc.*, 4, 30 (2000).

사례 5: 자료별 인용 방법

자연 과학 논문에서는 [1], [2-5] 식으로 번호를 이용해서 논문 본문에
인용하고 그 출처를 말미의 참고 문헌에 표시하는 방법이 일반적이다.
본문의 인용 순서에 따라 참고 문헌에 순서대로 [1], [2], [3] 문헌을 기
재한다. 자료나 학술지별로 인용 방법이 다르므로 투고하려는 학술지
의 안내를 참조하는 것이 좋다.

■ 학술지의 경우

저자 이름, 논문 제목(생략 가능), 학술지 이름, 권, 호, 페이지(시작~끝) 출
판 연도

[1] S. H. Sohn, D.K. Lee, T.I. Kwon, D.W. Lee and H.S. Kim,
Applied Physics Letters, 50(12), 3179-3181, 2002.

■ 단행본인 경우

저자 이름, 책 제목, 출판사 이름(출판사 소재지: 출판사), 인용 페이지, 출판
연도

[3] Charles Lipson, Doing Honest Work in College, The
University of Chicago Press, pp. 40-42, 2004.

■ 프로시딩 등 편집된 논문집인 경우

저자 이름, 책 제목, 편집자 이름, 출판사 이름, 인용 페이지, 출판 연도

[5] Smith, K. L. in Plagiarism .., ed. H. Sorrell et al, Chicago:
Univ. Chicago Press, 90, 2004.

■ 웹 자료를 인용하는 경우[19]
저자 이름, 자료 제목, 웹 페이지, 기관명, 전자 출판일(혹은 수정일이나 접속일), 웹 주소

- 저자가 있는 경우
저자 이름, 연도, 월, 일, 제목, 기관명, 접속일, 웹 주소

- 저자가 없는 경우
제목, 연도, 월, 일, 기관명, 접속일, 웹 주소

- 온라인 사전에서 인용하는 경우
출판사 이름, 연도, 월, 일, 사전의 이름, 접속일, 웹 주소

- 데이터베이스로부터 자료를 인용하는 경우
저자 이름, 연도, 월, 일, 제목, 기관명, 접속일, 데이터베이스 이름

- 정부 출판물을 인용하는 경우
정부 기관명, 연도, 월, 일, 제목, 기관지 이름(출판물 이름), 접속일, 웹 주소

웹 사이트를 인용할 때는 인용한 연도와 날짜를 표시하는 것이 중요하다. 영문 웹 사이트를 인용할 때는 '저자 이름 (연도) 제목 Retrieved Jan. 20, 2007, from http://www……' 또는 '제목 (연도) http://www……(accessed Aug., 24, 2009)'와 같이 표기하며, 한글 웹 사이트의 경우는 '제목, 연도, 월, 일, http://www……(2009. 7. 31 확인)'과 같이 표기한다.[20]

▶ **그림, 표 인용**

본문에 인용하는 영어 문헌의 그림과 표는 'Figure 2', 'Table 3' 등으로 표시하고,[21] 한글 논문에서 본문 내의 그림과 표는 '그림 3', '표 2' 등으로 표기한다.

▶ **인용의 범위**

공표된 저작물을 인용할 때는 정당한 범위 내에서 인용해야 한다. 한국에서는 저작권법상 합법적인 인용의 5가지 요건(인용 대상, 목적, 인용 정도, 필연성, 출처 명시)을 만족한다면 저작권이 보호된 저작물을 저작권자의 허락 없이도 사용 가능하다. 저작권법 제25조 「공표된 저작물의 인용」을 보면, "공표된 저작물은 보도·비평·교육·연구 등을 위해서는 정당한 범위 안에서 공정한 관행에 합치되게 이를 인용할 수 있다."라고 명시하고 있다.

그러나 논문 작성과 관련된 인용의 범위에 대해서는 명확한 정량적 제시가 없으며, 학회별 또는 전문가별로 기준이 다르다. 예컨대 이공계 업무 문서에서 인용문의 분량으로 미국 전기 전자 공학회(Institute of Electrical and Electronics Engineers, IEEE)의 신호 프로세싱 학회에서는 25퍼센트 이하를 제안하고 있으며, 일본 학자 기노시타 고레오(木下是雄)는 20퍼센트 이하가 적절하다고 언급하고 있다.[22] 이렇듯 직접 인용이라도 논문 전체를 구성하는 분량에서 10~20퍼센트 정도의 인용은 괜찮지만 그 분량을 넘어서면 곤란하다.[23]

4. 논문 출판의 윤리

1) 출판 과정 및 논문 심사 방법

▶ **출판 과정**

논문 작성이 완료된 후에는 학술지 편집부에 투고한다. 편집장이 투고 논문을 접수하여 분야별 담당 편집자에게 보내면 심사자가 1~3명 선정되어 심사가 진행된다. 그림 9-6은 초고부터 출판까지 일련의 순서도이다.

▶ 논문 심사

전체 내용 및 체제 면에서 논문을 심사하여 자유롭게 심사평을 기술할 수도 있지만, 많은 학술지들은 심사자들이 세심한 검토를 할 수 있도록 다음 중 몇몇 항목들을 택해 양식을 만들고 있다.

- 원고가 독창성이 있는가?
- 논문지(학술지)의 구독 회원에게 관심을 충분히 줄 수 있는 연구 결과인가?
- 논문 제목은 적절한가?
- 초록이 원고의 내용을 잘 전달하는가?
- 실험 방법이 잘 기술되어 있는가?
- 결론은 잘 이루어졌는가?
- 본문과 무관하며 불필요한 내용, 그림, 표 등이 있는가?

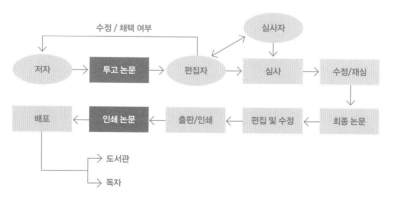

그림 9-3. 논문 투고, 심사 및 출판의 개요도

■ 그림, 사진 등이 저자의 의도를 충분히 나타내도록 수록되어 있는가?

■ 참고 문헌이 충분한가?

심사 위원은 논문을 검토한 후 각각에 대해 그렇다, 아니다 등의 표시를 한다. 또한 별도로 각 문장에 질문을 하거나 별지에 모아서 질문을 한다. 논문 심사와 편집 과정에서의 윤리는 동료 평가 측면에서 주의해야 할 편집자와 심사자의 덕목이다.

▶ **논문 심사에서 게재 불가의 사유**

심사 위원들은 다음과 같은 경우 게재 불가 판정을 내린다.

■ 연구가 부적절하며 잘 수행되지 않은 경우

■ 투고 원고의 기술이 잘못되었으며 학술지의 규정에 따르지 못한 경우

■ 결과들이 결론에 도달하지 못한 경우. 자료가 불충분하거나 해석이 잘못된 경우

■ 결과에 대한 해석(설명)이 생략되거나 토의가 미비한 경우

■ 연구가 일부분만 진행되었거나 정보(자료 조사)가 새롭지 않고, 편견 때문에 특정 국가나 연구 그룹, 또는 이전 발표된 것을 반복해서 참고 문헌으로 싣는 경우

■ 너무 많은 데이터로 이루어진 경우. 즉 논문의 분량이 길며 중요하지 않은 자료, 토의 등으로 이루어진 논문인 경우

■ 학술지의 성격과 특성에 맞지 않은 내용인 경우

■ 일차 논문 수정 요구에 대해 성의껏 답변 및 수정 보완이 되지 않은 경우

2) 중복, 조각 출판 문제

같은 원고를 2회 이상 출판하기 위하여 투고하는 행위 또는 이전에 출판

된 자신의 결과를 적절한 인용 없이 새로운 논문에 다시 사용하여 투고하는 행위를 중복 투고라 한다.[24]

이와 관련하여 여러 학술지에서는 이중 투고(duplicate submission), 중복 출판(redundant publication), 이중 출판(duplicate publication) 등의 여러 용어를 사용하고 있으나 각 용어를 엄격하게 구분하기는 어렵다. 여기에서는 크게 중복 출판과 조각 출판의 차이점을 살펴보자.

▶ 중복 출판

논문에 제시한 모든 자료는 조작·변조·표절하지 않은 창의적인 것이어야 하며, 모든 논문은 세계적으로 처음 발표하는 것이어야 한다. 같은 내용(전부 또는 상당한 부분)을 2번 이상 원저 학술지에 게재하면 중복 출판(이중 출판)에 해당하여 모두 금지되어 있다.

한국 학술 단체 총연합회의 연구 윤리 지침(2010년 1월)에 의하면 중복 출판이란 "연구자 자신의 이전 연구 결과와 동일하거나 실질적으로 유사한 학술적 저작물을 처음 게재한 학술적 편집자나 저작물 저작권자의 허락 없이, 또는 적절한 출처 표시 없이 다른 학술지나 저작물에 사용하는 학문적 행위"를 말한다.[25]

다음의 경우는 중복 출판이다.

- 연구자가 자신의 것과 동일하거나 상당 부분 유사한 가설, 자료, 논의, 결론 등을 적절한 출처 표시 없이 다른 학술적 저작물에 게재한 경우
- 이미 게재된 자신의 저작물이라도 적절한 출처를 표시하지 않고 그대로 사용한 경우
- 하나의 논문으로 발표해야 할 내용을 고의로 여러 논문에 나누어 게재한 경우(단 연속 논문은 제외)

하지만 다음에 해당하는 유형은 중복 출판이 아니다.

- 자신의 저작물임을 인지할 수 없는 독자들을 위해, 일차와 이차 출판 학술지 편집자 양자의 동의를 받아 출처를 밝히고 게재한 경우
- 연구자가 자신의 선행 연구에 기초하여 논리와 이론 등을 심화 발전시켜 나가는 연구 과정에서 적절한 출처 표시를 한 후속 저작물인 경우
- 이미 발표된 자신의 학술적 저작물을 모아서 출처를 표시하고 저서로 출판하는 경우
- 연구 업적에는 해당되지 않는 출판물에 자신의 학술적 저작물 내용을 쉽게 풀어 쓴 경우

사례 6: 프로시딩에 발표한 논문을 학술지에 발표하려면

국제 학회에 참석하여 논문을 발표(구두 또는 포스터 논문)하려면 종종 6쪽 이내의 간단한 연구 논문을 제출해야 한다. 이런 논문은 프로시딩이라는 이름으로 인쇄되어 참석자에게 배포되는데 어떤 프로시딩은 그 내용의 중요성을 인정받아 과학 기술 논문 색인 지수 등재지로 평가받는 경우도 있으나, 일반적인 프로시딩의 경우 자료의 배포 범위가 매우 좁다. 따라서 저자는 그 내용을 학술지에 발표하려면 이미 프로시딩에 발표된 내용을 수정, 보완해야 한다. 또한 이때 아래와 같은 문장을 각주로 삽입하여 독자 및 편집자에게 중복 출판이 아니라는 사실을 미리 명확히 밝히는 것이 관례다.

"A part of this paper appeared in xxx"
"A preliminary version of this paper was presented at xxx"

▶ **조각 출판(부분 출판)**

한 연구 주제에 대한 결과를 조각을 내어 여러 편의 논문으로 만들어 출판하는 행위를 말한다. 조각 출판은 논문 수를 늘리기 위해서나 연구자의

실험실을 홍보하기 위해서, 혹은 관련 분야의 논문 인용 수를 올리기 위한
목적 등으로 최근 증가하고 있다. 하나의 결과를 여러 개로 나눴다고 해서
살라미 논문(salami, 얇게 썰어 먹는 이탈리아 소시지인 살라미를 잘라 먹듯이 한 연구 결
과를 이용해 여러 개로 만든 논문), 혹은 볼로냐(Bologna), 트리비얼(trivial) 논문이
라고도 한다. 학계 및 자료 취급 기관 측면에서 보았을 때 동일하거나 유사한
결과가 여러 논문으로 투고되어 심사, 출판이 이루어지면 심사자 혹은 편집자
에게는 시간 낭비이며, 정보 처리 및 보관의 경제 측면에서 바람직하지 않다.

　조각 출판은 단신 출판(letter, short communication, rapid communication 등)
과는 구분해야 한다. 단신은 해당 분야에서 중요한 연구 결과가 나왔을 때
빨리 학계에 알려서 그 결과를 공유하며 토론하고자 하는 출판 방법이다. 단
신에 발표된 내용은 차후에 추가로 내용을 보완하여 전문(full paper)으로 발
표하는 것이 관례이다.

5. 올바른 과학 윤리 교육의 필요성

　동양인과 서양인의 사고에는 차이가 있다. 동양인에게는 온정주의가 깊
이 내재하고 있어 범주에 근거하여 일을 처리하는 서양인과는 사뭇 다르다.
이러한 배경 때문에 우리나라 과학자들 중에는 전체 상황을 먼저 고려한 나
머지 명예 저자를 끼워 넣거나 저자 순서를 원칙과 달리 하는 사람이 있을
수도 있다. 한편 젊은 세대, 즉, 인터넷 세대는 이런 동양적인 사고가 많이 희
석되어 보다 더 객관적으로 상황을 판단하는 경향이 있다. 이렇듯 세대 간의
층이 있는 우리 과학자들은 이 시대의 한국인에 맞는 과학 연구 윤리에 대
해 깊이 고민해야 한다.

　따라서 초·중·고등학교 및 대학교의 과학 윤리 교육의 강화는 물론이고,
연구소나 산업체에서도 연구자 직급에 맞는 과학 기술 윤리 교육, 특히 올바
른 과학 기술자의 길에 대한 지침서나 교육 프로그램(단기 강좌 학술 대회 또는

방학 중 초·중등 교사의 교육)이 절실하다. 과학자는 연구 수행에만 책임이 있는 것이 아니라 데이터를 올바르게 사용하고 지적 소유권의 개념을 확실히 인지하며, 연구 윤리에 바탕을 두어 연구 결과를 처리하는 데에도 역시 책임이 있다.

토론을 위한 사례들

1) 논문 주 저자의 책임

2006년 12월 27일, 일본 도쿄 대학교 다이라 가즈나리(多比良和誠) 교수가 연구 부정행위로 해고되었다. 조사 위원회는 다이라 교수가 객관적인 데이터를 통해 논문의 정확성을 설명할 책임을 다하지 못했기 때문이라고 밝혔다. 다이라 교수의 논문은 인간의 RNA(리보 핵산)가 신경 세포 형성에 관련된 유전자를 제어하고 있다는 내용이었는데, 결과가 재현 불가능하다는 의혹이 일면서 도쿄 대학교 공학계 연구과 조사 위원회는 다이라 교수가 쓴 논문 4편에 대해 재현성과 신뢰성이 없으며, 날조됐다고 말할 수 있는 상태에 가깝다고 결론을 내렸다.

　도쿄 대학교는 동 대학원 공학계 연구과의 다이라 교수 등 2명이《네이처》에 RNA 관련 논문을 게재하면서 자료를 날조한 것으로 판단되어, 이들이 학교의 명예와 신용을 현저히 해쳐 해고한다고 발표했다(실험은 다이라 교수와 함께 해고된 가와사키 히로야키(川崎廣明) 조수가 담당했다.). 또한 감독 책임을 물어 전 공학계 연구 과장 등 5명을 훈계 조치했다.[26]

　▶ 연구 책임자인 다이라 교수는 이 실험을 실제로 수행하지 않았다. 사건에 대한 연구 책임자인 다이라 교수의 징계 수준은 적절한가?

2) 중복 게재인가, 표절인가?

K는 일본에서 박사 과정을 마치고 귀국하여 한 연구소에서 근무하게 되었다. 국내에 정착하게 된 K는 박사 과정 때 수행한 연구 결과 일부분을 국내 학술지에 한글 논문으로 발표했다. 이때 저자는 K 한 사람이었다. 한편 일본에서 지도 교수는 K를 제외한 몇 명을 저자로 해서 일본의 국내 학회 학술 대회에 발표하고 영문 프로시딩으로 출간했다. 그런데 이 두 발표 논문(국내 학술지 한글 논문과 일본의 영문 프로시딩)은 내용이 상당 부분(서론 및 결과) 동일하다.

▶ 이 한글 논문을 중복 게재로 보아야 하는가, 아니면 표절로 보아야 하는가?
▶ K의 행위를 판단하기 위해서 어떤 자료가 필요한가?

3) 공저자 추가 문제

새로운 연구 그룹에 참여한 지 두 달 후, 당신은 이전 연구소에서 연구한 결과를 정리하여 논문 투고를 준비하고 있다. 그런데 새로운 연구 동료인 A가 현재 소속인 연구소의 B(새로운 프로젝트의 팀장)를 그 논문에 포함시켜 줄 것을 요구했다. 이때 당신이 B는 이 연구에 전혀 기여하지 않아 저자가 될 수 없다고 했더니 A는 이 논문에 B를 공저자로 하는 것이 향후 이 연구 팀에서 당신에게 도움이 될 것이라고 언급했다.

▶ B를 논문 저자에 추가해야 하는가?
▶ B를 저자로 추가하는 것은 비윤리적인가?

4) 논문의 저작권 문제[27]

D는 박사 과정을 마치고 개인적인 사정으로 바로 연구실을 떠났다. 그런데 D의 학위 결과에 근거를 둔 중요한 결과가 한 논문의 초안이 되었

다. 다음 해 D의 지도 교수인 F는 그 원고를 마치도록 D에게 접촉했다. 몇 개월 후에 지도 교수는 투고할 논문을 정리하여 D에게 보냈다. D는 그 원고를 수령했으나 어떠한 언급도 하지 않고 투고 원고를 제출한다는 동의서에 서명하지도 않았다. 이러는 동안 D의 연구와 유사한 결과가 다른 연구실에서 나와 출판되었다. 지도 교수와 박사 후 연구원 1명은 그 연구를 보강하여 새로운 논문 초안을 작성하여 제1저자로 D를, 그리고 그 박사 후 연구원을 공저자로 했다. 이 원고를 D에게 등기로 보냈으나 D는 어떠한 회신도 없고 출판하는 데 필요한 동의서를 지도 교수에게 보내지도 않았다. D는 논문이 지연된 것이 지도 교수 때문이라고 원망하고 있다. D는 정부로부터 연구비를 받았고 연구비 지원 기관에 그 결과를 보고서로 제출했다.

▶ 이런 상황에서 D의 동의 없이 지도 교수가 논문을 학술지에 투고할 수 있을까?

▶ 만약 학술지에서 게재 허락이 난다면 출판될 수 있을까? 이때 이 논문의 저자는 누구인가?

5) 공저자의 동의

A는 외국에서 1년간 박사 후 연구 과정을 마치고 귀국하여 국내 학술지에 논문을 투고했다. A는 이 논문에 공저자로 박사 후 연구 과정의 지도 교수를 포함시켰다. 그 지도 교수의 실험실에서 연구한 결과를 논문에 발표하기 때문이었다. 그렇지만 이 논문이 출판된 후 그 지도 교수는 논문에서 공동 저자인 본인의 이름을 삭제해 달라는 편지를 학술지 편집장에 보냈다. 그러나 논문은 이미 출판된 상태였고, 이에 지도 교수는 논문에 A가 본인의 동의를 구하지 않고 출판한 논문이라는 내용을 학술지에 게재해 달라고 요청했다.

▶ 이 과정에서 편집장 또는 A 중 누구에게 잘못이 있다고 보는가?

▶ 지도 교수의 요구 사항을 어떻게 받아들이고 해결해야 하는가?

6) 저자의 책임

국내 학자 A, B, C가 외국 학회지에 발표한 논문 3편이 외국 논문을 표절한 것으로 드러났다. 저자 중 A는 학위 논문에 외국 논문에 이미 발표했던 데이터를 사용했으며 A의 지도 교수인 B는 이 사실을 몰랐다. 이 표절 사건이 발생한 후, 공저자 중 한 사람인 C는 영어 원문을 검토해 주었을 뿐 본인이 공저자인 줄을 몰랐다고 해명했다.

▶ C의 행위에 대해 생각해 보자. 누가 주 저자(책임 저자)라고 생각하는가? C가 저자 자격이 있는가?

10강 인간 대상 실험의 윤리적 쟁점

:양재섭

I. 인간 존엄성과 실험 재료로서의 인간

인간 대상 실험이라는 주제를 생각할 때 우선 떠오르는 대전제는 '인간은 존엄한 존재'라는 사실이다. 이와 더불어 "모든 사람은 생명과 신체의 자유와 안전에 대한 권리를 가진다."는 국제 연합의 「세계 인권 선언」(1948년) 3조와 "모든 사람은 유전적 특성에 관계없이 존엄과 인권을 존중받을 권리를 가진다."는 유네스코(United Nations Educational Scientific and Cultural Organization, UNESCO) 「인간 유전체와 인권에 관한 보편 선언」(1997년) 2조 a 항도 줄줄이 떠오른다. 그런가 하면 "우리 몸은 부모로부터 받은 귀한 것이니 털끝 하나 건드려서는 안 된다."[1]는 공자 말씀이나 "모든 생명은 신의 손안에 있다."[2]는 『성서』의 신성불가침 선언도 빼놓을 수 없다. 이들은 모두 인간 대상 실험을 암묵적으로 경고하며, 그런 실험을 부정적으로 보게 하는 일상적 정서로 작용한다.

동시에 나치 독일이 자행했던 다양한 인체 실험과 제2차 세계 대전 중 생체 실험으로 악명 높았던 일본 관동군 731부대에 관한 무성한 소문들도 연달아 떠오른다. 일반인들의 기억 속에서 인간 대상 실험의 대표 격이라고 할

이 두 사례는 모두 국익을 앞세워 과학 발전이라는 미명 하에 이루어진 것들이다. 하지만 직간접적으로 경험한 이들에게서 들려오는 이야기들이 흉흉한 나머지 인간 대상 실험 자체에 본능적인 거부감이 들게 만든다.

극단적인 사례는 잠시 접어 두고, 전시가 아닌 평상시에 이루어지는 통상적인 연구 행위로서의 인간 대상 실험은 어떤가? 생명 과학자들은 생명 탐구라는 원대한 목표와 인류 복지에 이바지한다는 사명을 가지고 열정을 다해 실험과 연구에 매진하며 의학 연구자 역시 질병 치료라는 숭고한 목적을 달성하기 위해 최선을 다한다고 자부할 텐데, 그러한 목적을 달성하기 위해서는 경우에 따라 인간을 대상으로 한 실험이 불가피하지 않은가? 미생물이나 동물 실험을 통해 얻어진 연구 결과를 인간에게 적용하려면 인간 대상 실험은 필연적이다. 생명 과학자 혹은 임상 의학자가 인간을 대상으로 하여 실험을 수행할 때 발생할 수 있는 문제는 무엇이며, 또 이에 대해 당사자들은 어떠한 윤리적 태도를 가져야 할까? 인간을 '실험 재료'로 상정하는 데서 발생하는 존재론적 위험은 없을까?

결국 인간 대상 실험에서 가장 근본적인 질문은 '인간이 과연 실험 대상이 될 수 있는가?' 하는 통상적인 의문이며, 만약 인간에 대한 실험이 허용된다면 그 범위는 어느 정도여야 하고 그에 따르는 윤리적 해석은 어떠해야 하는가이다. 사실상 서양 과학, 특히 의학은 역사적으로 인체 실험과 동물 실험을 기반으로 발전해 왔다. 예를 들어 기원전 300년경 그리스의 의사들은 이미 죄수와 가난한 사람들을 해부하여 신경계를 발견한 바 있다.[3] 또 이집트의 프톨레마이오스 황제가 알렉산드리아의 의사들에게 범죄자를 상대로 생체 실험을 허용했다는 기록도 있다.[4] 하지만 비인간적인 인체 실험이 인권이 덜 발달된 시대나 전쟁 같은 한계 상황, 혹은 군국주의 같은 극단적 이데올로기 아래에서만 자행된 것은 아니다. 전쟁 중의 독일과 일본뿐 아니라 미국에서도 비윤리적인 인간 대상 실험이 암암리에 이루어졌음이 폭로된 바 있다.[5]

뿐만 아니라 최근에는 질병을 퇴치하고 삶의 질을 높여 궁극적으로는 행복한 인류 사회 건설을 목표로 하는 생명 과학과 의학이 획기적으로 발달하면서, 인간 대상 실험은 단순히 치료의 차원을 넘어 그 외연을 확장해 나가고 있다. 흔히 시행되는 좁은 의미의 임상 실험 외에도 배양 세포를 이용한 연구, 배아와 태아의 연구, 인간 유전체, 유전자 치료, 집단 유전학적인 연구, 심지어는 알게 모르게 행해지는 신약 검증에 이르기까지 그 범위가 크게 넓어진 것이다. 이에 따라 연구 윤리 역시 복잡한 양상을 띠게 되었다.

인간 대상 실험이 보편적인 과학적 절차에 의해 진행되어야 하는 만큼, 바야흐로 이런 실험에 대한 윤리적 논의를 공론화할 시대적 상황에 직면했다는 것을 먼저 인식해야 한다. 우리 사회에서도 이미 윤리적 논의의 수준 정도가 아니라 실정법상의 문제로 대두되고 있어 학교에서의 교육이 절대적으로 필요한 상황이다. 여기에서 우리의 논의를 흥미롭게 끌고 나가기 위해 종합적으로 다양한 함의를 담고 있는 언론 기사 한 편을 살펴보자.

"우리가 실험용 쥐냐" 제약사 대표 벌금형

제약 회사 대표가 식품 의약품 안전청의 허가를 받지 않은 의약품을 의대 학생들을 대상으로 임상 실험을 했다가 벌금을 내게 됐다.

대법원 2부(주심 박시환 대법관)는 임상 실험용 위궤양 치료제를 만들어 의대 학생들에게 복용시킨 혐의(약사법 위반)로 기소된 P사 대표 유 모 씨에게 벌금 500만 원을 선고한 원심을 확정했다고 6일 밝혔다.

P사는 2000년 10월부터 3개월간 위궤양 치료제를 만든 뒤 산학 협동 연구 계약을 체결한 의대 학생 10명을 대상으로 임상 실험을 했다. 또 소화기 질환의 원인 균인 '헬리코박터 파일로리(*Helicobacter pylori*)' 감염 여부를 내시경 검사 없이 진단할 수 있는 시약을 개발해 학생들에게 복용시켰다.

당시 학생들 사이에서는 "우리가 실험용 쥐냐"라는 불평이 나오기도 했고, 결국 P사 대표인 유 씨는 식품 의약품 안전청의 허가를 받지 않은 의약품을 이용해 임상 실험한 혐의로 기소됐다.

1, 2심 재판부는 "피고인이 의대생들을 대상으로 허가받지 않은 의약품의 인체 흡수도를 비교하는 실험을 했고 의사의 처방전 없이 전문 의약품을 복용시킨 점을 넉넉히 인정할 수 있다."며 약사법 위반죄를 유죄로 인정했다.

유씨는 임상 실험이 아니었다고 변명했으나 재판부는 "식품 의약품 안전청의 허가가 있었는지가 관건이지 임상 실험 여부에 따라 유·무죄가 결정되는 것은 아니다."고 일축했다.

유씨는 질병의 치료·판매를 목적으로 약품을 만든 것이 아닌 만큼 '의약품 제조 행위'가 아니라고 상고했으나 사법부의 판단은 바뀌지 않았다.

대법원 2부는 "임상 실험용 위궤양 치료제를 제조해 의대 학생들에게 복용시킨 행위를 무허가 의약품 제조 행위에 해당한다고 본 원심은 정당하다."며 유 씨의 상고를 기각했다.

(출처:《연합뉴스》, 2007년 4월 6일)

2. 인간 대상 실험의 유형 및 사례

생명 과학이나 임상 의학의 다양성과 복잡성, 그리고 실험 대상자의 특성이나 종류를 단순하게 규정하기가 쉽지 않은 탓에 인간 대상 실험을 논리적으로 일목요연하게 유형화하는 것은 대단히 어렵다. 여기에서는 편의상 다음 몇 가지 항목으로 나누어서 살펴보기로 한다.

1) 순수 학문적 비치료 연구 실험

생명 과학자들은 일차적인 연구 목적을 순수한 생명 현상의 탐구에 둔다. 이는 치료 방법의 개발 같은 응용과는 일단 무관하다는 것이다. 흔히 실험 재료의 선택은 학자 자신의 선호도, 시대적 유행, 편리성, 효율성 등 여러 요인에 의해 결정된다. 현대 생물학 특히 분자 유전학이 선호하는 실험 재료로는 대장균(*Escherichia coli*), 출아효모(*Saccharomyces cereviciae*), 예쁜꼬마선충(*Caenorhabditis elegans*), 초파리(*Drosophila melanogaster*), 생쥐(*Mus musculus*), 애기장대(*Arabidopsis thaliana*) 등 대중적으로 잘 알려져 있는 재료들이 있는가 하면, 동료 학자들에게조차 생소한 것들도 많다. 역사상 중요한 생명 과학의 원리는 대부분 미생물과 동식물을 대상으로 한 실험에서 발견되고 확립되었다. 그러나 과학이 봉사하려고 하는 대상은 어디까지나 인간이기에 인간에 대한 호기심이 있을 수밖에 없고, 또 과학의 궁극적 목표가 인류 복지에 이바지하는 것이라는 점에서 과학자들은 응용의 기초를 제공하기 위한 인간 대상 실험에 착수하게 된다. 말하자면 인간에게서 일어나는 생명 현상은 과연 무엇이냐 하는 것이 연구 주제가 될 것이다. 이러한 일체의 실험을 순수 학문적 비치료 연구 실험으로 규정해 보자.

인간을 대상으로 한 순수 학문적 비치료 연구 실험의 구체적인 재료로는 다음 4가지 범주가 있다.

- 인체로부터 시료를 채취한 다음, 시험관에서 영구적으로 세포 분열하도록 유도한 배양 세포주
- 시료를 채취하여 단기 배양을 하거나 혹은 즉시 사용할 수 있는 혈액, 조직, 정자, 난자, 기관 등
- 시료를 채취한 다음 일정한 실험적 조치를 가하여 계속적으로 실험을 수행하는 수정란, 배아, 태아, 유전 물질 등
- 인체에 직접적으로 약을 투여하여 생리적 현상이나 물질의 변화를 관

찰하는 방법 등

여기에서 시료 채취는 '생체'와 '사체' 모두를 대상으로 할 수 있고, 단순히 인체로부터 시료를 채취하는 생체 외 실험 내지 시험관 실험(in vitro)과 생체 내 실험(in vivo)으로 구분할 수 있다. 위에서 ①②③은 생체 외 실험이고, ④는 생체 내 실험이다. 실험 재료의 종류와 얻는 방식에 따라 윤리적 논의의 양상은 달라진다.

토론 주제 1

1. 인체로부터 분리되어 배양기에서 독립적으로 살아가는 세포인 배양 세포주의 경우, 미생물 재료를 사용하는 것과 차이가 없을까? 현재 세계 곳곳의 실험실에서 대표적으로 많이 사용하고 있는 세포주인 헬라(HeLa) 세포는 자궁 경부암의 상피 세포에서 유래된 영구 세포주(permanent cell line)인데, 1951년 암으로 죽어 가던 헨리에타 랙스(Henlietta Lacks)라는 여성의 조직을 세포주로 만든 것이다. 헬라 세포를 사용하는 연구자가 가져야 할 태도는 어떠해야 할까?

2. 혈액이나 정자 같이 대상자에게 고통을 덜 주며 비교적 채취가 용이한 시료와, 조직처럼 간단한 수술을 통해 얻는 시료 혹은 난자와 같이 사전 호르몬 투여와 생리 주기 조절을 거쳐 어렵게 얻는 시료 사이에 이를 다루는 윤리적 태도의 차이가 있어야 할까?

3. 사체로부터 시료를 얻는 경우, 생체에서 시료를 채취하는 경우보다 마음이 홀가분할 수는 있지만 그 시료를 가지고 실험하는 태도도 가벼울 수는 없을 것이다. 어떤 윤리적 성찰이 필요할까?

4. 생체 내 실험에서 제일 우선시되어야 할 사항은 무엇인가? 실험 대상자의 안정성이 불확실한 경우 실험 수행자가 취해야 할 태도는 무엇인가?

5. 실험 대상자와 실험 수행자 사이에 소통해야 할 사항은 어떤 것이 있을까? 생명 현상의 탐구라는 목표가 확실하고 숭고하다고는 하지만, 인간을 대상으로 실험할 때 과학자로서 갈등은 없을까?

2) 치료적 및 비치료적 임상 실험

위에 설명한 생명 과학과 구별하여, 치료와 직간접적으로 연관되거나 또는 궁극적으로 치료와 연결되는 모든 분야가 임상 의학이다. 따라서 치료법의 개발을 전제로 하는 기초 의학도 그 속에 포함되기에 주제를 치료적 및 비치료적 임상 실험으로 한정하고 논의하기로 하겠다. 이 범주는 통상적으로 임상 연구(clinical study)로 지칭되며, 기초 의학자와 임상의를 중심으로 각각 혹은 상호 협력 하에 이루어지는 모든 연구 및 실험이 여기 포함된다. 임상 연구는 정상인 또는 환자를 대상으로 새로운 의약품, 시술법, 치료법, 의료 기기 등을 시험하는 모든 행위를 말한다.[5] 임상 연구를 하면 질병의 원인 규명, 질병 예방을 위한 백신과 기타 다양한 신약의 개발, 새로운 의료 기구의 개발 같은 실질적인 성과를 얻을 수 있다.

역사적으로 흥미로운 임상 실험의 사례를 먼저 살펴보기로 하자.[6] 미담처럼 인구에 회자되는 일례로 종두법의 발견 과정이 있다. 우리는 흔히 우두(cow pox) 접종법을 확립한 사람으로 영국의 에드워드 제너(Edward Jenner)를 들고 있지만, 사실상 그의 공로는 그보다 22년 앞선 1774년 농부였던 벤자민 제스티(Benjamin Jesty)가 행했던 인체 실험에 힘입은 바 크다. 자기 마을의 한 목장에서 우두가 유행하자, 제스티는 소의 유방에서 고름을 채취하여 부인과 아들의 팔에 바늘로 상처를 내고 주입했다. 아들은 가벼운 증상을 거쳐 회복되었으나, 부인은 고열에 시달리고 접종 부위에 염증이 생기는 등 고생하다가 다행히 다 나아 건강하게 생을 마쳤다. 이때부터 그 마을 농민들 사이에는 우두를 앓은 사람은 천연두에 걸리지 않는다는 생각이 두루 퍼져 나갔는데, 마침 해부학자이자 외과 의사인 제너가 24세의 나이에 고향에서 개업의 생활을 하던 중, 우연히 이러한 소문을 접하고는 곧바로 확인 작업에 들어갔다. 그는 소젖을 짜는 사람의 손에 우두에 의한 물집이 생긴 것을 보고 그 내용물을 채취하여 제임스 필립스(James Philips)라는 소년에게 접종시켰다. 그리고 한 달 반 뒤에 이번에는 천연두에 걸린 사람의 물집에서 내용물을 채취하여 다시 필립스에게 접종하였는데 천연두가 발생하지 않았다. 제스티의 경우 전문 연구가가 아닌 농부였다는 점과 자신의 아들과 부인을 실험 대상으로 삼았다는 점에서 종종 숭고하고 갸륵한 사례로 간주되고는 한다. 반면에 널리 알려져 있는 사실과 달리 제너는 아들이 아닌 다른 소년의 몸에 실험을 감행했다.

두 번째 이야기는 다른 관점의 사례이다. 미국 연방 정부 산하 공중 보건 국은 1932년에서 1972년까지 40년 동안 앨라배마 주 터스키기(Tuskegee)의 흑인들을 대상으로 매독에 관한 연구를 수행했다. 대부분 가난하고 문맹인 흑인 매독 환자들에게 건강 관리 및 치료를 명목으로 위약(僞藥)을 제공하여 질병의 진전과 그 결과를 관찰하는, 소위 의도적 비치료 실험을 자행했던 것이다. 그리고 마지막으로 사후 시체 부검까지 실시해서 연구의 결과를 최종 확인하는 철저한 절차를 거쳤다. 말하자면 이 연구의 정확한 내용은, 매독에 걸린 환자를 치료하지 않고 내버려 두면 어떤 과정을 밟아 죽음에 이르는지를 살펴보는 것이었다. 나름대로 정치가 발전되어 있고 인권의 기초가 다져져 있으리라 기대되는 버젓한 선진국에서 오랫동안 이런 연구가 비밀스럽게 진행되었다는 사실은 우리에게 적잖은 실망감을 안겨 준다.

법률적으로, 식품 의약품 안전청이 고시한 「의약품 임상 시험 관리 기준」에 따르면 "'임상 시험'이라 함은 그것에 사용되는 의약품의 안전성과 유효성을 증명할 목적으로, 해당 약물의 약동·약력·약리·임상적 효과를 확인하고 이상 반응을 조사하기 위해 사람을 대상으로 실시하는 시험 또는 연구를 말한다."[7] 더 심도 있는 이해를 위해 그중에서 특히 신약 개발 과정의 임상 시험 단계를 살펴보기로 하자.[8]

▶ **제1상 임상 시험(약리적 시험 단계, clinical pharmacology)**: 독성 시험 등 전 임상 시험 결과가 타당한 경우 건강한 지원자 또는 약물군에 따른 적응 환자를 대상으로 내약성, 부작용 및 약물의 체내 동태 등 안전성 확인에 중점을 두고 실시하는 시험으로, 제2상 임상 시험으로의 이행을 위한 최적 정보를 얻는 단계이다. 약물의 투여제형별 생체 이용률 시험, 인체 내 대사 과정 및 작용 기전 등에 관한 시험을 포함한다.

▶ **제2상 임상 시험(임상적 연구 단계, clinical investigation)**: 대상 질환 중 조건에 부합되는 환자를 대상으로 단기 투약에 따른 부작용, 위험성, 약물 동태 및 예상 적응증에 대한 효능·효과 탐색을 위하여 실시하는 시험으로, 제 3상 임상 시험의 다수 환자에 투여할 최적 용법·용량을 결정하는 단계이다. 한정된 숫자의 환자를 대상으로 적정 용법·용량 등을 탐색하는 전기 시험과, 용량에 따른 반응 검토 및 적응증에 대한 비교적 단기의 안전성·유효성 검토를 주로 하는 후기 시험으로 나눌 수 있다.

▶ **제3상 임상 시험(임상적 적용 단계, clinical trial)**: 대상 질환 중 조건에 부합하는 환자 다수를 대상으로 공개 임상 시험 및 비교 임상 시험을 거치면서 약물의 유효성·안전성, 더 나아가 유용성을 확인하는 단계이다. 효능·효과, 용법·용량 및 사용상 주의 사항 등을 설정한다.

▶ **제4상 임상 시험(시판 후 추적 단계, postmarketing clinical trial)**: 일단 시판에 들어갔지만 추가적으로 부작용의 사례를 수집하고(부작용 조사, postmarketing surveilance, PMS) 미처 생각하지 못해 누락되었던 임상 시험을 추가한다.

토론 주제 2

1. 제1상 임상 시험은 비교적 적은 인원의 건강한 사람을 대상으로 약물의 안정성을 시험하는 단계이다. 학술적 연구를 통하여 확립된 이론적 근거를 가지고 전 임상 시험 과정에서 미생물, 동식물을 대상으로 확인 실험을 수행해서 충분히 안전하다고 결론을 내린 후 그 결과를 토대로 제1상 임상 시험에 들어간다. 안정성을 충분히 얻기 위한 최소한의 조건은 무엇일까? 건강한 실험 대상자는 어떤 방식으로 확보해야 할까?

2. 제2상 임상 시험은 질환을 가지고 있는 환자를 직접 대상으로 한다. 소수의 인원을 대상으로 단기 투약에 따른 효능과 효과를 탐색하면서 안정성을 시험하는 단계이다. 대상자 선정에 관한 기준은 어떤 과정을 거쳐 확립해야 할까? 비교적 적은 인원을 대상으로 하는 이 경우 대상자 선정의 주체는 누가 될까? 생명 과학자(혹은 기초 의학자), 임상의, 통계학자, 사회학자 등이 팀을 이룬 경우 효율적인 통제와 협의의 방법은 무엇일까?

3. 제3상 임상 시험은 조건에 맞는 환자 다수를 대상으로 공개적 임상 시험을 행한다. 제2상 임상 시험에 비해 규모가 크고 여러 연구 팀이 동시다발적으로 시행하기도 하며 경우에 따라서는 신문 같은 언론 매체를 통해 실험 대상자를 모집한다. 이때 약효 여부의 판단 과정에서 무엇을 기준으로 삼아야 할까? 또 시험 도중 기대보다 유효성이 현저히 떨어진다고 평가되었다면 즉시 시험을 중단해야 할까? 실험 대상자에게는 어떻게 설명해야 하는가? 이러한 시험은 고액의 연구비를 필요로 하는데 이때 주로 연구비를 제공하는 기관은 어디일까? 시험 수행자는 연구비 제공자의 의도로부터 완전히 독립적일 수 있는가? 최종적으로 유효성과 안정성을 결정할 표준은 무엇일까?

4. 제4상 임상 시험은 시판한 후에 부작용에 대한 확실한 자료를 얻기 위해 비교적 장기간에 걸쳐 추적 조사와 추가 시험을 시행하는 단계

이다. 유효성과 안정성이 확립되어 시판에 들어갔는데 추가 시험을 실시하고 있다는 사실을 소비자들이 안다면 신뢰성에 어떠한 영향을 미칠까(신뢰를 잃을까, 아니면 오히려 신뢰를 더 얻을까?)? 유효성과 안정성에 문제가 있다고 밝혀졌을 때는 어떠한 조치가 필요할까? 소비자들에게 어떠한 보상 방법이 있는가?

3) 한계 상황에서의 생체 실험

인간 대상 실험의 윤리적 문제를 다룰 때 그냥 지나칠 수 없는 부분이 전쟁의 소용돌이 속에서 알게 모르게 진행되었던 인체 실험이다. 여기에는 물론 생체 실험과 사체 실험이 모두 포함된다. 통상 인간 대상 실험이라는 용어 대신에 인체 실험, 생체 실험 등의 단어가 사용되는데, 여기에는 인간을 단순히 인체로 보는 관념이 은연중 녹아 있다. 어떤 윤리적 제재 장치도 없이 과학적 진보를 위해 문자 그대로 자유롭게 진행되어도 된다고 여겨졌던 인체 실험은 생명 윤리적 관점에서 재조명할 필요가 있다. 제2차 세계 대전 중 자행되었던 인체 실험 사건 2가지를 살펴보자.

▶ 일본군 731부대

731부대는 대 일본 제국 육군 관동군의 한 부대로, 1936년에 중국 헤이룽장성(黑龍江省) 하얼빈에 설치된 세균전 대비 부대였다. 731부대의 탄생에 대해서는 처음에 관동군의 방역과 급수 업무를 담당하기 위해 설치되었는데 제2차 세계 대전이 일어나자 전쟁을 위한 생체 실험장으로 바뀌었다는 설과, 처음부터 아예 그런 목적으로 설립되었는데 아닌 것처럼 위장했다는 설이 있다. 어쨌든 거대한 중국 대륙을 효과적으로 장악하기 위해 최소한의 군수 물자와 병력으로 승부를 걸려고 했던 일본은 생물 무기의 개발이 필요했을 것이다. 그 목적에 부응하여 이 부대는 세균전 준비의 온상이자 살아있는 인간에 대한 생체 실험이 실시된 끔찍한 현장이 되었다. 실험 대상에 불과한 '마루타(통나무라는 뜻)'는 당시 봉천 연합군 전쟁 포로수용소에 수용된 전쟁 포로들이었다. 희생자 수는 전쟁이 진행되는 동안 한국인, 중국인, 러시아인, 몽골인 등 최소한 3,000명 이상이었을 것이라는 추측이 있을 뿐, 정확한 숫자조차 파악이 힘들다.[9]

이 실험의 실무를 맡았던 인물은 생물학 박사 이시이 시로(石井四郎)로, 군(軍) 장학금을 받아 유럽의 생물학 연구소에서 연구한 경험이 있는 인물이다. 생체 실험의 주된 목적은 세균 무기의 개발과 병사들이 전쟁을 수행하는 동안 발생하는 질병의 치료였다. 실제로 페스트, 장티푸스, 이질, 콜레라, 탄저, 결핵균 등 31종의 세균을 실험 대상 인간의 몸에 주입시켜 일어나는 반응을 관찰했다. 일본 군인들의 동상 치료법을 개발한다며 영하 60도의 냉동고에 알몸으로 집어넣어 동상을 유발하고 뜨거운 물, 미지근한 물, 찬 물을 부어 보는 등 잔학한 실험을 수행하기도 했다. 그 외에도 사람의 피와 말의 피를 교환하여 수혈하고, 공기가 없는 상태에서 인간이 얼마나 견딜 수 있는지 알아보기 위해 진공 실험을 행하는 등 일일이 다 열거할 수 없는, 차마 인간으로서 할 수 없는 만행을 저질렀다.[10]

▶ 나치 독일의 인체 실험

히틀러 정권은 과학적 근거가 희박한 우생학을 국수주의적 정치 이데올로기로 원용하여 보건 사회 정책으로 삼았는데, 주로 유대인을 대상으로 과학의 발전이라는 기치 하에 포로수용소에서 비인륜적인 생체 연구를 실시했다. 나치의 만행은 유대인 대학살과 병행되었으며 인체 실험은 성격상 의사들의 몫이었다. 인체 실험의 종류는 다음에 논의할 뉘른베르크 재판을 통해 비교적 상세히 밝혀졌고 자료도 많이 남아 있는 편이다. 기소장에 기록된 인체 실험의 유형을 소개하면 다음과 같다.[11]

■ 압력을 조절할 수 있는 방에 실험 대상자를 넣고 저압, 저산소 환경을

조성하여 죽을 때까지 변화를 관찰했다.

■ 추운 날씨에 맨몸을 노출시켜 얼게 한 다음 회복하는 현상을 관찰하는 냉동 시험을 실시했다.

■ 모기에 물리게 하거나 말라리아균을 주입한 다음 퀴닌(quinine), 네오살바르산(Neosalvarsan), 피라미돈(Pyramidon), 안티피린(antipyrine) 등의 약을 투여하여 그 결과를 관찰했다.

■ 인위적으로 상처를 낸 다음 머스타드 가스(mustard gas)를 흡입시키거나 액체 상태로 마시게 했다.

■ 총상으로 인한 감염과 유사하게 포로들의 다리를 절개하여 이물질을 넣어 감염을 유도한 다음 설파닐아마이드(sulfanilamide)의 치료 효과를 검증했다. 여성 포로의 뼈를 다른 포로에게 이식하는 실험도 행했다.

■ 해상 사고 시 바닷물을 식수로 사용할 수 있는지 알기 위해 최소한의 식량만 공급하면서 바닷물만을 식수로 공급하여 결과를 관찰했다. 대상자들은 혼수상태가 되기도 하고 발작을 일으키기도 했으며 죽는 경우도 있었다.

■ 기타 전염성 황달균을 주입한다든지, 저렴하고 신속한 불임술의 개발, 티푸스, 콜레라 등의 백신 개발을 위한 실험, 값싸고 효율적으로 독살하기 위한 독약 실험, 방화용 폭탄 실험 등 잔악한 실험들을 자행했다.

나치의 의사 중에서 요제프 멩겔레(Josef Mengele)는 죽음의 천사라는 별명으로 유명하다. 아우슈비츠의 군의관으로 일했던 그는 특히 일란성 쌍둥이 연구에 관심이 많아 150~200쌍의 쌍둥이로 실험을 했는데 대부분 실험 후 죽였다고 한다. 눈 색깔이 다른 쌍둥이의 눈에 물감을 넣어 본다든지, 쌍둥이 한쪽에 세균을 주입시키고 다른 한쪽과 비교하기도 했다. 쌍둥이의 유전성을 알아보기 위해 강제로 성교를 시키기도 하고 혈액을 교환하고 심지어는 외과적 방법을 동원하여 샴쌍둥이를 만들기도 했다. 아무리 전쟁 상황에서 이성의 한도를 넘어섰다 해도 기본적인 인간성마저 엿볼 수 없는, 인면수심의 모습이었다.

토론 주제 3

1. 일본군의 이시이 시로 박사는 생명 과학자로서, 또 나치의 멩겔레 박사는 의사로서 최고의 전문 교육을 받은 엘리트였지만, 우리는 이들에게서 기본적인 윤리 의식조차 찾아보기 힘들다. 학문적 업적과 인격적 파탄의 괴리는 어떻게 설명해야 할까? 만약 이들이 전쟁 상황이 아닌 평화 시에 학자 혹은 의사로서 생활할 기회가 주어졌다면 존경받는 학자와 의사가 될 기회가 있었을까? 이들이 전쟁이 끝난 후 국가로부터 일정한 직위와 부를 보상받아 풍족한 생활을 누릴 수 있었다면 인간으로서 가치 있는 일인가?

2. 나치는 우수한 인간을 장려하고 열등한 인간을 제거한다는 보건 정책의 근거로 우생학이라는 '과학'을 내세웠다(물론 그 후 과학으로 인정을 받지는 못했다.). 그러한 정책 수행의 일환으로 나치는 유대인 대학살을 감행했으며 다양한 인체 실험을 자행했다. 이처럼 과학자 아닌 일반인들은 맹신에 가깝게 과학에 대해 신뢰하고는 한다. 과학적 이론을 정치적으로 이용하는 데서 오는 오류를 방지하려면 어떻게 해야 하는가? 이때 과학자들이 취해야 할 태도는 무엇일까?

3. 한계 상황에서 비윤리적으로 실시된 실험이라 할지라도 성과를 이루어 냈다면 그 과학은 의미 있는 것일까? '목적이 수단을 정당화한다.'라는 명제는 오늘의 현실에서 어떻게 풀어내야 할까? 결과가 좋으면 과정은 무시해도 좋은가? 어떤 생명 과학자가 성매매를 하다가 병을 얻었는데 그 질병을 연구하다 보니 노벨상을 수상할 만한 큰 연구 성과를 얻었다면 이에 대해 어떠한 윤리적 해석이 가능할까? 과정을 중시하는 절차적 정의는 꼭 필요한가?

4. 과학이 발달하면서 전쟁의 주요 수단으로 대우를 받게 되었다. 어쩌면 과학은 전쟁을 먹고 성장하는 괴물로 전락했는지도 모른다. 궁극적으로 인류의 복지에 이바지한다는 과학의 선의지에 차질이 생긴 것인

가? 과학은 정치의 시녀인가? 과학이 현대 사회에서 지켜야 할 정체성
은 과연 무엇인가?

5. 윤리적 규범을 무시한 인체 실험은 인간 존엄성에 대한 전면적 부
정이다. 그렇다면 적어도 '인간이 인간의 생명에 손을 대서는 안 된다.'
라는 명제에는 합의가 이뤄질 수 있을까? 최소한 사적으로 살인하는 것
은 실정법상 범죄이다. 공적으로 인간의 목숨을 거두게 하는 사형 제도
의 출발은 무엇이었으며 사형 폐지 운동의 윤리적 근거는 무엇인가?

3. 인간 대상 실험과 관련된 문서들

역사적으로 비윤리적 인간 대상 실험에 대한 폭로나 이의 제기는 윤리적
논의를 제공하는 기회가 되었고, 이를 계기로 이와 관련된 국제적인 문서들
이 작성되어 선언되었다. 이는 위기는 기회라는 격언처럼 윤리적 검토와 반
성을 위해 다행스러운 일이다. 인간 대상 실험과 관련된 대표적인 선언과 강
령, 기준과 원칙 몇 가지를 살펴보기로 하자.

1) 뉘른베르크 강령

제2차 세계 대전이 끝나고 1945~1946년에 나치 전당 대회가 열렸던 뉘른
베르크에는 전범 재판소가 설치되어 재판이 진행되었다. 이 재판은 승전국
인 영국, 미국, (구)소련, 프랑스 4개 연합국의 주관으로 열렸으며 독일군 지
휘관 의사, 의료 행정가 등 23명이 기소되었다. 그중에서 7명은 사형, 9명은
무기 징역의 판결을 받았다. 이 전범 재판부는 1947년 최후 판결문에서 "허
용 가능한 의학 실험"이라는 제목을 붙여 인체 실험에 대한 10개 항의 기준
이 포함된 뉘른베르크 강령(Nürenberg Code)을 제시했다. 이 강령은 처음부

터 선언을 목표로 제정된 것은 아니지만 판결이 끝난 후 국제적인 의료 윤리
의 기준으로 통용되었다. 강령의 요점은 다음과 같다.[12]

■ 인체 실험 대상자의 자발적 동의(voluntary consent)는 절대 필수적이다
(제1항).

■ 연구는 사회의 선을 위해 다른 방법이나 수단으로는 얻을 수 없는 가치
있는 결과를 낼 만한 것이어야 하며, 무작위로 행해지거나 불필요한 연
구여서는 안 된다.

■ 연구는 동물 실험 결과와 질병의 자연 경과 혹은 연구 중인 여러 문제
에 대한 지식에 근거를 두고 계획되어야 하며, 예상되는 실험 결과가 실
험 수행을 정당화할 수 있어야 한다.

■ 연구는 불필요한 모든 신체적, 정신적 고통과 상해를 피하도록 수행되
어야 한다.

■ 사망이나 장애를 초래할 것이라고 예상할 만한 이유가 있는 실험의 경
우에는 의료진 자신도 피험자로 참여하는 경우를 제외하고는 시행되
어서는 안 된다.

■ 실험에서 무릅써야 할 위험의 정도가 그 실험으로 해결될 수 있는 문제
의 인도주의적 중요성보다 커서는 안 된다.

■ 손상과 장애, 사망 등 매우 적은 가능성까지를 대비해서 피험자를 보
호하기 위한 적절한 준비와 설비를 갖추어야 한다.

■ 실험은 과학적으로 자격을 갖춘 사람만이 수행해야 한다. 실험에 관련
되어 있거나 직접 수행하는 사람은 실험의 모든 단계에서 최고의 기술
을 사용하여 최대한 주의를 기울여야 한다.

■ 실험을 하는 도중 피험자는 육체적, 정신적 한계에 도달해 더 이상 실
험을 못하겠다는 생각이 들면 실험을 끝낼 자유를 가진다.

■ 실험 과정에서, 실험을 주관하는 과학자는 자신에게 요청된 성실성, 우
수한 기술과 주의 깊은 판단에 비추어, 실험을 계속하면 피험자에게 손

상이나 장애, 또는 사망을 초래할 수 있다고 믿을 만한 이유가 있으면 어떤 단계에서든지 실험을 중단할 준비가 되어 있어야 한다.

뉘른베르크 강령은 인간 대상 실험에 대한 윤리적 관심을 환기했고 차후 국제적 기준을 마련하는 계기가 되었다는 점에서 역사적으로 의의가 있다. 또 개별적 쟁점에 관한 논의도 활발하게 진행되었으며 현재까지도 중요한 지침의 하나로 다루어지고 있다.

2) 헬싱키 선언

제2차 세계 대전이 끝난 후 국제 사회는 전쟁 중 행해졌던 인간 대상 실험을 정리하고 분석했다. 특히 뉘른베르크 강령 이후 인간 대상 실험에 대한 윤리적 관심이 점차 주목을 받게 되자 분야별로 윤리적 기준을 마련하는 분위기도 고조되었다. 그 중 대표적으로 눈에 띄는 것이 1964년 핀란드의 헬싱키에서 개최된 세계 의사 협회(World Medical Association) 18차 총회에서 채택된 헬싱키 선언(Declaration of Helsinki)이다. 여러 해 준비 기간을 거쳐 완성된 이 선언은 의사 스스로 마련한 자율적 규정이라는 점에서 뉘른베르크 강령과는 구별된다. 세계 의사 협회는 필요성이 대두될 때마다 헬싱키 선언을 부분적으로 수정 보완해 나갔는데, 1975년 동경 헬싱키 선언(2차 개정), 1983년 베니스 헬싱키 선언(3차 개정), 1989년 홍콩 헬싱키 선언(4차 개정), 1996년 남아프리카 헬싱키 선언(5차 개정), 2000년 스코틀랜드 헬싱키 선언(6차 개정)으로 이어졌다.[13] 이 선언은 "인간을 대상으로 하는 의학 연구에서의 윤리 원칙"이라는 제목 아래 32개 조항으로 구성되어 있으며 요점은 다음과 같다.[14]

- 인간을 대상으로 하는 생명 의료 연구는 일반적으로 승인된 과학 원칙에 따르며, 실험이나 동물 실험의 적절한 근거가 있어야 한다.
- 실험의 계획 및 시행은 국내법 규정에 따라 독립적인 위원회의 사전 심

의를 거쳐야 한다.
- 자격 있는 유능한 과학자의 책임 하에 연구를 시행해야 한다.
- 연구 목적의 중요성은 그 위험과 균형을 이루어야 한다.
- 피험자의 이익에 대한 고려가 과학 및 사회의 이익에 우선해야 한다.
- 신체의 완전성에 대한 권리와 더불어 사생활을 존중해야 한다.
- 연구에 따른 위험이 잠재적 이익보다 크다고 판단될 때에는 연구를 중단해야 한다.
- 연구 결과를 발표할 때 의료진은 결과의 정확성을 유지하고, 이 선언서에 규정된 원칙을 따라야 한다.
- 연구 자체의 목적과 방법, 예견되는 이익과 내재하는 위험성, 그에 따르는 고통 등에 관해 피험자에게 사전에 충분히 알려 주어야 한다. 피험자에게 충분한 설명에 근거한 자발적인 동의를 받아야 한다.
- 이때 동의는 당해 조사에 참가하지 않는, 독립된 지위에 있는 의료진에게서 받아야 한다.
- 법률상 무능력자(미성년자, 금치산자, 한정 치산자)에 대해서는 국내법에 따라 법적 대리인의 동의를 받아야 한다.
- 연구자는 모든 재정적 이해관계를 윤리 심사 위원회와 잠재적 연구 참여자에게 밝혀야 하며, 간행되는 논문에도 이를 명시해야 한다.
- 새로운 치료의 유효성을 지지하지 않는 반대 연구(negative study)의 결과도 발표되어야 한다.
- 학술지는 이 선언의 원칙을 준수하지 않는 보고서를 수용해서는 안 된다.

3) 벨몬트 보고서

앞서 설명한 바와 같이 미국 연방 정부 공중 보건국의 앨라배마 터스키기 매독 연구는 비밀리에 비윤리적으로 수행되었다. 미국에서는 1972년 공중 보건국의 한 직원이 이 사건을 폭로하면서 인간 대상 실험의 윤리적 논쟁이 촉발되었다. 이에 대처하기 위해 의회는 1974년에 「국가 연구법(National Research Act)」을 통과시키고 그 법에 근거하여 생명 의학 및 행동 연구 관련 인간 보호를 위한 국가 위원회(The National Commission for the Protection of Human Subjects for Biomedical and Behavior Research)를 설치했다. 5년이 지나 1979년 이 위원회는 인간 대상 실험에 관한 기본적인 윤리 원칙을 제시한 벨몬트 보고서(Belmont Report)를 제안했다.

벨몬트 보고서가 제안한 인간 대상 실험에 관한 연구 윤리 원칙을 요약하면, ① 인간 존중(respect for persons)의 원칙 ② 선행(beneficence)의 원칙 ③ 정의(justice)의 원칙이다. 즉 인간의 자율성을 보장하고, 악행 금지 내지 선행의 원칙, 그리고 공정성의 원칙 등 일반적인 윤리 원칙이 인간 대상 실험에서도 여전히 적용되어야 함을 명시했다.[15] 구체적인 문제들에 관해서는 다음 절에서 자세히 논의할 것이다.

4) 「의약품 임상 시험 관리 기준」[16]

국내의 경우 인간 대상 실험에 대해서는 식품 의약품 안전청의 고시로 「의약품 임상 시험 관리 기준」을 제시해 적용하고 있다. 그 중에서 인간 대상 실험과 직접적으로 관련된 조항을 골라서 살펴보면 다음과 같다.[17]

▶ **제2조(정의)** 이 기준에서 사용하는 용어의 정의는 다음 각 호와 같다.

7. "피험자"라 함은 시험약 및 대조약(이하 '시험약 등'이라 한다.)의 투여 대상이 되는 사람을 말한다.

14. "중대한 부작용"이라 함은 임상 시험 중 나타나는 응급 처치를 요하거나 원상 회복이 어려운 부작용 또는 사고를 말하며 사망, 생명의 위협, 비가역적인 장애 등으로 인하여 피험자가 입원 또는 입원 기간의 연장 등이 필요한 경우를 포함한다.

▶ **제12조(담당자의 임무)** ① 담당자는 계획서에 명시된 내용에 따라 임상 시험을 실시해야 한다. ② 담당자는 계획서 내용 중 해당 임상 시험에 영향을 미치는 중대한 변경 사유가 발생한 때에는 책임자에게 보고하고 책임자의 지시에 따라야 한다. 이 경우 임상 시험의 일부 또는 전부를 중지하여야 하는 변경을 제외하고는 시행 규칙 제29조 제1항의 규정에 의한 식품 의약품 안전청장의 변경 승인 전이라도 위원회의 승인을 득한 경우에는 변경하고자 하는 내용에 따라 책임자와 협의하여 임상 시험을 계속할 수 있다. ③ 담당자는 계획서에 명시된 예측 부작용 및 사용상의 주의 사항 등에 대해 사전에 숙지하고 임상 시험 실시 중에 중대한 부작용 등이 발생한 경우에는 즉시 책임자 및 의뢰자에게 보고해야 한다. ④ 담당자는 반드시 처방에 의하여 투약해야 하며, 조제된 의약품은 투약 직전 확인하고 시험약은 승인받은 임상 시험 이외의 목적으로 사용해서는 아니 된다. ⑤ 담당자는 임상 시험의 중단 또는 종료 시 미사용 시험약 등을 책임자와 협의하여 관리 약사에게 반납해야 한다. ⑥ 담당자는 특별한 경우를 제외하고는 피험자의 신원을 밝혀서는 아니 된다. ⑦ 담당자는 피험자 각각에 대하여 투약에 대한 기록을 하고 투약으로 인한 피험자의 상태에 대한 증례 기록(피험자 동의서 포함)을 정확히 작성하여야 하며, 특히 부작용 등과 관련된 사항은 상세히 기록하고 임상 시험 종료 시 서명하여 책임자에게 제출하여야 한다. ⑧ 담당자는 위원회 및 의뢰자로부터 환자 진료 기록 및 증례 기록 등에 관한 확인 요청이 있는 경우에는 이에 응해야 한다.

▶ **제15조(피험자의 선정)** ① 담당자는 임상 시험의 목적에 따라 성별, 연령, 건강 상태, 기왕력, 가족력 등을 기초로 하여 피험자를 신중하게 검토, 선정해야 한다. ② 비교 임상 시험에 있어서 대조군은 무작위로 선정하여야 한다.

▶ **제16조(피험자의 동의)** 담당자는 시행 규칙 제28조 제4호의 규정에 따라 피험자의 자유의사에 의한 임상 시험 참가 동의를 시행 규칙 제29조 제2항 제

17호에서 정한 피험자 동의서 양식에 의하여 문서로 받아야 한다. 이 경우 시행 규칙 제28조 제4호 전단의 규정에 의한 다음 각 호의 사항을 피험자가 이해할 수 있는 언어로 충분히 설명하여야 한다. ① 임상 시험의 목적 및 방법, ② 예측 효능·효과, 부작용 및 위험성, ③ 환자를 피험자로 할 경우에는 해당 질환에 대한 여타 치료 방법 및 그 내용, ④ 피험자가 시험의 참가에 동의하지 않았을 경우에도 불이익을 받지 않는다는 것, ⑤ 피험자가 시험의 참가를 동의한 경우라도 자유의사에 의하여 이를 철회할 수 있다는 것, ⑥ 피해 발생 시 보상 및 치료 대책, ⑦ 신분의 비밀 보장에 관한 것, ⑧ 기타 피험자의 인권 보호에 관하여 필요한 사항.

5) 「의사 윤리 지침」

대한 의사 협회는 「의사 윤리 강령」(1997년 제정, 2006년 전문 개정)을 공포하여 의사 윤리의 기본적 강령을 선포한 바 있으며 이에 대한 세부적 지침을 마련하기 위해 「의사 윤리 지침」(2001년 제정, 2006년 전문 개정)을 발표했다. 다음은 「의사 윤리 지침」 중에서 인간 대상 실험과 관련된 부분만 발췌한 것이다.[18]

▶ **제24조(인체 대상 연구 목적 등)** ① 의사는 인간의 생명과 건강을 보호 증진하는 목적 이외의 다른 목적으로 인체 등 사람을 대상으로 한 실험, 시술 등의 연구를 하여서는 아니 된다.

② 인체를 대상으로 연구를 하는 의사는 자신이 소속한 전문 학회 또는 의료 기관, 연구 기관 등에 설치된 임상 시험 심의 위원회 등 관련 기구에서 연구 목적, 연구 방법, 연구 내용과 범위, 연구 대상 등에 관하여 충분한 검증과 승인을 받아야 하고, 그 기구의 감독 아래 연구해야 한다.

③ 의사는 인체를 대상으로 한 연구와 관련하여 피검자의 인격과 권리가 침해되지 않도록 이를 최우선 고려해야 한다.

▶ **제25조(생명 복제 연구 등)** ① 의사는 인간의 생명 및 건강의 보호 증진과 질병의 예방과 치료를 위한 목적 이외의 다른 목적으로 생명 복제에 관한 연구를 하여서는 아니 된다.

② 생명 복제 연구의 허용과 금지 범위, 감독 기구, 연구자의 등록, 발표 방법 등은 「생명 윤리 및 안전에 관한 법률」과 대한 의사 협회의 관련 규정을 준용한다.

▶ **제26조(피험자에 대한 설명 및 서면 동의 등)** ① 의사는 인체를 대상으로 연구를 하는 경우 사전에 목적, 방법, 내용, 위험성과 윤리성 등을 피험자 또는 보호자에게 충분히 설명하고 서면 동의를 받아야 한다.

② 의사는 사전에 피험자 또는 그 보호자에게 언제든지 연구 참여를 그만둘 수 있고, 그만둔다 하더라도 불이익을 받지 않는다는 사실을 알려 주어야 한다.

▶ **제27조(피험자에 대한 보상)** 의사는 인체를 대상으로 연구를 하는 경우 피험자에게 금품, 향응 등 일체의 대가를 제공하여서는 아니 된다. 다만, 피험자가 연구에 참여함으로써 잃게 된 일실 수입 또는 연구로 인하여 발생한 질병 및 그 질병 등의 치료에 필요한 적절한 비용 등은 보상할 수 있다.

▶ **제28조(인체 대상 연구의 중단)** 의사는 인체를 대상으로 연구를 수행하는 과정에서 피험자의 생명과 건강에 위험이 생길 수 있는 경우와 인류 사회와 생태계에 중대한 위협을 줄 가능성이 있는 경우에는 지체 없이 연구를 중단하고 그 사실을 관련 기구 등에 보고해야 한다.

4. 주요한 윤리적 쟁점

1) 충분한 설명에 근거한 동의

전쟁 상황에서 자행된 수많은 인체 실험을 통해 인권이 훼손되는 것을 경험한 국제 사회는 뉘른베르크 강령을 제안하면서 '동의'의 문제를 최우선적으로 강조했다. 32개 항 중 제1항에 "인체 실험 대상자의 자발적 동의는 절대 필수적이다."라는 구절을 넣은 것이다. 그러나 충분한 설명에 근거한 동의는 전쟁 상황의 인체 실험에서만 필요한 것은 아니다. 일반적으로 의사의 치료 행위, 치료 및 비치료적 실험, 그리고 인체에 직접적인 조치를 취하지는 않지만 면담이나 설문지 조사에 이르기까지 원칙적으로 실험 대상의 자발적인 동의를 얻어야 한다. 이러한 동의에 관한 한글 용어로 '고지된 승낙', '사전 동의', '인지 동의' 등이 사용되기도 한다.

충분한 설명에 근거한 동의에는 4가지 주요한 요소가 있다.[19]

첫째는 의사 결정을 할 수 있는 능력(competence)이다. 보통의 사람은 살아가면서 자신의 능력을 경험하고 축적하게 되는데 나이나 학력, 건강 상태 등에 의해 능력이 제한될 수도 있어 겉보기로 능력을 평가하는 일이 그렇게 쉽지만은 않다. 능력 평가를 위해 3단계의 기준이 제시되어 사용되고 있다. ① 어떤 사람이 선택을 할 수 있는 능력 ② 자신이 선택한 사항의 기준을 제시할 수 있는 능력 ③ 선택의 타당성이 인정을 받아야 한다는 것이다.

둘째는 실험 수행자에서 실험 대상자로의 정보 전달(disclosure)이다. 대부분 실험 수행자는 전문가이고 실험 대상자는 일반인이기 때문에 의사소통이 그렇게 쉬운 것은 아니겠지만, 전문가에게는 실험 대상자가 충분히 이해할 수 있게 설명할 의무가 있다. 실험 대상자의 알 권리를 전적으로 확보해주는 작업이 바로 정보 전달의 요소이다.

셋째는 실험 수행자가 전달한 정보를 실험 대상자가 충분히 이해(comprehension)할 수 있어야 한다는 것이다. 실험 대상자의 의식 속에 적절한 정보를 모두 전해 받았다는 충족감이 있어야 한다. 앞서 말한 정보 전달이 실험 수행자의 의무라면 이해는 실험 대상자의 몫이기는 하나 사실상 이해 요소 역시 실험 수행자가 유도해 내야 할 업무에 속한다고 할 수 있다.

넷째는 선택을 강요받지 않고 스스로 결정을 내릴 수 있는 자발성(voluntariness)이다. 그러나 완전히 자유로운 결정이란 사실상 불가능하며, 이 세상에 아무런 구속이나 제재 없이 이루어지는 전적인 자발성은 존재하지 않는다. 그러나 윤리적인 면에서 가능한 한 강압이나 부적절한 영향을 배제하고 실험 대상자가 스스로 결정했다고 자부할 수 있는 상황을 만들어 주어야 할 것이다.

토론 주제 4

1. 실험 수행자는 전문가인 만큼 전문 용어를 쓰게 마련이다. 물론 실험 수행자는 최선을 다해 쉬운 말로 이해할 수 있게 설명하려고 노력할 것이다. 하지만 실험 대상자가 인지 능력이 없다면 어떻게 해야 하는가? 질환 때문에 대상자의 인지 능력을 확보하기 어려운 경우, 예를 들어 치매 치료제의 임상 실험은 어떻게 해야 할까? 다른 실험 대상자를 쉽게 구할 수 없어 대상을 바꾸기 힘든 상태인 경우 실험을 강행하는 것은 비윤리적인가?

2. 난자 기증의 경우, 난자를 채취하는 과정에 상당한 고통이 따르며 예상되는 후유증을 설명했는데도 기증자가 설명에 그다지 귀를 기울이지 않고 설명과 무관하게 자신의 행위를 성스럽고 훌륭한 것으로 간주하여 막무가내로 결정한다면 어떻게 할 것인가? 이 경우도 충분한 설명에 근거한 동의라고 말할 수 있는가?

3. 실험 수행자의 설명을 실험 대상자가 올바르게 이해했는지 측정하는 방법은 무엇인가? 간단한 면담을 통해 측정할 수도 있지만 분쟁이 발생하였을 경우에 대비해 설문지로 답을 받아 두는 방법은 어떤가? 마음을 확정하지 않은 상태에서 결정이 이루어졌다면 충분한 설명에 근거

한 동의라고 말할 수 있는가?

4. 실험 대상자가 알아야 할 정보의 범위는 어떻게 정할 수 있을까? 확률이 희박하지만 최악의 경우를 생각할 수 있는데, 구태여 그것까지 설명할 필요가 있을까? 실험 목적을 설명하는 것과 위험성을 설명하는 것 사이의 균형은 어떻게 맞춰야 할까?

5. 마피아를 주제로 한 영화 「대부(The Godfather)」(1972년) 중 "내가 그 녀석이 감히 거절할 수 없는 제안을 했지."라는 대사가 있다. 충분한 설명에 근거한 동의가 될 수 없는 대표적인 사례인데, 실험 수행자와 대상자 사이에 형성된 개인적 혹은 손익적 친분 관계가 강압적 요소로 작용할 가능성이 높기 때문이다. 이를 배제하는 방법은 무엇이며 좋은 인간관계와 강압적 관계는 어떻게 구별할 수 있을까?

2) 실험 대상자의 선정과 보호

대부분의 사람은 자신의 안전을 최우선으로 여기며 살아간다. 따라서 실험을 통해 약효와 안전성이 확실하게 인정된 경우에만 새로운 약제나 치료 방법의 사용에 응하려고 한다. 그런데 그렇게 하기 위해서는 전 단계로 인간 대상 실험이 필수적이다. 사람들은 다른 사람들이 실험에 응할 것을 기대하지 정작 자신은 실험 대상이 되려 하지 않는다. 결국 실험에 응하는 대상자는 일반적으로 약자일 수밖에 없다. 경제적 약자, 어린이, 정신 지체자와 기타 장애인, 수감자, 혹은 여성 등 사회적으로 보호받아야 할 사회적 약자가 오히려 사회적 침해에 노출되어 있다.

더 나아가 국제 관계에서도 후진국 혹은 경제 빈국의 국민이 다국적 기업의 위협 앞에 무기력할 수밖에 없는 실정이어서 선진국에서 이루어지던 임상 실험이 점차 제3세계로 옮겨지고 있다. 더구나 오늘날 벌어지고 있는 이상 현상 중 하나는 병원이 본래 목적인 질병 치료는 부차적으로 간주한 채 임상 실험을 주 업무로 삼아 '실험실화'되고 있다는 것이다. 운영난에 허덕이는 병원의 재정을 확보하기 위한 방법으로, 또는 기업적 병원이 더 많은 돈을 벌기 위한 정책으로 임상 실험을 채택하고 있는 현실은 단순한 자본주의 논리로 옹호하기에는 석연치 않은 점이 있다.[20]

이러한 상황에서 실험 대상자의 선정과 보호는 중요한 의미를 갖는다. 1991년에 제정된 미국 보건 복지부(Department of Health Human Services)의 「실험 대상자 보호에 관한 규정(Regulations for the Protection of Human Research Subjects)」은 기관 윤리 심의 위원회의 연구 승인 기준을 제시하는 조항에서 실험 대상자 보호의 핵심을 다음 몇 가지로 규정하고 있다.[21]

- 실험 대상자의 위험을 최소화할 것
- 실험 대상자에 대한 위험은 기대되는 이익 및 지식의 중요성에 비추어 합리적일 것
- 실험 대상자의 선택은 공정할 것
- 충분한 설명에 근거한 동의를 서면으로 받을 것
- 필요한 경우 실험 대상자의 개인적 자유를 보호하고 자료의 보안 유지를 적절히 규정할 것
- 어린이, 수형자, 임산부, 정신 지체자, 경제적·교육적 취약 계층인 경우처럼 강압 또는 부당한 영향력에 노출될 수 있는 실험 대상자의 권리와 안녕을 보호하기 위한 추가적 보안 사항을 연구에 포함시킬 것

그러면 실제로 어떤 사람들이 실험 대상자로 선정되는가? 실험 대상자의 범주에 대해서는 관점에 따라 다른 유형이 제시된다. 사회적인 지위에 따라 ① 연구자 혹은 과학자처럼 고등 교육을 받고 참여 동기가 강한 사람 ② 사회적인 분위기에 저항 없이 순종하고 따라가는 약자 계층 ③ 실험 대상자가 됨으로써 경제적인 소득을 목표로 하는 사람으로 나누기도 하고,[22] 앞의 미국 「실험 대상자 보호에 관한 규정」에서는 어린이, 수형자, 정신 지체자, 경제적·

교육적 취약 계층 등을 예로 제시했다. 이들의 공통적인 특징은 스스로 자신을 보호할 능력이 모자라 위험에 노출될 수밖에 없고, 또 부당한 취급을 받았을 때 저항할 능력과 의지가 부족하다는 점일 것이다.[23]

토론 주제 5

1. 세계적 제약 회사인 화이자(Pfizer)는 1996년 나이지리아에 전염병이 유행할 당시 트로반(Trovan)이라는 미승인 항생제를 100여 명의 어린이에게 투여했는데, 그 결과 어린이 5명이 사망하고 몇 명은 관절염 증세를 보였다. 문제가 되자 회사는 부모들로부터 동의를 얻었다고 주장했지만 기록이 전혀 없었다. 이와 관련해서 미국 식품 의약국은 1997년 트로반을 성인에게 사용하도록 승인했으나 어린이가 사용하도록 승인하지는 않았다. 실험 대상자의 보호, 충분한 설명에 근거한 동의, 위험의 최소화 등 이 사건과 관련된 모든 윤리적 문제를 종합적으로 토론해 보자.[24]

2. 연구 기관에서 연구 책임자의 지휘 아래 있는 연구원 혹은 직원, 교수의 지도를 받는 학생, 기타 피고용자, 교도소 수감자, 집단 시설에 수용된 사람 등은 '취약한 환경에 있는 실험 대상자(vulnerable subject)'의 범주에 속한다. 이러한 경우 일반적으로 통용되는 '충분한 설명에 근거한 동의' 수준으로 윤리적 문제가 해결될 수 있을까? 그러한 동의를 확보할 수 있는 방법은 무엇인가?

3. 치매 환자, 정신 지체자 등 스스로 결정할 능력이 없는 사람을 대상으로 실험을 할 때 이들이 인권 침해에 무방비하게 노출되지 않도록 보호하는 방법은 무엇인가? 흔히 이들을 대신하여 가족이 동의할 때가 많은데 그 범위는 어디까지일까? 또 이들을 대상으로 하는 실험은 결과적으로 그들의 고통을 없애는 것이 궁극적인 목표인데, 이 목표를 어느 정도는 희생할 수도 있다는 입장을 실험 수행자가 취한다면 이것은 정당한가?

3) 이익과 위험 사이

위험을 감수하고라도 인간 대상 실험을 수행하는 목적은 결국 사회적 이익을 창출하기 위해서이다. 따라서 실험 대상자가 받을 수 있는 신체적, 정신적 위험을 최소화하면서 사회적 이익을 극대화할 수 있는 타협점을 모색하는 것이 문제의 초점이다. 다시 말해 위험보다 이익이 크다고 생각될 때 희생을 감수한다는 사회적 합의에 도달할 것이다. 그러나 실험 대상자는 위험을 부담하고 사회적 이익은 실험 수행자가 거둬들이는 입장이라면 두 집단은 결국 일방적인 관계가 될 수밖에 없다. 이로 인해 실험 대상자에 대해 충분한 보상이 필요한 것이다. 그러나 보상이 모든 것을 해결해 주지는 않기에 윤리적 기준을 설정하는 것이 바람직하다.

실제로 앞서 이야기한 독일이나 일본의 경우, 포로들의 위험을 담보로 자국의 이익을 위해 인간 대상 실험을 실시했다. 예를 들어 자국 병사들의 동상 치료법을 개발하기 위해 포로들을 혹한에 노출시켜 동상을 유발했고 이를 토대로 치료법을 연구했다. 이 경우는 위험의 주체와 이익의 주체가 완전히 나누어진 극단적인 사례이다. 여기에는 위험 부담자에 대한 아무런 보호 조치가 존재하지 않으며 일방적이고 비윤리적인 이익 추구만 있을 뿐이다. 이 경우에는 충분한 보상이 불가능할지도 모른다. 무엇으로 생명의 희생을 보상할 수 있겠는가?

목표가 사회적 이익이든, 개인이나 집단, 국가의 이익이든, 충분한 윤리에 기초하여 실험 대상을 확보하는 일이 쉬운 일이 아니라고 단정 짓고 비윤리적이고 비인간적인 편법들을 동원하는 경우도 있다. 남아프리카 공화국에서 알게 모르게 행해지는 다국적 제약 회사의 신약 실험이 그런 사례이다. 이 경우 적은 보상으로도 인간 대상 실험을 수행할 수 있다. 그러나 제2차 세계대전 이후 윤리적 기반을 형성하기 위한 국제적 움직임이 생겼고 미국에서도 터스키기 사건 폭로 이후 다양한 법적 대응 방안이 마련되었듯이, 위험과 이익 사이의 문제는 앞으로도 정교하게 다루어야 할 윤리적 과제이다.

토론 주제 6

1. 말로는 사회적 이익이 된다고 하지만 실제로는 위험을 감수하는 주체와 이익을 거두는 주체가 뚜렷하게 구분되는 상황에서, 충분한 보상 방법은 무엇인가? 치매 환자 같이 실험 대상자가 인지 능력이 없을 경우 보상은 어떤 의미가 있는가? 성인에 비해 판단 능력이 모자라는 어린 아이의 경우는 어떤가? 보상에 관한 모든 내용이 결국 보상해 주는 쪽의 판단에 의해 결정된다면 이에 대한 사회 구조적 규제 방안은 무엇인가?

2. 노벨상 수상자인 조슈아 레더버그(Joshua Lederberg) 박사는 "의학 연구가 진행되지 못해 죽어 가는 사람들의 피는 전적으로 연구를 진행할 의무를 저버린 사람들의 책임이다."라고 말했다. 모든 수단과 방법을 동원해서라도 연구가 진행되어야 한다는 이 말에 동의할 수 있는가? "목적은 수단을 정당화한다."라는 명제는 언제나 옳은가? '절차적 정의'의 본뜻은 무엇이며, 이는 위험과 이익 사이에도 적용해야 할 개념인가?

3. 황우석 사건에서 난자 제공자의 자발성, 난자 제공자에 금품 제공, 실험 결과 조작 등 여러 가지 문제가 복합적으로 노출되었다. 그런데 그의 공과를 논의하는 과정에서 국가 이익이라는 논리로 나머지 문제를 덮으려는 사람들도 있었다. 국익은 모든 것에 우선하는가? 국익에 보탬이 된다면 무엇을 해도 상관없을까? 2에서 논의한 목적과 수단 간의 관계와는 어떻게 연결하여 논의할 수 있는가?

4. 대형 다국적 제약 회사들은 현재 임상 실험의 30~50퍼센트를 미국과 서유럽 바깥에서 수행하고 있다. 그리고 이 비중을 대폭 늘릴 계획을 가지고 있다고 한다. 비용 절감의 측면에서 그렇게 할 수도 있겠지만, 여기에 의도적으로 선진국 국민은 존중하고 후진국 국민은 상대적으로 덜 존중한다는 느낌은 없는가? 이러한 차별을 국제적 수준에서 철폐할 방법은 없는가?

6. 윤리적 과학자를 지향하며

인간은 언제나 삶의 질 향상을 추구하는 만큼, 질병 극복과 건강을 위한 인간 대상 실험은 피할 수 없다. 실험 수행자와 실험 대상자 사이, 이익 수혜층과 위험 부담층 사이에 발생하는 갈등 해결과 올바른 관계 정립은 현대 생명 윤리학의 중요한 과제이다. 언제나 그렇듯이 생명 윤리는 뚜렷한 정답을 제시하기보다는 문제를 던지는 수준에 머물러 있다. 그렇지만 우리는 이런 모호성을 부여안고 고민하면서 해결을 향해 접근할 수밖에 없다.

인간 대상 실험에 참여하는 생명 과학자와 임상 의학자는 모두 생명 존엄성이라는 대전제를 지켜 내는 윤리적 과학자의 위상을 정립하도록 최선의 노력을 다해야 할 것이다. 아울러 시민 사회의 특징이 민주적 의사 결정 절차를 창출하는 데 있다는 점을 상기한다면, 시민들 역시 각자 사회의 일원으로서 자신의 '알 권리'를 보호하고 증진하기 위해 능동적으로 노력할 책임이 있으며, 과학자가 윤리적이게끔 감시하고 압박해야 한다.

결국 윤리적 논의란 우리가 어떤 인간이고자 하는가, 우리는 어떤 사회에서 살고 싶은가 등의 물음 속에서 이루어진다고 할 때, 인간 대상 실험을 둘러싼 문제들은 우리 자신의 인간됨과 우리 사회의 성숙도를 가늠하는 지표이며, 끊임없는 깊은 성찰을 요청한다.

11강 동물 실험의 윤리적 쟁점

:조은희

　동물 실험은 생물학 및 의학 연구에서 중요한 부분을 차지하고 있는 동시에 사회적, 법적, 윤리적 맥락에서 여러 가지 쟁점과 갈등을 야기한다. 동물을 대상으로 하는 실험은 모두 비윤리적일까? 동물을 인간과 똑같이 다루어야 할까? 모든 동물을 인간과 똑같다고 인정할 수 있을까? 동물을 인간과 달리 대하는 것은 옳은 일일까? 달리 대할 수 있다면 어느 정도까지 허용될 수 있을까? 동물 실험을 통해서 얻을 수 있는 이익이 충분히 크면 실험동물이 겪는 고통을 정당화할 수 있을까? 동물 실험은 어떤 경우에 허용될 수 있을까?

　이러한 질문이 매우 중요한 의미를 담고 있다는 데에는 많은 사람들이 동의할 테지만, 그 답은 사람에 따라 다를 것이다. 동물에 대한 인식은 시대와 문화적 맥락에 따라서도 변해 왔다. 동물을 바라보는 기본적인 시각이나 가치관에 따라 동물 실험에 대한 인식의 출발점은 달라진다. 동물의 고유한 권리를 인정해 이를 인간이 함부로 침해하는 것은 인간이 다른 종족의 권리를 침해하는 것과 같다고 생각하는 사람도 있다. 이런 사람은 연구에서 인간을 위한 수단으로 동물이 사용되는 것을 용납할 수 없다고 생각한다. 이러한 인식은 동물 해방 전선(Animal Liberation Front, ALF) 등 과격 단체를 결성해 폭력적인 방법까지 동원하며 동물 실험의 중단을 요구하는 데까지 이어진다. 하지만 이들은 동물의 복지에 대한 사회적 관심을 유도하는 데는 성공했어도, 취한 방식에는 문제가 있었다.

이와 반대쪽 극단의 관점은, 동물이 기본적으로 인간과 다른 종류로 인간의 먹잇감이자 가죽과 털을 제공해 주는 재료이며, 때로는 인간을 위협하는 존재라고 본다. 이런 관점에서는 동물을 인간을 위한 수단으로 이용하는 데 아무런 문제가 없다. 이와 같이 생각했던 시절이나 문화가 없었던 것은 아니지만, 이것이 현재 일반적으로 수용되는 생각은 아니다.

20세기 후반부터 동물을 대하는 인식이 크게 변해, 이제 더 이상 인체 실험을 대체하기 위해서 또는 동물에 대한 이해를 도모하기 위해서라는 이유만으로 동물 실험을 무제한 허용하지는 않는다. 동물의 권리와 복지의 측면을 고려해 엄격한 원칙과 규정 아래, 반드시 필요하다고 인정되는 경우에 한해 최소한의 실험만 허용하고 있다. 1980년대 이후에는 전 세계적으로 동물을 연구하는 기관에서 '동물 실험 운영 위원회'를 설치해 가능한 한 연구에 사용되는 실험동물의 수를 줄이고 고통을 줄이기 위한 방법을 강구하며, 동물 실험의 타당성 등을 평가한 다음 승인된 실험만 허용하는 관행이 자리 잡혔다. 이밖에도 각 나라별로 동물 실험의 윤리성과 타당성을 심의하고 관리하는 제도를 마련해 시행하고 있다.

우리나라에서도 2008년 개정된 「동물 보호법」에서 '동물 실험의 원칙(제13조)'을 천명하고 있으며 이어 「실험동물에 관한 법률」도 2009년 3월부터 시행하고 있다. 이에 따라 동물 실험을 하는 기관에서는 '동물 실험 윤리 위원회'를 설치, 운영해 동물 실험 계획의 윤리적, 과학적 타당성 등을 심의하고 승인하도록 하는 제도가 법적으로 만들어져 있다.

동물 실험에 대한 윤리적 논의를 하고자 할 때, 단순히 연구 과정에서의 윤리적 절차나 방법을 다루는 것만으로는 충분하지 않다. 먼저 지금 시점에서 동물을 바라보는 관점을 정리하고 다양한 집단의 견해에 귀를 기울일 필요가 있다. 동물에 대한 인식에 따라 동물 실험에 대한 찬반 양 극단의 견해가 여전히 충돌하고 있기 때문이다. 그러나 단순히 찬성과 반대 의견이 무엇인가를 아는 것만으로 문제를 해결할 수는 없다. 각각의 의견을 다양한 배경과 맥락에 따라 이해하고 종합함으로써, 현재 시점에서 해결 방법을 모색하고 가장 바람직한 실천 방안을 고민해야 할 것이다.

여기서는 동물권(animal rights)과 동물 실험에 대한 인식의 변화 과정을 살펴보는 것에서 시작해 기본 원칙과 동물 실험 규정을 알아보면서 실천 방안을 모색하고자 한다. 이를 통해 동물 실험의 윤리적 쟁점을 단순히 이해하는 것을 넘어, 연구 과정이나 절차에서 서로 다른 견해나 가치관이 충돌하는 경우 상대방의 견해를 받아들이고 이를 바탕으로 타협과 양보의 사회적 과정을 거쳐 합리적으로 해결책을 모색하는 일례를 살펴볼 수 있을 것이다.

I. 동물 실험에 대한 인식의 변화

사람은 동물과 다양한 관계를 맺으며 살아왔다. 사람은 잡식성 동물로 오랜 세월 동물을 먹잇감으로 삼아 왔으며, 생존을 위해 혹은 취미 삼아 사냥을 해 왔다. 야생의 동물들을 우리에 가두어 즐기기도 하고 훈련시켜 서커스나 경주를 하기도 하며, 짐을 끌고 밭 가는 일 등을 시키기도 한다. 개와 고양이는 애완동물(혹은 반려 동물)로서 동서고금을 막론하고 오랫동안 사람들과 함께 생활해 왔다.

인류가 동물에 대해 취하는 태도는 다면적이다. 예를 들어 같은 동물이라도 멸종 위기의 종으로 판명되면 이들을 보호하는 데 막대한 비용을 지불한다. 반면 인간에게 해로움을 끼치면 방법을 가리지 않고 없애려 애를 쓴다. 사회 문화적 배경에 따라 동일한 동물이라도 이를 대하는 인식과 태도는 천차만별이며, 또한 동일한 문화권 내에서도 시대에 따라서 변화해 왔다.

동물 실험의 기원은 해부학에서 찾을 수 있다. 이미 고대 그리스의 황금기인 3~4세기부터 동물 해부에 대한 기록이 전해지고 있다. 중세 유럽에서는 인체 해부가 금지되었지만 일부 학자들은 인체 해부를 실시했고, 대개 비난을 면치 못했다. 반면 인체를 대상으로 하는 실험을 보완하는 차원에서 동물 실험의 필요성은 별 무리 없이 인정되어 왔다. 당시에는 죽은 동물을 해부해 내부를 관찰하는 것이 대부분이었다.

1628년 영국의 의학자이자 생리학자인 윌리엄 하비(William Harvey)는 『동물의 심장과 혈액의 운동에 관한 연구(*Exercitatio Anatomica de Motu Cordis et Sanguinis in Animalibus*)』를 펴냈다. 여기서 하비는 동물 실험을 통해 심장이 순환 과정의 중심이며 혈액은 정맥과 동맥을 통해 온몸을 완벽하게 순환한다는 것을 밝혔다. 이를 계기로 생체 해부(vivisection, 마취 없이 살아 있는 동물을 해부하는 것)가 폭넓게 활용되기 시작했다.

17세기 이후 동물을 이용한 연구는 동물과 인체의 생리를 이해하는 과정에서 중요한 역할을 했다. 여기서는 17세기 이후로 동물에 대한 인식이 어떻게 변해 왔는지에 대해 간략하게 살펴보고자 한다.

1) 17~18세기: 동물 기계

그리스 시대 이후 서구에서는 인간과 동물의 정신적 삶이나 권리, 복지 등을 뚜렷이 구분해 생각해 왔다. 근대에 이르러 르네 데카르트(René Descartes)의 철학은 당시 활발하게 수행되기 시작한 동물 실험에 이념적 근거가 되었다. 데카르트는 동물에게는 의식이나 합리적 이성이 없으므로 동물의 행동은 단지 본능적인 반사 반응에 불과하다고 생각했다. 그는 동물을 육신이 있는 기계로 간주해 고통을 느낄 수 있는 존재가 아니라고 보았다.

근대 철학 사상에 엄청난 영향을 끼친 이마누엘 칸트(Immanuel Kant) 역시 동물이 고통을 느낄 수는 있지만 그에 대해 이성적인 반응을 보이지 못하기 때문에 도덕적인 지위를 부여할 필요가 없다고 생각했다. 따라서 칸트는 인간을 위한 수단으로 동물을 사용하는 것이 윤리적으로 용납된다며 동물을 인간과 따로 구별했다.

이 같은 견해는 초기의 생체 해부 실험에 큰 영향을 주었다. 17~18세기의 동물 해부학자들은 살아 있는 개를 나무판에 못으로 고정시킨 다음 마취제나 진통제를 쓰지 않은 채 그대로 해부하고는 했다. 데카르트 역시 마취 없이 살아 있는 동물을 해부해 혈액 순환에 대한 연구를 수행한 생리학자였다. 실험동물이 내는 신음 소리나 울음은 기계에서 발생하는 소음과 같다고 여겨졌다.[1] 1846년 마취제가 발견되기 이전까지 사람들은 동물에게 통증을 완화하는 처치를 전혀 하지 않았다. 동물이 고통을 느낀다고 생각하지 않았으니 처치할 이유도 없었던 것이다.

2) 19세기

그러다가 19세기 이후 동물에 대한 인식이 조금씩 변하기 시작했다. 제러미 벤담(Jeremy Bentham)과 존 스튜어트 밀(John Stuart Mill)은 동물도 고통을 느낄 수 있으며 따라서 이들에게도 도덕적인 배려를 해야 한다는 주장을 적극적으로 펼쳤다. 이는 19세기에 시작된 동물 복지 운동의 철학적, 윤리적 배경이 되어, 영국과 미국에서는 동물의 생체 해부 실험과 동물에 가해지는 잔혹 행위를 반대하는 움직임이 일기 시작했다. 이에 따라 영국에서는 동물 복지법도 제정되었다.

영국 의회는 1822년 동물 복지법인 「가축에 대한 잔학하고 부적절한 취급 방지법(Act to Prevent Cruel and Improper Treatment of Cattle)」을 통과시켰다. 이 법을 적용하면 가축을 구타하거나 학대하는 행위를 범죄로 처벌할 수도 있었다. 1876년에는 이 법이 좀 더 엄격하게 바뀌어 동물 실험을 하려면 반드시 마취된 상태에서 하며 매년 허가를 받도록 규제하기 시작했다. 세계적으로 유례가 없는 조치였다.

1892년 헨리 솔트(Henry Salt)는 19세기 동물 보호에 대한 논의를 다룬 『동물의 권리(*Animal Rights*)』를 출판했으나 이 책은 잘 알려지지 않은 채 수십 년 동안 사장되었다.[2] 이보다 조금 일찍 출판한 『인간의 유래』와 『인간과 동물의 감정 표현』에서 찰스 다윈은 방대한 증거를 바탕으로 인간이 자연계에서 특별한 지위를 가지지 않았음을 논증하고자 했다. 그러나 너무 앞섰기 때문일까? 다윈이 앞서 발표한 『종의 기원』이 사회적으로 큰 반향을 불러일으킨 것과는 달리 이들 책은 출간 당시에는 철저히 외면당하다 1960년대 민권 운동 및 여성 운동이 활발해지면서 비로소 빛을 보게 되었다.

3) 싱어의 『동물 해방』 이후

요즈음과 같이 동물의 권리나 복지에 대한 논의가 활발하게 일어나게 된 직접적인 계기를 찾는다면 1975년에 발간된 오스트레일리아 철학자 피터 싱어(Peter Singer)의 『동물 해방(*Animal Liberation*)』을 꼽을 수 있다. 이 책에서 싱어는 노예 해방이나 여성 해방의 논리가 그대로 동물 해방의 논리로 적용될 수 있다고 말한다. 육체적인 능력이나 지능의 측면에서 분명 차이가 있음에도 모든 인간에게 동등한 원칙이 적용된다면, 이는 또한 동물에게도 적용되어야 한다는 것이다. 인종이나 성에 따른 차별이 옳지 않다면 같은 논리에서 '생물 종에 따른 차별'이 정당하다고 생각할 근거는 없다는 것이 요지이다.

이런 맥락에서 싱어는 동물 또한 고통을 느끼는 것이 분명한 만큼, 인간에서와 똑같이 다른 동물에게도 고통을 주지 않아야 한다는 결론을 내리고 있다. 그렇다고 싱어가 동물 실험을 무조건 반대하는 것은 아니다. 다만 공리주의적 입장에서 지금까지 실험을 통해 동물에게 가해진 고통의 무게에 비해 동물 실험이 인류의 생명을 연장하는 데 큰 기여를 하지 못했다고 주장하는 것이다.[3]

또한 동물 보호 운동가인 미국의 철학자 톰 리건(Tom Regan)은 사람과 마찬가지로 동물도 다른 목적을 위한 수단이 아닌 고유한 가치를 지닌다는 생각에서 논의를 시작한다. 인간이 권리를 가지는 이유는 '생활의 주체'이기 때문인데, 동물도 '생활의 주체'이므로 스스로의 권리에 기초하는 고유의 가치를 지닌다는 것이다.

동물의 권리와 복지를 어떻게, 어디까지 생각해야 할 것인가에 대해서는 다양한 의견이 있을 수 있다. 싱어와 리건의 주장이 동물에 대한 인식을 새롭게 하는 데 큰 영향을 준 것은 사실이나 반대 의견 또한 여럿 제기되었다. 그러나 동물도 감정과 고통을 느낄 수 있다는 사실 자체를 부정하는 사람은 없다. 따라서 동물을 사육하거나 동물을 대상으로 실험할 때 고통을 줄이는 동시에 동물의 복지를 최대한 고려해야 한다는 점에는 합의에 이른 셈이며, 이러한 맥락에서 현재 각국에서는 동물에 대한 연구를 관리하는 법률이나 규정을 제정하고 있다.

2. 어떤 연구에 동물이 사용되는가?

동물을 대상으로 하는 연구 분야는 다양하며 그만큼 분야에 따라 동물 실험이 수행되는 방식도 다르다. 연구의 목적, 실험의 종류와 형태에 따라 제기되는 윤리적 문제도 다를 수 있다. 먼저 어떤 연구 분야에서 어떤 방식의 동물 실험이 주로 수행되어 왔는지를 알아보기로 하자.

1) 동물의 발생과 기능을 연구하는 순수 생명 과학

동물학은 동물의 집단, 개체, 기관, 조직, 세포, 분자 수준에서 나타나는 고유한 기능과 구조, 발생 과정, 생리적, 행동적 특성 등을 연구하는 기초 생물학의 오래된 분야이다. 초파리나 예쁜꼬마선충 같은 무척추동물에서 개구리, 물고기, 조류, 설치류, 토끼, 고양이, 개, 영장류에 이르기까지 다양한 종류가 동물학 연구에 사용되어 왔다.

동물을 대상으로 연구하는 분야는 주로 행동 과학, 생리학, 발생학, 유전학 등이다. 지금 우리가 갖고 있는 생명체 일반 및 인간의 기능에 대한 지식 대부분이 이와 같은 연구 결과를 통해 얻게 되었다 해도 과언이 아니다. 이 같은 기초 연구는 기반 지식의 축적에만 기여하는 것이 아니라 때로 인간 질병을 치료하는 데 직접적인 도움을 주기도 한다. 사실 질병 치료를 위한 의학 연구도 많은 부분 기초 연구를 기반으로 이루어진다. 뿐만 아니라 여러 생물의 비교 연구를 통해, 오랜 진화의 과정을 거치면서 형성된 인간을 포함한 여러 생물 종에 대한 총체적인 이해를 도모할 수도 있다. 과거에는 동물을 이용해 인간에 대한 지식을 축적하는 것이 동물이 입는 피해보다 더 높은 가치를 지닌다고 간주해, 이 과정에서 동물들의 고통스러운 희생을 당연하게 여기기도 했다.

동물을 대상으로 하는 연구의 형태는 다양하다. 영장류학자인 제인 구달(Jane Goodall)처럼 야생 서식지에서 살아가는 모습을 그대로 관찰하는 연구는 윤리적으로 별 문제될 것이 없다. 그러나 관찰 연구라 할지라도 동물이 신체적 또는 심리적 고통을 느낄 수 있는 조건에서 수행되는 실험은 동물의 복지에 심각한 문제를 야기할 수 있다. 이에 비해 생리학 연구는 수술이나 약물 처치 등을 통해 세포나 분자 또는 생리적 수준에서의 기능을 이해하고자 한다. 인체의 기본적인 내분비 체계, 면역계, 신경계에 대한 이해는 동물 실험을 통해 얻을 수 있었다. 특히 영장류 연구를 통해 뇌의 기능에 대한 이해가 깊어지기는 했지만, 영장류를 인간의 뇌 기능을 알기 위한 도구로 사용하는 데 대해 문제가 제기되기도 한다. 최근에는 동물을 대상으로 하는 유전학 연구가 활발하게 진행되면서 유전자의 기능을 밝힐 수 있게 되었다. 그러나 유전학 연구에 사용되는 돌연변이 동물 가운데는 상당한 고통을 감당해야 하는 경우도 있는데, 연구 계획 단계에서는 이들의 상태를 거의 예측할 수 없다는 것이 문제이다.

2) 질병의 발생 과정 규명과 예방 및 치료를 위한 의학 연구

질병의 원인과 질병에 의해 신체가 손상되는 과정을 연구하는 데에도 우리는 동물을 사용해 왔다. 질병은 분자와 세포 수준의 복잡하고 역동적인 상호 작용에서 시작해, 결국 조직과 기관의 손상으로 이어지고 때로 개체의 생명을 위협하는 상황에까지 이른다. 질병의 원인과 발생 과정을 알기 위해서는 여러 가지 방법이 사용된다. 직접 환자를 관찰하고 세포, 조직 검사를 하거나 여러 첨단 의료 기기를 이용해 환자의 몸 구석구석을 살피기도 한다. 그러나 예를 들어, 특정 세균이 특정 질병의 원인이 됨을 증명하는 로베르트 코흐(Robert Koch)의 고전적인 실험은 동물 개체에 적용하지 않고서는 알 수 없는 사실이듯, 실제 많은 동물에게 직접 미생물을 주입해 질병이 나타나는 것을 확인함으로써 감염성 질환의 원인을 찾아낼 수 있다.

지금까지 대부분의 치료제나 예방 백신은 동물 실험의 과정을 거쳐 개발되었다. 동물 실험을 통해 질병의 원인, 예방 방법, 치료제를 탐색해 왔고, 찾아낸 물질의 독성 검사 또한 일차적으로 수많은 동물을 대상으로 검사한 다음 인간에게 적용하는 것이 기본적인 절차이다. 지금도 제약 회사에서 새로운 치료제나 예방 백신을 개발하는 과정에서 사용되는 실험동물의 수는 엄청나리라고 추정된다.

3) 독성 실험

위에서 언급한 신약이나 예방 백신 개발 과정에서도 독성 실험이 수행되지만 이외에도 식품, 화장품, 생활용품, 농약이나 제초제 등에 포함되는 화학 약품 또한 동물을 이용한 독성 검사를 거친다. 화학 물질은 피부 자극, 생리적 반응, 발암 효과, 태아 발생, 생식적 영향 등에 대해 그 독성을 측정해야 한다. 독성 검사에서 가장 널리 사용되는 동물은 설치류이며 이밖에도 물고기, 토끼 등도 사용된다.

독성 검사는 특정 화학 물질에 1회 노출되는 것에서부터 장기간 노출되는 경우에 이르기까지 다양한 형태로 진행되며 이 과정에서 동물이 겪어야 하는 고통의 정도 또한 매우 다양하다. 동물 보호론자들이 가장 문제 삼아 온 부분도 바로 독성 검사이다. 화장품 등이 얼마나 피부에 자극을 주는지를 검사하기 위해 토끼를 움직이지 못하게 고정한 채 눈에 화학 물질을 넣어 자극 정도를 검사하는 드레이즈 검사법(Draize Test)은 동물 실험의 잔혹함을 대중에게 알리는 계기가 되었다. 드레이즈 검사는 이제 대부분 다른 방법으로 대체되었다.

유럽 연합에서는 화장품 안전성 검사를 위한 동물 실험을 단계적으로 금지하는 지침[4]을 통과시켰으며 이 지침을 따르지 않은 제품은 수입하지 않는다는 결정을 내렸다. 이에 따라 완제품에 대한 동물 실험은 2004년 9월 11일부터 전면 금지했으며 화장품에 포함되는 성분 및 조제 과정에 대한 동물 실험은 단계적으로 금지하기로 했다. 유럽 연합은 동물 실험을 대체할 수 있는 방법 연구와 대체 실험의 보급에 힘을 기울이고 있다.[5]

4) 신물질 생산

새로운 물질을 생산하는 데도 동물이 사용된다. 항체나 생물 활성 물질 등을 생성하는 매개체로 동물이 쓰이거나, 특정 동물의 장기를 인간에게 이식할 목적으로 한 이종 이식 연구도 진행되고 있다. 인간에게 유용한 특성을 지닌 이들 동물은 복제를 통해 그 성질을 그대로 유지하게 함으로써 인간을 위한 물질 또는 장기 공급원으로 사육되고 연구된다. 어떤 이들은 이처럼 인간을 위한 물질 생산 수단으로 동물을 이용하는 데 대해 심각한 문제를 제기하기도 한다. 그러나 인간을 위한 수단으로 동물을 사용하는 데 대한 문제제기는 동물 실험에만 국한되지는 않는다. 인류는 이미 오래전부터 우유와 고기를 얻을 목적으로 동물을 사육해 왔던 것이다. 하지만 그렇다고 이 문제가 사라지는 것은 아니기에, 문제를 인식하기 전에 우리가 어떻게 해 왔는가를 생각하고, 앞으로 이것이 문제로 대두될 때 어떤 대안을 모색해야 할지를 고민해야 할 것이다.

신물질 생산이나 이종 이식의 경우 대부분 다른 종의 유전자를 이식한 형질 전환 동물이 사용된다. 형질 전환 동물을 만들고자 하는 계획 단계에서는 그 동물이 어떤 표현형을 지닐지 예측하기 힘들다. 때로 어렵고 비용이 많이 드는 과정을 통해 만들어진 형질 전환 동물이 심각한 고통을 겪는 경우도 있을 것이다. 형질 전환 동물을 만드는 과정 또한 호르몬 처치나 외과적인 수술에 의한 배아 착상 등 고통과 스트레스가 수반될 뿐만 아니라 아직까지는 효율도 낮아 이 과정에서 많은 수의 동물이 희생된다.

5) 교육용

일부 동물은 의과 대학이나 수의과 대학 또는 생물학 관련 학과에서 교육용으로 사용된다. 교육 실습용으로 동물을 사용하는 것이 타당한가에 대해서도 논의는 분분하며 가능한 범위에서 모형이나 영상 자료로 대체할 것이 권장된다. 미국, 유럽을 중심으로 한 많은 나라에서는 중·고등학교 생물 시간에 학생들 실습으로 척추동물 이상의 동물 해부는 더 이상 하지 않는 것이 교육적으로 타당하다는 결론을 내리고 있다.[6]

3. 동물 실험에 대한 문제 제기

1) 윤리·문화적 문제

과학 철학자 이상욱은 이종 이식에 관련된 윤리적 문제를 '안전에 관한 문제'와 '깊은 윤리·문화적 문제'로 구분해서 생각하고 있다.[7] 여기서도 이 틀을 비슷하게 차용해 동물 실험에서 제기되는 윤리적 쟁점들을 윤리·문화적 문제와 동물 복지의 문제로 나누어 생각해 보자. 동물 실험에 대한 윤리·문화적 문제는 '고통을 느끼는 동물이 인간과 동등한 권리를 갖는가?'에 대한 서로 다른 견해에서 파생된다. '동물을 인간을 위한 수단으로 사용할 수 있는가?' 또는 '인간의 복지를 위해 동물의 복지를 일방적으로 희생할 수 있는가?'와 같이 동물 실험의 실천적인 문제들을 해결하는 방식은 상당 부분 동물권에 대한 인식에 뿌리를 두고 있다. 그러나 이는 이종 이식과 관련된 문제와 마찬가지로 매우 미묘한 문제여서 이에 대한 다양한 견해로부터 단일한 결론이 도출될 가능성은 거의 없어 보인다.

동물 실험에 대한 인식의 출발점에서부터 견해 차이가 쉽게 좁혀지지 않는다면 문제를 어떻게 풀어 가야 할까? 동물권에 대한 인식의 차이를 좁힐 때까지 다른 문제에 대한 논의는 모두 미루고 동물 실험을 전면 중단해야 할까? 아니면 일단 하던 대로 그냥 진행해야 할까? 여기서 2가지 모두 적절한 해결 방안이 아니라는 점 하나는 자명하다. 중요한 점은 서로 자신의 주장을 상대방에게 설득력 있게 제시하면서 상대방의 주장에도 귀 기울여 적절한 균형과 합의점을 찾아야 한다는 것이다.

1970년대 중반 싱어가 처음 동물의 복지에 대해 문제 제기를 했을 때에는 동물의 복지나 종 차별주의에 대한 싱어의 주장이 과격하다 못해 우스운 논변이라고 여기는 사람들도 많았다. 그러나 오늘날 싱어의 『동물 해방』은 그 주장에 적극적으로 동조하지 않는 사람들에게도 고전으로 간주될 정도가 되었다. 따라서 윤리·문화적 쟁점은 성급한 합의보다 지속적인 문제 제기와 성찰, 상대방 의견에 대한 경청과 이해, 설득, 절충 등의 방법으로 해결을 모색해야 하지 않을까 한다. 그 사회의 문화에 깊이 침투되어 있는 문제일수록 새로운 쟁점을 수용하는 데까지 시간과 노력이 필요하기 때문이다.

2) 동물의 복지 문제

동물의 복지 문제 또한 '깊은 윤리·문화적' 인식과 연관된다. 동물권에 대한 견해에 따라 인간의 복지를 위해 동물의 복지를 희생할 수 없다는 결론에 이를 수 있기 때문이다. 그러나 여기서 굳이 복지 문제를 따로 생각한 것은 윤리·문화적 쟁점에 대한 서로 다른 견해를 이해하고 인정한다고 할 때, "동물의 복지를 최대한 고려하는 수준에서 동물 실험을 허용"하는 것이 현재 수용되는 절충안으로 받아들여지고 있기 때문이다.

　지금 동물 실험에서의 윤리적 원칙으로 간주되는 3R, 즉 대체(Replacement), 감소(Reduction), 개선(Refinement)의 개념도 이런 맥락에서 이해할 수 있다. 가능하면 다른 방법으로 대체하고, 사용하는 동물의 수를 줄이며, 동물 사육의 조건이나 실험 조건 등을 최대한 개선하는 선에서 반드시 필요하다고 인정되는 실험만을 엄격한 관리 아래 수행한다는 것이다. 이를 위해 각 나라에서 법률과 제도가 마련되고 있으며 연구자들도 자체적인 운영 지침을 만들어 동물 실험을 진행하고 있다. 우리나라 「동물 보호법」 제13조 '동물 실험의 원칙'에서도 3R의 원칙을 분명하게 밝히고 있다.

3) 동물 실험 결과의 적용 가능성 문제

　동물 실험을 수행하기 전에 실험 목적을 달성할 수 있는 다른 방법이 존재한다면 이것으로 대체해야 한다. 이미 일부 동물 실험을 대체할 수 있는 다양한 기법들이 개발되었고 최근 연구 지원이 확대되면서 그 기법의 수도 증가하고 있다. 그렇다 해도 여전히 온전한 개체 수준에서만 효능이나 부작용을 확인할 수 있는 경우라면 동물 실험 외에 별 대안이 없어 보인다. 생식 능력에 대한 독성 검사나 특정 미생물 및 화학 물질이 유발하는 신체적 증상에 대한 검사 등은 아직 동물 실험에 의존할 수밖에 없다.

　그러나 모델 동물에 대한 연구를 통해 인간 질병의 발생과 치료 과정을 연구하거나, 신약이나 백신의 효능, 독성 따위를 검사할 때는 윤리적 측면뿐만 아니라 과학적 측면에서도 반드시 짚고 넘어가야 할 문제가 있다. 가장 큰 문제는 동물 실험 결과를 인간에게 적용할 수 있는가이다. 모델 동물과 인간의 생리적 특성이 달라 동물 실험의 결과를 인간에게 적용할 수 없는 경우가 있기 때문이다. 따라서 임상 시험에 들어가기 전 동물 실험을 통해 효능이나 독성 검사를 하는 것이 과연 얼마나 의미가 있겠느냐는 물음이 제기되고 있다.

　이를 보완하고자 최근에는 인간과 더욱 유연관계가 높은 영장류나 형질 전환한 동물 모델을 사용하는 사례가 늘고 있다. 그러나 비용은 둘째 치고라도 여전히 문제를 완전히 해결한 것이라 볼 수는 없다. 심지어는 사람에 따라서도 동일한 약물에 대해 다른 반응을 보이는 경우가 있는데, 이는 유전형이나 식습관 등에 따라 특정한 약물에 대한 반응이 다를 수 있기 때문이다. 이와 같은 차이는 요즈음 심심치 않게 거론되는 '맞춤 약제'의 이론적 근거가 된다.

이와 관련한 대표적인 사례인 탈리도마이드(Thalidomide) 사건을 살펴보자. 탈리도마이드는 1954년 독일 회사가 합성해 4년 후부터 안정제로 판매되기 시작했다. 동물 실험 결과 이 약은 특히 안전하다고 인정받았는데, 생쥐에게 실로 엄청난 양(몸무게 1킬로그램당 10그램 정도까지 실험)을 투여해도 생명에 지장이 없었기 때문이다. 그래서 입덧으로 고생하는 임신부들까지 이를 복용했고 그 결과 1959년부터 1961년 사이에 팔다리가 형성되지 않은 기형아가 1만여 명이나 태어나는 비극으로 이어졌다.

반대의 사례도 있는데 항생제로 지금까지도 널리 사용되는 페니실린은 일부 설치류에게 치명적인 독성을 나타낸다. 이에 따라 최근 들어 기존에 동물 실험이나 임상 시험에서 독성이 나타나 후보 목록에서 제외되었던 물질이 재조명받는 사례가 늘고 있다. 동물에게 독성이 나타났더라도 사람에게 독성이 없는 것으로 판명되거나, 일부에게는 독성이나 부작용이 나타나더라도 이에 내성이 있는 사람들에게는 투여할 수 있기 때문이다.

예를 들어 앞에서 언급한 탈리도마이드의 경우 나병을 포함한 몇몇 궤양성 질환에는 효과가 있으며 독특한 특성을 지닌 항염증 및 면역 조절 작용으로 인해 임상적인 적용이 늘고 있다. 다만 가임 여성의 경우 반드시 피임한 상태에서 사용해야 하며 모든 사람에게 비가역적인 신경 장애가 올 수 있으므로 철저한 의사의 지시와 감독이 필요하다.

위 사례들에서 보았듯이 동물을 이용해 독성이나 효능을 검증하고 그 결과를 해석할 때에는 주의가 요구된다. 또한 동물 실험을 통해 원하는 결과를 얻을 수 있는지에 대해 엄격하게 타당성을 검증해야 한다. 최근에는 원하는

과정에만 특이적으로 반응해 예상하는 효과만 나타낼 뿐 일반적인 부작용
은 최소화하는 쪽으로 신약 개발이 진행되고 있다. 이럴수록 동물 실험 결과
로 얻을 수 있는 효과는 제한적일 수밖에 없다.

4. 동물 실험의 윤리적 원칙

동물 실험을 결정하기 전에 먼저 연구에 반드시 동물을 사용할 필요가 있
는지, 이것이 도덕적으로 허용될 수 있는지 여부를 살펴봐야 한다. 이때는 연
구의 목적과 방법, 사용되는 동물의 종류 등을 종합적으로 고려한다. 실험을
통해서 동물은 고통을 겪고, 상해를 입거나 죽을 수도 있으므로 다른 실험
재료와 동일하게 취급할 수 없다.

보통 3R로 지칭되는 대체, 감소, 개선의 3가지 원칙이 동물 실험을 수행
할 때 고려해야 할 기본 원칙으로 널리 받아들여지고 있다.[8] 여기에 타당성
(Relevance)과 중복 실험 방지(Redundancy avoidance)를 더해 5R 원칙을 이야
기하기도 한다.[9] 여기서 타당성은, 동물을 사용하는 연구 계획은 중요한 과
학적, 의학적 또는 사회적 의미를 지니는 문제에 대한 해결책을 제시해 줄 수
있어야 하며 동물 실험을 통해 인간과 동물에게 주어지는 이익이 동물에게
가해지는 모든 위험과 피해보다 커야 한다는 것을 의미한다. 중복 실험 방지
란, 사전에 문헌 조사를 철저히 해서 유사한 실험이 수행되었는지를 확인하
여 가능한 한 실험이 겹치지 않게 하는 것이다. 유사한 실험을 또 해야 하는
경우라면 타당한 근거가 있어야 한다. 그러나 타당성과 중복 실험을 피한다
는 원칙은 이미 3R에도 기본 전제가 되는 개념이므로 여기서는 널리 사용되
는 3R의 원칙만을 알아보기로 하자.

1) 대체

동물을 이용한 실험을 하지 않고도 연구의 목적을 달성할 수 있는 방법이 있다면 그것으로 동물 실험을 대신한다. 최근에는 조직 배양이나 컴퓨터를 이용한 모의실험이 발달하면서 동물 실험을 대체할 방법이 늘어났다.

또한 첨단 자동화 기법을 통해 신약의 가능성이 있는 생리 활성 물질을 탐색하는 과정이 점점 일반화되고 있다. 이 과정에서는 컴퓨터를 이용한 모델링 작업, 세포주 또는 혈액 등을 이용한 자동화된 분석법이 주로 사용되는데 이를 통해 신약으로서 잠재력이 있는 물질이 확인되면 동물 조직이나 사람의 수용체가 클로닝된 동물 세포주를 이용한 실험에 들어간다. 이 단계에서 동물이 직접 사용되는 비율은 그리 많지 않다. 대부분의 동물은 후보 물질이 발견되면 인간을 대상으로 임상 시험에 들어가기 전 물질의 활성을 연구하고 독성을 확인하며 반응 상태를 최적화하는 등의 특성 연구 과정에 사용된다.

동물 실험이 불가피한 경우라면 가능한 한 '고통을 덜 느끼는 종' 또는 '신경계가 덜 발달한 종'으로 대체해야 한다. 동물을 바라보는 견해에 따라 다를 수 있지만 생물 복잡성의 양극단이라 할 수 있는 사람과 세균을 똑같이 다루어야 한다고 보기는 힘들다. 일반적으로 윤리적 문제를 논할 때에는 영장류를 포함한 포유류를 주로 고려하기는 하지만, 고통을 야기하는가를 논할 때에는 신경계가 발달한 무척추동물, 특히 오징어 같은 연체동물도 주요 고려 대상이 된다. 실험 계획서에서는 실험에 특정 종의 동물을 사용해야 하는 근거가 제시되어야 한다.

2) 감소

실험에 사용되는 동물의 수를 최소한으로 줄인다. 물론 통계적으로 유의미한 자료와 결과를 얻을 만큼은 사용해야 하지만 무조건 모집단의 수가 커야만 통계적으로 유의미한 것은 아니므로, 통계적 분석법을 잘 활용해 최소한의 동물 수로도 의미 있는 분석을 할 수 있도록 해야 한다. 다만 실험 계획 단계에서 필요한 동물이 최소 몇 마리인가를 예측하는 일이 그리 간단하지는 않기 때문에, 동물 실험자는 이에 필요한 통계적 지식에 정통하거나 계획 단계에서부터 전문 통계학자의 자문을 받을 필요가 있다(보다 자세한 내용은 8 강을 참고하기 바란다.).

3) 개선

실험에 대한 개념, 실험 방법, 기술 및 도구 등을 개선해 동물 실험의 필요성을 줄이는 동시에 동물에 가해지는 통증, 고통, 상해 및 치사와 같은 해를 줄인다. 예를 들어 독성 검사에서 대상 동물의 50퍼센트가 사멸하는 물질의 양인 LD50(lethal dose 50, 반수 치사량) 대신 10퍼센트가 사멸하는 양인 LD10을 측정하는 방법으로 희생되는 동물 수와 고통을 일부 줄일 수 있다. 항체 생성을 촉진하는 데 가장 널리 사용되었던 프로인트 보조액(Freund's adjuvants) 역시 동물에게 참기 어려운 고통을 유발하는 것으로 알려져 많은 연구자들이 사용을 중단하고 현재는 대체 물질을 사용하고 있다.[10] 연구에서 동물의 고통을 피할 수 없다면 적절한 진통제와 마취제를 사용하며, 필요한 경우 인도적인 방법으로 안락사를 시키고, 질병에 걸리지 않도록 조치하며, 충분한 먹이와 공간, 운동할 수 있는 여건을 제공해야 한다. 이는 동물 실험자의 기본자세이자 법으로 정해진 의무이기도 하다.

5. 우리나라의 동물 실험 관련 규정

우리나라에서 동물 실험에 대한 윤리적 논의가 시작된 것은 그리 오래되지 않았다. 1991년에 제정된 「동물 보호법」에 실험동물과 관련된 내용이 포함되기 시작했으나, 동물 보호와 복지에 대한 선언적 규정에 불과하다는 비판이 있었다. 동물 실험에 대한 구체적인 규정이 필요해지면서, 1998년에는 한국 실험동물학회에서 「동물 실험에 관한 지침」을 제정했고 2000년에는 대한 의학회에서 동물 실험에 관한 권장 사항을 발표했다. 그러나 이들 지침도 제도적 구속력을 갖는 것은 아니었다. 이후 2008년 개정된 「동물 보호법(법률 제8852호)」에서는 처음으로 동물 실험의 원칙을 천명하고 '동물 실험 윤리 위원회의 설치(제14조)'를 아래와 같이 규정하고 있다.

▶ **제13조(동물 실험의 원칙)** ① 동물 실험은 인류의 복지 증진과 동물 생명의 존엄성을 고려해 실시해야 한다.

② 동물 실험을 실시하고자 할 때는 이를 대체할 수 있는 방법을 우선적으로 고려해야 한다.

③ 동물 실험은 실험에 사용하는 동물(이하 '실험동물'이라 한다.)의 윤리적 취급과 과학적 사용에 관한 지식과 경험을 보유한 자가 시행해야 하며 필요한 최소한의 동물을 사용해야 한다.

④ 실험동물의 고통이 수반되는 실험은 감각 능력이 낮은 동물을 사용하고 진통·진정·마취제의 사용 등 수의학적 방법에 따라 고통을 덜어 주기 위한 적절한 조치를 취해야 한다.

⑤ 동물 실험을 행한 자는 그 실험이 종료된 후 지체 없이 당해 동물을 검사해야 한다. 이 경우 당해 동물이 회복될 수 없거나 지속적으로 고통을 받으며 살아야 할 것으로 인정되는 경우에는 가능한 한 빨리 고통을 주지 아니하는 방법으로 처리해야 한다.

⑥ 누구든지 다음 각 호의 동물 실험을 해서는 아니 된다. 다만, 해당 동물 종의 건강, 질병 관리 연구 등 농림 수산 식품부령이 정하는 불가피한 사유로 농림 수산 식품부령이 정하는 바에 따라 승인을 얻은 경우에는 그러하지 아니하다.

　　1. 유기 동물을 대상으로 하는 실험

2. 맹도견·안내견 등 인간을 위해 사역한 동물을 대상으로 하는 실험

▶ **제14조(동물 실험 윤리 위원회의 설치 등)** ① 실험동물의 보호와 윤리적인 취급을 도모하기 위해 대통령령이 정하는 동물 실험 시설에는 동물 실험 윤리 위원회(이하 '위원회'라 한다.)를 두어야 한다.

② 위원회는 위원장 1인을 포함해 3인 이상 15인 이내의 위원으로 구성하되, 해당 동물 실험 시설에 종사하지 아니하고 해당 동물 실험 시설과 이해관계가 없는 자로서 다음 각 호의 어느 하나에 해당하는 자를 총 위원 수의 3분의 1 이상 포함해야 한다. 다만 제1호 또는 제2호에 해당하는 자는 반드시 각각 1인 이상 포함해야 한다.

1. 「수의사법」 제2조 제1호의 규정에 따른 수의사
2. 대통령령이 정하는 민간단체가 추천하는 동물 보호에 관한 학식과 경험이 풍부한 자로서 농림 수산 식품부령이 정하는 자격 기준에 적합한 자
3. 변호사 또는 「고등 교육법」에 따른 대학 또는 전문 대학에서 법학을 담당하는 교수
4. 「고등 교육법」에 따른 대학 또는 전문 대학에서 동물 보호·복지를 담당하는 교수

③ 위원은 해당 동물 실험 시설의 장이 위촉하며, 위원장은 위원 중에서 호선한다.

④ 위원회의 심의 대상인 연구·개발 또는 이용에 관여하는 위원은 해당 연구·개발 또는 이용과 관련된 심의에 참여해서는 아니 된다.

⑤ 위원회는 동물 실험이 제13조의 원칙에 부합하게 시행되도록 지도·감독하며, 동물 실험 시설의 운영자 또는 종사자에 대해 실험동물의 보호와 윤리적인 취급을 위해 필요한 조치를 요구할 수 있다.

⑥ 위원회의 위원은 그 직무를 수행함에 있어서 알게 된 비밀을 누설하거나 도용해서는 아니 된다.

⑦ 제5항의 규정에 따른 지도·감독의 방법 그밖에 위원회의 구성·운영 등에 관해 필요한 사항은 대통령령으로 정한다.

이와 별도로 2000년대에 이르러 식품 의약품 안전청 주도로 「실험 동물법」을 제정하자는 움직임이 시작되었고, 여러 해 동안의 우여곡절 끝에 2008년 3월 28일자로 「실험동물에 관한 법률(법률 제9025호)」이 공포되었다. 「동물 보호법」에서 선언적으로 명시한 원칙이 일부 구체화된 이 법은 "실험 동물 및 동물 실험의 적절한 관리를 통해 동물 실험에 대한 윤리성 및 신뢰성을 높여 생명 과학 발전과 국민 보건 향상에 이바지함"이 목적이라고 밝히고 있다. 이 법률에서는 동물 실험 시설은 식품 의약품 안전청장에게 등록해 지도, 감독을 받을 수 있게 했으며 '실험동물 운영 위원회'를 설치, 운영해 관리하도록 하고 실험자는 동물의 종류, 사용량, 연구 절차 등을 기록하도록 함으로써, 동물 실험에 대한 윤리성 및 신뢰성을 확보할 수 있도록 하고 있다. 이제 우리나라에서도 실험동물 관리에 관한 법률이 제정되고 뒤이어 시행령과 세칙이 발표됨에 따라 동물 실험 관리 규정이 정비되고 있는 것이다.

토론을 위한 사례들

1) 심리적 고통을 주는 실험[13]

우리가 어머니에게 특별한 감정을 느끼고 늘 기대고 싶어 하는 이유는 무엇일까? 먹을 것을 제공해 주기 때문일까? 태어나면서부터 포근하게 안겨 있었던 기억 때문일까? 아기 원숭이 또한 사람처럼 어미에게 절대적으로 기대고 의존한다. 해리 할로(Harry F. Harlow)는 붉은털원숭이를 통해 새로 태어난 아기 원숭이가 어떻게 어미와 특별한 관계를 형성하는지 알고자 했다.

할로는 8마리의 원숭이를 태어나자마자 어미에게서 떼어 우리에 가

두었다. 우리 안에는 2종류의 어미 대용물과 따뜻한 방석이 있었다. 어미 대용물 중 하나는 부드러운 천으로 덮인 나무 재질이었고 다른 하나는 철사로 만들어진 것이었다. 8개 가운데 4개의 우리에는 철사 어미 안에 젖병이 감추어져 있었고, 다른 4개의 우리에는 부드러운 천 어미 안에 젖병이 감추어져 있었다.

　할로는 우리 안에 새끼 원숭이를 가둔 채로 165일 동안 관찰하였다. 원숭이는 모두 비슷한 양의 먹이를 섭취했고 비슷한 속도로 자랐다. 그러나 어디에서 먹이를 구하든 대부분의 시간을 천으로 감싸진 나무 어미에 매달려 있었다. 할로는 이로써 단지 먹이를 주는 것만으로는 어미와 새끼 사이의 애착을 설명할 수 없다는 결론을 내렸다.

　그는 이 상태에서 원숭이에게 두려움을 주면 어떻게 행동하는지도 조사했다. 두려움을 느낀 원숭이는 곧바로 천으로 된 어미에게 매달렸다.

▶ 주로 의학 또는 생물학 연구의 대상으로 동물을 사용하였으나 최근 들어 심리학이나 행동 연구를 위해 동물을 사용하는 사례가 늘고 있다. 이 경우 특히 영장류를 사용하는 경우가 많은데 다른 동물보다 영장류를 더 존중해야 할 이유가 있을까?

▶ 영장류를 대상으로 연구를 할 때 특히 주의해야 할 점이 있다면 무엇인지 생각해 보자.

▶ 동물에게 신체적 고통을 주는 경우라면 마취를 통해 고통을 경감시킬 수 있다. 동물에게 심리적 고통을 야기하는 경우라면 어떤 부가 조치를 취할 수 있을까?

2) 고양이를 이용한 연구

고양이의 뇌를 연구함으로써 뇌와 신경계에 대한 많은 지식이 축적되었으나, 실험 과정에서 고양이에게 심한 고통을 안겨 주는 경우가 적지 않다. 신경 세포의 기능을 연구하기 위해 고양이의 뇌에서 신경 세포를 추출하거나 신경 전달 경로를 이해하기 위해 고양이의 척추에 손상을 입히는 등의 실험이 수행되었다. 그밖에도 시각 연구와 다양한 생리 연구에 고양이가 사용되어 왔다.

▶ 지도 교수와 함께 고양이를 이용해서 뇌 기능을 연구한 결과를 학술 대회에서 발표했다. 학술 대회 발표장에서 동물 실험에 적극 반대 입장을 펴는 사람이 나타나 동물에게 고통을 주는 행위는 용납될 수 없다고 공격한다면 어떤 방식으로 자신이 수행한 실험의 타당성을 설득력 있게 제시할 수 있을까?

▶ 개와 고양이는 오랫동안 인류와 특별한 관계를 맺어 왔기에 개와 고양이를 이용한 실험은 특히 더 강한 비판의 대상이 되고는 한다. 실험동물 가운데 개와 고양이를 다른 동물보다 더 특별하게 생각해야 할까? 그 이유는 무엇일까?

3) 해부 실험을 해야 하는 경우

환경학과에 다니는 재현이는 평소에 관심이 있었던 생물학 강좌를 수강했다. 생물학은 필수 과목은 아니었지만 중요한 전공 과목 가운데 하나였다. 이 학교에서 개설되는 모든 생물학 강좌에는 실험이 포함되어 있다. 재현이는 실험 시간에 쥐 해부가 포함된 것이 매우 불편했다. 재현이의 관심은 환경과 생물을 보호하는 데 있기 때문에 자신의 작은 지적 욕구를 채우기 위해 동물을 해치고 싶지는 않았다. 담당 교수님을 찾아뵙고 자신의 입장을 설명해 드렸으나 교수님은 해부를 할 수 없으면 수강을 취소하라고 하셨다.

▶ 자신이 재현이의 입장이라면 어떻게 했을까?

▶ 대학 또는 중·고등학교 생물 시간의 동물 해부 실험에 대해서 어떻게
생각하는가?

▶ 토끼, 쥐, 개구리, 붕어, 오징어, 조개, 메뚜기 가운데, 윤리적인 문제없
이 중·고등학교에서 해부 실험에 사용할 수 있다고 생각하는 동물은 무
엇인가? 그리고 그 이유는 무엇인가?

4) 동물에게 불필요한 고통을 주는 실험자를 어떻게?

김 박사는 함께 실험하는 석사 과정 학생 철수가 동물을 함부로 대하는
것이 불만이었다. 철수에게 여러 번 주의를 주었음에도 별로 달라지지
않았다. 어느 날 김 박사는 철수가 생쥐를 실험 직후 안락사시키지 않고
사육실 우리에 그대로 넣어 둔 것을 발견했다. 철수에게 빨리 조치를 취
하라고 연락했으나 철수는 다른 실험을 핑계로 한참 후에야 안락사를
시켰다. 생쥐는 이미 반쯤 죽은 뒤였다.

▶ 김 박사가 어떤 행동을 취하는 것이 적절하다고 생각하는가?

▶ 철수의 이런 행동이 이번이 처음이 아니었다면 철수에게 어떤 조치
가 내려지는 것이 타당하겠는가?

▶ 대학원생이 아닌 대학 교수가 번번이 철수와 같은 방식으로 실험을
한다면 철수와 같은 조치를 내려야 할까? 그 이유는 무엇인가?

5) 실험동물의 건강에 대한 고려[12]

약학 전공 대학원생인 영희는 실험 쥐를 훈련시켜 원래의 약제와 비슷
한 약제를 찾아내는 실험을 수행하고 있다. 이 연구의 일차적인 목표는
정신 분열증을 효과적으로 치료하는 클로자핀(clozapine)과 효능이 비
슷한 몇 가지 신물질을 검사하는 것으로, 검사하고자 하는 신물질은 용
역 계약을 체결한 제약 회사로부터 지도 교수가 받은 것이다. 연구가 절

반 이상 진행된 시점에서 영희는 실험에 사용된 쥐 10마리 가운데 8마리의 복부에 혹이 자라고 있는 것을 발견했다. 주사를 놓은 부위였다. 또한 실험 쥐들의 체중이 줄고 있는 것도 확인했다. 그러나 쥐들이 아파하는 것 같아 보이지는 않았다. 혹이 생긴 것과 체중이 줄어드는 것이 걱정된 영희는 지도 교수와 상의했다. 지도 교수는 새로 쥐를 훈련시켜 실험을 다시 하면 시간과 자원이 너무 많이 낭비되니 그대로 진행하라고 했다. 실험이 끝날 때까지는 한 달도 채 남지 않은 만큼 쥐도 그때까지는 괜찮으리라는 설명이었다.

▶ 지도 교수의 결정은 적절하다고 생각하는가?
▶ 영희는 어떤 행동을 취하는 것이 좋을까?

6) 동물 실험의 중단

코네티컷 대학교의 임상의이며 신경학자인 데이비드 와이츠만(David Waitzman)은 25년간 주로 영장류의 신경계 조절에 대한 연구를 진행해왔다. 그러나 2005년 가을 예기치 않게 원숭이 1마리가 사고로 죽는 사건이 발생하면서 문제가 시작되었다. 원숭이의 뇌에 전극을 꽂아 뇌간이 어떻게 눈의 움직임을 조절하는지를 살펴보는 실험을 마치고 전극을 제거하자 원숭이가 심한 경련을 일으켜 결국 사망한 것이다. 대학원생이자 동물 보호 운동가인 저스틴 굿맨(Justin Goodman)은 이 사실을 알게 되었고 관계 기관에 조사를 요구했다. 굿맨과 동료 활동가들은 1년 넘게 관리 기관에 실험실을 폐쇄하라는 압력을 지속적으로 가했다.

미국 농무부(Department of Agriculture)에서는 이후 여러 차례에 걸쳐 실험실을 수시 점검했고 2006년 3월 와이츠만에게 프로토콜을 개선해서 제출하라고 요구했다. 와이츠만은 이에 15쪽의 보고서를 제출했고 농무부는 이를 받아들였다. 그러나 농무부의 후속 조사단은 와이츠만이 원숭이의 뇌에 새로운 프로토콜에 적혀 있지 않은 약물을 주사했음을 발견했다. 이 약물을 주사하는 것 자체가 농무부와 코네티컷 대학교의 규정에 어긋나지는 않았다. 와이츠만은 다른 문제에 정신이 팔려서 주사에 대한 승인 요청서를 제출하지 못했다고 했다.

10여 차례 이상 농무부의 소환을 받은 후 와이츠만은 결국 자진해서 실험을 중단하고 2번째 원숭이를 안락사시켰으며 나머지 1마리는 미시시피 대학교로 보냈다. 와이츠만은 이 사건이 예기치 않게 확대되었지만 자신은 실험에 사용한 원숭이를 누구보다 잘 관리해 왔다고 한다. 와이츠만을 잘 아는 동료들도 대체로 이에 동의하며 앞으로 이 사건이 발단이 되어 관련 연구자가 농무부에 소환되는 일이 발생할 때마다 활동가들의 압력으로 실험을 전면 중단하게 되지 않을까 우려하고 있다. 농무부의 소환은 그리 드문 일이 아니며, 프로토콜을 개정하지 않은 와이츠만의 잘못이 실험 과제를 중단할 정도는 아니었다는 것이다. 이제 와이츠만은 다시 연구를 재개하기 위해 연구 계획서를 작성하고 있다.

농무부 규정에 따라 각 연구 기관에서는 기관 동물 실험 위원회를 마련해 동물 실험에 대한 사전 승인 체계를 갖추고 있지만 이와 더불어 미국의 여러 연구 기관에서는 최근 승인 후 관리 감독 체계를 강화하려는 움직임을 보이고 있다. 연구가 진행되는 동안 프로토콜이 수시로 개정되는 탓에 연구 진행 상황을 자세히 관리할 필요를 느끼는 것이다. 코네티컷 대학교의 실험동물 위원회에서도 최근 이와 관련된 프로그램의 설치에 대해 논의를 진행하고 있다.[13]

▶ 굿맨은 미국의 「정보 공개법(Freedom of Information Act)」에 따른 청구권을 발동해 원숭이의 사망 사건에 대한 자세한 내용을 알 수 있었다. 개인이 연구 절차, 결과 또는 성과물을 요구할 권리가 있다고 생각하는가? 있다면 연구자는 어느 정도까지 이러한 요구에 응해야 할까?

▶ 위의 사건에 대해 어떻게 생각하는가?

　① 원숭이를 사망에 이르게 하고 승인받지 않은 프로토콜을 사용했으므로 관련 연구의 중지는 물론 실험실을 폐쇄하는 것이 적절하다.

　② 원숭이를 사망에 이르게 하고 승인받지 않은 프로토콜을 사용했으므로 관련 연구의 중단을 결정한 것은 적절하다.

　③ 원숭이의 사망은 어쩔 수 없이 발생한 사고였지만, 승인받지 않은 프로토콜을 사용한 것은 잘못이니 연구 중단을 결정한 것은 적절하다.

　④ 원숭이의 사망은 어쩔 수 없이 발생한 사고였고 승인받지 않은 프로토콜을 사용한 것은 잘못이나, 프로토콜의 개정만 신청했다면 승인받을 수 있는 것이니 연구를 중단할 정도는 아니다.

　⑤ 기타

▶ 우리나라는 최근 들어 일부 연구 기관에 기관 동물 실험 위원회가 마련되고 있다. 여기서는 연구가 진행되기 전 계획 단계에서 연구 프로토콜의 심사 및 승인 업무를 담당한다. 앞의 기사를 보면 미국에서는 한 걸음 더 나아가 연구 진행 과정에서의 관리 감독을 강화하는 체제를 고려하고 있는 것으로 보인다. 연구자의 입장에서 생각해 볼 때, 우리나라도 이런 방향으로 제도가 마련되어야 한다고 생각하는가? 그 이유는 무엇인가?

7) 동물 실험 제안서의 작성 및 검토[14]

의과 대학에서 오랫동안 동물 실험을 수행해 온 외과 소속 교수가 외과 전문의 수련 과정에서 돼지를 10여 마리 사용하겠다는 제안서를 동물 실험 위원회에 제출했다. 주요 내용은 다음과 같다.

　돼지를 안정시켜 마취한 다음 수련의는 내시경을 통해 쓸개의 위치를 확인하고 제거하는 연습을 한다. 수련의들은 이와 같은 동물 실험과 컴퓨터 모의실험을 통해 수술 기법을 충분히 익힌 다음 환자에게 직접

시술을 하게 될 것이다. 수의사는 수술을 받은 돼지를 충분히 회복할 수 있도록 돌보게 되며 필요한 경우 진통제를 투여한다. 수술 2주 정도 후에 돼지가 완전히 회복되었다고 판단되면 안락사시킨다.

▶ 만일 자신이 위원회의 위원이라면 이 내용에서 어떠한 점을 중요하게 확인하고 또 지적해야 할지 생각해 보자.

① 과제 책임자가 다년간 동물 실험을 수행한 경험자이므로, 책임자의 전문성을 존중하고 신뢰한다는 뜻에서 더 이상 지적할 부분이 없다고 판단한다면 이는 적절한가?

② 위 제안서에 사용될 동물의 용도와 마릿수 그리고 동물 종을 명시할 때 함께 제공해야 할 정보에는 어떤 것이 있을까?

③ 위에서 동물이 수술 후 회복될 때까지 기다려야 할 이유를 구체적으로 밝히라고 요구할 필요가 있을까?

④ 안락사를 시키는 방법을 구체적으로 밝히라고 요구할 필요가 있을까?

⑤ 안락사의 방법으로 도살장에 판매하는 것은 어떻게 생각하는가?

⑥ 위와 같은 교육의 목적으로 동물을 사용하는 것을 어떻게 생각하는가? 그 근거는 무엇인가?

12강 공학 윤리: 엔지니어의 직업적·사회적 책임[1)]

:송성수

I. 챌린저호가 폭발한 까닭은?[2)]

1986년 1월 27일 밤, 모턴 시어콜(Morton Thiokol)과 미국 항공 우주국 (National Aeronautics and Space Administration, NASA)의 마셜 우주 센터(Marshall Space Center)는 원격 회의를 열었다. 다음 날 아침에 우주 왕복선 챌린저 (Challenger)호를 발사할지의 여부를 놓고 긴급히 소집된 회의였다. 그 회의에서 로저 보이스졸리(Roger Boisjoly)를 비롯한 모턴 시어콜의 엔지니어들은 챌린저호 발사를 다시 검토해야 한다고 주장했다. 이는 오링(O-ring)의 성능에 대한 우려에서 비롯되었다.

오링은 주 엔진에 부착된 2개의 로켓 부스터를 조립하기 위해 끼워 넣은 부품이다. 만약 오링이 복원력을 잃어버리면 마디 사이를 밀봉하는 데 실패할 수 있다. 그 결과 고온의 가스가 새고 저장 탱크에서 연료가 점화되면서 전체적으로 폭발이 일어날 것이다. 당시에는 오링의 온도가 섭씨 11.7도가 되면 누출이 발생한다는 실험 결과가 있었으며 이보다 낮은 온도에서는 누출이 더 심할 것으로 예상되었다. 챌린저호 발사 시 기온은 영하 3.3도, 오링의 온도는 영하 1.7도일 것으로 계산되었다.

그러나 미국 항공 우주국은 챌린저호의 성공적인 비행을 간절히 원하고 있었다. 많은 예산이 소요되고 있었던 우주 왕복선 사업의 성과를 보여 주어야 했을 뿐만 아니라 챌린저호 발사일 저녁에는 로널드 레이건(Ronald Wilson Reagan) 대통령이 의회에서 시정 연설을 하기로 계획되어 있었다. 시어콜의 부회장인 제럴드 메이슨(Gelard Mason)을 비롯한 경영진은 이러한 점을 잘 알고 있었다. 시어콜에서 발사를 반대하면 미국 항공 우주국과의 후속 계약이 어려워진다는 점도 예상되었다. 이에 더하여 당시에 활용할 수 있었던 공학적 데이터도 낮은 온도에서의 실제 실험으로 수집된 것이 아니었다.

결국 시어콜은 챌린저호를 발사하기로 결정하였다. 원격 회의가 잠시 중단된 사이에 메이슨은 공학 부서의 책임자였던 로버트 룬드(Robert Lund)에게 "공학자의 직함에서 벗어나 경영자의 입장이 되라."라고 말하기도 했다. 그러나 다음 날, 발사된 지 7 3초 만에 챌린저호는 폭발했고 7명의 우주 비행사가 목숨을 잃었다. 그중에는 초등학교 여교사인 크리스타 매컬리프(Christa McAuliffe)와 같은 보통 사람도 있었다. 챌린저호 폭발 사건은 비극적인 인명 손실을 입혔을 뿐만 아니라 수백만 달러어치의 장비를 파괴시켰으며 미국 항공 우주국의 명성에도 심각한 손상을 주었다.

챌린저호 폭발 사건은 공학과 윤리에 관해 다양한 문제를 제기한다. 엔지니어의 판단과 경영진의 판단 중에서 어떤 것이 우선시되어야 하는가? 2가지가 서로 융화될 수는 없는가? 엔지니어나 경영진 이외에 우주 비행사의 입장은 어떻게 고려해야 하는가? 공학적 데이터가 완비된 후에만 적절한 의사 결정을 할 수 있는가? 공학적 데이터가 완비되는 것은 가능한가? 데이터가 불완전하다면 어떤 의사 결정을 내리는 것이 바람직한가? 만약 사고가 발생하지 않았더라면 어떻게 되었을까? 그러한 경우에도 보이스졸리의 주장이 옳다고 할 수 있는가? 챌린저호 폭발 사건은 다소 극단적인 사례에 해당하지만, 이와 같은 일련의 질문들은 공학의 영역에서도 윤리적 차원의 논의와 대책이 필수적이라는 점을 시사하고 있다.

2. 전문직과 공학 윤리

1) 전문직으로서의 공학

공학 윤리가 강조되는 일차적인 이유는 공학이 '전문직(profession)'이라는 점에서 찾을 수 있다. 전문가 사회에 속한 사람들은 일반인보다 뛰어난 능력을 가지고 있으며 이에 따라 사회적 기대도 크기 마련이다. 즉, 전문가는 일반인보다 더 많은 보수와 존경을 받으며 이에 상응하는 의무와 책임을 가진다.

전문직은 어떤 조건을 갖추어야 하는가? 우선 전문직은 일반적인 직업(occupation)과 마찬가지로 그것으로 인해 생계를 유지할 수 있어야 한다. 동시에 전문직은 단순한 직업을 넘어 적어도 다음과 같은 3가지 조건을 만족시켜야 한다. 첫째, 지식을 들 수 있다. 전문직에 필요한 지식은 공식적인 교육 훈련을 통해 획득될 수 있으며 특정한 문제에 대해 신중하게 판단할 수 있는 능력을 포함한다. 둘째, 전문직은 그 분야에 속한 사람들로 특정한 조직을 형성하는데 이 조직은 한 사회로부터 일정한 자율성을 갖는다. 전문직 조직은 회원의 권리 및 의무에 대한 규정을 보유하며 그러한 규정은 내부적으로는 회원들을 결속시키고 외부적으로는 해당 전문직을 대변하는 역할을 한다. 셋째, 전문가들은 개인적인 이익을 넘어 공공선(公共善)을 위해 행동할 것을 요구받는다. 한 사회가 특정한 조직에 전문직이라는 지위를 허용하는 것은, 그 조직과 구성원들이 공익을 증대하는 방향으로 행동하리라고 간주하기 때문이다.

그렇다면 공학은 전문직으로 분류될 수 있는 조건을 만족하고 있는가? 우선 공학은 상당한 지식을 요구한다. 적어도 4년 동안의 대학 교육은 엔지니어가 되기 위한 필수적인 조건으로 작용한다. 또한 엔지니어는 전문적인 조직을 매개로 활동하고 있다. 공학은 분야별로 학회 혹은 협회를 구성하고 있으며 그러한 조직은 회원의 권리 및 의무에 대한 규정을 보유하고 있다. 공공선을 추구한다는 특징은 전문직이 사회로부터 인정을 받기 위한 전제 조건이다. 이를 위하여 선진국에서는 대부분의 엔지니어 단체들이 '윤리 헌장' 혹은 '윤리 강령'을 제정하여 자신들의 활동이 공익을 증진시키는 데 있다는 점을 명문화하고 있다. 이상과 같은 점에 비추어 볼 때 공학은 전문직이 요구하는 조건을 대체로 만족한다.

2) 공학의 특수성

공학은 앞서 살펴본 전문직 전반의 일반적인 특성과 함께 다른 전문직에서 찾아보기 어려운 특수한 성격도 가지고 있다. 여기서는 대표적인 전문가로 간주되고 있는 의사 및 변호사와 엔지니어를 비교하면서 공학의 특수성에 대해 검토하기로 하자.

우선 공학에서는 자격증이 담당하는 역할이 상대적으로 미미하다. 의사와 변호사는 국가가 주관하는 검정 시험 혹은 고등 고시를 통해 인증을 받아야 활동할 수 있지만 엔지니어로 활동하는 데에는 인증 제도보다는 교육 수준이 중요하게 작용한다. 엔지니어의 경우에도 기사나 기술사 등과 같은 자격 제도가 있지만 그것이 결정적인 역할을 하지는 않는다.

또한, 엔지니어는 피고용인의 신분인 경우가 많다. 의사와 변호사는 대부분 개인 사업자로 활동하지만 엔지니어는 대체로 기업을 비롯한 조직체에 고용되어 있다. 이에 따라 엔지니어가 맺게 되는 사회적 관계에는 고객과의 관계, 동료 전문가와의 관계, 사회와의 관계 이외에 고용주와의 관계가 추가된다.

이러한 공학의 특수성이 전문직의 지위를 하락시키는 것으로 해석될 소지도 있다. 그것은 "공학은 전문직과 비전문직 사이의 경계선상에 있다."는 언급에서도 확인할 수 있다. 하지만 공학의 특수성을 이렇게 해석하게 되면 엔지니어가 사회적 책임을 가져야 할 근거가 미약해지면서 궁색한 논리가 동원되는 문제점이 발생한다. "그럼에도, 정규 교육과 특수한 전문성이 공학적 실천에서 담당하는 결정적인 역할을 감안할 때 공학을 전문직으로 간주하는 것은 전적으로 합리적인 것처럼 보인다."[3]는 식이다.

앞의 문장이 의미하는 바는 근접성(proximity)이란 개념을 통해 구체화될 수 있다. 공학 윤리가 강조되는 이유는 엔지니어가 기술에 특별한 근접성을 가지고 있다는 점에서 비롯된다. 즉, 엔지니어는 일반 대중과 달리 기술에 대한 전문적 지식을 보유하고 있거나 쉽게 확보할 수 있기 때문에 그러한 지식을 바람직한 방향으로 활용해야 하는 책임을 가진다. 이와 관련하여 마이클 맥팔랜드(Michael C. McFarland)는 원자력 발전의 사례를 검토하면서 엔지니어가 가진 근접성으로 다음의 3가지를 들고 있다.[4] 첫째, 엔지니어는 이미 전문적인 교육을 받았기 때문에 기술과 관련된 사회적 논쟁에서 쟁점을 명확하게 할 수 있는 좋은 위치에 있다. 둘째, 기술이 가지고 있는 현재적·잠재적 위험을 발견하고 평가하는 데 가장 먼저 참여하는 집단이 엔지니어이다. 셋째, 엔지니어는 현재의 기술이 가지고 있는 문제를 피할 수 있는 대안을 제시하고 탐구할 수 있는 능력을 가지고 있다.

그러나 이와 같은 해석을 통해 엔지니어의 사회적 책임을 강조하는 것을 넘어 공학의 특수성을 다른 각도에서 접근하는 방법을 통해서도 공학 윤리가 필요한 조건을 도출할 수 있다. 그것은 엔지니어가 제공하는 서비스가 의학이나 법률에 비해 공공성이 크다는 점과 직결된다. 의학과 법률이 개별 고객의 필요에 맞추어 제공되는 반면 공학의 경우에는 고객은 물론 일반 대중에게까지 영향력을 미친다. 이와 함께 기술 프로젝트는 많은 경우 국민의 세금에 의존하여 추진되기 때문에 직접적 혹은 간접적 형태로 국민의 동의를 받아 이루어지고 있다. 이처럼 공학은 한 사회의 모든 구성원에게 상당한 영향력을 미치며 대체로 국민의 세금에 의존하고 있다는 점에서 다른 전문직에 비해 훨씬 강한 공공성을 가진다.

3. 공학 윤리의 접근법

1) 윤리 이론

공학 윤리의 문제에 접근하는 데에는 종종 윤리 이론이 활용된다. 윤리 이론에도 다양한 형태가 있는데 대표적인 예로 상대주의, 공리주의, 의무론을 들 수 있다.[5] 상대주의는 보편적인 도덕 규범이란 존재하지 않으며 개인의 행위는 자신이 속한 사회와 문화가 가지고 있는 특수한 도덕에 의해 지배받는다고 주장한다. 이에 반해 공리주의와 의무론은 보편적인 윤리 규범이 존재한다는 것을 강조하고 있다. 공리주의가 '최대 다수의 최대 행복'과 같은 유용성을 보편적인 규범으로 제시한다면, 의무론은 '인간을 수단이 아닌 목적으로 대우하는 것'과 같이 행동 자체가 가지고 있는 본래적인 특징에 주목한다.

예를 들어 나치와 같은 독재 체제를 생각해 보자. 상대주의의 입장에서는 나치 체제를 특정한 시공간에서 작용하는 규범이라고 평가할 수도 있지만, 공리주의나 의무론의 입장에서는 보편적인 윤리 규범이 아니다. 살인의 예를 보자. 공리주의의 입장에서는 특정한 살인이 많은 사람에게 행복을 주었다면 정당화될 수 있지만 의무론의 입장에서는 결과에 관계없이 살인은 항상 그릇된 행동이다.

공학 윤리를 비롯한 대부분의 윤리 이론에서는 공리주의와 의무론을 중요하게 취급한다. 공리주의와 의무론은 같은 결론에 도달하는 경우도 있지만 정당화의 근거에는 상당한 차이가 있다. 어떤 사건이나 이에 대한 판단을 정당화하는 과정에서 윤리 이론의 필요성을 절감하게 되며, 그것은 윤리적 상상력을 촉진하는 것으로 이어질 수 있다. 일반적으로 개인적인 권리에 대한 위반이 미미하거나 의심스러울 때에는 공리주의가 유력하고, 개인적인 권리의 위반이 심각할 때에는 의무론이 더욱 큰 비중으로 고려되는 경향이 있다.

공리주의는 '행위 공리주의(act utilitarianism)'와 '규칙 공리주의(rule utilitarianism)'로 구분될 수 있다. 행위 공리주의는 특정한 행위가 유용한 결과를 최대화하고 있는가에 초점을 둔다. 활용할 수 있는 선택지를 열거하고 이에 영향을 받는 이해 당사자들을 정한 후 이익과 피해를 함께 고려하면서 최대의 이익을 줄 수 있는 행위를 선택하는 것이다. 이에 반해 규칙 공리주의는 많은 경우에 규칙을 준수하는 것이 최대의 이익을 가져다줄 수 있다는 점에 주목한다. 교통 법규가 대표적인 예이다. 효율적인 운전을 위해 매번 선택을 하려고 노력하기보다 정해진 교통 법규를 지키는 것이 모두에게 도움이 된다는 것이다.

의무론은 각 개인을 도덕적 행위자로 동등하게 존중해야 한다는 입장을 취하며 그래서 '인간 존중의 윤리'로 불리기도 한다. 이에 대한 기준으로는 '황금률(golden rule)'과 '자기 파멸적 기준(self-defeating criterion)'을 들 수 있다. 황금률은 적극적으로는 '다른 사람이 너를 대우하는 것처럼 너도 다른 사람을 대우하라.'는 것에 해당하며, 소극적으로는 '다른 사람이 네게 하지 않기를 바라는 것을 너도 다른 사람에게 행하지 말라.'로 표현된다. 자기 파멸적 기준은 모든 사람이 그 행위를 수행할 때 행위 자체가 성립되지 않거나 목적이 손상될 경우이다. 예를 들어 모두가 돈을 빌려서 갚지 않게 되면 돈을 빌려 주는 행위 자체가 성립하지 않게 되고, 시험을 칠 때 모두가 부정행위를 한다면 성적을 더 좋게 하려는 목적이 손상될 것이다.

2) 윤리 강령

공학 윤리의 문제에 접근하는 보다 구체적인 방법은 엔지니어 단체가 정한 윤리 강령을 적용하는 것이다. 미국을 비롯한 선진국에서는 대부분의 엔지니어 단체들이 윤리 강령을 제정하여 해당 단체의 회원들이 숙지하고 지켜야 할 규범을 명문화하고 있다. 이와 같은 윤리 강령은 엔지니어가 어떤 직무를 수행하거나 판단할 때 자신의 입장을 표방할 수 있는 중요한 기준이며, 모범이 되는 회원에게 상을 수여하거나 비윤리적인 행위를 한 회원을 처벌

하는 근거로도 활용될 수 있다. 아직까지 우리나라에서는 엔지니어 단체가 제대로 된 강령을 제정한 사례가 거의 없지만, 향후에는 이러한 활동이 더욱 활발해질 것으로 전망된다.[6]

엔지니어 단체의 윤리 강령은 전문(preamble), 기본 규범(fundamental canons), 실천 규정(rules of practice), 부록 등으로 구성되어 있다. 전문은 윤리 강령의 배경과 의의를 다루고, 기본 규범은 윤리 강령의 핵심적인 내용을 제시하고 있으며, 실천 규정은 기본 규범을 보다 상세하게 설명한다. 엔지니어 단체의 윤리 강령도 변화되어 왔다. 초창기에는 고용주나 고객의 이익을 보호하는 것을 강조했지만 1980년대 이후에는 공공에 대한 책임을 최고의 의무로 간주하고 있다. 이와 함께 1990년대 이후에는 환경 보호에 관한 조항을 윤리 강령에 포함시키는 경향을 보인다.

여기서는 미국의 대표적인 엔지니어 단체인 전국 전문 엔지니어 협회(National Society of Professional Engineers, NSPE)와 전기 전자 공학회의 윤리 강령을 살펴보기로 하자.[7]

전국 전문 엔지니어 협회의 윤리 강령은 엔지니어가 자신의 전문적인 의무를 수행할 때 지켜야 할 다음과 같은 6가지의 기본 규범을 규정하고 있다. ① 공공의 안전, 건강, 복지를 가장 중요하게 고려한다. ② 자신이 감당할 능력이 있는 영역의 서비스만을 수행한다. ③ 객관적이고 신뢰할 수 있는 방식으로만 공적 발언을 한다. ④ 고용주나 고객에 대하여 충실한 대리인 또는 수탁자로 행동한다. ⑤ 기만적인 행위를 하지 않는다. ⑥ 윤리적이고 합법적으로 행동함으로써 전문직의 명예, 평판, 유용성을 향상시킨다.

전기 전자 공학회의 윤리 강령은 다음의 10가지 조항으로 구성된다. ① 공공의 안전, 건강, 복지에 부합하도록 공학적 의사 결정을 수용하며, 공공이나 환경에 위협을 가할 수 있는 요소들을 즉각적으로 공개한다. ② 어떤 경우에도 실제적 혹은 인지된 이해관계의 충돌을 피하며, 이러한 가능성이 있으면 영향을 받을 수 있는 당사자에게 공개한다. ③ 활용 가능한 자료에 근거하여 주장이나 추정치를 발표할 때는 정직하면서 현실적이어야 한다. ④ 모든 형태의 뇌물을 거부한다. ⑤ 기술 자체와 기술의 적절한 활용, 기술의 잠재적인 결과에 대한 이해를 증진시킨다. ⑥ 기술적 능력을 유지, 발전시키며, 훈련이나 경험에 의한 자격이 충분하거나 관련된 제한 요소들이 완전히 알려진 경우에만 기술적 업무에 착수한다. ⑦ 기술적 활동에 대해 정직하게 비판하고 이와 관련된 오류를 인정, 교정하며 다른 사람의 기여를 공정하게 평가한다. ⑧ 인종, 종교, 성별, 장애, 연령, 국적에 관계없이 모든 사람을 공평하게 대우한다. ⑨ 거짓이거나 악의적인 행위로 다른 사람의 신체, 재산, 평판, 일자리에 해를 끼치지 않는다. ⑩ 전문직의 발전을 위해 동료와 협력자를 도와주고 그들이 이 윤리 강령을 준수할 수 있도록 지원한다.

3) 분석 기법

공학 윤리의 문제에 접근하는 데에는 몇 가지 기법이 실제적인 도움을 줄 수 있다. 그 대표적인 예로는 선 긋기(line-drawing, LD) 기법과 창조적 중도 해결책(creative middle way solutions)을 들 수 있다.[8]

선 긋기 기법은 주요 특징들의 일람표를 만들고 각 특징별로 해당 사안에 점수를 부여해 그 사안이 윤리적인지의 여부를 판단하는 방법이다. 납품 업체의 뇌물 수수에 대한 예를 들어 보자. 어떤 것이 뇌물이고 어떤 것이 선물일까? 우선, 액수가 크면 뇌물일 가능성이 많고 작으면 선물일 가능성이 많다. 또한 의사 결정이 이루어지기 전에 제공되면 뇌물로, 반대의 경우에는 선물로 간주될 개연성이 크다. 다른 사람으로부터 무엇을 받은 대가로 납품된 물건의 품질이 저하되거나 가격이 상승하게 되면 뇌물이라고 할 수 있다. 그밖에 그 대가가 개인적 이득을 위한 것인지, 그리고 대가의 수용 여부를 혼자서 판단했는지 등도 중요한 고려 사항이다.

이러한 점을 고려하여 선 긋기 기법을 적용해 보면 표 12-1과 같다. 여기서 부정적 범례(negative paradigm cases)는 명백히 그릇된 사례들이고, 별 문제 없이 수용할 수 있는 사례들은 긍정적 범례(positive paradigm cases)이며, 해당 사안은 시험 사례(test case)가 된다. 이처럼 선 긋기 기법은 문제가 되는 사안이 올바른 행동과 유사한지, 아니면 그릇된 행동과 유사한지를 비교함으로써 해당 사안에서 어떤 행위를 해야 할 것인지를 판단하는 데 도움을 준다. 선 긋기 기법에서는 해당 사안에 대한 특징들을 다각도로 도출하는 것이 중요하며, 필요에 따라 특징별로 가중치를 부여할 수도 있다.

창조적 중도 해결책은 많은 경우에 양자택일이 아닌 제3의 길이 있다는 점에서 출발한다. 우리는 종종 2가지 이상의 도덕적 가치들이 서로 충돌하는 상황에 직면한다. 하나의 가치가 다른 가치보다 훨씬 더 중요해 보이면, 더 중요한 것은 존중하고 다른 것은 무시하게 된다. 그러나 그것은 손쉬운 선택이다. 왜냐하면 많은 경우 관련된 가치 모두를 존중할 수 있는 창조적 중도책이 있기 때문이다. 이처럼 창조적 중도 해결책은 해결책 하나에 머무르기보다는 일련의 해결책들을 검토할 것을 요구한다. 이를 위해서는 어떤 행동을 취하기 전에 상상력을 최대한 발휘하여 해결책들을 가능한 많이 찾아보고, 그런 다음에 그 우선순위를 정하고 가장 만족스러운 것부터 시작해야 한다.

예를 하나 들어 보자. A는 공과 대학을 졸업한 후 직장에서 2년째 일하고 있다. 그는 학교나 빌딩 사이의 교각 설계와 같은 공공 안전상 쟁점을 수반하는 프로젝트를 맡고 있다. 그러나 A는 종종 자신의 업무가 적절하게 검토되

표 12–1. 뇌물 수수 여부에 관한 선 긋기 기법의 적용[9]

특징	부정적 범례(뇌물)	시험 사례	긍정적 범례(뇌물 아님)	점수
대가의 크기	크다	――――――ⓧ―――	작다	8/10
거래 시기	결정 이전	――ⓧ―――――――	결정 이후	3/10
제품의 질	최악	――――――ⓧ―――	최상	6/10
제품의 가격	최고	――ⓧ―――――――	최저	3/10
이득의 성격	개인적 이득	ⓧ―――――――――	조직 전체의 이득	1/10
결정의 주체	개인적 결정	ⓧ―――――――――	공동 결정	1/10
계				22/60

지 않은 채 전체 프로젝트가 수행되고 있다는 사실을 발견하게 되었다. 그는 학창 시절의 교수를 찾아가 자신의 심정을 털어놓았다. "제가 실수를 하면 누군가를 죽일 수도 있다는 사실에 정말로 겁이 났습니다. 저는 최대한 설계를 잘하려고 노력합니다만, 제게 주어지고 있는 프로젝트들이 점점 더 어려워지고 있습니다. 어떻게 해야 하죠?"

A의 사례는 공공에 대한 의무와 고용주에 대한 의무가 상충하는 경우이다. 이런 일은 공학 윤리적 상황에서 종종 발생하는데, 앞서 언급한 전문 엔지니어 협회 윤리 강령의 제1조와 제4조가 충돌한 것이다. 공공에 대한 의무가 최우선이라고 해서 고용주에 대한 의무를 존중하지 않아서는 안 된다. A는 공공에 대한 의무를 수행하면서도 가능한 한 고용주에 대한 의무도 존중해야 하는 것이다. 이에 대한 일련의 선택들을 예시하면 다음과 같다.[10]

① 그는 자신의 상사를 찾아가 결함이 있을 수도 있는 프로젝트를 추진하는 것은 회사에 이익이 되지 않는다고 지적하면서, 자신의 설계가 적절히 검토되고 있지 않다는 사실로 인해 마음이 편하지 않다고 넌지시 말할 수 있다.

② 그는 좋은 관계를 맺고 있는 조직 내의 다른 사람들에게 자신의 상사를 설득하는 것을 도와 달라고 부탁할 수도 있다.

③ 그는 상사에게 자신이 스스로의 능력과 경험을 넘어선 업무를 계속할 수는 없으며 직장을 바꾸는 것을 고려해야 할지 모른다고 말할 수도 있다.

④ 그는 다른 직장을 구할 수도 있다. 그런 다음 이전의 업무를 그만두게할 수 있는 다른 사람이나 기관에게 정보를 알릴 수도 있다.

⑤ 그는 엔지니어 단체나 언론사에 가서 내부 고발(whistle-blowing)을 할 수도 있다.

⑥ 그저 다른 직장을 구해, 또 다른 젊은 엔지니어에게 그 업무를 계속하도록 내버려 둘 수도 있다.

⑦ 아무런 저항 없이 자신의 현재 일을 계속할 수 있다.

이와 같은 일련의 선택들 중에서 A가 가장 먼저 노력해야 하는 것은 ①이다. 만약 ①이 효력이 없다면 ②도 좋은 선택이다. ③은 A를 자신의 고용주와 적대 관계에 놓이게 하기 때문에 별로 바람직하지 못하다. 그러나 만약 ①과 ②가 성공적이지 못하다면 ③을 선택해야 할지도 모른다. ④를 선택하면 고용주와의 관계는 깨질 수 있지만 A의 경력과 공익은 보호된다. ⑤는 고용주와의 결별을 초래하고 A의 경력을 위협할 가능성이 크다. ⑥과 ⑦은 그것들이 공익을 보호하지 않기 때문에 정당화될 수 없다.

4. 공학 윤리의 주요 주제[11]

1) 공학의 위험과 안전

현대 사회는 '위험 사회(risk society)'라고도 하는데, 그 위험의 근저에는 기술이 놓여 있다. 사실상 절대적으로 안전한 기술은 존재하지 않으며 모든 기술은 위험을 내포하고 있다. 특히, 기술은 혁신과 관련되어 있기 때문에 위험 요소가 더 클 수밖에 없다. 예를 들어 새로운 설계나 재료를 바탕으로 다리나 건물을 만들 경우에는 이전에 고려되지 않았던 위험 요소가 발생한다. 또한 엔지니어가 새로운 영역을 개척하지 않고 해마다 같은 방식으로 기술을 개발하더라도 재해를 일으킬 가능성은 여전히 존재한다. 한때 안전하다고 생각했던 제품, 공정, 그리고 화학 물질에서도 새로운 위험이 발견될 수 있다.

그러나 위험을 예상하는 것은 쉬운 일이 아니다. 우리는 위험을 확률적으로 추정할 수 있을 뿐이며, 그러한 추정도 정확하게 할 수 없다. 위험을 산정하기 어려운 것은 오늘날 기술이 매우 복잡하고 밀접하게 결합된 시스템의 성격을 띠고 있기 때문이다. 한 부분에서 발생한 문제점이 다른 부분에 빠르게 영향을 미칠 수 있고 시스템의 부분들이 예상하지 못한 방식으로 상호 작용할 수 있는 것이다. 안전의 기준에서 벗어난 일탈을 허용하고 그 범위를 점차 증가시킴으로써 위험에 둔감해질 수도 있다. 이른바 '일탈의 정상화 (normalization of deviance)'가 이루어지는 것이다. 역사상 발생한 많은 사고들 은 이처럼 새롭게 야기된 문제점을 고치려고 애쓰지 않고 그것을 허용할 만 하다고 간주했기 때문에 일어났다.[12]

엔지니어는 위험을 평가하기 전에 먼저 위험을 인지해야 하며, 그러기 위 해서는 위험이 어떤 것인지 알아야 한다. 위험을 정의하는 것도 쉽지 않지만, 엔지니어는 적어도 위험에 대한 다음 3가지 접근법을 알아 두는 게 좋다. 첫 째, 전문가의 접근법이다. 이는 피해가 일어날 확률과 피해 크기의 곱으로 위 험을 정의하며, 피해의 정도가 이익의 정도보다 작으면 그 위험을 허용할 수 있는 것으로 간주한다. 둘째, 일반인의 접근법이다. 이 접근은 전문가 접근법 과는 다른 종류의 관심사를 많이 포함한다. 즉, 위험을 자발적으로 떠맡고 있는지, 위험이 공정하게 분배되고 있는지, 위험이 큰 재해로 이어질 수 있는 지 등이 중요한 고려 사항이다. 셋째, 정부 규제자의 접근법이다. 정부 규제자 는 공공에게 이익을 주는 것보다 피해를 입히지 않도록 위험으로부터 보호 하는 것에 훨씬 많은 비중을 둔다.

위험을 예방하기 위한 공학적 실천의 대표적인 개념으로는 '안전 계수 (factor of safety)'가 있다. 예를 들어, 도로를 건설하는 경우에는 안전 계수를 6으로 잡는다. 도로가 지탱할 수 있는 최대 무게의 3배를 감당할 수 있는 구 조를 갖추고, 여기에다 도로 건설에 사용되는 자재가 제대로 된 성능을 내지 못할 경우를 대비하여 그 성능을 2배로 상정하는 것이다. 또한, 엔지니어는 자신의 업무가 위험 요소를 증가시킬 가능성이 있는 경우 이를 감추거나 과 소평가하지 말고 해당 정보를 공개해야 한다. 이와 관련하여 전기 전자 공학 회의 윤리 강령 제1조는 공공의 안전, 건강, 복지에 위협을 가할 수 있는 요 소들을 즉각적으로 공개할 것을 요구하고 있다.

더 나아가 엔지니어는 위험에 접근할 때 전문가의 관점뿐만 아니라 일반 인과 정부 규제자의 시각에도 주의를 기울여야 한다. 전문가의 관점에만 빠 져 있다 보면 위험 예방이나 실질적인 대처가 어렵기 때문이다. 일반인의 관점과 관련해서는 '충분한 설명에 근거한 동의' 혹은 '인지 동의'가 중요하다. 어떤 프로젝트로 인해 증가되는 위험으로부터 영향을 받는 사람들이 사전에 '충분한' 정보를 제공받은 상태에서 '자유로운' 동의를 하는 절차가 필요한 것이다. 위험의 규제와 관련된 법규의 준수도 필수적이다. 이 법규는 엔지니어가 지켜야 할 최소한의 사항을 담고 있고 이에 대한 증거 기준이 피고보다는 원고에 유리하기 때문에, 관련 법규를 지키지 않으면 도덕적으로는 물론 실제적 측면에서도 많은 문제가 유발된다.

2) 피고용인으로서의 엔지니어

앞서 언급했듯이, 엔지니어는 대부분 피고용인의 신분이며 이때 공공에 대한 의무와 고용주에 대한 의무가 상충하는 경우가 종종 발생한다. 이와 같은 윤리적 갈등이 발생할 때 엔지니어가 취하는 행위와 이에 대한 사회적 조치도 매우 다양한 형태로 나타난다. 엔지니어들이 문제점을 인지하고 있음에도 이를 제기하지 않는 경우도 있고, 엔지니어들이 문제점을 제기했으나 그것이 수용되지 않기도 한다. 또한, 엔지니어가 문제점을 부적절하게 제기하여 불이익을 받는 사례도 있고, 문제점을 폭로한 엔지니어가 사후에 어느 정도 보호되는 경우도 있다.[13]

엔지니어와 경영자의 관계도 간단하지 않다. 엔지니어와 경영자가 명확하게 구분된다는 주장도 있고 그렇지 않다는 견해도 있다. 엔지니어와 경영자의 차이를 부각시키는 측에서는, 엔지니어는 전문적이고 세부적 사항에 관심을 많이 두는 반면 경영자는 사물보다 사람에 초점을 맞추면서 상사나 동료에 대한 충성을 우선적인 덕목으로 생각한다는 점에 주목한다. 이에 반해 둘을 명확하게 구분하기 어렵다는 측은 엔지니어가 경력을 쌓으면서 중간관리자로 활동하는 경우가 많을 뿐만 아니라 최근에는 엔지니어 출신의 최고 경영자가 점차적으로 증가하고 있다는 점에 주목한다.

어떤 사람이 경영자건 엔지니어건, 아니면 둘 다에 해당되건 간에 경영자와 엔지니어가 담당하는 기능과 역할에는 차이가 있다. 이와 관련하여 찰스 해리스(Charles E. Harris) 등은 "적절한 공학적 결정(proper engineering decision, PED)"과 "적절한 경영적 결정(proper management decision, PMD)"을 구분한다. 적절한 공학적 결정이란 "공학적 전문성을 필요로 하는 기술적 문제를 포함하거나 혹은 엔지니어 단체의 강령에 구현된 윤리적 기준에 해당하기 때문에, 엔지니어에 의해서 내려지거나 적어도 전문적 공학 실천에 의해 통제되어야 하는 의사 결정"을 말한다. 이에 비해 적절한 경영적 결정은 "비용, 스케줄, 마케팅, 그리고 피고용인의 사기와 복지 등 조직의 복리에 관계되는 요소를 포함하거나 혹은 기술적 업무와 윤리적 기준에 의거하여 수용할 수 없는 타협을 엔지니어 및 전문가들에게 강요하지 않기 때문에, 경영상의 고려에 의해 통제되어야 하는 의사 결정"에 해당한다.[14] 이와 같은 논의는 적어도 공학적 업무나 윤리 강령의 기준에 속하는 사항에서는 엔지니어의 결정이 우선시되어야 한다는 점을 함축하고 있다.[15]

그러나, 주로 적절한 공학적 결정에 해당하는 의사 결정임에도 그것이 경영진에 의해 무시될 수도 있다. 이러한 상황에서 발생하는 문제가 엔지니어의 조직에 대한 충성이다. 우리가 조선 시대의 어떤 신하가 충신인지 간신인지를 논의하듯이, 엔지니어의 충성도 '맹목적인 충성(uncritical loyalty)'과 '비판적인 충성(critical loyalty)'으로 구분할 수 있다. 전자가 고용주의 관심을 다른 모든 고려 사항보다 우위에 두는 것임에 반해, 후자는 전문가적 의무와 상충되지 않는 한에서만 고용주에게 충성하는 것을 의미한다. 비판적인 충성에는 불복종이 따라오기 마련이며, 여기에는 불참에 의한 불복종, 항의에 의한 불복종, 반대 행동에 의한 불복종 등이 포함된다.

이와 같은 불복종은 해당 엔지니어에게 고용이나 승진 등에서 불이익을 가져다줄 공산이 크다. 따라서 엔지니어가 전문가로서 조직에 대한 비판적인 충성을 유지하기 위해서는 이를 보호할 수 있는 제도적 장치가 필요하다. 가장 간단한 방법은 고용주가 문호를 개방하거나, 조직 내에 '윤리 도움 전화(ethics helpline)' 혹은 '윤리 직통 전화(ethics hotline)'를 설치하여 피고용인의 불만이나 충고를 청취하는 것이다. 엔지니어 단체나 기업에서 윤리 위원회를 구성하거나 옴부즈먼 제도를 확립하는 것도 피고용인의 정당한 권리와 불복종을 보호하는 장치가 될 수 있다. 이러한 방법으로 문제가 해결되지 않을 경우에는 조직의 외부에 이를 알리는 '내부 고발'도 가능한데, 많은 국가들이 내부 고발자를 보호하기 위한 법률을 구비하고 있다.[16]

3) 엔지니어와 환경

이제 환경 보호는 선택이 아닌 필수가 되었다. 인류가 특별히 노력하지 않는다면 지구에서 계속 살아갈 수 있다고 보장할 수도 없는 형편이다. 환경 문제의 근저에는 기술의 무분별한 개발과 남용이 깔려 있다. 특히, 20세기 이후에는 자동차와 같이 오염 물질을 대량으로 배출하는 기계와 자연계에 존재하지 않는 플라스틱 같은 인공 물질이 등장하면서 환경 문제가 더욱 광범위하고 복잡해졌다. 이처럼 기술은 환경 문제를 유발하고 심화시키는 원인으로 작용해 왔지만, 기술의 발전이 본질적으로 환경적 가치와 대립하는 것은 아니다. 기술과 환경에 관한 핵심적인 문제는 기술의 발전을 중단시키는 데 있는 것이 아니라 기술의 경로를 환경에 친화적인 방향으로 재정립하는 데 있다.

이러한 배경에서 엔지니어 단체들도 환경 문제에 본격적인 관심을 표방하기 시작했으며, 미국 전기 전자 공학회, 미국 토목 공학회(American Society of Civil Engineers, ASCE), 미국 기계 공학회(American Society of Mecanical Engineers, ASME), 미국 화학 공학회(American Institute of Chemical Engineers, AIChE) 등은 윤리 강령에서 환경 문제를 직접적으로 언급하고 있다. 예를 들어, 1996년에 개정된 미국 기계 공학회의 윤리 강령은 "엔지니어들은 공공의 안전, 건강, 복지를 최우선으로 삼아야 하며, 전문직 의무를 수행할 때 지속 가능한 개발(sustainable development)의 원칙을 따르도록 노력해야 한다."는 것을 제1조로 삼고 있다. 여기서 지속 가능한 개발은 1992년에 개최되었던 리우 회의에서 공식적으로 채택된 개념으로, 다음과 같은 2가지 의미를 내포하고 있다. 첫째, 자연환경이 수용할 수 있는 능력에 위험을 주지 않는 범위 내에서만 개발을 추구해야 한다는 것이고, 둘째, 미래 세대가 누릴 수 있는 자연환경을 보존하면서 현재 세대의 수요를 충족시키는 개발을 추구해야 한다는 것이다.

환경 문제에 대해 기업이 취하는 입장은 다음 3가지로 구분할 수 있다. 첫째, '위기 지향적 환경 관리(crisis-oriented environmental management)'이다. 이러한 입장을 취하는 기업은 대부분 환경 문제를 전담하는 직원을 배치하지 않으며, 로비를 벌이거나 벌금을 지불하는 것이 환경 문제에 자원을 투입하는 것보다 효과적이라고 생각한다. 둘째, '비용 지향적 환경 관리(cost-oriented environmental management)'로서 환경 문제를 전담하는 직원을 배치하기는 하지만 정부의 환경 규제에 대한 법규를 준수하는 것에 만족한다. 셋째, '계몽된 환경 관리(enlightened environmental management)'이다. 여기에 해당하는 기업들은 환경 문제에 대응하는 것을 기업 전체 차원에서 지지하며 환경 보호 활동을 활발히 전개하여 정부 당국 및 지역 사회와 좋은 관계를 유지한다. 최근에는 꽤 많은 기업들이 '환경 경영'의 기치를 내걸면서 환경 문제에 적극적인 자세를 보이는 추세이다.[17]

많은 사람들이 환경 보호의 중요성을 인지하고 있지만 '깨끗함'에 대한 기준을 찾는 것은 매우 어려운 문제이다. 경제적으로 얼마나 부담이 되는지, 과학적으로 어느 정도 확인이 가능한지, 환경 문제로 인한 직접적인 피해자가 누구인지 등에 따라 그 기준은 달라진다. 이에 대하여 해리스 등은 다음과 같은 "피해 정도 기준(degree-of-harm criterion)"을 제안하고 있다. "오염 물질이 인간의 건강에 명확하고 절박한 위협을 가할 때 그것은 납득할 만한 위험 수준 이하로 감소되어야 한다. 이때 비용은 중요한 요소가 아니다. 어떤 물질이 인간의 건강에 미치는 영향이 불확실하거나 위험 수준이 결정될 수 없을 때에는 경제적인 요소가 고려될 수 있다. 하지만 만약 손해가 비가역적이라면, 그것에 보다 높은 우선권이 주어져야 한다."[18]

그렇다면 엔지니어는 환경 문제에 어떻게 대응해야 할까? 엔지니어는 환경에 영향을 미치는 프로젝트에 참여하는 주요한 행위자이므로 환경 문제에 적극적인 관심을 기울여야 한다. 엔지니어는 환경을 보호하려는 공공의 노력에 참여해야 하며 경우에 따라서는 다른 분야의 사람들과 공동 작업을 추진해야 한다. 그리고 그것을 자신의 범위를 벗어나는 일이 아니라 자신의 전문성이 확장되는 것으로 이해할 필요가 있다.[19] 또한, 엔지니어는 환경 문제를 소홀히 하는 고용주의 행동에 항의하고 환경 파괴적인 프로젝트에 종사하는 것을 거부할 권리를 가지며, 이러한 권리는 적절히 보호되어야 한다. 더 나아가 훼손된 환경을 복원하거나 오염을 사전에 예방하는 데 필요한 청정 기술(clean technology)을 개발하는 것도 엔지니어의 중요한 책임이자 역할이다.

4) 공학 윤리의 세계적 맥락

오늘날의 많은 활동이 하나의 국가를 넘어 전 세계를 대상으로 전개되고 있다. 공학도 마찬가지이다. 한 국가의 엔지니어가 다른 국가에서 사용될 제품을 개발하거나 다른 국가에 가서 프로젝트를 맡는 일이 빈번하게 일어난다. 국가의 경계를 넘는 것은 문화의 경계를 넘는 것이기도 하다. 이때 두 국가에서 동일한 규범이 적용된다면 큰 문제가 없겠지만, 한 국가에서 자연스럽게 받아들여지는 규범이 다른 국가에서는 통하지 않는 경우도 적지 않다. 이에 따라 세계적 맥락에서 책임 있는 엔지니어로서 결정을 내리는 것은 보다 복합적이고 다원적인 윤리적 판단을 요구한다.

다른 국가에서 어떻게 행동해야 하는가에 대한 상투적인 속담으로 "로마에서는 로마의 법을 따르라."가 있다. 다른 국가에서 활동하게 되면 그 국가의 법률과 관습을 따르고 그 국가의 시민처럼 행동해야 한다는 것이다. 그러나 이러한 견해는 도덕적 상대주의의 일종으로 다양한 각도에서 비판이 가능하다. 무엇보다도 노예 제도와 같이 어떤 행위가 명백하게 해롭거나 도덕적으로 혐오감을 준다면 그것은 정당화되기 어렵다. 또한, 몇몇 행위는 비합법적이기도 하다. 미국의 경우에는 1977년에 「해외 부패 방지법(Foreign Corrupt Practices Act)」이 제정되었는데, 이 법은 미국 시민이 다른 국가에서 뇌물을 주거나 갈취를 하는 것을 불법으로 규정하고 있다. 더 나아가 공학은 상당한 보편성을 가지고 있고 고도의 안전성을 요구하기 때문에 다른 국가의 규범을 단순히 수용했다가는 곤란해질 수 있다.

　이러한 맥락에서 해리스 등은 이미 모든 문화에 의해 수용되고 있는 보편적인 가치를 바탕으로 "문화를 초월하는 규범(cultural-transcending norms)"을 제안하고 있다. 이 규범은 황금률, 국제 연합의 「보편 인권 선언(United Nation's Universal Declaration of Human Rights)」, 엔지니어 단체의 윤리 강령 등을 바탕으로 도출되었다. 여기에는 ① 착취하지 않기 ② 온정주의적 대우를 피하기 ③ 뇌물이나 과도한 선물을 주고받지 않기 ④ 인권을 침해하지 않기 ⑤ 해당 국가의 복지를 증진하기 ⑥ 현지의 문화적 규범과 법률을 존중하기 ⑦ 현지 국민의 건강과 안전을 보호하기 ⑧ 환경을 보호하기 ⑨ 해당 사회의 기본적인 제도를 개선하기 등이 포함된다.[20]

　이러한 규범을 적용할 때에는 도덕적 방종주의와 도덕적 엄격주의의 두 극단을 피해야 한다. 전자를 따르면 엔지니어로서의 윤리적 책임을 거부할 수 있으며, 후자를 따르면 엔지니어가 다른 국가에서 업무를 수행하는 것을 봉쇄할 수 있다. 특히, 문화를 초월하는 규범이 현지의 관습과 마찰을 일으키지 않을 때에는 그 국가의 규범을 인정하는 자세가 필요하다. 다양한 규범들 사이에 충돌이 발생할 때에는 창조적 중도 해결책을 찾아보는 것도 필요하다. 예를 들어, 피고용인의 친척을 채용해 달라는 요청이 있다면 친척 중의 1명으로 국한할 수 있고, 뇌물을 요구한다면 뇌물 대신에 해당 국가나 조직에게 기부하는 방법을 활용할 수 있다.

5. 기술 사회의 공학 윤리

오늘날에는 사실상 사람들의 일상생활에서 기술과 관련되지 않은 것이 없을 정도로 기술에 대한 의존도가 높다. 20세기를 전후하여 기술은 산업계에 머물지 않고 일상생활에 침투하기 시작했으며 그러한 경향은 점차 강화되고 있다. 기술은 이러한 과정에서 한편으로는 인류의 생활을 편리하게 하는 역할을 담당하고 있지만 다른 한편으로는 군사 무기, 환경 오염, 안전사고 등을 매개로 인류의 생존을 위협하기도 한다.

우리가 공학 윤리에 관심을 기울여야 하는 이유도 여기에 있다. 기술은 과연 우리 사회를 바람직한 방향으로 발전시키고 있는가? 기술의 순기능을 최대화하고 역기능은 최소화하기 위해 어떤 노력을 기울여야 할 것인가? 엔지니어는 기술에 대한 특별한 근접성을 가지고 있으므로 이러한 질문을 중요하게 고려하고 탐구해야 한다. 공학 윤리는 이러한 문제의 심각성을 이해하고 통찰력을 제공하는 중요한 매개체로 작용할 수 있다. 이와 함께 엔지니어로 실제로 활동하면서 부딪히는 다양한 상황에 대처하는 데에도 공학 윤리에 관한 고려는 필수적이다.

공학 윤리 문제에는 일반적인 공학적 문제와 달리 단일한 정답이 없다. 공학이 자연 세계의 규칙과 인공물의 작동 원리에 초점을 두고 있다면, 공학 윤리는 공학과 관련된 인간 행위를 다룬다. 공학 윤리적 상황에서는 인간의 가치와 판단이 개입되고 말로 명확하게 표현할 수 없는 면이 존재하며 서로 상충되는 제안도 나올 수 있다. 따라서 공학 윤리에서는 쟁점을 충분히 이해하고, 비판적으로 사고하며, 효과적으로 의사소통을 하는 능력이 요구된다. 동시에 이런 능력은 일반적인 공학적 문제를 풀어 나가는 실력을 키우는 데도 도움이 될 것이다.

토론을 위한 사례들

1) 개인의 신념과 취업 기회 사이에서[21]

제럴드는 화학 공학을 전공하는 대학생으로 졸업을 눈앞에 두고 있다. 그의 가족은 시골에서 농장을 운영하고 있는데, 살충제를 사용하지 않는 유기농법을 엄격하게 적용하고 있다. 제럴드가 화학 공학을 전공한 이유도 살충제의 해로움을 전문적으로 연구하여 세상에 알려야 한다는 아버지의 충고에서 비롯했다. 그런데 아버지가 갑자기 중병으로 오랫동안 병원에 입원하게 되면서 농장 운영 이외에 추가 소득이 없이는 생계를 유지하기가 힘들어졌다. 제럴드는 일자리를 열심히 찾아본 결과 한 살충제 제조 회사가 화학 공학 졸업 예정자를 뽑는다는 정보를 알게 되었다. 제럴드는 많은 고민 끝에 그 회사의 면접시험에 참가하기로 결심했다. 면접이 진행되는 동안 면접관은 "살충제 사용에 대한 당신의 생각은 어떤가?"라는 질문을 던졌다.

▶ 이 질문에 제럴드는 어떻게 대답해야 하는가?
▶ 제럴드가 면접시험에 응시하기로 한 결정은 정당화될 수 있는가?

2) 소속 직장에서 자신의 연구 결과와 다른 것을 강요한다면?[22]

버니는 대학교를 졸업한 후 어떤 화학 회사의 연구소에 취직했다. 그 연구소는 모기업의 생산 공정에 사용되는 촉매를 개발하고 추천하는 일을 맡고 있다. 연구소에서는 A 촉매를 개발하는 데 주력해 왔으며, 버니는 B라는 새로운 촉매를 연구하고 있다. 어느 날 연구소에서 촉매를 결정하기 위한 회의가 열렸다. 대부분의 사람들은 당연히 A 촉매를 선택해야 한다는 의견을 보였다. 버니는 그동안 자신이 연구한 결과와 B 촉매의 이점을 설명하면서 2주의 시간을 달라고 요청했다. 그러나 연구소장은 우리에게 주어진 시간은 이틀밖에 없다고 하면서 버니에게 A 촉매가 우수하다는 보고서에 서명할 것을 요구했다.

▶ 이러한 상황에서 버니는 어떻게 해야 하는가?

3) 화재 감지기의 선택

짐은 화재 감지기를 생산하는 공장에서 근무하고 있다. 화재 감지기 시장은 경쟁이 매우 치열하다. 현재 A와 B, 2가지의 화재 감지기가 있는데 A 감지기는 대부분의 화재에는 좋은 성능을 보이지만 연기가 심한 화재에서는 응답이 너무 느린 단점이 있다. 연기가 심한 화재는 전체 화재의 약 5퍼센트를 차지한다. 이에 반해 B 감지기는 연기가 심한 화재를 감지하는 소자를 포함하고 있지만 가격이 비싸다는 단점이 있다. 그러나 B 감지기도 대량으로 생산하게 되면 A 감지기와 비슷한 가격으로 판매될 수 있다. 짐이 근무하는 공장은 주로 A 감지기를 생산하고 있고, B 감지기의 생산량은 전체의 3퍼센트 정도에 불과하다. 짐은 A 감지기에 집중하는 기존의 정책을 고수하는 것이 옳은지, 주력 제품을 B 감지기로 전환하는 것이 옳은지에 대해 고민하고 있다.

▶ 이와 같은 2가지 선택 중에서 어느 것이 바람직하다고 생각하는가? 짐이 고려할 수 있는 다른 선택은 없는가?

4) 납기일과 품질 사이의 고민[24]

4) 갑돌이는 A 엔지니어링에서 품질을 확인하는 일을 맡고 있다. A 엔지니어링은 한양 자동차에 부품을 제공하기로 계약을 맺었다. 이 계약에 따르면 모든 부품들은 국내에서 제작되어야 한다. 그런데 갑돌이는 A 엔지니어링의 어떤 하청 업체가 중국에서 만들어진 볼트 2개를 사용

했다는 사실을 알게 되었다. 납기일을 맞추면서 동시에 새로운 볼트를 제작할 시간은 없다. 갑돌이는 한양 자동차가 A 엔지니어링의 핵심 고객이기 때문에 납기일을 맞추지 못하면 A 엔지니어링에게 불리한 일이 발생할 것을 두려워했다. 게다가 한양 자동차가 그 문제를 발견할 가능성은 매우 희박해 보였다. 문제의 볼트는 성능상 문제점이 없을 뿐만 아니라 외관상으로도 구별이 되지 않는다.

▶ 이 경우에 갑돌이가 취할 수 있는 행동은 무엇인가? 당신이 갑돌이라면 어떻게 행동해야 한다고 생각하는가?

5) 상사의 나쁜 음주 습관[25]

카렌은 어떤 석유 회사의 하급 엔지니어로서 앤디의 감독 하에서 3년 동안 일하고 있다. 앤디는 최고 수준의 업적을 보이고 있으며 하급자에게도 다정한 사람이지만 음주 습관이 좋지 않다. 카렌은 아침에 일을 시작할 때나 점심시간 이후에 빈번히 앤디에게서 술 냄새를 맡았고, 어떤 경우에는 과도한 음주로 앤디의 발음이 분명하지 않기도 했다. 그러던 어느 날, 앤디는 회사의 석유 굴착 장치에 대한 안전 검사를 총괄하는 책임자로 내정되었다. 카렌은 앤디의 승진을 기뻐하면서도 그의 음주 습관 때문에 걱정을 했다. 카렌은 그 문제를 앤디에게 말하면서 앤디가 새로운 직책을 맡지 않기를 권유했다. 이에 앤디는 음주의 양을 줄이는 것에는 동의하지만, 자신이 충분히 직무를 수행할 수 있다고 하면서 다른 사람에게 자신의 음주 습관에 대해 말하지 말 것을 요구했다.

▶ 카렌은 앤디의 요구를 받아들여야 하는가? 아니면 자신의 걱정을 경영진에게 알려야 하는가?

6) 뇌물의 유혹[26)]

빅터는 어떤 건설 회사의 엔지니어이다. 대규모 아파트의 건설에 사용되는 리벳의 납품 업체를 결정하는 것이 그의 일이다. 몇 가지 조사와 시험을 거친 후 그는 A사의 리벳을 사용하기로 결정했다. 빅터가 A사의 리벳을 주문한 후에 A사의 대표가 빅터를 방문하여 외국에서 열리는 국제회의에 가는 여행 비용을 부담하겠다고 제안했다. 그 제안에는 회의 참석 비용은 물론 멋진 해변에서 머무를 수 있는 비용도 포함되어 있다.

▶ 만약 빅터가 A사의 제안을 받아들인다면 그것은 뇌물일까? 이러한 상황에서 빅터는 어떻게 대처해야 하는가?

7) 고객의 기밀 유지 요청[27)]

제임스는 토목 공학자로 개인 사무실을 운영하고 있다. 어느 날 한 고객이 제임스에게 자신의 건물을 팔려고 내놓기 전에 그 건물을 조사해 달라고 의뢰했다. 제임스는 조사 과정에서 공공의 안전을 위협할 수 있는 근본적인 구조상의 결함을 발견했다. 제임스는 그 결함을 고객에게 알리고 건물을 팔기 전에 수리할 것을 권고했다. 그러나 고객은 건물을 수리하는 일은 절대 없을 것이라고 대답하면서 자신이 조사에 필요한 비용을 제공했기 때문에 제임스가 그 정보를 다른 사람에게 알려서는 안된다고 주장했다.

▶ 고객의 요구는 정당한 것인가? 제임스는 어떻게 해야 하는가?

8) 법정 규정치를 약간 넘어선다면?[28)]

A는 지방에 위치한 공장에 환경 문제를 담당하는 엔지니어로 임명되었다. 그의 임무는 공장에서 배출되는 물과 공기를 감시하여 환경부에 보

고서를 제출하는 것이다. 그런데 공장에서 배출되는 물의 오염도가 법에서 정한 수치를 약간 넘어서는 것으로 나타났다. A의 상관인 공장장은 약간 초과된 정도로는 인간이나 생물에게 영향을 주지 않을 것이라고 말하면서 A에게 공장이 규정치를 잘 준수하는 것으로 데이터를 해석해 주기를 요구했다. 또한 공장장은 그러한 사소한 문제를 해결하기 위해 새로운 장비를 구입한다면 엄청난 투자를 해야 하며, 거기에 소요되는 비용을 감당하려면 공장에서 일자리가 몇 개는 없어질 것이라고 말했다.

▶ 이 경우에 제기되는 윤리적 문제는 무엇인가? A는 상관의 요구에 응해야 하는가?

9) 회사에 대한 충성과 환경 보호[29)]

엘리자베스는 A 건설 회사에서 엔지니어로 근무하고 있으며 환경 보호에도 관심이 많다. 그녀는 작은 도시인 파크빌에 살면서 시 의회의 환경보호 위원회에서도 활동하고 있다. 그 위원회는 파크빌의 야생 동물 서식지에 상업적 목적의 사업이 추진되는 것을 막는 데 앞장서고 있다. 그런데 A사가 새로운 시설을 건설하려고 하면서 파크빌을 최적 후보지로 선정하고는 기획 위원회를 설치하여 파크빌 시 의회와 교섭하려 했다. 기획 위원회의 위원장은 엘리자베스가 파크빌에 거주한다는 점을 알고서는 그녀에게 파크빌 시 의회와 교섭할 수 있는 창구 역할을 맡아 달라고 요청했다. 엘리자베스는 자신이 친한 시 의회 의원이 없다고 하면서 그 제의를 거절했으며, A사의 계획을 시 의회에 알리지도 않았다. 2주가지난 뒤 A사의 계획을 알게 된 파크빌의 환경 보호 위원회는 회의를 소집하여 A사의 의도를 저지하기 위한 대책을 강구했다.

▶ 엘리자베스가 상관에게 시 의회와의 관계를 잘못 보고한 것은 정당

화될 수 있는가? 그녀가 A사의 계획을 시 의회에 알리지 않은 것은 어떠한가?

▶ 이제 그녀는 A사에 대항하려는 환경 보호 위원회의 활동에 합류해야 하는가? 그것이 곤란하다면 엘리자베스는 어떻게 해야 하는가?

10) 개발 도상국 노동력의 착취와 엔지니어의 책임[30]

X사는 A국의 의류 제조 업체로 B국에서 공장을 운영하고 있다. 공장의 직원은 대부분 어린 여성들이다. 이들은 회사 기숙사에 거주하며, 하루 12시간 일하면서 0.80달러의 급료를 받는다. 이에 반해 A국에서는 하루에 8시간 일을 해도 2배의 급료를 받을 수 있다. B국의 어린 여성들은 일이 힘들기는 하지만 마을에서의 생활보다는 낫다고 말한다. 그 중 몇몇은 가족 중에서 유일한 소득원이며, 공장 일이 없어지면 구걸이나 매춘으로 내몰릴 가능성이 크다. X사의 여성 엔지니어인 한나는 B국의 공장에 새로운 장비를 설치하는 것을 감독하고 공장 직원들을 훈련시키기 위해 1년간 B국에 머물 것을 요청받았다. 그러나 한나의 동료들은 그녀가 그 일을 맡아서는 안 된다고 주장했다. B국의 공장이 어린 여성들의 노동력을 착취하고 있으며, 한나가 그 일을 맡으면 착취에 동참하는 것이라는 논리였다.

▶ 이러한 주장은 정당화될 수 있는가? 한나는 어떤 선택을 해야 하는가?

주(註)

1강

1. 이 장은 『이공계 학생을 위한 과학 기술의 철학적 이해』 제5판(한양 대학교 출판부, 2010)에 실린 '본질적이고 생산적인 연구 윤리'를 기초로 작성되었다.
2. 과학 연구 과정에서 연구자의 '창조적' 선택은 해왕성의 발견처럼 중요한 과학 지식의 성장으로 이어질 수 있지만, 수성 내측 궤도에 존재한다고 여겨진 벌컨(Vulcan)이 결국 발견되지 않았던 예도 있듯이 이러한 선택의 타당성은 알고리즘적으로 미리 규정될 수 없는 '결단적' 특징을 갖는다. 이 점에 대해서는 『이공계 학생을 위한 과학 기술의 철학적 이해』 제5판(한양 대학교 출판부, 2010)에 실린 「침대, 해왕성, X-레이, 연주 시차: 과학 철학 첫걸음」 참조.
3. 볼티모어 사건에 대해서는 4강, 7강을 참조.
4. 과학 기술부와 교육 인적 자원부는 2008년에 교육 과학 기술부로 통합되었다.

2강

1. 이 장은 《ELSI 연구》 4권 2호에 실린 필자의 논문 「나노 기술의 윤리적 쟁점 및 정책 제안」의 내용 일부를 활용하여 작성되었다.

3강

1. Mojon-Azzi, Stefania M. and Daniel S. Mojon, "Scientific Misconduct: From Salami Slicing to Data Fabrication", *Ophthalmologica* 218: 1-3, 2004.
2. Zigmond, Michael J. and Beth A. Fischer, "Beyond Fabrication and Plagiarism: The Little Murders of Everyday Science", *Science and Engineering Ethics* 8: 229-234, 2002.
3. 이준석, 김옥주, 「연구 부정행위에 대한 규제 및 법 정책 연구」, 《생명 윤리》 제7권 제1호, 2006, pp. 101-116.; Pascal, Chris B, "The History and Future of the Office of Research Integrity: Scientific Misconduct and Beyond." *Science and Engineering Ethics* 5: 183-198, 1995.
4. Mello, Michelle M. and Troyen A. Brennan, "Due Process in Investigations of

356

Research Misconduct", *New England Journal of Medicine* 349(13):1280-1286.

5. Schachman, Howard K, "What Is Misconduct in Science?", *Science*(9 July): 148-149, 183, 1993.; Steneck, Nicholas H.,"Confronting Misconduct in Science in the 1980s and 1990s: What Has and Has Not Been Accomplished?", *Science and Engineering Ethics* 5: 161-176, 1999.

6. http://snuethics.snu.ac.kr

7. 서울 대학교 대학 신문 2007년 5월 7일자 사설 「글로벌 스탠다드에 걸맞은 연구 윤리 제고해야」 참조.

8. Gibbons, Michael, et al., 1994. *The New Production of Knowledge*, London. Sage.

9. Hicks, Diana M. and J. Sylvan Katz, "Where Is Science Going?" *Science, Technology, & Human Values* 21: 379-406, 1996.

10. Steneck, Nicholas H, "Research Universities and Scientific Misconduct: History, Policies and the Future", *The Journal of Higher Education* 65(May-June): 310-330, 1994.

11. Martinson, Brian C. et al., "Scientists Behaving Badly", *Nature* 435(9 June): 737-738, 2005.

12. Dickson, David, "Social Responsibilities of the Scientist", *Review of Physics in Technology* 2: 116-122, 1971.

13. Rotblat, Joseph, "Social Responsibility of Scientists", *MCFA News* 2 No. 1: 1-2, 2000.

14. Beckwith, Jon and Franklin Huang, "Should We Make a Fuss? A Case for Social Responsibility in Science" *Nature Biotechnology* 23(12): 1479-1480, 2005.

15. Avery, John, "Developing the Social Responsibility of Scientists and Engineers", 2005. http://www.fredsakademiet.dk/tid/2000/2005/hague2.pdf

4강

1. 윤선희,『지적 재산권법』(세창 출판사, 2005).

2. 윤선희, 앞의 책, p. 3과 본문 내용을 참조하여 작성.

3. 정상조,『지적 재산권법』(홍문사, 2004).

4. 더 상세한 과정은 www.ipr-guide.org 등 관련 사이트를 참조

5. Diamond v. Chakrabarty, 447 U.S. 303 (1980).

6. 표호건 외, 『주요국의 생명 공학과 관련된 특허성 판단 기준에 대한 연구』(한국 지식 재산 연구원, 2002).

7. 남희섭 외, 『디지털은 자유다』(이후, 2000).

8. 김도현, 「정보 사회와 평등 문제: 보편적 서비스의 소프트한 의미를 위하여」(http:// networker.jinbo.net)에서 재인용.

9. Macrina, F.L., Scientific Integrity, 3rd ed. 2005의 내용을 바탕으로 함.

5강

1. 실험실 생활에서 시작하여 독립적인 과학자로 성장하는 과정과 그러한 과정에서 요구되는 역할 및 규범에 대해서는 National Academy of Sciences, On Being a Scientist: Responsible Conduct in Research, 2nd ed. Washington, D.C.: National Academy Press, 1995; 조은희, 「과학 연구의 첫걸음」, 과학 철학 교육 위원회 편, 『과학 기술의 철학적 이해 2』 제3판(한양 대학교 출판부, 2006), pp. 485-508; 조은희, 김건수, 이상욱, 이준호, 정인실, 『실험실 생활 길잡이』(라이프사이언스, 2007)를 참조할 수 있다.

2. 부정행위에 대한 내부 고발자를 보호하는 조치를 강구하는 것도 중요한 쟁점이지만, 이 책의 다른 부분에서 다루어지고 있으므로 여기서는 생략한다.

3. 연구 책임자는 연구소나 대학에서 연구 과제를 책임지면서 연구원의 양성을 담당하는 사람을 의미하고, 연구원은 연구 과제에 참여하거나 학위 논문을 작성하기 위해 지도를 받는 사람을 지칭한다. 영어권에서는 '멘토'와 '멘티(mentee)'라는 용어가 널리 사용되고 있지만, 적절한 번역어를 찾기 어려운 까닭에 여기서는 연구 책임자와 연구원으로 표현했다.

4. http://www.nap.edu/readingroom/books/mentor

5. 이와 관련하여 Feibelman, P.J., 최경호 옮김, 『과학도를 위한 생존 전략: 박사 학위로는 부족하다』(북스힐, 2002)은 박사 후 연구원에 대한 흥미롭고 유익한 충고를 담고 있다.

6. Resnik, D.B., *The Ethics of Science*: An Introduction. London: Routledge, 1998, p. 124.

7. 이러한 점을 포함한 과학 제도의 사회학에 대한 논의는 Hess, D.J., 김환석 외 옮김, 『과학학의 이해』(당대, 2004), pp. 105-155를 참조.

8. Shamoo, A.E., Resnik D.B., *Responsible Conduct of Research*. Oxford: Oxford

University Press, 2003, pp. 56-57.

9. Resnik, DB., 앞의 책, 1998, p. 131.

10. 이 단락은 주로 교육 인적 자원부, 한국 학술 진흥 재단,『연구 윤리 소개』, 2006, 129-141; Macrina, FL., *Scientific Integrity*, 3rd ed. Washington, D.C.: ASM Press, 2005, pp. 187-209를 참조하여 작성했다.

11. 교육 인적 자원부, 한국 학술 진흥 재단, 앞의 책, 2006, p. 131.

12. 이와 관련하여 조은희, 김건수, 이상욱, 이준호, 정인실, 앞의 책, 2007, pp. 18-21은 실험실에서 지켜야 할 안전 수칙을 소개하고 있다.

13. 교육 인적 자원부, 한국 학술 진흥 재단, 앞의 책, 2006, p. 136.

14. 이 단락은 이필렬, 최경희, 송성수,『과학, 우리 시대의 교양』(세종서적, 2004), pp. 86-95를 재구성하면서 보완한 것이다.

15. 대중과 과학 기술의 상호 작용에 대한 다양한 논의는 김명진 편저,『대중과 과학 기술: 무엇을 누구를 위한 과학 기술인가』(잉걸, 2001)을 참조.

16. 이와 같은 연구 계획서의 작성과 연구비의 관리에 대한 논의는 서상희,「연구 책임자의 역할과 연구 수행상의 도덕성」,《과학 기술 정책》16(1), 2006, pp. 24-30을 참조.

17. Frazer, MJ., Kornhauser, A. eds, 송진웅 옮김,『과학 교육에서의 윤리와 사회적 책임』(명경, 1994), pp. 58-59.

18. 과학자 헌장의 전문은 조홍섭 편역,『현대의 과학 기술과 인간 해방: 민중을 위한 과학 기술론』(한길사, 1984), pp. 279-288에 번역·수록되어 있다.

19. Webster, A., 김환석, 송성수 옮김,『과학 기술과 사회: 새로운 방향』(한울, 2002), 보론 증보판, pp. 133-136.

20. 조은희, 앞의 글, 2006, p. 495.

21. Resnik, DB., 앞의 책, 1998, p. 192.

22. 조은희, 앞의 글, 2006, p. 493.

23. Shamoo, AE., Resnik DB., 앞의 책, 2003, p. 66.

24. 같은 책, pp. 66-67을 일부 보완함.

25. Resnik, DB., 앞의 책, 1998, p. 184를 일부 보완함.

26. Macrina, FL., 앞의 책, 2005, p. 206.

27. Resnik, DB., 앞의 책, 1998, p. 187을 일부 보완함.

28. 같은 책, p. 190을 일부 보완함.

29. 송성수, 「현대 산업 사회에서 과학 기술자의 책임」, 최재천 엮음, 『과학·종교·윤리의 대
  화』(궁리, 2001), pp. 30-32.

6강

1. Hine WL., "Mersenne and Copernicanism", *Isis* 64(1):18-32, 1973.

2. LaFollete MC., *Stealing into print. Berkely*, (CA):Unviersity of California Press.
  pp. 70-71, 1992.

3. Smith R., "Opening up BMJ peer review: A beginning that should lead to
  complete transparency", *BMJ* 318(7175):4-5, 2006.

4. Schroter S, Black N, Evans S, Carpenter J, Godlee F, Smith R., "Effects of training
  on quality of peer review: randomised controlled trial", *BMJ* 328:673-677,
  2004; Callaham ML, Wears RL, Waeckerle JF., "Effect of attendance at a training
  session on peer reviewer quality and performance". *Ann Emerg Med* 32:318-
  322, 1998; Strayhorn J, McDermott JF Jr, Tanguay P., "An intervention to improve
  the reliability of manuscript reviews for the Journal of the American Academy
  of Child and Adolescent Psychiatry", *Am J Psychiatry* 150:947-952, 1993;
  "Training package for BMJ peer reviewers", *BMJ*. http://resources.bmj.com/
  bmj/reviewers/training-materials

5. Peters D, Ceci S., "Peer-review practices of psychological journals: the fate of
  submitted articles, submitted again", *Behav Brain Sci* 5:187-255, 1982.

6. Campanario JM., Have referees rejected some of the most-cited articles of all
  times?, *J Am Soc Information Sci* 47:302-310, 1996; Barber B., "Resistance by
  scientists to scientific discovery", *Science* 134:596-602, 1961.

7. Mahoney MJ., "Publication prejudices: An experimental study of confirmatory
  bias in the peer review system", *Cognitive Therapy and Research* 1(2):161-175,
  1977; Armstrong JS., "Peer review for journals: Evidence on quality control,
  fairness, and innovation", *Sci Eng Ethics* 3:63-84, 1997.

8. White C., "Plagiarism detection service to be launched in June", *BMJ* 336:797,
  2008.

9. Rossner M, Yamada KK., *J Cell Biol* 166:11-15, 2004.

10. Editorial., "Gel Slicing and dicing: a recipe for disaster", *Nature Cell Biol* 6(4):275, 2004; Pearson H., "CSI: cell biology", *Nature* 434:952-953, 2005.

11. Benos DJ, Kirk KL, Hall JE., "How to review a paper", *Adv Physiol Educ* 27:47-52, 2003.

12. Bacchetti P., "Peer review of statistics in medical research: the other problem", *BMJ* 324:1271-1273, 2002.

13. Roberts LW, Coverdale J, Edenharder K, Louie, A., "How to review a manuscript: A 'Down-to-Earth' approach", *Academic Psychiatry* 28(2):81-87, 2004.

14. Sieber JE., "Quality and value: How can we research peer review? Improving the peer-review process relies on understanding its context and culture", Nature on-line debate on peer review. doi:10.1038/nature05006, 2006.

15. Council of Science Editors (CSE). 2006. CSE's White Paper on Promoting Integrity in Scientific Journal Publications. http://www.councilscienceeditors. org/editorial_policies/whitepaper/

16. Editorial. "Peer Reveiw and Fraud", *Nature* 444:971-972.

17. Koop T, Poschl U., "Systems: An open, two-stage peer-review journal", Nature on-line debate on peer review. doi:10.1038/nature04988, 2006.

18. Sandewall E., "A hybrid system of peer review", Nature' peer review debate. doi:10.1038/nature04994, 2006.

19. Begg C B, Berlin JA., "Publication Bias: a Problem in Interpreting medical data", *J Royal Statistit Soc* 151:419-463, 1988.

20. Begg & Berlin, 앞의 논문.

21. ICMJE, "Clinical trial registration: a statement from the International Committee of Medical Journal Editors." http://www.icmje.org/clin_trial.pdf; Laine C, De Angelis C, Delamothe T, Drazen JM, Frizelle FA, Haug C, et al., "Clinical Trial Registration: Looking Back and Moving Ahead", *J Intern Med* 147(4):275-277, 2007; Zarin DA, Ide NC, Tse T, Harlan WR, West JC, Lindberg DAB., "Issues in the Registration of Clinical Trials", *JAMA* 297:2112-2120, 2007.

22. Higgins GA, Lee LE, Dwight RW, Keehn RS., "The case for adjuvant

5-fluorouracil in colorectal cancer", *Canc Clin Trials* 1:35-41, 1978.

23. Maxwell C., "Clinical trials, reviews, and the journal of negative results", *Brit J Clin Pharmacol* 1:15-18, 1981.

24. Kotelchuck D., "Asbestos research: winning the battle but losing the war". *Health/PAC Bull* 61: 1-27. Begg & Berloin, 1988에서 재인용.

25. Davidson RA., Source of funding and outcome of clinical trials. *J Gen Intl Med* 1:155-158, 1986; Als-Nielsen B, Chen W, Gluud C, Kjaergard LL., "Association of funding and conclusions in randomized drug trials: A reflection of treatment effect or adverse event?", *JAMA* 290:921-928, 2003; Khaegard LL, Als-Nielsen B., "Association between competing interests and authors' conclusions: Epidemiological study of randomised clinical trials published in BMJ", *BMJ* 325: 249-252, 2002; Djulbegovic B, Lacevic M, Cantor A, et al., "The uncertainty principle and industry-sponsored research", *Lancet* 356:653-638, 2000; Bekelman JE, Li Y, Gross CP, "Scope and impact of financial conflicts of interest in biomedical research: a systematic review", *JAMA* 289:454-465, 2003; Lexchin J, Bero LA, Djulbegovic B, Clark O., "Pharmaceutical industry sponsorship and research outcome and quality: systematic review", *BMJ* 326:1167-1170, 2003.

26. Bero LA., "Tobacco industry manipulation of research". *Public Health Reports* 120:200-208, 2005; Lipipero PA, Bero LA., "Tobacco interests or the public interest: 20 years of industry strategies to undermine airline smoking restrictions", *Tobacco Control* 15:323.332, 2006.

27. Nature. Correction and retraction policy. http://www.nature.com/authors/editorial_policies/corrections.html

28. 미국 국립 보건원 온라인 연구 윤리 강좌(http://researchethics.od.nih.gov/)에 수록된 사례로『실험실 생활 길잡이』(라이프사이언스, 2007)에 만화의 형태로 제시되었다. 미국 국립 보건원에서 제시하는 해설은 다음과 같다. ① 아니다. 심사자는 학술지의 편집인에게 다른 사람의 도움을 받거나 다른 사람에게 원고를 보여도 되는지에 대해 허락을 구할 수 있다. 그러나 심사를 할 때 다른 사람의 도움을 받는 것을 일상적으로 허용하는 학술지도 일부 있다. 단 이 경우 도움을 준 다른 연구자 또한 심사자와 마찬가지로 논문에 대해 비밀을 지켜야 한다. ② 그렇다. 자신과 최근에 공동 연구를 한 경험이 있는 저자

의 논문은 심사를 거절하거나 적어도 편집자에게 저자와의 관계를 밝히는 것이 바람직하다. ③ 아니다. ④ 반드시 상의해야 하는 것은 아니지만 심사자가 김 박사의 도움을 요청한 이상 김 박사의 의견을 반영할 것인지 아닌지는 알려 주는 것이 예의다. ⑤ 그렇다. 심사자는 편집인에게 다른 사람이 원고를 읽었고 심사에 도움을 주었다는 것을 언급해야 한다. ⑥ 아니다. 김 박사가 심사를 의뢰받은 사람이 아니므로 그럴 필요는 없다. 그러나 자신의 의견이 중요한 의미를 지닌다면 교수와 더 상의할 필요가 있다.

29. Shamoo AD, Resnik DB., Responsible Conduct of Research. Oxford University Press, 2003, p. 92 case 11.

30. Wenneras C, Wold A., "Nepotism and sexism in peer-review". *Nature* 387:341-343, 1997.

31. Feder G. et al., "Reed Elsevier and the international arms trade", *Lancet* 366:889, 2005.

32. Cowden SJ., "Reed Elsevier's Reply", *Lancet* 366:889-890, 2005.

33. Editorial, "Reed Elsevier and the arms trade", *Lancet* 366:868, 2005.

34. Editorial, "Reed Elsevier defence exhibitions: an announcement", *Lancet* 369:1902, 2007.

35. Boffetta P, Aagnes B, Weiderpass E, Andersen A., "Smokeless tobacco use and risk of cancer of the pancreas and other organs", *Intl J Canc* 114(6):992-995, 2005.

36. Gartner CE, Hall WD, Vos T, Bertram MY, Wallace, AL, Lim SS., "Assessment of Swedish snus for tobacco harm reduction: an epidemiological modelling study", *Lancet* 369:2010-2014, 2007.

37. The PLoS Medicine Editors, "Tobacco substitutes: Harm reduction or smokescreen?", *PLoS Med* 4(7):e244, 2007, doi:10.1371/journal.pmed.0040244

38. Gartner CE, Hall WD, Chapman S, Freeman B., "Should the health community promote smokeless tobacco (snus) as a harm reduction measure?", *PLoS Med* 4:e185, 2007, doi:10.1371/journal.pmed.0040185

39. Enstrom JE, Kabat GC., Environmental tobacco smoke and tobacco related mortality in a prospective study of Californias, 1960-98. *BMJ* 326:1057-1061, 2003.

40. Bero LA, Glantz S, Hong MK., "The limits of competing interest disclosure", *Tob Control* 14:118-126, 2005.

41. Yalow RS., "Radioimmunoassay: A probe for fine structure of biologic systems", Nobel Lecture, 1977. 12. 8. http://nobelprize.org/nobel_prizes/medicine/laureates/1977/yalow-lecture.pdf

42. Yalow RS., "Competency testing for reviewers and editors", *Behav Brain Scis* 5:244-245, 1982.

7강

1. Medical Research Council, UK. Good Research Practice. 2005. http://www.mrc.ac.uk/Utilities/Documentrecord/index.htm?d=MRC002415

2. 조은희 등, 『실험실 생활 길잡이』(라이프사이언스, 2007), p. 80.

3. 고려 대학교 공과 대학 전기 전자 전파 공학부 적응 시스템 연구실의 예. 조은희 외, 앞의 책, 2007, pp 74-82를 참고할 것.

4. Hecht J., *Laser Pioneers*. Academic Press, 1991.

5. Editorial, "Gel slicing and dicing: a recipe for disaster", *Nature Cell Biol* 6(4):275, 2004.

6. Rossner M., "How to guard against image fraud", *The Scientist* 20(3):24, 2006.

7. Rossner M, Yamada KM., "What's in a picture? The temptation of image manipulation", *J Cell Biol* 166(1):11-15, 2004; Rossner M, O'Donnell R., "The JCB will let your data shine in RGB", *J Cell Biol* 164(1):11-13, 2004.

8. Pascal CB., "Managing data for integrity: Policies and procedures for ensuring the accuracy an quality of the data in the laboratory", *Sci Engineering Ethics* 12:23-39, 2006.

9. 조은희, 「볼티모어 사건을 통해 본 실험 기록의 중요성」,《분자 세포 생물학 뉴스》, 2006.

10. 홍성욱, 『과학은 얼마나』(서울 대학교 출판부, 2004)

11. Fran Hawthorne, *The Merck Druggernaut the Inside Story of a Pharmaceutical Giant*. Wiley, 2003.

12. Bombardier, et al., *NEJM* 343(21),1520-8, 2000.

13. LeBon 1879, 굴드 1981에서 재인용. Gould, S., *The Mismeasure of Man*, 1981; 김동

광 옮김, 『인간에 대한 오해』(사회평론, 2003).

14. Broad W. & Wade N., 『Betrayers of the Truth: Fraud and Deceit in Science』, 김동 광 옮김, 『진실을 배반한 과학자들』(미래 M&B, 2007), pp. 91-107.

15. 다음 웹사이트의 사례를 번역, 각색했음. Online Ethics Center for Engineering and Ethics. Graduate Research Ethics : Cases and Commentary, Vol. 3, 1999, Truth or Consequences. http://onlineethics.org/reseth/appe/vol3/truthorcon.html

8강

1. 윤기중, 안중기, 김병수, 「통계의 오용과 효율적 이용에 관한 연구」, 《산업과 경영》, 24(2), 1987, pp. 3-37.

2. 최종후, 이재창, 『학술 논문과 통계적 기법』(자유 아카데미, 1996)

3. Jon Cohen, "AIDS Vaccine Trial Produces Disappointment and Confusion", *Science*, 299, 2003, p. 1290; Jon Cohen, "Vaccine Results Lose Significance under Scrutiny", *Science* 299, 2003, p 1495.

4. Wolfgan Ahrens, Klaus Krickeberg, Iris Pigeot, Introduction to Epidemiology, chapter 4 "Statistical Methods in Epidemiology" in W. Ahrens & I. Pigeot(ed), *Handbook of Epidemiology*, Springer, New York, 2005.

9강

1. 《교수신문》, 2006년 9월 4일

2. 《중앙일보》, 2006년 4월 1일

3. 김형순, 『논문 10%만 고쳐 써라!』(야스미디어, 2003)

4. 김형순, 『영어 과학 논문 100% 쉽게 쓰기』(서울 대학교 출판 문화원, 2010)

5. Uniform Requirements for Manusript Submitted to Biomedical Journals: Writing and Editing for Biomedical Publication, Updated February 2006(www. icmje.org), http://203.252..63.3/smimc/_smimchome_re/report/f-6-2.htm

6. 김형순, 앞의 책, 2010

7. 표준 학술지의 논문에서는 제1저자부터 저자 6명을 나열하고 이어서 등(et al.)을 쓴다. 미국 국립 의학 도서관은 저자 25명까지를 나열한다. 저자가 25명이 넘으면 미국 국립 의 학 도서관은 제1저자부터 24명까지 나열하고 그 논문의 마지막 저자를 기재한 다음 등

(et al.)을 쓴다. 저자가 6명 이상이면 Parkin DM, Clayton D, Black RJ, Masuyer E, Friedl HP, Ivanov E, et al.과 같이 표기한다("Childhood leukemia in Europe after Chernobyl: 5 year follow-up", *Br. J. Cancer*, 1996;73:1006-12.).

8. Uniform Requirements for Manusript Submitted to Biomedical Journals, 앞의 글

9. 한국 화학회(www.kcsnet.or.kr)의 연구 논문 윤리 지침, http://www/kcsnet.or.kr/main/k_introduction/k_i_article_02_rule.htm(2010년 12월 24일 확인)

10. R. A. Day, *How to write publish and a scientific paper*, 5th ed, Oryx Press, 1998, pp. 25-26.

11. M. C. Lafollette, *Stealing into Print*, University of California Press, 1992, p. 42.

12. 《교수신문》, 2006년 9월 11일

13. 「한국 학술 단체 총연합회 연구 윤리 지침」, 2010년 1월

14. R. Menager-Beeley and L. Paulos, *Understanding Plagiarism*, Houghton Mifflin Co., New York, 2006, p. 7.

15. 김태환, 『인용법』(서울 대학교 교수 학습 센터 글쓰기 교실, 2006)

16. 임인재, 김신영, 『논문 작성법』(서울 대학교 출판부, 2006)

17. 참고 문헌 항에서 본문에 인용된 문헌을 표시하는 방법은 분야별로 조금씩 다른데, Chicago(Turabian) 식이 가장 널리 쓰이고 MLA(Modern Language Association) 식은 인문 분야, APA(American Psychological Association) 식은 사회 과학, 교육, 공학 및 경영학 분야에서 사용된다.

18. 참고 문헌을 인용하는 방법은 학술지의 투고 규정에 따라 다르다. 동양인 경우에 저자의 성 대신에 성명을 표시할 수도 있다. 저자가 3명 이상인 경우에 등, 외, et al.을 사용하기도 한다.

19. Academic integrity, MIT A handbook for students, http://web.mit.edu/academicintegrity/handbook/handbook.pdf

20. 한동 대학교 한동 교육 개발 센터, 『학습 윤리 가이드북』(한동 대학교 출판부, 2009)

21. 본문에서 제시하는 그림의 제목은 그림 밑에, 표의 제목은 표 위에 기입하며 일반적으로 그림과 표의 제목은 영문으로 나타낸다.

22. 木下是雄, 『理科系の作文技術』, 中公新書, 1981

23. 참고로 「Reproductions of Copyrighted Works by Educators and Librarians」, http://www.umuc.edu/library/copy.shtml에서는 합법적인 복사 규정으로 산문의

경우는 2,500자 이내, 발췌의 경우는 1,000자 이내 또는 전체 내용의 10퍼센트 이내로 분량을 제한하고 있다(2010년 12월 24일 확인).

24. 임인재, 김신영, 앞의 책, 2006

25. 「한국 학술 단체 총연합회 연구 윤리 지침」, 2010년 1월

26. 《동아일보》, 2006년 12월 29일

27. F. L. Macrina, *Scientific Integrity*, 3rd ed. ASM Press, 2005, p. 87.

10강

1. 身體髮膚(신체발부)는 受之父母(수지부모)니 不敢毀傷(불감훼상)이 孝之始也(효지시야)요, 『효경』

2. 『구약성서』 「욥기」의 구절

3. 소니아 샤, 정해영 옮김, 『몸 사냥꾼』(마티, 2006), p. 23.

4. 박은정, 『생명 공학 시대의 법과 윤리』(이화 여자 대학교 출판부, 2000), p. 348.

5. 구영모, 「임상 연구의 윤리」, 구영모 편, 『생명 의료 윤리』(동녘, 2004), p. 201.

6. 양재섭, 「사람을 대상으로 하는 실험」, 《분자 세포 생물학 뉴스》, 2006년 12월, p. 67.

7. 「의약품 임상 시험 관리 기준(개정안)」, 2007·1·4. 제2조 1항. 식품 의약품 안전청 고시 제2007-4호.

8. 임상 시험의 유형은 「의약품 임상 시험 관리 기준」, 제4조. 1998. 4. 16 식품 의약품 안전청 고시 제1998-18호와 구영모, 「임상 연구의 윤리」, 『생명 의료 윤리』 구영모 편(동녘, 2004), pp. 201-203에 따른 것이며 좀 더 상세한 것은 이 2가지 문헌을 참조할 것.

9. http://www.encyber.com/search_w/ctdetail.php?gs=ws&gd=&cd=&q=&p=1&masterno=756887&contentno=756887

10. 《서울 신문》, 2005년 5월 10일

11. Telford Taylor. "Opening statement of the prosecution. December 9, 1946" George J. Annas and Michael A. Grodin(Ed)., *The Nazi doctors and the Nurember Code: human rights in human experimentation*. New York : Oxford University Press, 1992" 67-93, 김옥주, 「뉘른베르그 강령과 인체 실험의 윤리」, 《한국 의료 윤리 교육학회지》, 5권 1호, 2002에 인용한 것을 간추려 정리함.

12. George J. Annas and M.A Grodin ed., 'Judgement and aftermath', *Nazi Doctors and the Nurenberg code*, pp. 102-103. 김옥주, 앞의 논문에서 번역한 문장 중 뽑아 씀.

13. Macrina, Francis L., *Scientific Integrity* 3rd ed., ASM Press, 2005, p. 93.

14. 구영모, 앞의 책, pp. 205-206의 간추린 내용에 따랐으며 전문은 http://www. koreabioethics.net/에 실려 있다.

15. 벨몬트 보고서 전문은 http://www.koreabioethics.net/journal/1-1/belmont(j). pdf. 참고. 구영모,『생명 의료 윤리』, pp. 207-209.

16. KGCP, 1987/2007

17. 더 상세한 것은 전문을 참조.「의약품 임상 시험 관리 기준(개정안)」. 2007 · 1 · 4 식품 의약품 안전청 고시 제2007-4호.

18. 대한 의사 협회 홈페이지 참조. http://www.kma.org/contents/intro/intro03.html

19. Tom L. Beauchamp and James F. Childress, *Principles of Biomedical Ethics*. New York: Oxford University Press, 1977, 토마스 쉐넌, 구미정, 양재섭 옮김,『기초 생명 윤리학』(대구 대학교 출판부, 2003), pp. 38-42에서 재인용.

20. 소니아 샤, 앞의 책, p. 14.

21. 박은정, 앞의 책 pp. 355-356. 더 자세한 것은 전문을 참조.

22. Hans Joans, *Philosophical Reflections on Experimenting with Human Subjects*. Deadalus. Spring, 1969, 토마스 쉐넌. 앞의 책에서 재인용. Hans Joans는 4 개의 범주를 제시했으나 그중 하나는 현대적 관점에서 적절하지 않아 빼고 인용했음.

23. 여러 실험 대상에 대한 각각의 상세한 문제점에 관해서는 박은정, 앞의 책, pp. 367-378 을 참조.

24. http://www.kmatimes.com/news/drug/foreign/1187088_1583.html

11강

1. LaFollette H & Shanks S., *Brute Science: Dilemmas of Animal Experimentation*. NY: Routledge., 1996.

2. Singer P., *Animal Liberation*, 김성한 옮김,『동물 해방』(인간사랑, 1999) 개정판 서문.

3. Singer P., 앞의 책, 1999.

4. Directive 76/768/EEC relating to cosmetic products, Directive 86/609/EEC on the protection of animals used for experimental and other scientific purposes.

5. 유럽 연합의 Directive 86/609/EEC에 따라 1992년 ECVAM(European Centre for the Validation of Alternative Methods)가 구성되어 동물 실험을 대체할 수 있는 연구

368

를 지원하고 대체 실험법에 대한 유효성 인정을 인정하고, 그렇게 유효성이 인정된 실험 방법을 보급하고 있다.

6. The Report and Recommendations of ECVAM Wrokshoop 33. Alternatives to the Use of Animals in Higher Education. ATLA 1999: 23, 39-52.

7. 이상욱, 「이종 장기」, 『과학의 발전과 윤리적 고민』(라이프사이언스, 2007), pp. 89-114.

8. Russell W & Burch R., *Principle of Humane Animal Experimentation*. Charles C. Thomas, Springfield, IL, 1959.

9. Shamoo AE & Resnik DB., *Responsible Conduct of Research*. Oxford Univ. Press, NY. pp. 214-225, 2003.

10. Animal Welfare Informmation Center, United States Department of Agriculture. Information Resources for Adjuvants and Antibody Production: Comparisons and Alternative Technologies. http://www.nal.usda.gov/awic/pubs/antibody/

11. Harlow HF., "The nature of love". *American Psychologist* 13, 1958, pp. 573-685.

12. Macrina FL., *Scientific Integrity*, 3rd ed. ASM press, 2004. pp. 148-149. Case 6.3.

13. Gawrylewski A., "Research halted In UConn Neuro Lab", *The Scientist*, 2007. 2. 6. http://www.the-scientist.com/news/home/49079/.

14. 다음의 사례를 수정 보완했으며 원래의 사례에 포함되어 있는 해설을 문항에 따라 적용하고 보완한 내용은 다음과 같다. Silverman, J., "Protocol Review: No Recovery?", *Lab Animal*, 1994 April. p. 20. Office of Research Integrity Online Ethics Course Section Five: Animals in Research CASE STUDY: Recovery and Multiple Use http://ori.dhhs.gov/education/products/montana_round1/anicase1.html
① 동물 실험 위원회는 연구자의 명성이나 지위나 전문성에 관계없이 필요한 정보를 요구해 검토할 책임이 있다. ② 사용 예정인 동물의 수는 통계적인 실험 계획에 따라 필요하다고 판정된 최소의 수라는 근거가 제시되어야 한다. 명시된 동물 종과 함께 이것이 계획서에 제시된 훈련 방법으로 가장 적절한 종이라는 사실이 나타나 있어야 한다. 이와 함께 동물 실험을 대체할 방법 또는 고통을 더 느끼는 대체 동물이 있는지에 대한 검토가 되어 있어야 한다. 동물의 용도와 함께 이와 같은 훈련을 해야만 하는 과학적 근거 또는 필요성이 설명되어 있어야 한다. ③ 필요하다. 동물은 고통이나 스트레스가 없거나 최소화할 수 있는 방법으로 다루어야 한다. 따라서 회복될 때까지 고통을 참고 기다린 다음 안락사하

는 방법은, 회복을 기다려야 할 명백하고 타당한 이유가 없는 한 바람직하지 않다. 또한 특별하게 중복 수술이 연구 목적의 달성에 필요하다고 판단되고 기관 동물 실험 위원회의 승인을 받지 않은 이상 동일한 동물에게 중복 수술은 허용하지 않는다. 따라서 회복된 동물이 안락사되기 전에 중복 수술을 받게 될 것인지도 확인할 필요가 있어 보인다. 수술 후 회복될 때까지 기다려야 할 과학적으로 또는 교육적으로 타당한 이유가 없으면 즉시 안락사를 시키도록 권고한다. ④ 반드시 필요하다. 안락사를 수행하는 사람, 방법, 환경 등이 프로토콜에 명시되어 있어야 한다. 동물 실험 위원회의 위원인 당신이 과제 책임자에게 위의 사항을 문의하자 수술받은 돼지가 회복되면 바로 도살장으로 보내어 도살한다는 응답을 받았다. 도살장에 돼지를 판매한 수익금은 수련의 훈련을 위한 기금의 일부로 사용되고 있다고 한다. ⑤ 동물 실험 위원회의 일차적인 책임 가운데 하나는 동물의 복지를 보호하는 것이다. 동물 실험을 수행한 다음 도살장에 판매할 목적으로 회복시키는 것은 동물에게 필요 이상의 고통을 주는 것으로 판단된다. 또한 돼지를 2주간 사육하는 데 드는 비용 또한 감안해야 할 것이다. 이와 더불어 미국에서 이 돼지를 식용으로 판매하려면 식품 의약국에서 승인한 약제만 사용해야 하며 또한 이러한 약제 사용도 식용으로 판매하기 일정 기간 이전에 중단해야만 한다. 마지막으로 동물 실험 위원회에서는 동물 실험에 관한 대중의 인식에 대한 문제도 고려해야 한다. 일반 사람들이 실험동물을 식용으로 사용하는 것을 달가워하지 않을 가능성이 있고 또 만약 위원회에서 이를 공개적으로 방어 또는 지지하는 것이 적절하지 않다고 생각되면 프로토콜을 승인하지 않아야 할 것이다.

12강

1. 이 글은 주로 송성수, 김병윤, 「공학 윤리의 흐름과 쟁점」, 유네스코 한국 위원회 편, 『과학 연구 윤리』(당대, 2001), pp. 173~204; Harris, CE, Pritchard, MS, Rabins, MJ., 김유신 외 옮김, 『공학 윤리: 개념과 사례』(북스힐, 2006)을 참조하여 작성했다.

2. 챌린저호 폭발 사건은 거의 모든 공학 윤리 교과서에서 다루어지고 있으며, 이를 자세히 분석한 책으로는 Vaughan, D., *The Challenger Launch Decision: Risky Technology, Culture, and Deviance at NASA*. Chicago: University of Chicago Press, 1996이 있다.

3. 두 문장은 Harris, CE, Pritchard, MS, Rabins, MJ., 앞의 책, 2006, p 13에서 인용.

4. McFarland, MC., The public health, safety and welfare: an analysis of the social responsibilities of engineers. Johnson, DG. ed., *Ethical Issues in Engineering*.

Englewood Cliffs, NJ.: Prentice-Hall, 1991, pp. 159-174.

5. 그밖에도 사회적 약자의 최대 이익에 주목하는 정의론, 인간 중심주의에 대항하여 동물권을 강조하는 동물 해방론, 자연과 인간을 상호 의존하는 생명 공동체로 간주하는 생태 윤리론 등이 있다. 이와 같은 다양한 윤리 이론을 생명 복제의 사례에 적용한 것으로는 김명식, 「과학과 윤리」, 과학 철학 교육 위원회 편, 『과학 기술의 철학적 이해 2』(한양 대학교 출판부, 2006), 제3판, pp. 385-407이 있다.

6. 우리나라의 경우에는 2004년 10월에 제정된 대한 기계학회(http://www.ksme.or.kr)의 윤리 헌장이 주목할 만하다.

7. 미국의 주요 엔지니어 단체의 윤리 강령은 Harris, CE, Pritchard, MS, Rabins, MJ., 앞의 책, 2006, pp. 529-543; 배원병 외, 『공학 윤리』(북스힐, 2006), pp. 216-253에 원문으로 실려 있다. NSPE와 IEEE 이외에도 컴퓨터 장비 협회(Association of Computing Machinery, ACM), 미국 화학 공학회(American Institute of Chemical Engineers, AIChE), 미국 토목 공학회(American Society of Civil Engineers, ASCE), 미국 기계 공학회(American Society of Mechanical Engineers, ASME), 산업 공학회(Institute of Industrial Engineers, IIE)의 윤리 강령이 소개되어 있다. 이와 같은 엔지니어 단체들의 윤리 강령을 번역해 보는 것도 공학 윤리에 대한 중요한 학습 방법일 것이다.

8. Harris, CE, Davis, M, Pritchard MS, Rabins, MJ., "Engineering ethics: what? why? how? and when?", *Journal of Engineering Education* 85(2), 1996, pp. 93-96.

9. Harris, CE, Pritchard, MS, Rabins, MJ., 김유신 외 옮김, 『공학 윤리: 개념과 사례』(북스힐, 2006), 제3판, p. 90을 일부 보완함.

10. Harris, CE, Pritchard, MS, Rabins, MJ., 앞의 책, 2006, pp. 99-100.

11. 공학 윤리의 주요 주제는 이하에서 논의하는 4가지 이외에도 공학 연구의 윤리, 컴퓨터 윤리, 생명 공학의 윤리 등으로 확장될 수 있지만, 이와 관련된 사항은 이 책의 다른 부분에서 다루어지고 있으므로 여기서는 생략한다.

12. Vaughan, D., 앞의 책, 1996, pp. 409-422.

13. 송성수, 김병윤, 앞의 글, 2001, pp. 183-187.

14. Harris, CE, Pritchard, MS, Rabins, MJ., 앞의 책, 2006, p. 269.

15. 실제로 어떤 의사 결정이 PED에 해당하는지 아니면 PMD에 해당하는지를 판단하는 것도 쉽지 않다. 이러한 판단을 하는 데에는 앞서 언급한 선 긋기 기법이 유용한 도구로 활용될 수 있다. 가령, 기술적 지식, 안전성, 품질 등은 PED에 속하는 특징이고, 비용, 스

케줄, 마케팅 등은 PMD에 속하는 특징이다.

16. 이러한 법적 장치가 모든 문제를 해결해 주는 것은 아니다. 내부 고발자가 아무리 공식적으로 보호를 받는다 하더라도 비공식적으로는 엄청난 고통을 감내해야 하기 때문이다. 내부 고발은 다른 통로가 차단되었을 때 취해야 하는 마지막 조치의 성격을 띠고 있는 것이다. 내부 고발에 대한 자세한 논의는 James, GG., "Whistle-blowing: its moral justification. Johnson", DG. ed. *Ethical Issues in Engineering*. Englewood Cliffs, NJ.: Prentice-Hall, 1991, pp. 263-278을 참조.

17. 예를 들어 미국의 화학 제조업 협회(Chemical Manufacturers Association, CMA)는 1990년에 "책임 있는 배려: 공공에 대한 기여(Responsible Care: A Public Committment)"라는 프로그램을 수립하여 회원사들에게 다음과 같은 정책들을 수립하도록 권고하고 있다. ① 화학물의 안전한 제조, 수송, 사용, 처리를 증진시키는 것 ② 잠재적으로 영향을 받을 대중과 다른 사람들에게 안전과 환경적 위험에 대해 신속히 알려 주는 것 ③ 환경적으로 안전한 방법으로 공장을 가동하는 것 ④ 건강, 안전, 환경에 관하여 화학 물질을 개선하는 연구를 진척시키는 것 ⑤ 정부와 함께 화학 물질을 규제하는 책임 있는 법규를 만드는 데 참여하는 것과 이러한 목표를 증진하는 데 유용한 정보를 다른 사람들과 공유하는 것. Harris, CE, Pritchard, MS, Rabins, MJ., 앞의 책, 2006, p. 309.

18. 같은 책, p. 319.

19. 배원병 외, 앞의 책, 2006, pp. 210-211.

20. Harris, CE, Pritchard, MS, Rabins, MJ., 앞의 책, 2006, pp. 347-362.

21. 같은 책, pp 443-445.

22. 같은 책, pp 423-425.

23. 같은 책, pp 449-450.

24. 김준성, 「공학 윤리와 의사 결정: 챌린저호의 참사를 중심으로」, 과학 철학 교육 위원회 편, 『과학 기술의 철학적 이해 2』 제3판(한양 대학교 출판부, 2006), p. 480.

25. Harris, CE, Pritchard, MS, Rabins, MJ., 앞의 책, 2006, pp. 440-441.

26. 같은 책, p. 89.

27. 같은 책, pp. 198-199.

28. 김준성, 앞의 글, 2006, p. 479.

29. Harris, CE, Pritchard, MS, Rabins, MJ., 앞의 책, 2006, pp. 480-481.

30. 같은 책, pp. 339-340.

참고 문헌

1강

니콜라스 웨이드, 윌리엄 브로드, 김동광 옮김, 『진실을 배반한 과학자들』(미래아이, 2007)

보리스 카스텔, 세르지오 시스몬도, 이철우 옮김, 『과학은 예술이다』(아카넷, 2006)

유네스코 한국 위원회 편, 『과학 연구 윤리』(당대, 2001)

임종식 외, 『과학의 발전과 윤리적 고민』(라이프사이언스, 2007)

조은희 외, 『실험실 생활 길잡이』(라이프사이언스, 2007)

호레이스 F. 저드슨, 이한음 옮김, 『엄청난 배신』(전파과학사, 2007)

2강

참여 연대 시민 과학 센터 엮음, 『과학, 환경, 시민 참여』(한울아카데미, 2002)

한국 과학 기획 평가원, 「2003년도 기술 영향 평가 보고서: 나노-바이오 융합 기술」, 과학 기술부, 2003.

한국 과학 기획 평가원, 「2005년도 나노 과학 영향 평가 보고서」, 과학 기술부. 2005.

3강

Commission on Research Integrity, "Integrity and Misconduct in Research.", US Department of Health and Human Services, 1995. http://ori.dhhs.gov/documents/report_commission.pdf

Ziman, John, *Prometheus Bound: Science in a Dynamic Steady State*, Cambridge. Cambridge University Press, 1994.

4강

김기태, 『한국 저작권법 개설』(이채, 2005)

김기태, 『디지털 미디어 시대의 저작권』(이채, 2005)

로렌스 레식, 이주명 옮김, 『자유문화: 인터넷 시대의 창작과 저작권 문제』(필맥, 2005)

로버트 쿡-디간, 황현숙 옮김, 『인간 게놈 프로젝트』(민음사, 1994)

박성호, 『저작권법의 이론과 현실: 정보 공유와 인권을 위한 모색』(현암사, 2006)

374

브뤼노 블라셀, 권명희 옮김, 『책의 역사: 문자에서 텍스트로』(시공사, 1999)

윤선희, 『지적 재산권법』(세창출판사, 2005), 7정판.

정상조, 『지적 재산권법』(홍문사, 2004)

존 설스턴, 유은실 옮김, 『유전자 시대의 적들』(사이언스북스, 2004)

표호건, 김병일, 이봉문, 『주요국의 생명 공학과 관련된 특허성 판단 기준에 대한 연구』(한국 지식 재산 연구원, 2002)

홍성태·오병일 외 옮김, 『디지털은 자유다: 인터넷과 지적 재산권의 충돌』(이후, 2000)

Biagioli, M. & Galison, P., *Scientific authorship: Credit and intellectual property in science*, Routledge, 2003.

Buranen, L. & Roy, A.M. eds., *Perspectives on plagiarism and intellectual property in a postmodern world*, State University of New York, 1999.

Gert, Bernard et al., *Morality and the New Genetics: A Guide for Students and Health Care Providers*. Jones and Bartlett, Publishers, 1996.

Halbert, D.J., *Intellectual property in the information age: The politics of expanding ownership rights*, Quorum Books, 1999.

http://opcit.eprints.org/oacitation-biblio.html

Lessig, L., *The future of ideas: The fate of the commons in a connected world*, Vintage Books, 2001.

Macrina, F.L., *Scientific integrity*, 3rd, ASM Press, 2005.

Openfree BiO Community Cluster(http://bio.cc/)

Shamoo, A.E. & Resnik, D.B., *Responsible conduct of research*, Oxford University Press, 2002.

Sloan, P.R. ed., *Controlling our destinies: Historical, philosophical, ethical, and theological perspectives on the Human Genome Project*, University of Notre Dame Press, 2000.

Vaidhyanathan, S., *Copyrights and copywrongs: The rise of intellectual property and how it threatens creativity*, New York University Press, 2001.

Woodmansee, M. & Jaszi, P. eds., *The construction of authorship: Textual appropriation in law and literature*, Duke University Press, 1994.

5강

교육 인적 자원부,『연구 윤리 소개』(한국 학술 진흥 재단, 2006)

김명진 편저,『대중과 과학 기술: 무엇을 누구를 위한 과학 기술인가』(잉걸, 2001)

데이비드 헤스, 김환석 외 옮김,『과학학의 이해』(당대, 2004)

서상희,「연구 책임자의 역할과 연구 수행상의 도덕성」,《과학 기술 정책》16(1), 2006, pp. 24-30.

송성수,「현대 산업 사회에서 과학 기술자의 책임」, 최재천 엮음,『과학·종교·윤리의 대화』(궁리, 2001) pp. 29-40.

앤드루 웹스터, 김환석, 송성수 옮김,『과학 기술과 사회: 새로운 방향』보론 증보판(한울, 2002)

이필렬, 최경희, 송성수,『과학, 우리 시대의 교양』(세종서적, 2004)

조은희,「과학 연구의 첫걸음」, 한양대 과학 철학 교육 위원회 편『과학 기술의 철학적 이해 2』제3판(한양대 출판부, 2006), pp. 485-508.

조은희, 김건수, 이상욱, 이준호, 정인실,『실험실 생활 길잡이』(라이프사이언스, 2007)

조홍섭 편역,『현대의 과학 기술과 인간 해방: 민중을 위한 과학 기술론』(한길사, 1984)

콘하우 프레이저, 송진웅 옮김,『과학 교육에서의 윤리와 사회적 책임』(명경, 1994)

피터 페이블만, 최경호 옮김,『과학도를 위한 생존 전략: 박사 학위로는 부족하다』(북스힐, 2002)

Macrina, FL., *Scientific Integrity: Text and Cases in Responsible Conduct of Research*, 3rd ed. Washington, D.C.: ASM Press, 2005.

National Academy of Sciences, *On Being a Scientist: Responsible Conduct in Research*, 2nd ed. Washington, D.C.: National Academy Press, 1995.

Resnik, DB., *The Ethics of Science: An Introduction*. London: Routledge, 1998.

Shamoo, AE., Resnik DB., *Responsible Conduct of Research*. Oxford: Oxford University Press, 2003.

8강

Campbell, S.K., *Flaws and Fallacies in Statistical Thinkingb*, Prentice Hall, Inc., Englewood Cliffs, NJ, 1974.

Christensen, R. and T. Reichert, "Unit Measure Violations in Pattern Recognition,

Ambiguity and Irrelevancy," Pattern Recognition, vol. 4, pp. 239-245. Pergamon Press, 1976.

Hooke, R., *How to tell the liars from the statisticians*, Marcel Dekker, Inc., New York, NY, 1983.

Jaffe, A.J. and H.F. Spirer, *Misused Statistics*, Marcel Dekker, Inc., New York, NY, 1987.

Oldberg, T., "An Ethical Problem in the Statistics of Defect Detection Test Reliability," 2005, Speech to the Golden Gate Chapter of the American Society for Nondestructive Testing. Published on the Web by ndt.net at http://www.ndt.net/article/v10n05/oldberg/oldberg.htm.

Oldberg, T. and R. Christensen, "Erratic Measure" in NDE for the Energy Industry 1995 The American Society of Mechanical Engineers, New York, NY, 1995, Republished on the Web by ndt.net at http://www.ndt.net/article/v04n05/oldberg/oldberg.htm.

9강

김태환, 『인용법』(서울 대학교 교수 학습 센터 글쓰기 교실, 2006)

김형순, 『논문 10%만 고쳐써라!』(야스미디어, 2003)

이수상, 「학술적 글쓰기에서 인용, 표절 그리고 저작권법의 문제」, 《도서관》 Vol. 54 No. 3, 1999.

木下是雄, 『理科系の作文技術』, 中公新書, 1981

Day R. A., *How to write publish & a scientific paper*, 5th ed, pp. 25-26, Oryx Press, 1998.

LaFollette M. C., *Staling into Print*, University of California Press, 1992, p. 42.

Lathrop A., Foss K.E., *Student cheating and plagiarism in the Internet era: a wake-up call*, Libraries Unlimited, 2000, p. 193.

Lipson C., *Doing Honest Work in College*, The University of Chicago Press, 2004, p. 40-42.

Macrina F. L., *Scientific Integrity*, 3ed ed. ASM Press, 2005, p. 87.

Menager-Beeley R. and Paulos L., *Understanding Plagiarism*, Houghton Mifflin

Co., New York, 2006, p. 7.

Shamoo A.E., Resnik D.B., *Responsible conduct of research*, Oxford University Press, USA, 2009.

10강

교육 인적 자원부, 『연구 윤리 소개』(교육 인적 자원부, 한국학술진흥재단, 2006)

구영모 편, 『생명 의료 윤리』(동녘, 2004)

남명진, 『알기 쉬운 생명 윤리』(신광 출판사, 2005)

박은정, 『생명공학 시대의 법과 윤리』(이화 여자 대학교 출판부, 2000)

소니아 샤, 정해영 옮김, 『몸 사냥꾼』(마티, 2006)

전우택, 『사회 의학 연구 방법론』(연세 대학교 출판부, 1999)

토마스 쉐넌, 구미정, 양재섭 옮김, 『기초 생명 윤리학』(대구 대학교 출판부, 2003)

피터 싱어, 헬가 커스 편, 변순용 등 옮김, 『생명 윤리학』(인간사랑, 2006)

피터 싱어, 황경식, 김성동 옮김, 『실천 윤리학』(철학과 현실사, 1997)

홍경남, 『과학 기술과 사회 윤리』(철학과 현실사, 2007)

11강

Blum D., *The Monkey Wars*, Oxford University Press, New York, 1994.

Cohen C., "The Case for Animal Rights", *NEJM* 315(14): 865-870, 1986.

Frey RG., *Rights, Killing, and Suffering*, Basil Blackwell, Oxford, England, 1983.

LaFollette H, Shanks S., *Brute Science*, Routledge, NY, 1996.

Macrina F., *Scientific Integrity*, 3rd ed. ASM press, 2004.

Macnaghten P., "Animals in their nature: a case study on public attitudes to animals, genetic modification and 'nature'", *Sociology* 38: 533-51, 2004.

Nuffield Council on Bioethics, The Ethics of Research Involving Animals, 2005. http://www.nuffieldbioethics.org

Powell RJ., "New roles for thalidomide", *BMJ* 313: 377-378, 1996.

Russell W, Burch R., *Principles of Humane Animal Experimentation*. Chales C. Thomas, Springfield, IL, 1959.

Rachels J., *Created from Animals*, Oxford University Press, New York, 1990.

Regan T., *The Case for Animal Rights*, University of California Press, Berkeley, 1983.

Shamoo AE, Resnik DB., *Responsible Conduct of Research*. Oxford Univ. Press, NY, 2003. pp. 214-225.

Singer P., *Animal Liberation*, 김성한 옮김, 『동물 해방』(인간사랑, 1999)

Sperling S. *Animal Liberators*, University of California Press, Berkeley, 1988.

12강

김명식, 「과학과 윤리」, 과학 철학 교육 위원회 편, 『과학 기술의 철학적 이해 2』 제3판(한양 대학교 출판부, 2006), pp. 385-407.

김준성, 「공학 윤리와 의사 결정: 챌린저호의 참사를 중심으로」, 과학 철학 교육 위원회 편, 『과학 기술의 철학적 이해 2』 제3판(한양 대학교 출판부, 2006), pp. 459-482.

배원병 외, 『공학 윤리』(북스힐, 2006)

송성수, 김병윤, 「공학 윤리의 흐름과 쟁점」, 유네스코 한국 위원회 편, 『과학 연구 윤리』(당 대, 2001), pp. 173-204.

찰스 해리스, 김유신 외 옮김, 『공학 윤리: 개념과 사례』 제3판(북스힐, 2006)

Harris, CE, Davis, M, Pritchard MS, Rabins, MJ., "Engineering ethics: what? why? how? and when?" *Journal of Engineering Education* 85(2): 93-96, 1996.

James, GG., Whistle-blowing: its moral justification. Johnson, DG. ed., *Ethical Issues in Engineering*, Englewood Cliffs, NJ.: Prentice-Hall, pp. 263-278, 1991.

McFarland, MC., "The public health, safety and welfare: an analysis of the social responsibilities of engineers". Johnson, DG. ed., *Ethical Issues in Engineering*. Englewood Cliffs, NJ.: Prentice-Hall, pp. 159-174, 1991.

Vaughan, D., *The Challenger Launch Decision: Risky Technology, Culture, and Deviance at NASA*, Chicago: University of Chicago Press, 1996.

더 읽을거리

1강

과학자 사회가 '좋은 연구'를 지향하며 서로 정보와 의견을 공유하는 웹사이트가 있다. 이
장에서 논의된 본질적이고 생산적인 과학 연구 윤리를 실천하기 위해 한번 방문하고 토론
에 참여해 보는 것도 좋을 것이다. www.grp.or.kr

2강

그렉 이건, 김상훈 옮김, 『쿼런틴』(행복한 책읽기, 2003)에서는 나노 과학 기술과 신경 과학
이 결합하여 가능해지는 여러 상황이 등장한다. 이 중에는 처음 가 본 도시의 길 찾기 능력
을 마치 스마트폰의 앱처럼 두뇌에 '모드'의 형태로 실행하는 설정과 같이 비교적 논란의 여
지가 적어 보이는 것도 있지만, 테러에 의한 아내의 죽음을 무감각하게 느끼게 하는 '모드'
의 사용처럼 철학적으로 보다 미묘한 설정도 있어 나노 과학 기술의 윤리적, 사회적 측면을
고민할 때 도움이 된다.

3강

국내에서 출판된 문헌 중에 연구 환경의 변화와 과학자의 윤리 의식의 관계를 조망할 수 있
는 연구들은 많지 않다. 홍성욱, 『홍성욱의 과학 에세이』(동아시아, 2008)이 도움이 되며,
존 벡위드, 김동광, 김명진, 이영희 옮김, 『과학과 사회 운동 사이에서: 68에서 게놈 프로젝
트까지』(그린비, 2009)는 1950년대 이후 과학의 연구 환경 변화를 몸으로 겪은 한 과학자
가 과학-정치-윤리의 문제를 고민한 흔적을 잘 담은 저서이다. 부산 대학교의 송성수 교수
가 쓴 「과학 기술자의 사회적 책임에 관한 논의의 재검토」, 《공학 교육 연구》, 11, 2008, pp.
5-14도 과학자의 사회적 책임과 윤리 의식에 대한 다양한 쟁점을 잘 정리하고 있다.

4강

양재섭, 「생명 특허의 허용과 인간 존엄성의 문제」, 《생명 윤리》, vol. 10, no. 2, 2009년 12월,
pp. 1-11은 인간에 대해 생명 특허를 허용하는 일이 인간 존엄성을 훼손하는지에 대한 문
제를 심도 있게 다룬다. 윤석찬, 「의학 치료 목적의 생명 복제 기술에 대한 특허법적 보호 문
제」, 《법학 연구》, Vol. 43 No. 1, 2002, pp. 85-98도 참고할 만하다.

이봉희, 「생명 특허 시대의 도래와 전망」, 한국 윤리학회, 《윤리 연구》, 제48호, 2001년, pp. 47-61은 생명 특허에 대한 위기의식의 근원적인 문제를 해결하기 위해서는 항의나 반대에 앞서, 시간이 지연되더라도 인문 사회 과학자들과 과학자들 간의 이성적인 대화가 필요함을 강조한다. 송승환, 「작은 대학 큰 연구자, Triangle 연구 윤리 가이드」, 한국 학술 진흥 재단 연구 윤리 정책 연구 세미나 자료실 http://www.krf.or.kr/KHPapp/board_tpl/noti_bodo.jsp?bbs_seq=628&sub=menu_08은 연구 윤리와 관련된 다양한 사항들을 정리해 놓고 있는데, 지적 재산권 처리 절차와 관련 규정을 포함하고 있다.

5강

피터 메다워, 박준우 옮김, 『젊은 과학도에게 드리는 조언』(이화 여자 대학교 출판부, 1992)는 과학자로 성장하는 과정에서 고려해야 할 사항들을 소개하고 있고, 산티아고 라몬 이 카할, 김성준 옮김, 『과학자를 꿈꾸는 젊은이에게』(지식의 풍경, 2002)은 개발 도상국의 과학자로서 어떻게 살아가야 하는지에 대해 논의하고 있다. 미국 국립 과학 아카데미가 발간한 *On Being a Scientist*는 http://www.nap.edu/readingroom/books/obas을 통해서 서비스되고 있다.

과학 연구의 첫걸음이 되는 실험실 생활에 대한 논의로는 조은희, 「과학 연구의 첫걸음」, 한양대 과학 철학 교육 위원회 편, 『과학 기술의 철학적 이해 2』 제3판(한양 대학교 출판부, 2006) pp. 485-508; 조은희 외, 『실험실 생활 길잡이』(라이프사이언스, 2007)가 유용하다. 박사 후 연구원에 대한 충고로는 피터 페이블만, 최경호 옮김, 『과학도를 위한 생존 전략: 박사 학위로는 부족하다』(북스힐, 2002)이 있으며, 미국의 국립 박사 후 연구원 연합(National Postdoctoral Association)이 운영하는 http://www.nationalpostdoc.org/about/npa_overview도 참고할 만하다.

과학과 여성에 관한 주요 논의는 오조영란, 홍성욱 엮음, 『남성의 과학을 넘어서: 페미니즘의 시각으로 본 과학·기술·의료』(창작과 비평사, 1999)에서 탐구되고 있고, 송성수, 이은경, 『나는 과학자의 길을 갈 테야: 과학의 새 길을 연 여성 과학자들』(창작과 비평사, 2003)은 9명의 여성 과학자에 대한 전기를 담고 있다. 최근에 우리나라에서도 여성 과학 기술인에 대한 각종 지원 정책이 추진되고 있는데, WISE(Women Into Science & Engineering) 거점 센터(http://www.wise.or.kr)와 전국 여성 과학 기술인 지원 센터(http://www.wist.re.kr)에서 이에 관한 자료를 구할 수 있다.

과학자가 연구실 밖에서 전개하는 다양한 활동은 칼 J. 신더만, 최정일 옮김 『과학자의 기쁨과 영광』(을유문화사, 1992)에 소개되어 있고, 과학 기술자의 사회적 책임에 관한 문제를 본격적으로 제기하고 있는 글로는 송성수, 「현대 산업 사회에서 과학 기술자의 책임」, 최재천 엮음, 『과학·종교·윤리의 대화』(궁리, 2001), pp. 29-40; 이장규, 「과학 기술자의 인권과 사회적 책임」, 유네스코 한국 위원회 편, 『과학 기술과 인권』(당대, 2001), pp. 173-199가 있다.

6강

모든 연구자는 자신이 소속된 학술 단체의 윤리 규정과 자신이 논문을 투고할 학술지의 투고 규정을 꼼꼼하게 읽고 그 내용을 숙지해야 한다. 대한 의학 학술지 편집인 협의회(http://www.kamje.or.kr)에서 제공하는 「의학 논문 출판 윤리 가이드라인」은 의학 분야뿐만 아니라 과학 분야 전반에서 준용할 수 있는 학술 논문 출판 윤리 지침서로 이 장에서 다루고 있는 학술 논문 출판 과정에서의 이해 충돌의 문제와 심사자와 편집자의 윤리 등에 대한 지침이 포함되어 있다. 과학 연구를 처음 시작하는 대학생이나 대학원생은 조은희 등의 『실험실 생활 길잡이』(라이프사이언스, 2007)에서 논문 작성과 투고부터 논문이 출판되기까지의 대략적인 과정을 알아볼 수 있다. 또한 박민아, 『거인의 어깨에 올라선 거인: 뉴턴과 데카르트』(김영사, 2006)를 보면 과학 학술지와 과학 학술 단체의 모체가 17세기 당시의 어떤 배경에서 형성되었는지를 쉽고 흥미로운 방식으로 이해할 수 있을 것이다.

7강

이 장에서는 과학자 개인과 과학자 공동체가 어떤 노력을 어떻게 기울여야 더욱 더 객관적인 과학 연구 성과를 얻을 수 있는지에 대해 고민하고 있다. 과학 연구 과정 특성상 조금 더 객관적인 연구를 하려면 어떻게 해야 하는지에 대한 논의였다. 이에 앞서 과학의 객관성 및 상대성이나 사회적 성격 등에 대한 논의에 관심이 있다면 사회 구성주의 과학 사회학자 해리 콜린스와 트레버 핀치가 짓고 이충형이 옮긴 『골렘』(새물결, 2005)과 과학 사학자 홍성욱이 지은 『과학은 얼마나』(서울 대학교 출판부, 2004)를 권한다. 과학 전공자들이 비교적 쉽게 접근할 수 있는 책이다.

교육 과학 기술부는 국가 연구 개발 사업에 참여하는 연구자들을 위한 연구 노트 관리 지침을 발표하면서 연구 노트 작성과 관리 방법 등을 포함하는 해설집 「올바른 연구 문화를 위한 연구 노트의 작성과 관리」를 함께 제작했다. 이 해설집은 〈좋은 연구〉 자료실(http://www.grp.or.kr/data.54764)에서 내려받을 수 있다. 이 장에서 소개한 사례 몇 개는 짧은 애니메이션으로 제작되어 〈좋은 연구(http://www.grp.or.kr)〉에 공개되었다. 벵베니스트 사건, 볼티모어 사건, 밀리컨의 전하량 측정 실험, 스펙터 사건, 철수와 영희 이야기는 각각 「과학 실험의 요건(실험의 객관성을 확보하려면)」, 「연구 기록의 중요성(볼티모어 사건과 레이저 특허)」, 「실험 자료의 처리(자료의 변조와 합리적 판단 사이의 경계)」, 「올바른 연구 지도(황금손을 가진 천재의 흥망)」, 「진실과 결말(공동 연구원의 역할과 책임)」이라는 제목으로 찾아볼 수 있다.

8강

2010년 10월 20일은 국제 연합이 정한 제1회 세계 통계의 날(World Statistics Day)이었다. 국제 통계 협회에서는 이날 「통계인 윤리 강령」을 발표했는데, 한국 통계학회 웹 사이트 (http://www.kss.or.kr)의 학회 통신, 회원 동정란에 가면 한글 번역본을 볼 수 있다.

9강

대한 의학 학술지 편집인 협의회에서 출판한 「의학 논문 출판 윤리 가이드라인」(2008)와 김형순, 『영어 과학 논문 100% 쉽게 쓰기』(서울 대학교 출판 문화원, 2010)에서는 영문으로 과학 논문을 작성할 때 필요한 저자 표기, 논문 투고와 출판 윤리를 상세히 다루고 있다. 또 〈좋은 연구〉 웹 사이트를 방문하면 논문 발표의 연구 윤리에 대한 최근 자료를 볼 수 있다.

10강

대한 의사 협회(http://www.kma.org), 한국 생명 윤리학회(http://www.koreabioethics. net), 한국 의료 윤리학회(http://www.mekorea.org)의 웹 사이트 자료실에 들어가면, 「세계 인권 선언」, 「인간 유전체와 인권에 관한 보편 선언」 등의 문서 전문을 살펴볼 수 있다.
인간을 대상으로 하는 연구 윤리에 대해서는 박은정의 『생명 공학 시대의 법과 윤리』(이화여자 대학교 출판부, 2000), pp. 348~399와 피터 싱어, 헬가 커스 편, 강미정 외 옮김, 『생명 윤리학 II』(인간사랑, 2006), pp. 301~358를 보면 여러 가지 생명 윤리적 관점을 종합적으로 정리할 수 있다. 앞의 책은 법과 깊이 연관시켜 논리를 전개했고, 뒤의 책은 다양한 나라의 사례와 함께 윤리적 문제에 관한 분석을 실었다.

11강

이 장에서는 동물 대상 연구 윤리에서 어떤 논점이 제기되고 있으며 이러한 쟁점을 해결하기 위해 우리 사회가 어떻게 노력하고 있는지에 대해 모든 분야의 과학 연구자를 대상으로 매우 일반적인 사항을 서술하고 있다. 직접 동물 실험을 수행하는 연구자라면 한국 유네스코 편,『과학 연구 윤리』(당대, 2001)에 수록된 건국 대학교 김진석 교수의 「동물 이용 연구 윤리」와 최병인이 지은『생명 과학 연구 윤리』(지코사이언스, 2009)를 참고하기를 권한다. 동물 대상 연구 윤리의 보다 구체적인 쟁점과 실천 방안에 대해 알 수 있을 것이다. 우리나라에서 가장 먼저 연구 윤리를 소개한『과학 연구 윤리』(당대, 2001)는 한동안 절판되었으나 다행히 최근 전자책의 형태로 구매할 수 있게 되었다. 티모시 머피, 강준호 옮김,『생명 의학 연구 윤리와 사례 연구』(서광사, 2008)에도 동물 실험과 관련된 윤리적 쟁점 사례들이 소개되어 있다.

12강

공학 윤리의 주요 내용을 간결하게 정리하고 있는 문건으로는 송성수, 김병윤, 「공학 윤리의 흐름과 쟁점」, 유네스코 한국 위원회 편,『과학 연구 윤리』(당대, 2001), pp. 173-204; 김유신, 성경수, 「공학 기술과 윤리」, 한국 공학 교육학회,『공학 기술과 인간 사회: 공학 소양 종합 교재』(지호, 2005), pp. 187-252; 김준성, 「공학 윤리와 의사 결정: 챌린저호의 참사를 중심으로」, 과학 철학 교육 위원회 편,『과학 기술의 철학적 이해 2』제3판(한양대 출판부, 2005), pp. 459-482 등이 있다.

최근에 몇몇 대학에서 공학 소양 교육의 일환으로 공학 윤리에 관한 수업이 실시되면서 이에 대한 교재도 속속 발간되고 있다. 여기에는 김진 외,『공학 윤리: 기술 공학 시대의 윤리적 문제들』(철학과 현실사, 2003); 김정식,『공학 기술 윤리학』(인터비전, 2004); 양해림 외,『과학 기술 시대의 공학 윤리』(철학과 현실사, 2006); 배원병 외,『공학 윤리』(북스힐, 2006); Harris, CE, Pritchard, MS, Rabins, MJ., 김유신 외 옮김,『공학 윤리: 개념과 사례』제3판(북스힐, 2006); 김진국, 정보주,『공학인을 위한 윤리』(미래컴, 2007) 등이 포함된다.

공학 윤리에 관한 인터넷 사이트로는 http://ethics.tamu.edu가 유용하다. 이 사이트는 공학 윤리 교육의 모범 사례로 간주되고 있는 텍사스 A&M 대학교가 개설한 것으로서 대학 학부생이 활용할 수 있도록 현실적인 사례를 중심으로 공학 윤리에 접근하고 있다.

—

찾아보기

ㅎ

과학
윤리
특강

1판 1쇄 찍음 2011년 4월 19일
1판 1쇄 펴냄 2011년 4월 25일

지은이 이상욱 외
펴낸이 박상준
펴낸곳 (주)사이언스북스

출판등록 1997. 3. 24.(제16-1444호)
(135-887) 서울시 강남구 신사동 506 강남출판문화센터
대표전화 515-2000, 팩시밀리 515-2007
편집부 517-4263, 팩시밀리 514-2329
www.sciencebooks.co.kr

ISBN 978-89-8371-961-4 03400